高职高专“十三五”规划教材

电气设备安装工培训教程

第二版

殷培峰 主编 傅继军 副主编

化学工业出版社

·北京·

本书以《电气设备安装工国家职业标准》为编写依据，以工学结合为培养模式，以岗位的主要工作任务为教学内容，突出实用性、可操作性和通用性。

本书共分8章，每章的内容由应知、应会和相关知识构成，包括电气安装操作规程、常用电工仪表工具、电动机的安装及检修、电力变压器的安装及检修、电梯的安装及检修、高压开关的安装及检修、电气二次回路的安装及检修、理论与技能训练等。

本书可作为高职高专院校、高级技工学校电气类及相关专业的实训教材，也可作为从事电气设备安装、调试和运行维护的工程技术人员的培训教材以及职业技能鉴定辅导用书。

图书在版编目（CIP）数据

电气设备安装工培训教程/殷培峰主编.—2版.—北京：化学工业出版社，2019.4
高职高专“十三五”规划教材
ISBN 978-7-122-33882-2

Ⅰ.①电… Ⅱ.①殷… Ⅲ.①电气设备-设备安装-高等职业教育-教材 Ⅳ.①TM05

中国版本图书馆CIP数据核字（2019）第025623号

责任编辑：王听讲　　　装帧设计：韩　飞
责任校对：张雨彤

出版发行：化学工业出版社（北京市东城区青年湖南街13号　邮政编码100011）
印　　装：大厂聚鑫印刷有限责任公司
787mm×1092mm　1/16　印张16¼　字数408千字　　2019年5月北京第2版第1次印刷

购书咨询：010-64518888　　　售后服务：010-64518899
网　　址：http://www.cip.com.cn
凡购买本书，如有缺损质量问题，本社销售中心负责调换。

定　　价：42.00元

第二版前言

随着职业教育在教育思想、方法和手段上的不断深化，建立新的职业教育培养模式，提高职业教育的教学质量，大力推动行业职业技能培训和职业技能鉴定的工作，同时，电气自动化技术的不断发展，对从事电类专业人员的素质提出更高的要求。为此，职业培训教材要有新思路和新方法。按《国务院关于大力发展职业教育的决定》的精神，坚持以就业为导向的职业教育办学方针，推进高等职业技术院校课程和教材改革，本书参照劳动和社会保障部关于制定国家职业标准，加强职业培训教材建设的要求编写。

本书从职业（岗位）需求入手，集中体现“以职业活动主要内容为导向，以职业技能为核心”的指导思想，突出职业培训的特色。通过学习本教程的应知、应会知识，以及相关知识内容，学生将掌握电气设备的安装知识和技能，提高实践能力，具备设备安装、运行维护和检修试验所必需的基础理论和基本技能，为生产一线培养高素质的、具有电气安装与管理能力的劳动者和专门人才。

本书共8章，主要内容包括电气安装操作规程、常用电工仪表工具、电动机的安装及检修、电力变压器的安装及检修、电梯的安装及检修、高压开关的安装及检修、电气二次回路的安装及检修、理论与技能训练等，本书以岗位主要工作任务为教学内容，突出实用性、可操作性和通用性。本次修订再版时，增加了微机保护装置等新内容，更新了相关标准。

本书由兰州石化职业技术学院殷培峰担任主编，傅继军担任副主编。其中第1章、第4章、第7章由殷培峰编写，第2章由兰州石化职业技术学院刘石红编写，第3章、第5章由兰州石化职业技术学院傅继军编写，第6章由中国石油兰州石化公司仪表厂刘鹏飞工程师编写，第8章由兰州市工业职业技工学校李春娟编写。全书由殷培峰负责统稿。

我们将为使用本书的教师免费提供电子教案，需要者可以到化学工业出版社教学资源网站http://www.cipedu.com.cn免费下载使用。

本书由兰州石化职业技术学院杨柳春教授审阅，并提出了许多宝贵意见，在此谨表示衷心的感谢。

在本书编写过程中，参考了相关资料，在此向有关作者表示感谢。限于编者的理论水平和实践经验，书中的缺点和不当之处，欢迎广大读者批评指正。

编者

2019年2月

目　录

第1章　电气安装操作规程

1.1　职业道德与操作规程

道德规范是指人的行为应该遵循的原则和标准。通俗地讲，道德就是做人的规矩，是调节人与人之间关系的一种特殊行为规范的总和。而职业道德是指从事一定职业的人，在职业活动的整个过程中必须遵循的职业行为规范。电力职业道德则是电力职工在履行其职责的过程中，在思想和行为上应当遵循的道德原则和规范。它是在长期的电业活动中产生和提炼出来的，用于评判电力职业行为中的善与恶、是与非、荣与辱的标准。

1. 电气安装职业道德规范

爱岗敬业，乐于奉献；严守工序，一丝不苟；认真巡视，精心操作；遵章守纪，确保安全。达到“安装合格，拆除彻底，修理及时，正确使用。”

2. 安全操作规程

(1) 坚持“安全第一，预防为主”的方针，保障电力职工的安全和健康，保证装置、设备安全运行。

(2) 工作前应正确穿戴劳动防护用品。

(3) 操作前应检查所使用的工具是否齐全、绝缘性能是否良好，有问题应及时更换。

(4) 启动设备前，应检查防护装置、紧固螺钉以及电、油、气等动力开关是否完好。空载试车后方可投入工作，操作时应遵守设备的安全操作规程。

(5) 工作中应注意安全，防止因挥动工具、工具脱落、工件及铁屑飞溅造成对周围人员及自身的伤害。

(6) 高空作业时，工具应装在工具袋里，系好安全带，并系在固定的结构件上，不能穿硬底鞋，不准往下或往上抛掷物件和工具。

(7) 登高工具必须牢固可靠。未经登高训练的人员，不许进行高空作业。

(8) 严格遵守停电操作规定，防止突然送电。在已断开的开关操作手柄上，挂上“禁止合闸，有人工作”的标示牌，与带电体的安全距离不足时，应装设临时遮栏及护罩。

(9) 工作完毕后，应将设备和工具的电、气、水、油源断开。清理场地后方可离开。

(10) 对新进厂的员工、实习生、代培生等，必须进行岗前安全教育。

1.2　电气安全常识

电气安全工作是电力系统一切工作的基础和核心。人员和设备安全是保证电力系统安全运行的前提。

1. 安全电流

人体对0.5mA以下的工频电流一般是没有感觉的。实验资料表明，对不同的人引起感觉的最小电流是不一样的，成年男性平均约为1.1mA，成年女性平均约为0.7mA，这一数值的电流称为感知电流。同样，不同的人触电后能自主摆脱电源的最大电流也不一样，成年男性平均为 16mA，成年女性平均为 10.5mA，这个数值的电流称为摆脱电流。一般情况下，8～10mA 以下的工频电流，50mA 以下的直流电流，可以当作人体允许的安全电流，但这些电流长时间通过人体也是有危险的。我国一般采用工频电流 30mA 为安全电流，但触电时间不超过 1s，因此安全电流值也称为 30mA・s。如果通过人体电流达到 50mA・s，对人就有致命危险；而达到 100mA・s 时，一般会致人死命。

2. 安全电压

安全电压是为了防止触电事故而采用的特定电源的电压系列。它是以人体允许电流与人体电阻的乘积为依据而确定的，即人体允许的工频电流约 30mA，不会引起心室颤动。人体电阻按 1000～1500Ω 考虑，则安全电压为：

$$V=30\times10^{-3}\times(1000\sim1500)\approx30\sim45(\mathrm{V})$$

根据场所特点，我国安全电压标准规定的交流电安全电压等级为 42V、36V、24V、12V、6V 五个等级。

（1）42V 可在有触电危险的场所使用的手持式电动工具等，现场很少选用。

（2）36V 可在矿井、机床照明、潮湿等场所使用的行灯、手持式电动工具等使用。

（3）24V、12V、6V 三挡可供某些人体可能偶然触及的带电体的设备选用。在大型锅炉内、金属容器及发电机内工作，以及存在高度触电危险和特别危险的场所，一定要使用 12V 或 6V 低压行灯。

3. 触电的危害

触电是指电流对人体的伤害。电流对人体的伤害可分为电击和电伤。电击是电流通过人体内部，破坏人的心脏、神经系统、肺部的正常工作造成的伤害。人身触及带电的导线、漏电设备的外壳或其他带电体，以及由于雷击或电容器放电，都可能导致电击。触及正常带电体的电击称为直接电击，触及故障带电体的电击称为间接电击。

电伤是电流的热效应、化学效应及机械效应对人体外部造成的局部伤害，包括电弧烧伤、烫伤、电烙印等。绝大部分触电事故是电击造成的，通常所说的触电事故基本上是指电击而言。

4. 常见的触电形式

触电的形式是多种多样的，主要有以下几种。

1）单相触电

如图 1-1(a) 所示，人站在大地上，接触到一根带电导线，或同时接触另一根中性线时，如图 1-1(b) 所示，称为单相触电。触电事故中，大多数是以这种方式发生的。

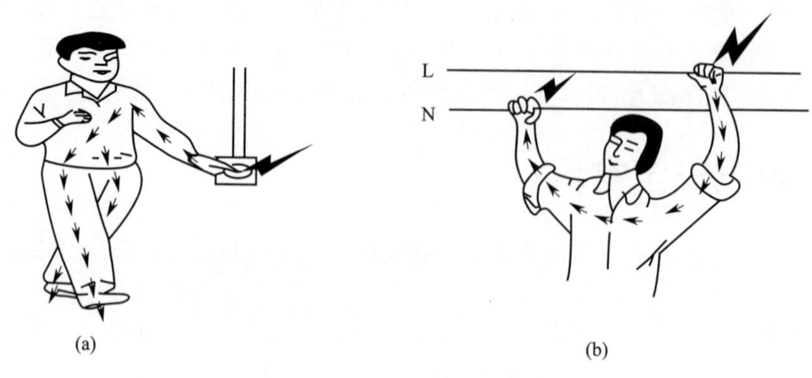

图 1-1　单相触电

2）两相触电

人体同时接触带电的任何两相电源，由于人是导体，电线上的电流就会通过人体，从一根电线流到另一根电线，形成回路，使人触电，称为两相触电，如图 1-2 所示。人体受到的电压是线电压，死亡率是很高的。

图 1-2　两相触电

3）人体触击有故障的电气设备

在正常情况下，电气设备的外壳是不带电的。但当线路故障或绝缘破损时，电气设备的外壳可能带电，人体触及时就会发生触电。

4）与带电体的距离过小

当人体与带电体的距离过小，虽然未与带电体接触，但由于空气的绝缘强度小于电场强度，空气会被击穿，可能发生触电事故。因此，电气安全规程中，对不同电压等级的电气设备，都规定了最小允许安全间距。

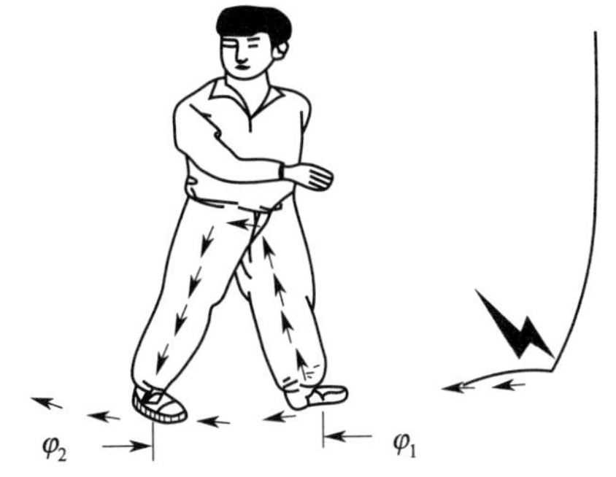

图 1-3　跨步电压触电

5）跨步电压触电

由于外力（如雷电、大风）的破坏等原因，电气设备、避雷针的接地点，或者断落电线断头着地点附近，有大量的扩散电流向大地流入，而使周围地面上分布着不同电位。当人的两脚之间同时踩在不同电位的地表面时，形成电位差，会引起跨步电压触电，如图 1-3 所示，跨步电压为：

$$U_s=\varphi_1-\varphi_2$$

式中，U_s 为跨步电压；φ_1 为人左脚所站处的电位；φ_2 为人右脚所站处的电位。

5. 电气火灾事故

1）电气火灾产生的原因

（1）输电线路严重漏电；

（2）输电线路或电气设备过载；

（3）接头接触不良或松动；

（4）输电线路或设备发生短路；

（5）电气设备产生故障等。

2）电气火灾的特点

（1）着火后，电气设备可能是带电的，如不注意可能引起触电事故。

（2）失火的电气设备可能充有大量的可燃油，可导致爆炸，使火势蔓延。

3）电气火灾的处理方法

（1）发生电气火灾时，首先要做的就是拉闸断电。

（2）拉闸时应先拉负荷开关，后拉隔离开关，不能误操作。

（3）无法切断电源时，可用剪断电线的方法切断电源。应逐相剪断电线，剪断空中电线时，剪断位置应在电源方向支持物附近，以防带电电线落地造成接地短路或触电事故。

（4）应选用二氧化碳灭火器、1211 灭火器（二氟一氯一溴甲烷）。在没有确知电源已被切断时，不允许用水和泡沫灭火器灭火。

（5）灭火时，灭火者不要接触电线和电气设备，特别是不要踩碰地上的电线。

（6）对架空线路等空中设备进行灭火时，人体位置与被灭火物体之间应有一定的仰角，以免电线等断落伤人。

1.3 现场安全生产要求

1. 安全组织措施

在进行电气工作时，将检修、试验、安装和运行等有关部门组织起来，加强联系，密切配合，在统一指挥下，共同保证工作的安全。在电气设备上工作，保证安全的组织措施如下：

（1）工作票制度；

（2）工作许可制度；

（3）现场站班会制度；

（4）工作监护制度；

（5）工作间断、转移和终结制度。

2. 安全技术措施

在全部或部分停电的电气设备上工作时，必须完成下列技术措施。

（1）停电；

（2）验电；

（3）装设接地线；

（4）悬挂标示牌和装设遮栏。

3. 执行安全工作规程

（1）按 GB 26860—2011《电业安全工作规程》的要求，严格遵守停电操作规定，防止突然送电。经合闸即可送电到工作地点的断路器和隔离开关的操作把手上，应悬挂“禁止合闸，有人工作！”的标示牌，如图 1-4 所示，必要时加锁。标示牌的式样如图 1-5(a) 所示。

图 1-4　标示牌

（2）在施工的线路开关和刀开关手柄也应悬挂“禁止分闸，线路有人工作！”标示牌，如图 1-5(b) 所示，尺寸为 200mm×100mm 或 80mm×50mm，式样为白底红字。标示牌的悬挂和拆除，应按调度员的命令执行。

（3）在施工地点邻近带电设备的遮栏、室外工作点的围栏、禁止通行的过道、工作地点邻近带电部分的横梁、高压试验地点，悬挂“止步，高压危险！”标示牌，如图 1-5(c) 所示，尺寸为 250mm×200mm，式样为白底红边黑字。

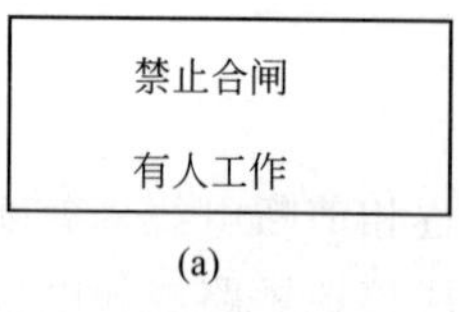

(a)

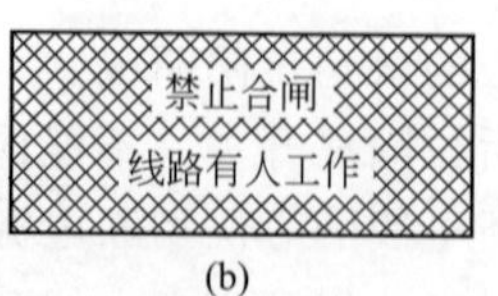

(b)

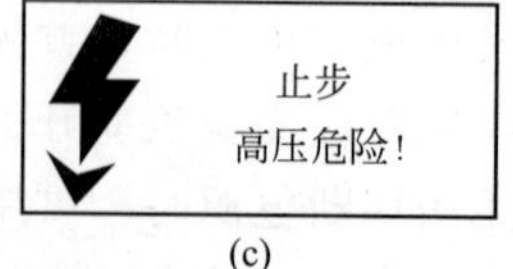

(c)

图 1-5　标示牌的式样（一）

（4）在室内室外工作地点或施工的设备上，悬挂“在此工作！”的标示牌。如图 1-6(a)

所示，尺寸为 250mm×250mm。白圆圈的直径为 210mm，式样为绿底白圆圈黑字。

（5）在室外构架上工作，上下的铁架或梯子上，应悬挂“从此上下！”的标示牌，如图 1-6(b) 所示，尺寸为 250mm×250mm。白圆圈的直径为 210mm，式样为绿底白圆圈黑字。

（6）在邻近其他可能误登的带电架构上、发电厂升压站及变电站户外高压场地杆塔的脚钉杆、运行中变压器爬梯上，应悬挂“禁止攀登，高压危险！”的标示牌。如图 1-6(c) 所示，尺寸为 250mm×200mm，式样为白底红边黑字。

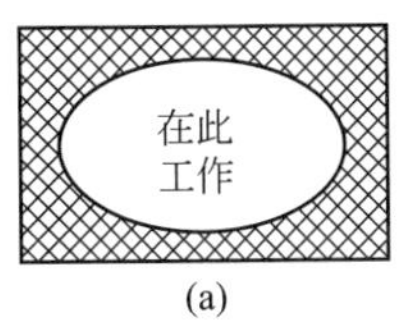

(a)

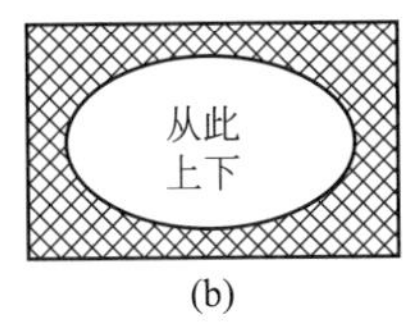

(b)

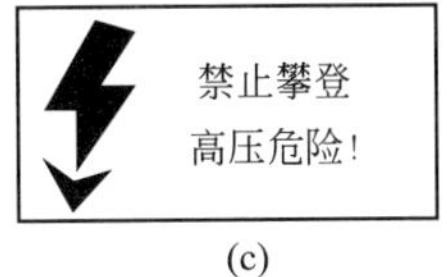

(c)

图 1-6　标示牌的式样（二）

4. 电气设备的安全工作距离

根据 GB 26860—2011 中的规定，不论高压电气设备是否带电，现场工作人员不得单独移开或越过遮栏进行工作；若有必要移开遮栏时，必须有监护人员在场，并符合表 1-1 所规定的安全距离。当工作人员在工作中正常活动范围的距离小于表 1-1 所规定的安全距离时，电气设备必须停电。

表 1-1　人体与带电电气设备的安全距离

电压等级/kV	安全距离/m	电压等级/kV	安全距离/m
10 及以下	0.35	154	2.00
20～35	0.60	220	3.00
44	0.90	330	4.00
60～110	1.50	500	5.00

5. 安全生产责任制

安全生产责任制是加强安全管理的重要措施，其核心是认真实行安全生产管理，坚持“安全生产，人人有责”的原则。各级最高行政领导是本单位安全工作的第一责任人，必须坚持“安全第一”的方针，严格贯彻执行国家有关安全生产的政策和指示，使安全生产落实到人。既要有专人负责，各级领导负责，又要各种岗位，各工程的在岗操作人员负相应的安全责任。

1.4　安全生产自我保护措施

安全生产是每个职工不能忽视的重要内容。违反安全操作规程，会造成人身事故和设备事故，不仅给国家和企业造成经济损失，而且也直接关系到个人的生命安全。电气安装电工必须建立自我保护措施。

1. 上岗前的检查和准备工作

（1）上班前必须按规定穿戴好工作服、工作帽、工作鞋。

（2）在安装或维修电气设备时，要清扫工作场地和工作台面，防止灰尘等杂物落入电气设备内造成故障。

（3）上班前不准饮酒，工作时应集中精力，不做与本职工作无关的事。

（4）必须检查工具、测量仪表和防护用具是否完好。

2. 工作时的安全措施

（1）安装检修电气设备时，应先切断电源，并用验电笔测试是否带电。在确定电气设备不带电后，才能进行工作。

（2）在断开电源开关后，进行安装检修设备时，应在电源开关处挂上“有人工作，严禁合闸！”的标示牌。

（3）电气设备拆除送修后，对可能来电的线头应用绝缘胶布包好，线头必须有短路接地保护装置。

（4）严禁在工作场地，特别是易燃、易爆物品的生产场所吸烟及明火作业，防止火灾发生。

（5）在安装检修电气设备内部故障时，应选用36V的安全电压灯泡作为照明。

3. 下班前的结束工作

（1）下班前清理好工作现场，擦净仪器和工具上的油污和灰尘，并放入规定位置或归还工具室。

（2）下班前要断开电源总开关，防止电气设备起火造成事故。

（3）拆除后的电气设备应放在指定的干燥、清洁的场地，并摆放整齐。

（4）做好安装检修电气设备后的故障记录，积累修理经验。

1.5 电气安全用具的使用

电气安全用具包括接地线、绝缘操作杆、验电器、绝缘手套、绝缘靴、安全帽、安全带、标示牌、围栏绳等。正确使用电气安全用具，使人身安全得到进一步的保证。

1. 接地线

使用前应检查接地线是否完好，即接地端和导体端的螺栓是否齐全、有无断股现象、接地线的截面是否合格。在验明导体无电后挂接地线时，应先用螺栓将接地端固定在接地网上，然后用绝缘杆将导体端固定在导体上（如果是10kV及以下的电气设备，则可在穿绝缘靴的情况下，戴绝缘手套将导体端固定在导体上）。拆除接地线时，应先拆导体端，后拆接地端。

2. 绝缘操作杆

使用前应检查操作杆是否清洁完好，有无受潮现象，试验期（1年）是否超过，如果没有试验标签不得使用。不得将低电压等级的绝缘操作杆用于操作高一级电压的设备。

3. 验电器

验电器使用前应检查外观是否合格，声光信号是否正常，试验标签是否过期，电压等级是否相符。检查合格后，先在电气设备的有电部分验证验电器是否完好，再在停电设备进出线两端三相分别验电，作为判定电气设备是否停电的依据。

4. 绝缘手套

绝缘手套使用前应充气检查是否漏气，外观是否完好，试验期是否已过，检查合格后方可使用。使用时不能接触坚硬及过热物体，使用后应放回原处，高温季节应涂抹一定的滑石粉以防粘连。

5. 绝缘靴

使用前应检查外观及试验有效期（绝缘靴的试验周期为 6 个月），并使用适当大小的靴子。使用完后应保持清洁，放回原处。

6. 安全帽

使用前应检查外观及试验有效期（安全帽应做力学试验，一般塑料安全帽的使用期为 5 年），使用时应选用适当的尺码并将带子系好。

7. 安全带

安全带的试验有效期为半年，使用前应检查外观及锁扣是否完好。使用时先将腰带系于腰部，松紧要适当，不得从臀部滑下。到工作高度后再将安全绳固定于工作地点牢固且便于滑动的地方，锁好锁扣后方可开始工作。

8. 围栏绳

围栏绳一般为棉织绳或尼龙绳，应保持清洁，使用时不得乱甩，以防触及带电的电气设备。

9. 标示牌

标示牌应分类整齐摆放在安全工具室，使用时应按工作票的要求及现场实际情况，将需要的标示牌挂在适当的地方，一般电气设备的标示牌为白底红字红边。

1.6　触电急救方法

触电急救的原则是：迅速、就地、准确、坚持。切不可惊慌失措、束手无策。人触电以后，可能由于痉挛或失去知觉而不能自行摆脱电源，应迅速使触电者脱离电源，并对其伤害情况作出简单诊断：观察一下心跳是否存在，摸一摸颈部或腹股沟处的大动脉有没有搏动，看一看瞳孔是否放大，一般可按下述情况处理。

（1）病人神志清醒，但有乏力、头昏、心慌、出冷汗、恶心、呕吐等症状，应使病人就地安静休息，症状严重的，小心护送医院进行检查治疗。

（2）病人心跳尚存，但神志不清，应将病人就地仰面平躺，保持周围的空气流通，注意保暖，做好人工呼吸和心脏挤压的准备工作，并立即通知医疗部门或用担架送病人去医院抢救。

（3）如果病人处于“假死”状态，即丧失知觉、面色苍白、瞳孔放大、脉搏和呼吸停止。应立即进行人工呼吸或者心脏挤压法或者两种方法同时进行抢救，并速请医生诊治或送往医院。

1）口对口人工呼吸法的施行步骤和方法（图 1-7）

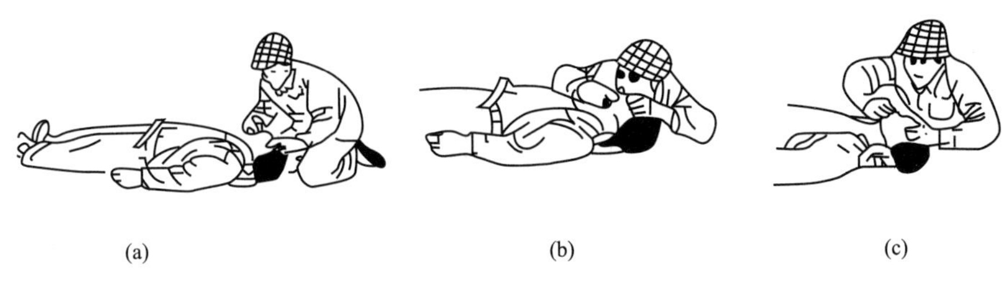

(a)　(b)　(c)

图 1-7　口对口人工呼吸法

（a）触电者平躺姿势；（b）急救者吹气方法；（c）触电者呼气姿势

（1）使有心跳而无呼吸的触电者仰卧平躺，颈部枕垫软物，使头部稍后仰，松开衣服和腰带。

（2）清除触电者口腔中的血块、口沫。

（3）急救者深深吸气。捏紧触电者的鼻子，向触电者口中吹气，然后放松触电者的鼻子，再向触电者吹气。每次重复，应保持均匀的间隔时间，以每5s一次为宜，人工呼吸要坚持连续进行，不可间断，直至触电者苏醒为止。

2）胸外心脏挤压法的施行步骤和方法

（1）使有呼吸而无心跳的触电者仰天平躺，松开衣服和腰带；颈部枕垫软物，头部稍后仰；急救者按如图1-8(a) 所示的方式跪跨在触电者臀部位置，右手按如图1-8(b) 所示的位置放在触电者胸上，左手掌压在右手背上，如图1-8（c）、(d) 所示。

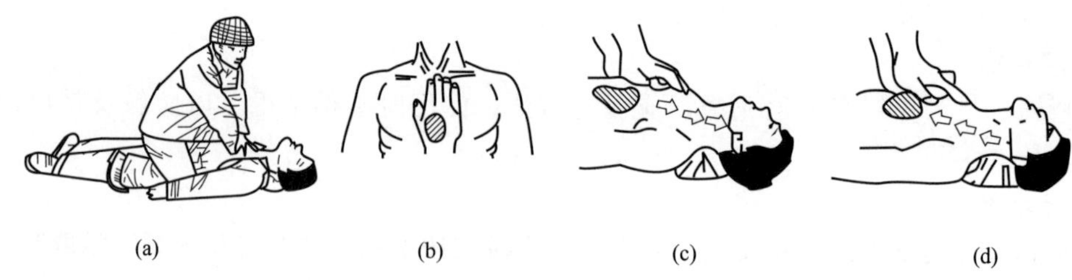

(a) (b) (c) (d)

图1-8 胸外心脏挤压法

(a) 急救者跪跨位置；(b) 急救者压胸的手掌位置；(c) 挤压方法示意；(d) 突然放松示意

（2）挤压与放松的运用要有节奏；每秒进行一次；必须坚持连续进行，不可中断，直到触电者苏醒为止；急救者在进行胸外心脏挤压时，切忌用力过猛，以防造成触电者内伤；但也不可用力过小，而使挤压无效。

【相关知识】

1.7 国家安全生产法律法规条例摘要

1. 安全生产工作规定

1）责任制

（1）公司系统各级行政正职是安全第一责任人，对本企业的安全生产工作和安全生产目标负全面责任。

（2）各级行政正职安全生产工作的基本职责如下：

① 负责建立健全并落实本企业各级领导、各职能部门的安全生产责任制；

② 亲自批阅上级有关安全生产的重要文件并组织落实，及时协调和解决各部门在贯彻落实中出现的问题；

③ 及时了解安全生产情况，定期听取安全监督部门的汇报。定期主持安全分析会议，及时组织研究解决安全生产工作中出现的重大问题。

2）教育培训

（1）新入厂的生产人员（含实习、代培人员），必须经厂、车间和班组三级安全教育，经《电业安全工作规程》考试合格后方可进入生产现场工作。

（2）新上岗生产人员必须经过下列培训，并经考试合格后上岗。

① 运行、调度人员，必须经过现场规程制度的学习、现场见习和跟班实习。

② 检修、试验人员（含技术人员），必须经过检修、试验规程的学习和跟班实习。

③ 特种作业人员，必须经过国家规定的专业培训，持证上岗。

(3) 在岗生产人员的培训。

① 在岗生产人员应定期进行有针对性的现场考问、反事故演习、技术问答、事故预想等现场培训活动。

② 离开运行岗位 3 个月及以上的值班人员，必须经过熟悉电气设备系统、熟悉运行方式的跟班实习，并经《电业安全工作规程》考试合格后，方可再上岗工作。

③ 生产人员调换岗位、所操作设备或技术条件发生变化，必须进行适应新岗位、新操作方法的安全技术教育和实际操作训练，经考试合格后，方可上岗。

④ 所有生产人员必须熟练掌握触电现场的急救方法，所有职工必须掌握消防器材的使用方法。

⑤ 例行工作。

a. 班前会和班后会。

班前会：接班（开工）前，结合当班运行方式和工作任务，做好危险点的分析布置安全措施，交待注意事项。

班后会：总结讲评当班工作和安全情况，表扬好人好事，批评忽视安全、违章作业等不良现象，并做好记录。

b. 安全日活动。

班（组）每周或每个轮值进行一次安全日活动，活动内容应联系实际，有针对性，并做好记录。车间领导应参加安全日活动并检查活动情况。

2. 安全生产工作奖惩规定

(1) 发生事故，各有关单位根据事故调查组的调查报告结论，按人事管理权限，对有关责任人按规定给予处罚。对于由政府部门组织调查的事故，若对有关人员的处理意见严于本规定，按政府部门组织调查所做出的事故调查报告意见给予处罚。

(2) 发生特大事故，按以下规定予以处罚。

① 对负主要责任者给予开除处分。

② 对负次要责任者给予开除留用察看两年或开除处分。

③ 对直接责任者所在车间级领导给予行政降级至开除留用察看一年处分。

④ 对事故责任单位行政正职、有关分管副职给予行政记大过至撤职处分。

(3) 发生责任性重大电网、设备和火灾事故：

① 对负主要责任者给予开除留用、察看一年至开除处分。

② 对负次要责任者给予行政记过至开除留用察看一年处分。

③ 对直接责任者所在车间级领导给予行政记过至撤职处分。

第2章　常用电工仪表工具

2.1　常用电工工具

1. 活扳手

1）活扳手的结构

活扳手是用来拧动和旋松螺母或螺杆的工具，由动扳唇、扳口、定扳唇、蜗轮、手柄和轴销组成。如图 2-1 所示，旋动蜗轮可调节扳口大小。其规格以长度×最大开口宽度来表示，常用的规格有 150mm（6in）、200mm（8in）、250mm（10in）、300mm（12in）4 种。

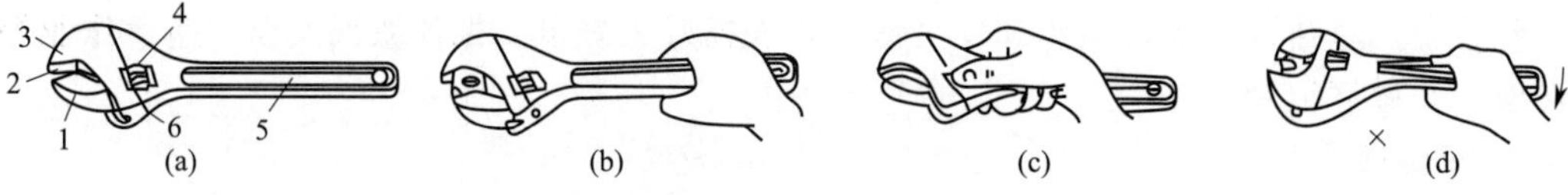

图 2-1　活扳手

(a) 活扳手的结构；(b) 扳较大螺母时的握法；(c) 扳较小螺母时的握法；(d) 错误的握法

1—动扳唇；2—扳口；3—定扳唇；4—蜗轮；5—手柄；6—轴销

2）使用方法

使用活扳手时，使活扳手紧密地卡住螺母，不可太松，否则会损坏螺母外缘。扳拧较大螺母时，手应握在近手柄尾处，如图 2-1(b) 所示；扳拧较小螺母时，可按如图 2-1(c) 所示的方法握住手柄。另外活扳手不可反用，以免损坏动扳唇，如图 2-1(d) 所示。动扳唇不可作为重力点使用，也不可用钢管接长柄来施加较大的扳拧力矩，更不得把活扳手当撬杠和锤子使用。

2. 钢丝钳

1）钢丝钳的结构

钢丝钳由钳头和钳柄两部分组成，是剪切、弯绞和钳夹导线和钢丝等的工具，如图 2-2(a) 所示。常用的规格有 150mm、175mm、200mm 等 3 种。钳口用来弯绞或钳夹导线线头；齿口是用来紧固或松开螺母；刀口是用来剪切导线或剥离软导线绝缘层；铡口用于切断钢丝或电线较硬金属。

2）使用方法

钢丝钳的使用方法如图 2-2(b)～(h) 所示。在使用钢丝钳的过程中应注意：

(1) 使用前，一定要检查外表绝缘套是否完好。

(2) 剪切导线时，不可同时剪切相线和零线，或同时剪切两根相线，以防短路。

3. 螺钉旋具

1）螺钉旋具的结构

螺钉旋具是一种紧固或拆卸螺钉的专用工具，通常有一字形和十字形两种。如图 2-3 所示。

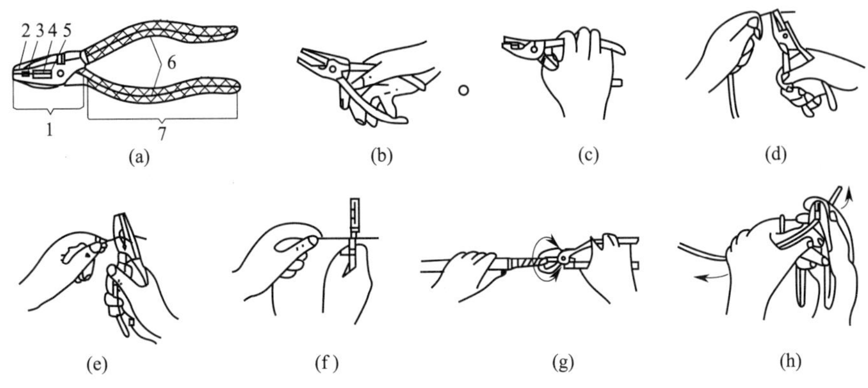

图 2-2　钢丝钳

(a) 钢丝钳的结构；(b) 握法；(c) 紧固螺母；(d) 钳夹导线头；
(e) 剪切导线；(f) 铡切钢丝；(g) 拧钢丝；(h) 除导线绝缘层
1—钳头；2—钳口；3—齿口；4—刀口；
5—铡口；6—绝缘管；7—钳柄

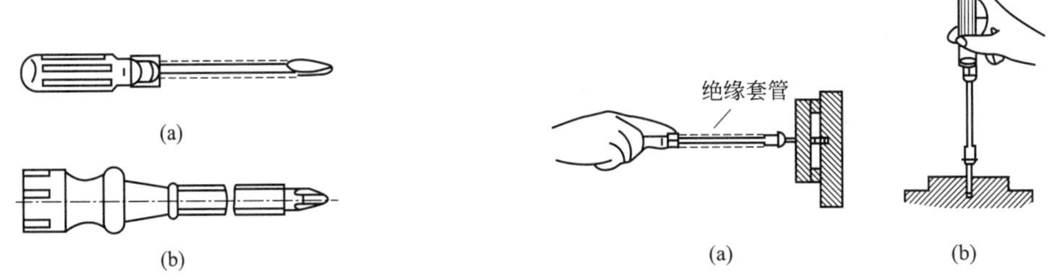

图 2-3　螺钉旋具

(a) 一字形螺钉旋具；(b) 十字形螺钉旋具

图 2-4　螺钉旋具的使用方法

(a) 大螺钉旋具的用法；(b) 小螺钉旋具的用法

一字形螺钉旋具常用的规格有 50mm、100mm、150mm 和 200mm 等，电工必备的是 50mm 和 150mm。十字形螺钉旋具常用的规格有 4 种，Ⅰ号适用于直径为 2～2.5mm 的螺钉，Ⅱ号适用于直径为 3～5mm 的螺钉，Ⅲ号适用于直径为 6～8mm 的螺钉，Ⅳ号适用于直径为 10～12mm 的螺钉。

2）使用方法

一般螺钉的螺纹是正螺纹，顺时针为拧入，逆时针为拧出。螺钉旋具用法如图 2-4 所示，使用时应注意以下几点。

(1) 在旋具的金属杆上要套上绝缘管，以免发生触电事故。

(2) 螺钉旋具头部厚度应与螺钉尾部槽形相配合，使头部的厚度正好卡入螺母上的槽，否则易损伤螺钉槽。

4. 电烙铁

1）电烙铁的结构

电烙铁是锡焊的主要工具，由手柄、电热元件和烙铁头组成，分内热式和外热式两种，如图 2-5 所示。常用电烙铁的规格有 25W、35W、45W 和 75W。焊接弱电元件时，宜采用 25W 和 35W 两种规格；焊接强电元件时，通常使用 75W 及以上规格的电烙铁。

2）使用方法

电烙铁的选用应按焊接对象来选择，选择过大容易烧坏元件，过小影响焊接质量，使用时应注意以下几点。

（1）在导电地面，电烙铁的金属外壳必须接地，以防漏电时触电。

（2）使用完毕时，应拔去电源插头，以延迟电烙铁的使用寿命，节约电能。

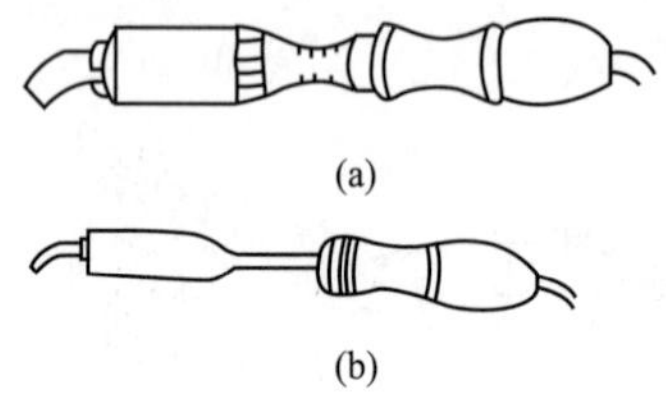

图 2-5 电烙铁的外形

（a）外热式电烙铁；（b）内热式电烙铁

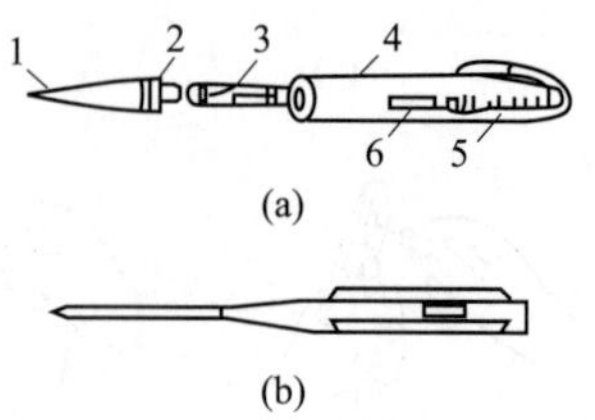

图 2-6 验电笔结构

（a）笔式验电笔；（b）螺钉旋具验电笔

1—笔尖；2—电阻；3—氖管；4—笔身；5—弹簧；6—小窗

5. 验电笔

1）验电笔的结构

验电笔是检查 60～500V 低压电器是否有电的安全用具，由氖管、电阻、弹簧和笔身等组成，分笔式和螺丝刀式两种，如图 2-6 所示。

其作用是：区别相线与零线；区别电压高低；区别直流电与交流电，交流电通过验电笔时，氖管里的两个极同时发亮。直流电通过验电笔时，氖管里的两个极只有一个发亮，发亮的一极是直流电的负极。

2）使用方法

（1）使用前，先把验电笔在已带电的插座上试一下，验证验电笔完好才可用。

（2）使用时的正确握法如图 2-7 所示，注意一定要用手指或手掌压在验电笔的铜笔夹或铜铆钉上，使电流经过带电体、电笔、人体和大地形成回路，当带电体与大地之间的电位差超过 60V 时，氖管发亮。

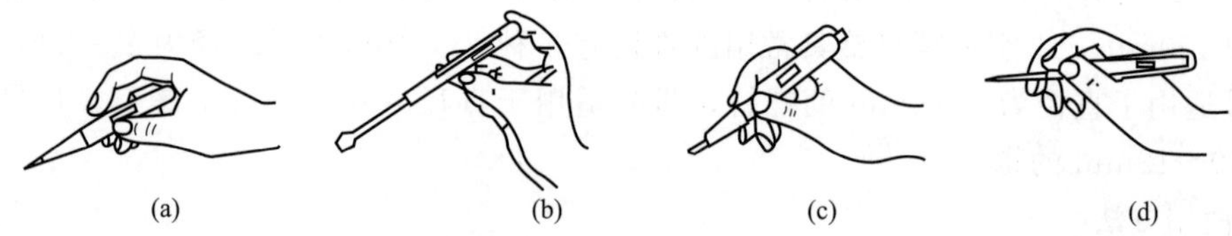

图 2-7 验电笔的使用方法

（a），（b）验电笔的正确握法；（c），（d）验电笔的错误握法

6. 电工刀

电工刀是用来剥电线绝缘层、切割木台缺口、削制木桩以及软金属的工具，如图 2-8（a）所示。使用电工刀时注意以下几点。

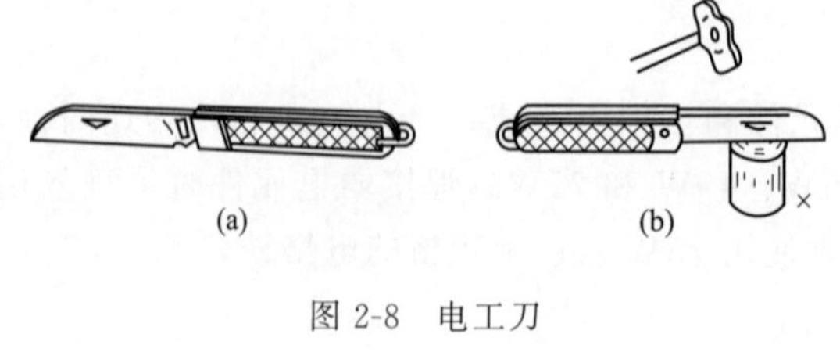

图 2-8 电工刀

（a）电工刀；（b）错误用法

（1）电工刀的刀柄无绝缘保护，不能在带电导线或器材上使用，以防触电。

（2）切削导线时，刀口应朝外剖削，以防伤人。

（3）剖削导线绝缘层时，应将刀面与导线呈较小的锐角，以免割伤导线。

（4）不能用锤子敲击电工刀刀背，如图

2-8(b) 所示。

(5) 使用完毕后，应及时将刀身折进刀柄。

7. 剥线钳

如图 2-9 所示。用来剥削 $6mm^2$ 以下塑料或橡胶导线的绝缘层。由钳头和手柄两部分组成，钳头部分由压线口和切口构成，分别有直径为 0.5～3mm 的多个切口，以适用不同规格的芯线。使用时，电线必须放在大于其芯线直径的切口上切剥，否则会切伤线芯。

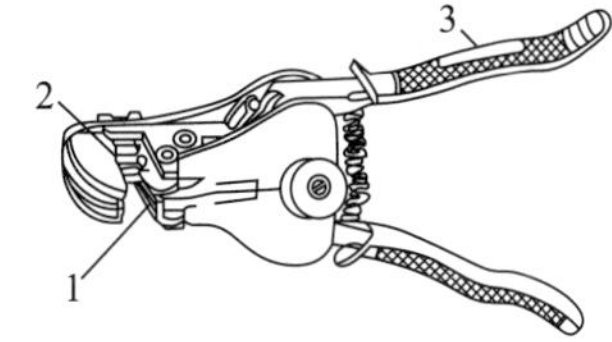

图 2-9　剥线钳

1—压线口；2—刀口；3—钳柄

8. 导线压接钳

导线的连接方法很多，但专用工具只有导线压接钳。

(1) 户内线路使用的铝导线压接钳如图 2-10(a) 所示。该类压接钳由钳头和钳柄两部分组成，钳头由阳、阴模和定位螺钉等构成。阴模随不同规格的导线而选配。使用时，拉开钳柄，嵌入线头，然后两手夹紧钳柄用适当的力进行压接。

(2) 户外线路使用的铝导线压接钳如图 2-10(b) 所示，其结构和使用方法与户内线路使用的压接钳类似。

(3) 钢芯铝导线压接钳如图 2-10(c) 所示，该压接钳由钳头、压模、螺杆和摇柄等组成，压接时用摇柄旋压。

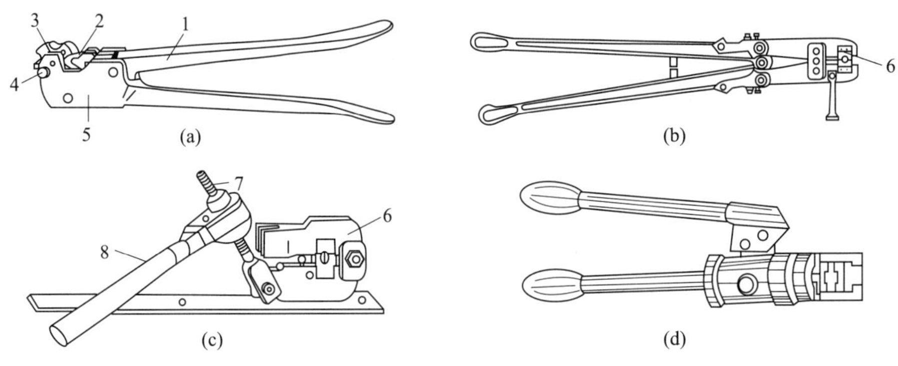

图 2-10　导线压接钳

(a) 户内线路用；(b) 户外线路用；(c) 钢芯铝导线用；(d) 液压导线压接钳

1—钳柄；2—阳模；3—阴模；4—定位螺钉；5—钳头；6—压模；7—螺杆；8—摇柄

(4) 液压导线压接钳依靠液压传动机构产生压力达到压接导线的目的，如图 2-10(d) 所示。压接铝芯导线截面积为 16～$240mm^2$，压接铜芯导线截面积为 16～$150mm^2$，压接形式为六边形围压截面。

9. 冲击钻

冲击钻是一种旋转带冲击的电钻，如图 2-11 所示。冲击钻具有两种功能：一种可作为普通电钻使用，使用时应把调节开关调到标记为“钻”的位置；另一种可用来冲打砌块和砖墙等建筑材料，这时应把调节开关调到标记为“锤”的位置。有的冲击钻可调节转速，分双速和三速的。在调速或调档（“钻”或“锤”）时，均应停转进行。

10. 紧线器

紧线器是用来收紧户内瓷瓶线路和户外架空线路的导线的专用工具，由夹线钳头、定位钩、收紧齿轮和手柄等组成，如图 2-12 所示。使用时，位钩必须钩住架线支架或横担，夹线钳头夹住需收紧导线的端部，反复搬动手柄，逐渐收紧。

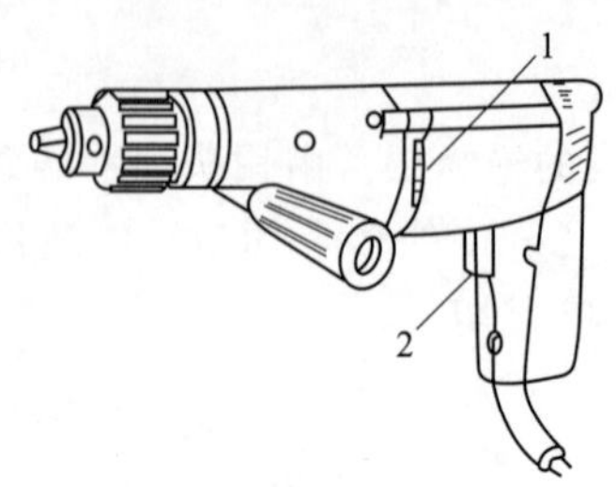

图 2-11　冲击钻

1—锤、钻调节开关；2—电源开关

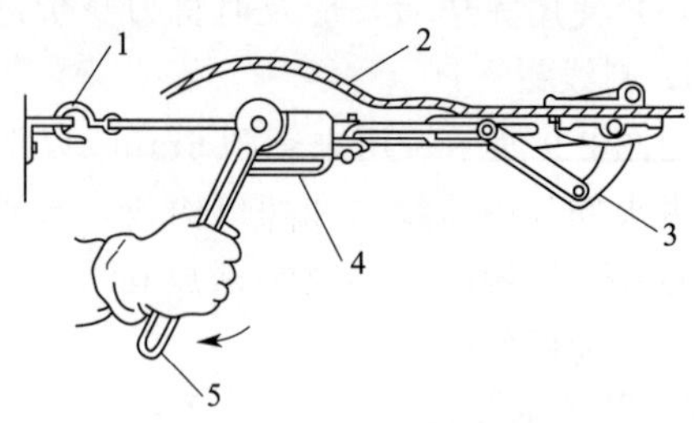

图 2-12　紧线器的构造

1—定位钩；2—导线；3—夹线钳头；4—收紧齿轮；5—手柄

11. 拉力器

拉力器又称捉子，主要用于拆卸带轮、联轴器和轴承等，分两爪和三爪两种，如图2-13所示。使用拉力器时注意以下几点。

（1）螺杆中心线与被拆物中心线重合，拉钩与螺杆平行，且两拉钩距离螺杆要相等。

（2）两拉钩长度要相等。

（3）拉钩应拉在被拆物的允许受力处，如轴承内圈。

（4）手柄转动时用力要均匀，拆不下来时不可硬拆，可在连接配合处涂上机油或松脱剂，如果仍拆不下来，可用火快烤轴承或联轴器，不允许受热部位，事先用蘸了冷水的石棉布包上。

12. 喷灯

喷灯是利用喷射火焰对工件进行局部加热的工具，常用于拆联轴器或旧线圈、电缆封端及导线局部等热处理。喷灯的火焰温度可达 900℃ 以上。喷灯有煤油喷灯和汽油喷灯两种，如图 2-14 所示。操作时注意以下几点。

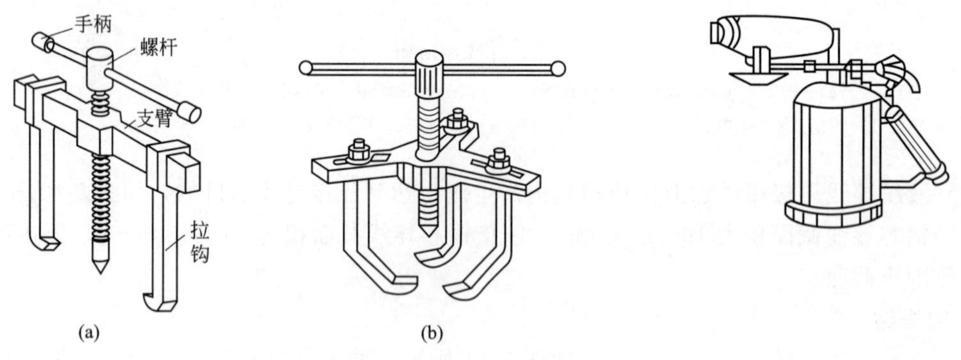

图 2-13　拉力器

（a）两爪拉力器；（b）三爪拉力器

图 2-14　喷灯

（1）使用时，先要检查喷灯是否漏气、漏油，油量不得超过油桶的 3/4。

（2）选用喷灯所规定的燃料油。

（3）丝堵必须拧好，加油时要远离明火。

（4）喷灯点火时，喷嘴前严禁站人。

2.2　常用量具

1. 钢直尺和钢卷尺

钢直尺是测量各种零部件的尺寸、形状和位置的普通量具，精度为 0.5mm。钢直尺的一端是直边，称为工作端边，尺的另一端有悬挂用的小孔，其长度有 150mm、200mm、300mm、1000mm 和 1500mm 等，使用钢直尺时，可将钢直尺的工作端边靠紧工件的台阶，放正后读数。

钢卷尺有自卷式、制动式卷尺和摇卷式 3 种，自卷式、制动式常用的规格有 1m、2m、5m，摇卷式有 10m、20m 和 50m 等。

2. 游标卡尺

1）游标卡尺的结构

游标卡尺属于较精密、多用途的量具，一般有 0.1mm、0.05mm 和 0.02mm 等 3 种规格，其外形如图 2-15 所示。

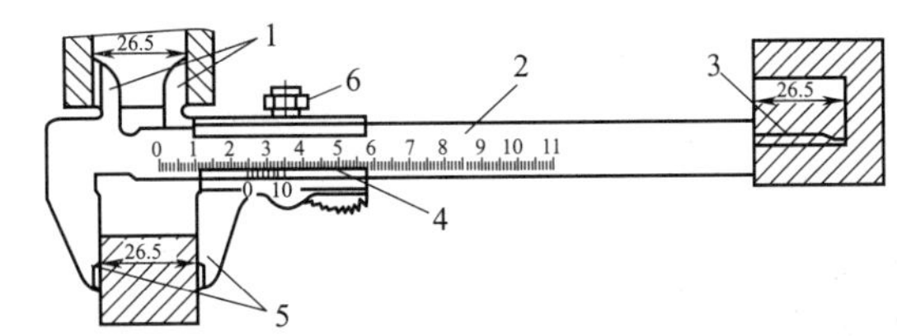

图 2-15　游标卡尺的外形

1—内测量爪；2—尺身；3—深度尺；4—游标；5—外侧量爪；6—紧固螺钉

尺身每一分度线之间的距离为 1mm，从“0”线开始，每 10 格为 10mm，在尺身上直接读出整数值，游标上每一格为 0.1mm，每向右一格增加 0.1mm。

2）使用方法

测量前，要做“0”标志检查，即将尺身、游标的卡爪合拢接触，使其“0”线对齐，然后按被测量的工件移动游标，卡好工件后，便可在尺身、游标上得到读数。

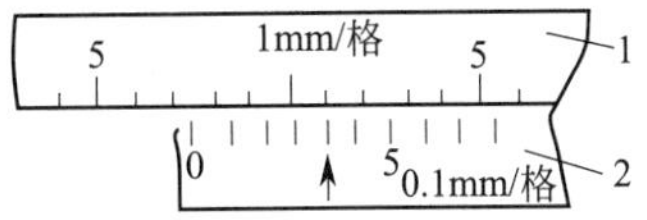

图 2-16　读数方法

1—尺身；2—游标

如图 2-16 所示，尺身给出 52mm，再看游标的第 4 格与尺身刻齐，所以游标给出 0.4mm，则工件总尺寸为 52mm＋0.4mm ＝ 52.4mm。操作时注意以下几点。

（1）不可使用游标卡尺测量粗糙的工件（如铸铁件等），以防磨损卡爪。

（2）读数时要防止视觉误差，要正视，不可旁视。

（3）测量爪卡住被测物体时，松紧要适当，读数前防止游标移动，要旋紧紧固螺钉。

（4）用后，把游标卡尺放在专用盒内，不可与其他工具叠放在一起。

3. 外径千分尺

1）外径千分尺的结构

外径千分尺是一种精密量具，常用来测量导线线径的大小。外径千分尺的结构如图2-17 所示。通过旋转微螺杆对工件进行测量，其尺寸大小可从两套管上的分度直接读出。读数时，从固定套管（主尺）上读出毫米分度，再从微分筒上读出毫米小数，然后把两个数加起来，就是工件的尺寸了，如图 2-18(a) 所示。

2）使用方法

(1) 使用前，要把被测表面擦干净，然后对准“0”线检查，如图 2-18(b) 所示。检查时，转动棘轮，使两个测量面接合，无间隙，使基准线对准“0”线位。

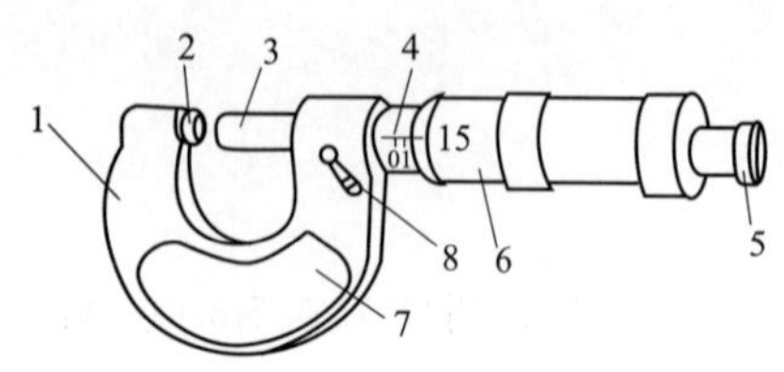

图 2-17　外径千分尺

1—尺架；2—测砧；3—测微螺杆；4—固定套管；5—测力装置；6—微分筒；7—绝热板；8—紧锁装置

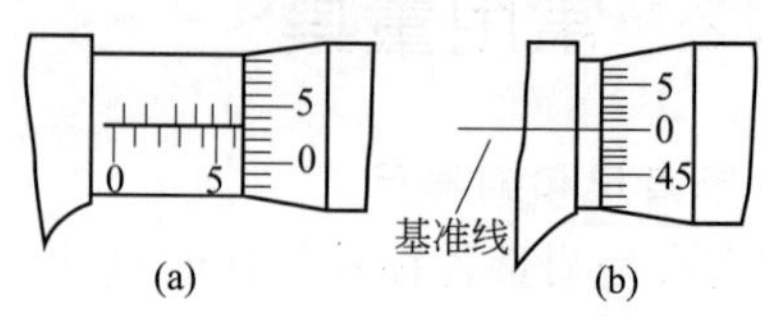

图 2-18　外径千分尺使用方法

（a）外径千分尺读数（读数 6.03）；（b）外径千分尺对零

（2）测量时，可多测几点，取平均值。

（3）用左手拿尺架的绝热板（避免因手温影响测量误差），右手先转动微分筒接触工件再轻轻转动测力装置，当测力装置发出打滑的声音时，便可读数。

图 2-19　百分表

1—测头；2—齿条杆；3—指针；4—表圈；5—表盘

4. 百分表

1）百分表的结构

百分表是用来测量转轴、集电环、换向器等外圆尺寸和形位误差一种精密量具，由测头齿轮、齿条杆、指针、表圈 和表盘组成，如图 2-19 所示。

2）使用方法

（1）使用时，将百分表安装在磁性表架上，然后转动表圈和连在一起转动的表盘，使“0”位分度线与指针对齐。

（2）测量时，应轻轻提起测头，慢慢地放在被测工件的表面上，使测头与工件接触，表针便会指出数值。如测量转轴外圆径向跳动量时，当表针指出最大值和最小值时，两个数值之差便是转轴径向跳动量。如图 2-20 所示是用百分表测轴颈跳动量，如图2-21所示是用百分表测量电动机轴伸端的转轴跳动量。

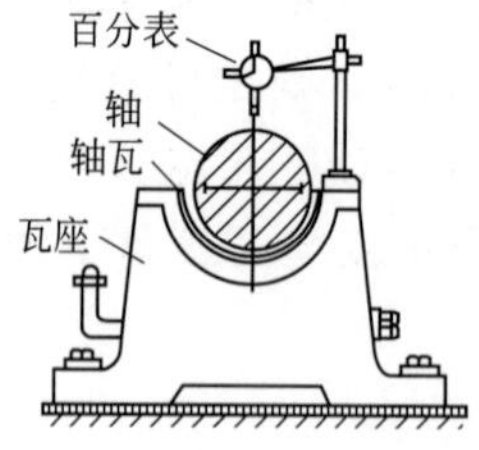

图 2-20　测轴颈跳动量

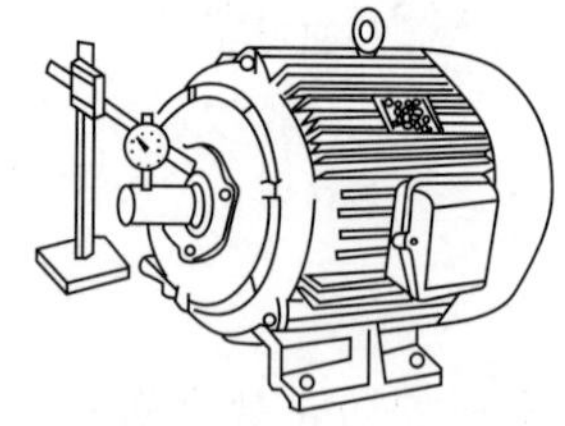

图 2-21　测量电动机轴伸端的转轴跳动量

2.3　常用电工仪表

1. 电工仪表分类

电工测量仪表种类繁多，主要可分为以下几类。

（1）按测量对象的不同可分为电流表、电压表、功率表、欧姆表以及电度表等；

（2）按被测量电源的种类可分为直流仪表、交流仪表和交直流两用仪表；

（3）根据工作原理可分为磁电式仪表、电磁式仪表、感应式仪表、静电式仪表和电动式仪表等；

(4) 根据使用方法可分为便携式、配电屏式等；

(5) 根据使用条件可分为 A、B、C 三组。A 组仪表适用于温暖的室内使用，B 组仪表可在不温暖的室内使用，C 组仪表可在室外使用。

仪表的精度等级别一般分为七级，即 0.1、0.2、0.5、1.0、1.5、2.5 和 5.0。等级的数字表示最大测量误差的百分数。等级数字越小，仪表越准。如用 0.1 等级的电流表，测出电流为 50mA，而实际电流值可以是 50.05mA 和 49.95mA 。一般工程（如电机、变压器）所使用的测量误差为±2.5%。

2. 绝缘电阻表

1) 绝缘电阻表的类型

绝缘电阻表俗称摇表，也称兆欧表，是专门用来测量电气设备和线路绝缘电阻的便携式仪表，由电磁系比率表、高压直流电源和测量线路等组成。常用的规格有 500V、1000V、2500V 等 3 种。

使用时，根据电气设备和线路电压等级来选择绝缘电阻表的规格。电气设备或线路在 500V 以下的，可选用 500V 绝缘电阻表；电气设备或线路电压高于 500V 时，可选用 1000V（ZC11—4 型）和 2500V（ZC11—5 型）的绝缘电阻表。如果绝缘电阻表电压选高，可能击穿电气设备，如电压选低，达不到测量目的。绝缘电阻表电压的选用见表 2-1。

表 2-1　绝缘电阻表电压的选取方法

所测设备类型	工作电压/V	可选绝缘电阻表电压/V
线圈	≤500	500
	≥500	500～1000
变压器绕组、电动机绕组	≥500	1000～2500
发电机绕组	≤500	1000
电气设备	≤500	500～1000
	≥500	2500
瓷绝缘子、母线		2500～5000

2) 使用方法

(1) 使用前先要做“开路”和“短路”检查试验，检查绝缘电阻表是否正常。做“开路”试验时，将绝缘电阻表的 L、E 接线端钮隔开，如图 2-22(a) 所示，用右手摇动手柄，左手拿表的接线端钮，并用左手掌按住表，以防摇动手柄时仪表晃动，使测量不准。

当表的指针指向“∞”处，说明“开路”试验合格。再把表的两个接线端钮 L、E 合在一起（短路），如图 2-22(b) 所示，缓慢摇动手柄，指针应指向“0”处，如果摇几下，指针便指零，要马上停止摇动手柄，此时表明此表的“短路”试验合格，如果再继续摇下去，会损坏仪表的。

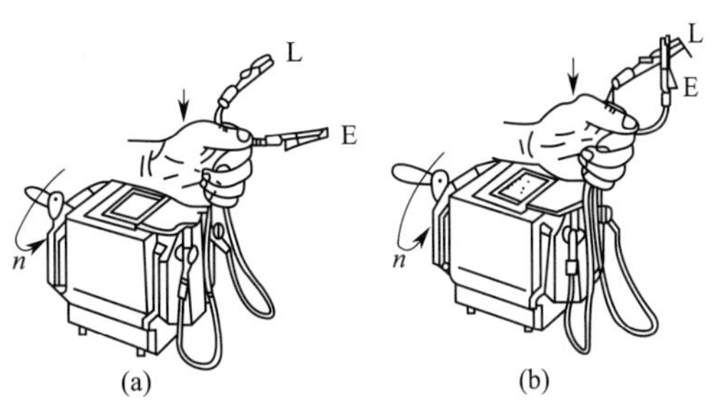

(a)　(b)

图 2-22　绝缘电阻表使用前的检查
(a) 检查开路情况；(b) 检查短接情况

如果上面两个检验不合格，则说明绝缘电阻表异常，需修理好之后再使用。

(2) 绝缘电阻表上有 3 个接线端钮，其中

L 表示“线”，接在线路导体上，E 表示“地”，接在地线或设备的外壳上，G 表示“保护环”（即屏蔽接线端钮）。

测量线路对地的绝缘电阻时，绝缘电阻表接线端钮 L 接线路的导线，接线端钮 E 接地，如图 2-23(a) 所示。

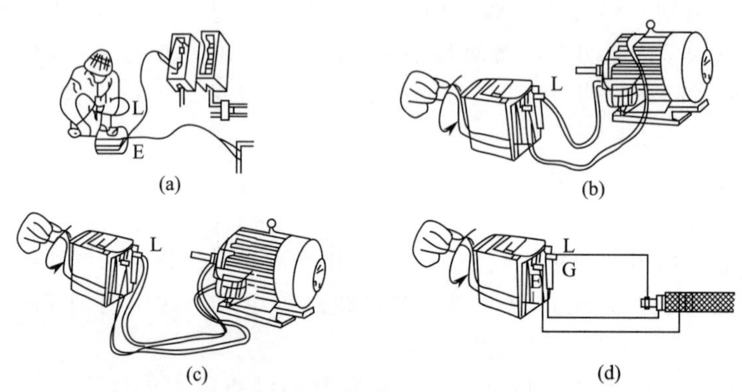

图 2-23　绝缘电阻表操作方法

(a) 测量线路对地的绝缘电阻；(b) 测量电动机绕组对地的绝缘电阻；(c) 测量电动机相间的绝缘电阻；(d) 测量电缆对地的绝缘电阻

测量电动机绕组对地（外壳）的绝缘电阻时，绝缘电阻表接线端钮 L 与绕组接线端子连接，端钮 E 接电动机外壳，如图 2-23(b) 所示。

测量电动机或电器的相间绝缘电阻时，L 端钮和 E 端钮分别与两部分接线端子相接，如图 2-23(c) 所示。

测量电缆对地（表皮）的绝缘电阻时，L 接电缆芯线，E 接电缆表皮，G 接绝缘层，如图 2-23(d) 所示。其他电气设备的接线，可参照这些设备的接线方法。

3）使用注意事项

（1）在进行测量前，应先切断被测线路或电气设备的电源，并进行充分放电，以保证设备及人身安全。

（2）绝缘电阻表与被测物之间的连接导线必须使用绝缘良好的单根导线，不能使用双股绞线，且与 L 端连接的导线一定要有良好的绝缘，因为这一根导线的绝缘电阻与被测物的绝缘电阻相并联，对测量结果影响很大。

（3）绝缘电阻表要放在平稳的地方，摇动手柄时，要用另一只手扶住绝缘电阻表，以防表身摆动而影响读数。

（4）摇动手柄时应先慢后渐快，控制在 120r/min 左右的转速，当表针指示稳定时，切忌摇动的速度忽快忽慢，以避免指针摆动。一般摇动 1min 时作为读数标准。

（5）测量电容器及较长电缆等设备的绝缘电阻时，一旦测量完毕，应立即将“L”端钮的连线断开，以免绝缘电阻表向被测设备放电而损坏被测设备。

（6）测量完毕后，在手柄未完全停止转动及被测对象没有放电前，切不可用手触及被测对象的测量部分及拆线，以免触电。

3. 钳形电流表

1）钳形电流表的结构

钳形电流表又称卡表，是由“穿心式”电流互感器和电流表组成，在不需断开电路就可直接测量线路电流，其结构如图 2-24 所示。

2）使用方法

使用时，只要握紧铁芯开关（扳手），使钳形铁芯张口（图2-24中虚线所示），让被测的载流导线卡在钳口中间，然后放开扳手，使钳形铁芯闭合，则钳形电流表的表头指针便会指出导线中的电流值。

3）使用注意事项

（1）测量前，先估计一下被测电流值在什么范围，然后选择量程转换开关的位置。或者先用大量程测量，然后逐渐减少量程以适应实际电流大小的量程。

（2）被测载流导线应放在钳口中央，否则会产生较大误差。

（3）保持钳口铁芯表面干净，钳口接触要严密，否则测量不准。

（4）为了测量小于 5A 的电流，可把导线在钳口上多绕几匝。测出的实际电流应除以穿过钳口内侧的导线匝数。

（5）测完后，调到最大电流量程上，以防下次测量时损伤仪表。

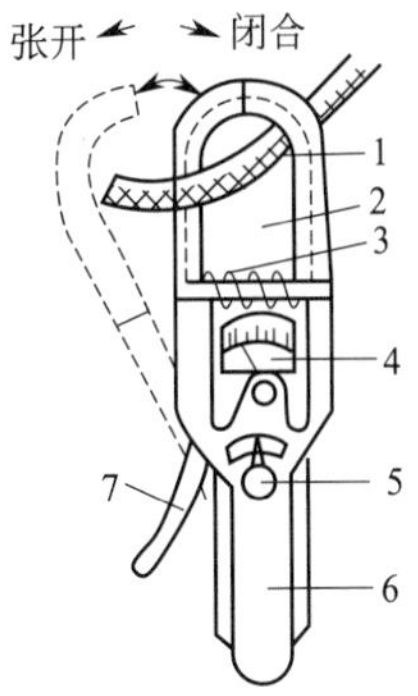

图 2-24　钳形电流表

1—载流导线；2—钳形铁芯；3—二次绕组；4—表头；5—量程转换开关；6—胶木手柄；7—扳手

4. 万用电表

万用电表又称万用表，是一种多功能、多量程便携式测量仪表，可以测量交、直流电压、直流电流、电阻、晶体管放大倍数、电感和电容。分机械式和数字式两种。

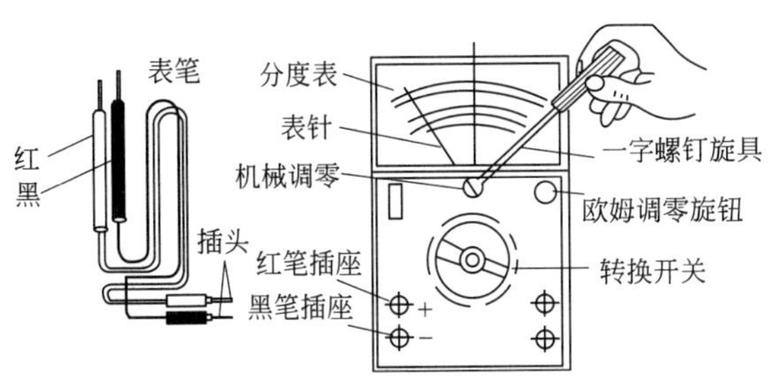

图 2-25　万用表调零示意图

1）机械式万用表

机械式万用表的结构一般由表头、测量线路、功能与量程选择开关组成。现以 500 型万用表为例，介绍其使用方法和注意事项。

（1）使用方法。

① 使用前，要检查指针是否在零位，如果不在零位，可用螺钉旋具调整表头上的机械调零旋钮，使指针对准零分度，如图 2-25 所示。

② 万用表有两根表笔，一红一黑，测量时将红表笔插入“+”插孔，黑表笔插入“−”插孔，测量高压时，应将红表笔插入“2500V”插孔，黑表笔仍插入“−”插孔。

③ 使用万用表测量电动机绕组和电阻器电阻的方法，如图 2-26(a) 所示；测量交流电

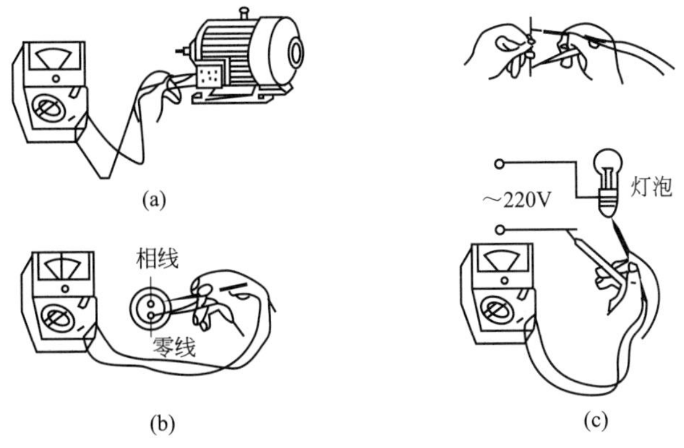

图 2-26　万用表的使用方法

压的方法如图 2-26(b) 所示；测量交、直流电流的方法如图 2-26(c) 所示。

（2）使用注意事项。

① 使用前要仔细检查转换开关的位置，避免误用而损坏万用表。

② 在测量直流电流时，注意接线要正确。万用表串接在被测电路中，红表笔接正极，黑表笔接负极，不能接反，否则易损坏万用表。

③ 不可带电转换量程。

④ 不可在带电情况下进行电阻测量。

⑤ 在选量程时，使测量表针处于满刻度线的 2/3 位置，以提高测量准确性。

⑥ 每次测量后，要将转换开关拨到交流电压最高的一挡，以防别人误用，损坏仪表。

2）数字式万用表

（1）数字式万用表的结构。数字式万用表具有准确度高、读数迅速准确、功能齐全及过载能力强等特点。如图 2-27 所示是常用的 DT890 型数字式万用表的结构。

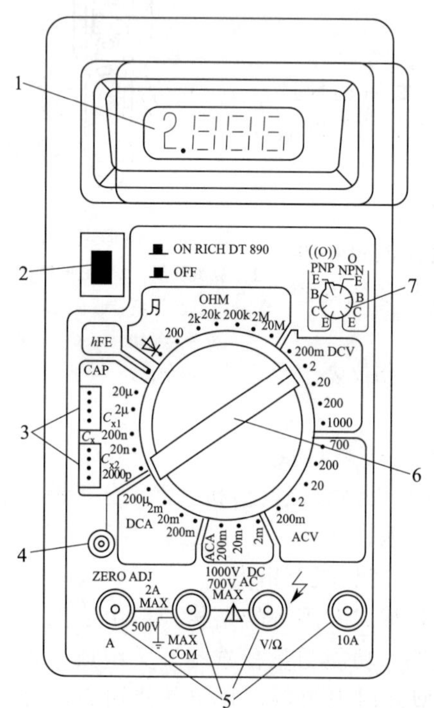

图 2-27　DT890 型数字式万用表

1—显示屏；2—开关；3—电容插孔；4—电容调零器；5—插孔；6—选择开关；7—测 hFE 插孔

（2）使用方法。

① 交、直流电压的测量。

a. 将电源开关置于 ON 位置。

b. 转动量程选择开关，置于 DCV（直流电压）或 ACV（交流电压）的合适量程。

c. 将红色表笔插入 V/Ω 孔内，黑色表笔插入 COM 孔内。

d. 将两只表笔并联在被测电路上。

e. 液晶显示屏便显示出被测点的电压。

② 交、直流电流的测量。

a. 将电源开关置于 ON 位置。

b. 转动选择开关，置于 DCA（直流）或 ACA（交流）范围内的合适位置。

c. 将红笔插入 A 孔（电流≤200mA）或 10A 孔（电流＞200mA）内，黑表笔插入 COM 孔内。

d. 将两只表笔串联在被测电路上。

e. 液晶显示屏便显示出被测点的电流。

f. 测试结束后，将电源开关置于 OFF 位置。并将红表笔从电流插孔中拔出，插入电压插孔内，以防再次使用时误操作。

③ 电阻的测量。

a. 将电源开关置于 ON 位置。

b. 将量程选择开关置于欧姆挡范围内的合适量程。

c. 红表笔（正极）插入 V/Ω 孔内，黑表笔（负极）插入 COM 孔中。

d. 显示屏上便显示出电阻值。

e. 如果被测电阻超出所选量程最大值，则显示屏上会显示出“1”，这时要重选大量程。对于大于 1MΩ 的电阻测量，要等待几秒钟后再读数。

④ 电容的测量。

a. 将量程转换开关 6 置于 CAP 处，被测电容插入电容插孔 3 中。

b. 转动电容测量调零旋钮，使初始值为零。

c. 显示屏上将显示出电容量大小。

⑤ 晶体管 hFE 测量。

a. 将量程转换开关置于 hFE 处，按 NPN 或 PNP 管正确插入插孔即可。

b. 显示屏显示出 hFE 值。

⑥ 使用注意事项。

a. 测量容量较大的电容时，应先将被测电容放电。

b. 测量电容时，两手不得触碰电容的电极引线或表笔的金属端，否则万用表将跳数或过载。

c. 测量有极性的电子元件（如晶体管、电解电容）时，要注意表笔极性。

d. 更换电池或熔丝时，应切断电源开关，且注意熔丝应与原机熔丝相同。

e. 测量高压时要注意避免触电。

5. 电流表

1）电流表的结构

电流表通常有磁电式、电磁式、电动式等几种。如图 2-28 所示为电流表的外形图。它们串接在被测电路中，电流表线圈通过被测电路的电流，使电流表指针发生偏转，由指针偏转的角度来反映被测电流的大小。

当电流表串入被测电路中时，由于电流表内的电阻，会使被测电路中电流减少，引起测量误差，为了减少测量误差，电流表的内阻一般都很小。如果电流表误并接在被测电路中，则会使被测负载短路，造成短路故障。

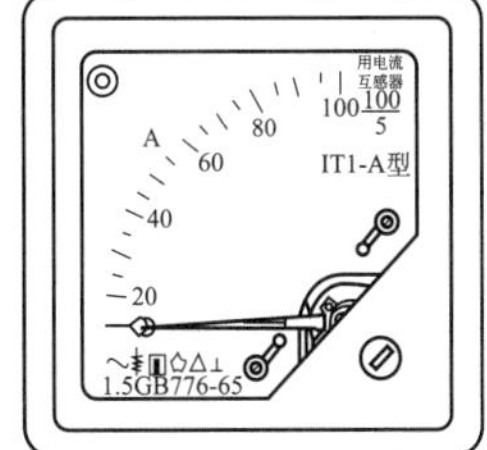

图 2-28　电流表外形图

2）使用方法

(1) 电流表操作按被测的电流大小选择电流表的量程，使量程大于被测的电流值。要求电流表指针工作在满量程分度的 2/3 区域内。

(2) 电流表与负载要串联连接，测量直流电流时，可选用磁电式电流表，灵敏度较高。在测量交流电流时，可用电磁式或电动式电流表。

(3) 测量直流电流时，要注意让电流从表的“＋”极性端钮流入，从“－”极流出，使电流表指针正偏。否则，指针会反偏，损伤仪表。

(4) 对于多量程的电流表，使用时应先试用大量程，逐步由大到小，直到合适的量程（使读数超过刻度的 2/3 或 1/2），且在改变量程时应停电，以防测量机构受到冲击。

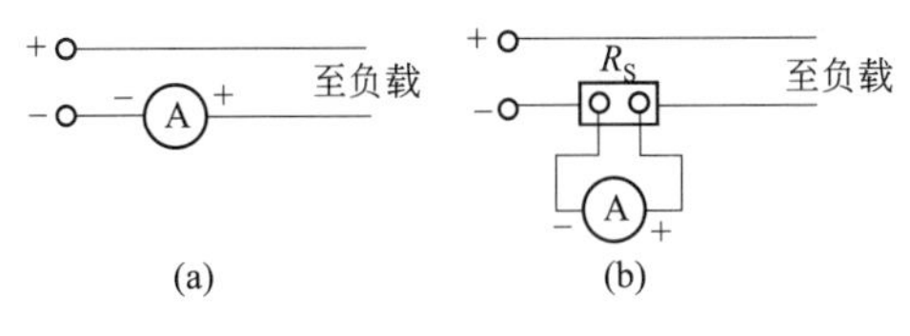

图 2-29　直流电流表的接线图

(5) 直流电流的测量线路如图 2-29 所示，接线时，要注意仪表的极性，图 2-29(b) 为带有分流器的仪表，用配套的定值导线连接仪表与分流器端钮。

(6) 单相交流电流表的测量如图 2-30 所示。带有互感器的测量线路，要求互感器的二次绕组和铁芯都要可靠接地，二次回路不允许开路和安装熔断器。在带负载情况下拆装仪表时，必须先将二次绕组短路后才能拆装。

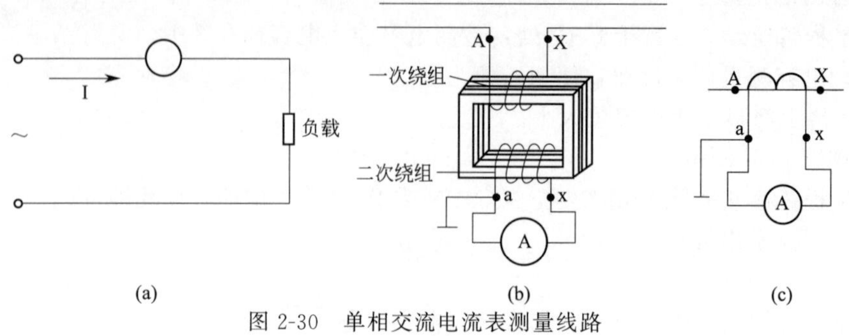

图 2-30 单相交流电流表测量线路

（a）直接测量线路；（b）带有互感器的测量线路；（c）简化的接线图

6. 电压表

1）电压表的结构

电压表通常有磁电式、电磁式以及电动式等几种。如图 2-31(a) 所示为电压表的外形图。

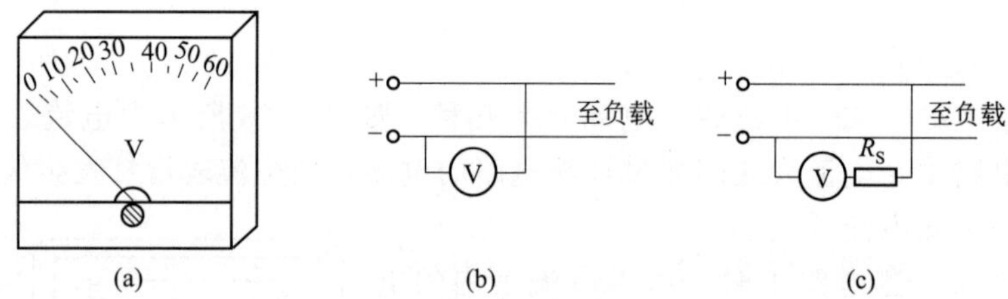

图 2-31 直流电压表外形图和测量接线图

2）电压表的使用方法

（1）按被测电压大小选择电压表量程，电压表量程应大于被测值。

（2）测量直流电压时，一般选用磁电式电压表，而电磁式和电动式电压表虽然可交直流两用，但没有磁电式灵敏度高。要注意表头线钮的正负极性。

（3）在改变量程时，不允许带电变换，以免使测量机构受到冲击。

（4）直流电压的测量测量线路如图 2-31(b) 所示，电压表一定与负载并联，接线时注意仪表的极性和量程。如图 2-31(c) 所示是带有分压器测量的接线图。

（5）单相交流电压表直接测量线路如图 2-32 所示。

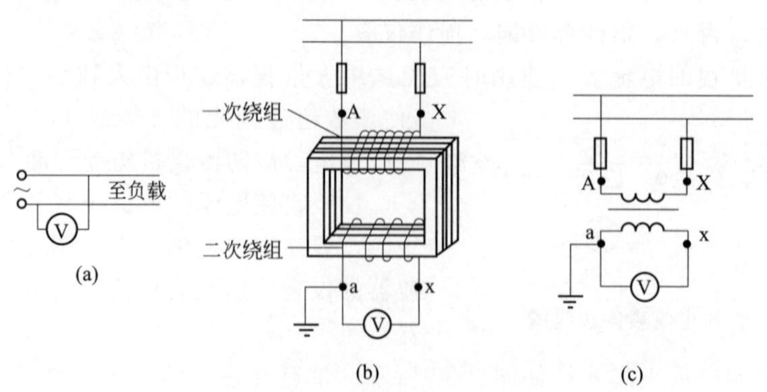

图 2-32 单相交流电压表测量线路

（a）直接测量线路；（b）带电压互感器的测量线路；（c）简化接线图

3）使用注意事项

在接线时要求电压互感器的二次侧在运行中不允许短路，一、二次侧必须装熔断器保护，以防发生短路，烧毁互感器。互感器二次绕组的一端和铁芯必须可靠接地。

7. 功率表

1）功率表的结构

功率表又称瓦特表，是用来测量直流电路和交流电路功率仪表。分单相功率和三相功率表，如图 2-33 所示，其中图 2-33(a)、(b) 是单相功率表的外形，图 2-33(c) 是三相功率表的外形。其测量机构是由固定线圈和可动线圈组成，所以功率表反映电压和电流的乘积。接线时固定线圈（电流线圈）与被测电路串联，可动线圈（电压线圈）与被测电路并联。

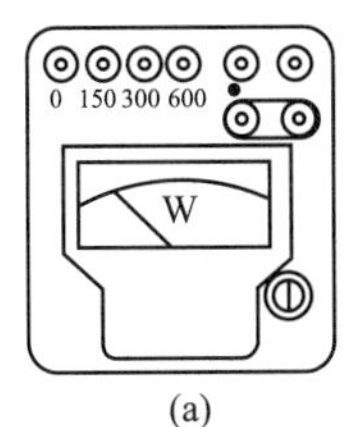

(a)

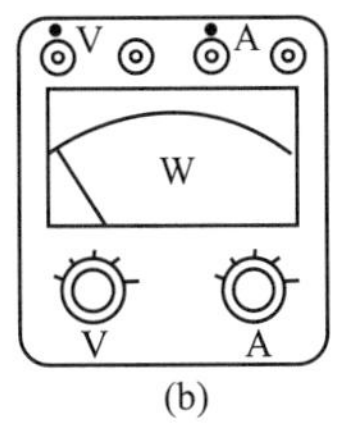

(b)

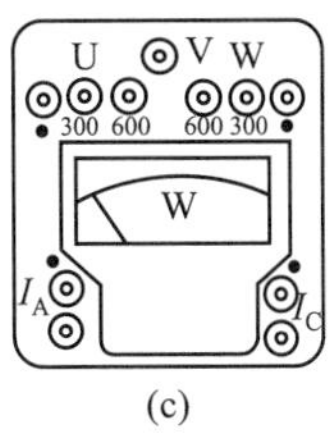

(c)

图 2-33　功率表的外形图

2）使用方法

(1) 直流电路功率的测量，如图 2-34 所示。图 2-34(a) 用于测量 1A 以上大电流的接线，图 2-34(b) 用于测量几百毫安小电流的接线，图 2-34(c) 用功率表测量直流线路中的功率。

(2) 接线时要注意仪表的同名端，通常用“・”符号表示，接线时应使同名端接在同一极性上，以保证两个线圈的电流都能从端子流入。

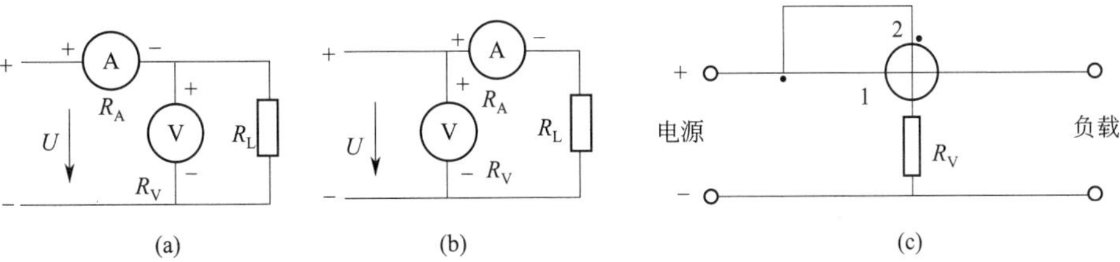

图 2-34　直流电路功率的测量

(3) 单相交流电路功率的测量如图 2-35 所示，标有“・”号的电压线圈端钮，可以接在电流端的前边，如图 2-35(a) 所示，也可接在后边，如图 2-35(b) 所示。接在前边适用于负载电流较小的电路，接在电流端后边适用于负载电流较大的电路。

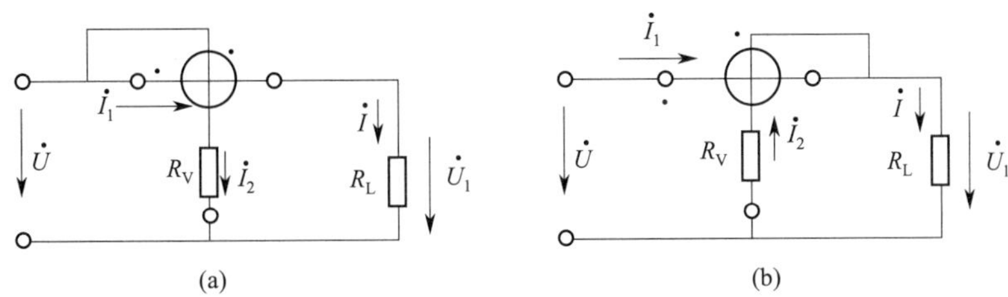

图 2-35　单相交流电路功率测量接线

（4）三相交流电路功率的测量。三相三线制电路的接线如图 2-36(a) 所示，采用双功率表 W_1、W_2 进行三相功率测量，电路总功率等于两个功率表读数的代数和。当负载功率因数 $\cos\varphi<0.5$ 时，则有一只功率表的读数为负值，即功率表反转。

三相四线制电路的接线如图 2-36(b) 所示，用 3 只单相功率表 W_1、W_2、W_3 测得各相功率，则电路总功率等于 3 只功率表读数和。

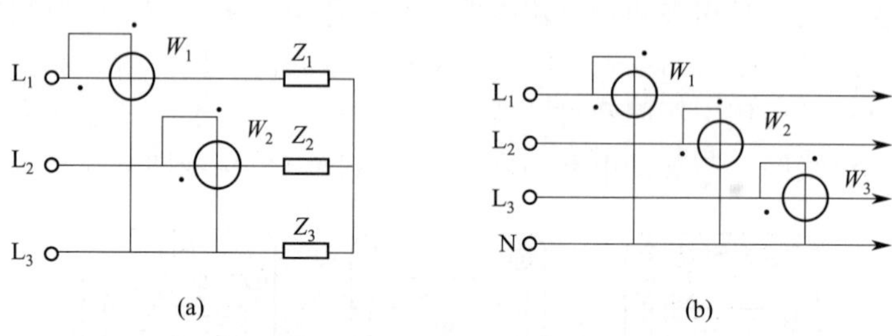

图 2-36　三相功率表接线图

（5）功率表量程的选择。功率表的量程选择包括电流量程的选择和电压量程的选择，选用的电压和电流量程要与负载电压和电流相适应，使电流量程能通过负载电流，使电压量程能承受负载电压，从而使功率表的功率量程大于负载总功率。

8. 电能表

电能表俗称电度表，是用来测量用电设备的电能，可分为单相电能表和三相电能表。

1）使用方法

（1）单相电能表的接线在接线盒内完成，接线盒有 4 个端子，即相线（俗称火线）1 进 2 出，零线 3 进 4 出，如图 2-37 所示。

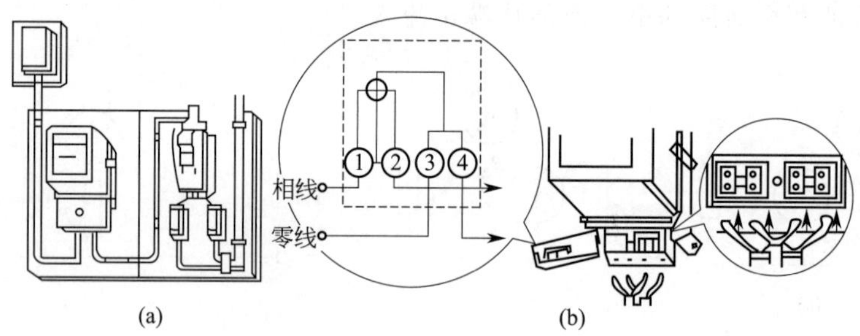

图 2-37　单相电能表的接线图

（a）安装图；（b）接线图

（2）直流电能表的接线如图 2-38 所示。

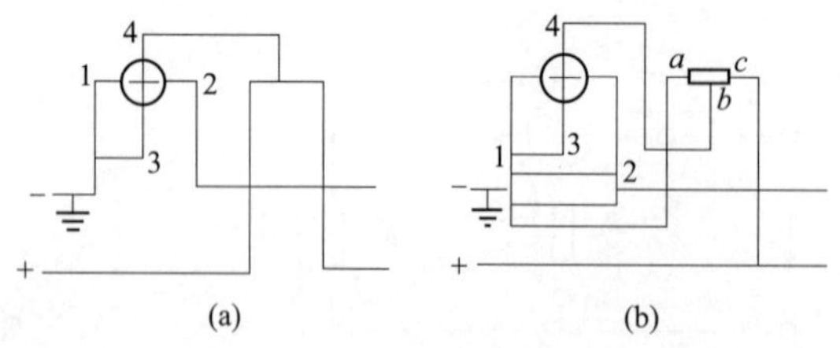

图 2-38　直流电能表接线图

（a）直接接入；（b）经分压器、分流器接入

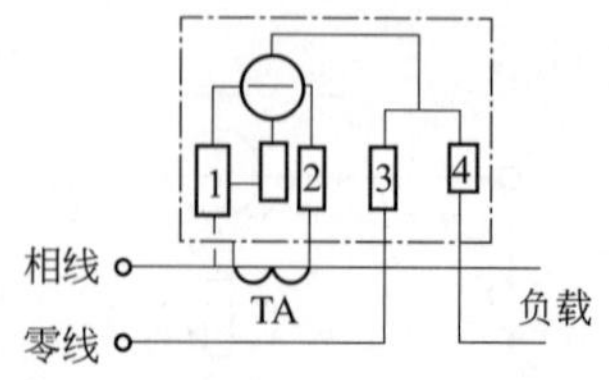

图 2-39　单相电能表经电流互感器接入

（3）带有互感器的单相交流电能表接线如图 2-39 所示。

（4）三相交流电能表的接线通常有三相三线制和三相四线制两种接法，如图 2-40 所示。

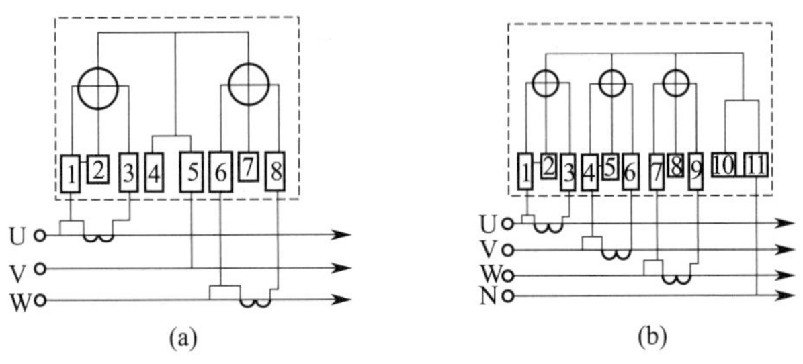

图 2-40　三相交流电能表的接线图

（a）三相三线制电能表接线；（b）三相四线制电能表接线

2）使用注意事项

（1）单相电能表应装在配电盘的左边或上方，而开关应装在配电盘的右边或下方。并且电能表与地面保持垂直，以免影响电能表计数的准确性。

（2）电能表读数时，应注意是否与互感器连接，如果电能表未经互感器直接接入线路，可以从电度表直接读数；如果电能表经电压互感器或电流互感器接入线路，实际消耗电能应为电能表的读数乘以电压互感器或电流互感器的变比值。

9. 接地电阻表

1）接地电阻表的结构

接地电阻表又称接地电阻测量仪，是专门测量接地电阻大小的仪器，主要由表头、细调拨盘、粗调旋钮、连接线、测量接地棒、摇柄和接线桩组成。如图 2-41 所示为 ZC—8 型接地电阻表。

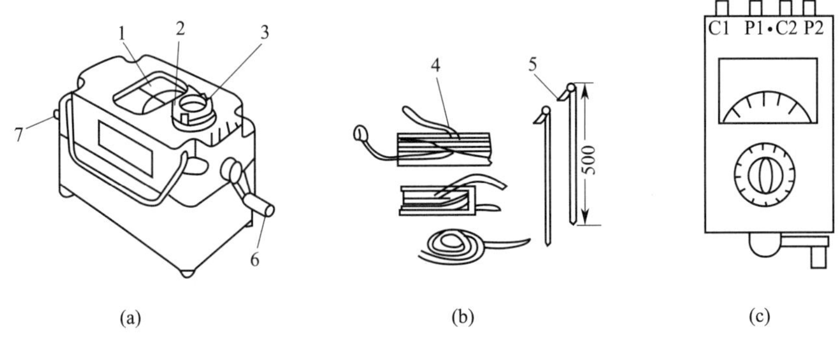

图 2-41　ZC—8 型接地电阻测量表及附件

（a）外形；（b）附件；（c）版面

1—表头；2—细调拨盘；3—粗调旋钮；4—连接线；5—测量接地棒；6—摇柄；7—接线桩

2）使用方法

ZC—8 型接地电阻表为手摇发电机式，使用时需要打两个辅助接地极，如图 2-42 所示。

（1）分别在距被测接地体 20m 和 40m 处打入两个辅助接地极 P 和 C，深度不小于 40cm，如果场地有限，P 和 C 距离可以减小。通常用 ϕ6mm 以上钢棍作为辅助接地极。

（2）将接地电阻测量表放平，然后调零。

（3）将被测接地体与仪表的接线柱 E_1 或 P_1、C_1 相连，如图 2-42(b) 所示，较远的辅助电极 C 与端子 C_1 相连，较近的辅助接地极 P 与仪表端子 P_1 相连。

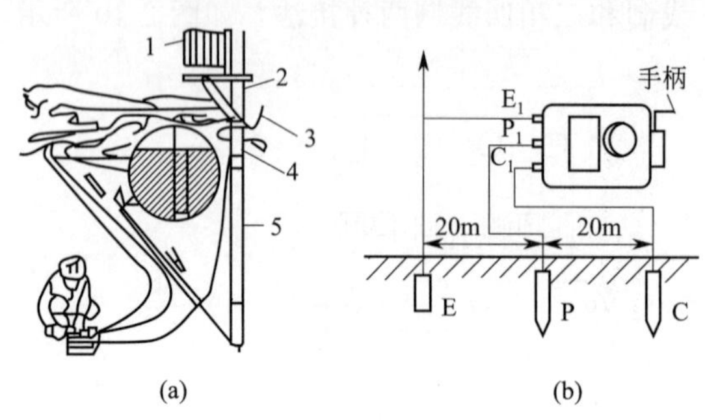

(a) (b)

图 2-42 接地电阻摇表测量接地电阻

1—变压器；2—接地线；3—断开处；4—连接处；5—接地干线

(4) 将量程开关置于最大倍数上，缓慢摇动发电机手柄，同时转动测量分度盘，使检流计指针处于中心线位置上。当检流计接近平衡时，要加快转动手柄，达 120r/min 左右，同时调节测量分度盘，使检流计指针稳定在中心线位置上。此时读取被测接地电阻值。即：

接地电阻值＝测量分度盘读数×测量量程最大值

3）钳式接地电阻表

如图 2-43 所示为新式的 CA6310 型钳式接地电阻表，使用时不需打入辅助接地极，只需用卡钳卡住接地极导线，仪表上的显示屏便呈现出电阻数据来，如图 2-44 所示，其操作类似钳形电流表。

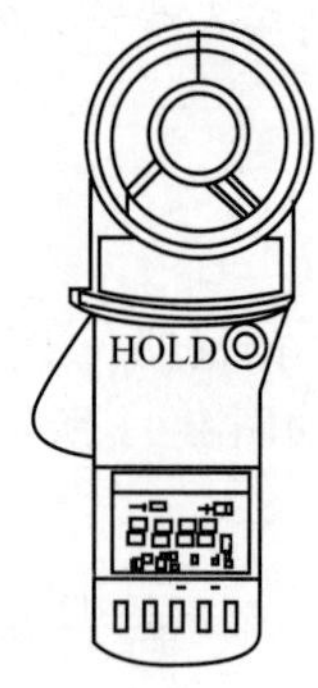

图 2-43 钳式接地电阻表外形图

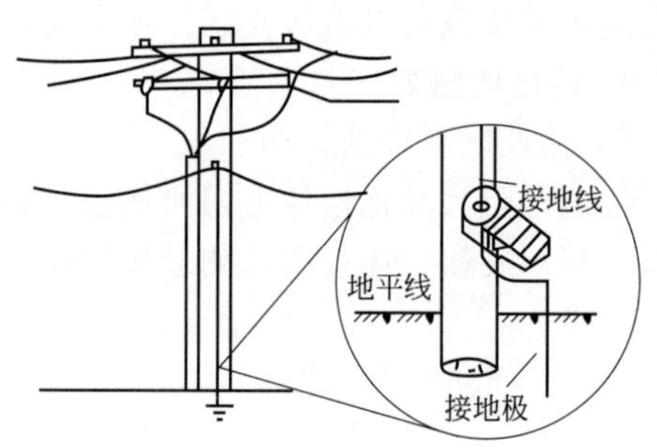

图 2-44 钳式接地电阻表使用方法

钳式接地电阻表虽然不需打辅助极，但对单点接地系统不能测量，只能检测环路接地电阻，这是钳式接地电阻表的缺点。不同场合下对接地电阻的要求见表 2-2。

表 2-2 不同场合下对接地电阻的要求

系统名称	特 点	接地电阻/Ω	系统名称	特 点	接地电阻/Ω
大电流系统	仅用于本系统	≤0.5	防雷接地	独立避雷针	≤10
小电流系统	1kV 以上电气设备接地	≤10		架空避雷线	≤10～30
	高低压电气设备共用的接地	≤4		阀形避雷器	≤5

10. 直流电桥

1）直流电桥的结构

直流电桥主要用来测量电气设备电阻的大小，可分为单臂电桥（惠斯登电桥）和双臂电桥（凯尔文电桥）。单臂电桥工作原理如图 2-45 所示，图中 R_x 为被测电阻，R_4 为电阻箱，R_2 和 R_4 为已知电阻，P 为检流计。当电桥调平衡时，$R_x/R_2=R_4/R_3$，即 $R_x=R_4R_2/R_3$。

2）使用方法

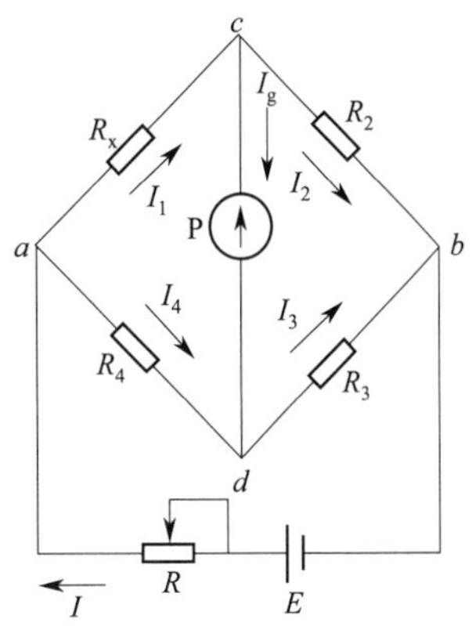

图 2-45　直流单臂电桥原理图

（1）打开检流计锁扣，调节调零器使指针指在零位。

（2）接入被测电阻，用较粗短线连接，将接头拧紧。

（3）估计被测电阻大小，选择适当的比例臂。

（4）调节检流计平衡时，如果指针正偏，应增加电阻，如果指针反转，则应减少电阻。如此反复调节各比较臂电阻，直至检流计指针指“0”为止。此时，被测电阻值＝比例臂读数×比较臂读数。

（5）测量完毕，拆下引线，锁上检流计锁扣。

3）使用注意事项

（1）测量时，先松开检流计按钮，再松开电源按钮，以免感性负载产生感应电动势损坏仪表。

（2）双臂电桥测量时电流较大，所以操作要快，操作结束后应及时关闭电源。

（3）如果不知道电阻大小，可将比例臂放到“×1”挡进行粗略测量，然后按测量值调整到合适量程。

2.4　接地电阻表测量变压器接地线电阻

1. 知识要求

（1）熟悉接地电阻表的结构。

（2）掌握接地电阻表的接线方法。

（3）熟悉变压器的接地系统。

2. 操作要求

（1）测试时，若选用 ZC—8 型接地电阻表，在距被测接地体 20m 和 40m 处打入两个辅助接地极 P 和 C，深度不小于 40cm。通常用 ϕ6mm 以上的钢棍作为辅助接地极。

（2）将接地电阻测量表放平，然后调零。

（3）将被测接地体与仪表的接线柱 E_1 或 P_1、C_1 相连，如图 2-42(b) 所示 。如果采用钳式接地电阻表，可参考图 2-44 所示的方法。

（4）将量程开关置于最大倍数上，摇动发电机手柄，同时转动测量分度盘，使检流计指针处于中心线位置上。

（5）能正确读取被测接地电阻值。

3. 准备工作

（1）材料准备：导线、ϕ6mm 以上的钢棍、劳保用品等。

（2）仪器设备：变压器、ZC—8 型接地电阻表或 CA6310 型钳式接地电阻表。

4. 考核时限

以小组为单位，考核时限为 60min。

5. 核项目及评分标准

考核项目及评分标准见表 2-3。

表 2-3　测量变压器接地线电阻考核项目及评分标准

项目	考核要点	配分	评分标准	扣分	得分
穿戴	穿戴是否整齐、规范	10	不符合要求每一项扣 2 分		
接线	工具佩戴是否齐全	25	不符合要求每一项扣 2 分		
	是否按照接地电阻表器操作规程接线		不符合要求每一项扣 2 分		
测试	是否按照接地电阻表测试要求操作	40	未按要求安装每一项扣 5 分		
清理现场	是否清理好现场、电器放在指定场地	15	不符合要求每一项扣 2 分		
其他	是否尊重考评人、讲文明礼貌	10	违反安全操作规程扣 15 分		
时限	60min		每超 1min 扣 2 分		
合计		100			

2.5　直流电桥测量电动机绕组的直流电阻

1. 知识要求

（1）熟悉直流电桥的结构。

（2）掌握直流电桥的测试原理。

（3）熟悉电动机的工作原理和绕组的连接方式。

2. 操作要求

（1）测量时，先松开检流计按钮，再松开电源按钮，以免感性负载产生感应电动势损坏仪表。

（2）双臂电桥测量时电流较大，所以操作要快，用毕及时关闭电源。

（3）如果不知道电阻大小，可将比例臂放到“×1”挡进行粗略测量，然后按测量值调整到合适量程。

（4）被测电阻的电流端钮和电压端钮应和双臂电桥对应端钮正确连接，接头要牢固。

（5）能正确读取被测绕组的电阻值。

3. 准备工作

（1）材料准备：导线、电池以及劳保用品等。

（2）仪器设备：直流电桥、万用表以及组合电工工具。

4. 考核时限

以个人为单位，考核时限为 10min。

5. 考核项目及评分标准

考核项目及评分标准见表 2-4。

表 2-4　测量电动机绕组的电阻考核项目及评分标准

项目	考核要点	配分	评分标准	扣分	得分
穿戴	穿戴是否整齐、规范	10	不符合要求每一项扣 2 分		
接线	工具佩带是否齐全	25	不符合要求每一项扣 2 分		
	是否按照直流电桥操作规程接线		不符合要求每一项扣 2 分		
测试	是否按照直流电桥测试要求操作	40	未按要求安装每一项扣 5 分		
清理现场	是否清理好现场、电器放在指定场地	15	不符合要求每一项扣 2 分		
其他	是否尊重考评人、讲文明礼貌	10	违反安全操作规程扣 15 分		
时限	10min		每超 1min 扣 2 分		
合计		100			

【相关知识】

2.6 电缆故障智能探测仪

电缆故障智能测试仪是一套综合性的电缆故障探测仪器。能对电缆的高阻闪络故障，高低阻性的接地，短路和电缆的断线，接触不良等故障进行测试，若配备声测法定点仪，可准确测定故障点的精确位置。特别适用于测试各种型号、不同等级电压的电力电缆及通信电缆。因而，电缆故障测试仪是维护各种电缆的重要工具。如图 2-46 所示，为 HT—TC 电缆故障智能测试仪。

1. 电缆故障智能测试仪的工作原理

根据电场原理，当交流电流通过一直线导体时，在该导体周围产生一个同轴的交流电磁场。将一线圈放于这个磁场中，在线圈内将感应产生一个同频率的交流电压，感应电压的大小决定于该线圈在磁场中的位置。当磁力线方向与线圈轴向平行时，线圈感应的电压将最大；当线圈轴向与磁力线方面相垂直时，感应的线圈感应的电压将最大。电缆故障智能测试仪就是利用这一原理，将直流高压脉冲送入被测电缆，通过绝缘不良点入地。在入地点形成点电场在地表面形成的电场。通过电位差探头取得故障点前后（沿线缆路由）的电位差，由于故障点前后的电位差符号相反，当电位差探测架的前后顺序不变时，则反映在直流放大器的中值表头上，将向不同方向摆动。中值表头在故障点前与越过故障点将会有方向的变化。则通过表头摆动方向的变化，即可确定电缆故障点。

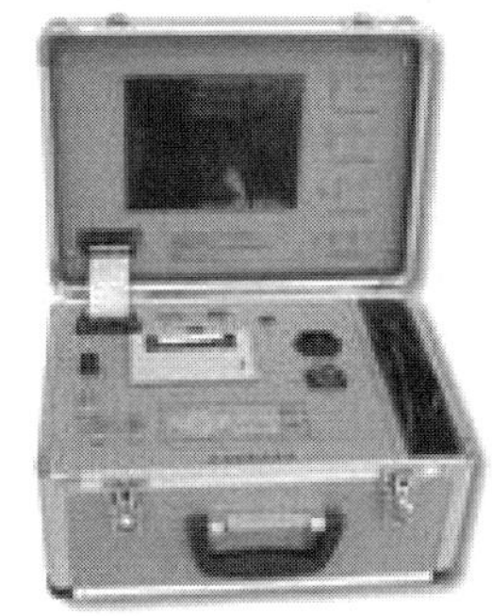

图 2-46 电缆故障智能测试仪

2. 电缆故障智能测试仪的特点

电缆故障智能测试仪采用计算机技术及特殊性电子技术，具备以下特点。

（1）功能齐全，测试故障安全、迅速、准确。

（2）用高速数据采样技术，测试精度高。

（3）测试结果自动显示在液晶显示屏上，判断故障直观，智能化程度高。

（4）可将故障电缆的测试波形与正常波形进行对比，具有双踪显示功能。

（5）可任意改变双光标的位置，直接显示故障点与测试点的直接距离或相对距离。

3. 电缆故障智能测试仪的测试方法

电缆故障测试仪可用低压脉冲法、直流高压闪络法、冲击高压电感取样法、冲击高压电流取样法等多种测试方法，对不同类型动力电缆的短路故障、断路故障、高阻闪络故障、高阻泄漏故障等进行故障分析、检测和定点。

1）低压脉冲法

低压脉冲法，又称雷达反射法。用于测量电缆的低阻（短路）、开路（断线）故障。具有最简、快速、安全等优点。应用这种方法可以测量出电波在电缆中的传播速度、电缆全长，还可以用于查找和区分电缆的中间接头、T 型接头和终端头位置等。

使用低压脉冲法，一般测试电缆全长小于 500m 时，用 0.2μs 脉宽测试，全长大于 500m 时，用 2μs 脉宽测试。测试时根据被测电缆的介质类型，选择好被测电缆的传播速度，按动“采样”键后，低压脉冲由仪器输出，从电缆一相注入。同时这个低压脉冲也由仪器内部送入输入电路，经高速采样、A/D 转换，存储后显示在液晶显示屏上。

注入到电缆线上的测试脉冲沿着电缆线芯一直向前传播，直到阻抗失配的地方，如电缆接头、短路故障点、开路（断线）故障点以及终端头时，都会引起脉冲的反射。当反射脉冲波回到测试端时，经过电缆故障测试仪的接收、处理，故障点的位置距离便显示在仪器屏幕上，可由下式计算并自动打印数据。

$$L=V\frac{\Delta T}{2}$$

2）直流高压闪络法

直流高压闪络法适用于闪络性故障，即故障点没有形成电阻通道或电阻值极高，但电压升高到一定值（通常是几万伏）时，就会产生闪络现象。直流高压闪络法的接线图如图2-47所示。

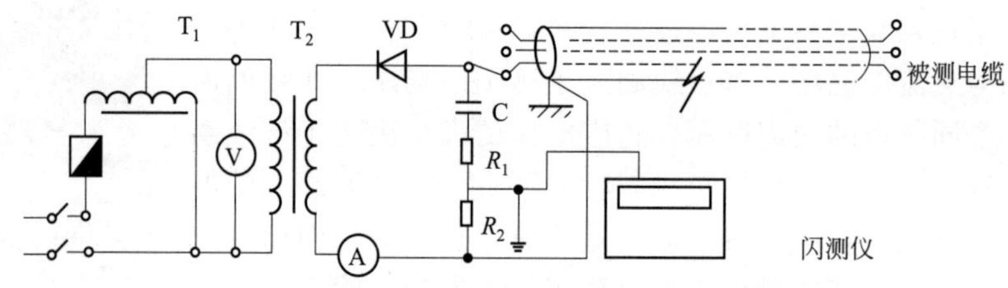

图 2-47　直流高压闪络法接线图

测试时，按图 2-47 接好线路以后，调节调压器，逐渐升高测试电压，此时闪测仪处于待测状态。当电压升高到一定值时，故障点产生闪络，闪测仪立即显示出测量端的波形。由于取样方式不同，其显示波形不同。电压取样测试波形为方波，电流取样测试波形为矩形。测量端距故障点的距离可由下式来计算。

$$L=\frac{1}{2}VT$$

式中，T 为电波沿电缆从测量端到故障点来回一次所需时间；V 为电波在电缆中的传播速度，油浸纸绝缘电缆一般取 $V=160\text{m}/\mu\text{s}$；若是其他类型电缆，应重新测试传播速度，以减少测量误差。

3）冲击高压闪络法

直流闪络法只适用于没有电阻通道或电阻值极高的闪络性故障。如果故障点的电阻值很小，在加高压时，由于整流器输出的电流在内阻上有较大的压降，从而使故障点上的电压高不上去。故障点形不成闪络过程，这时就只能采用冲击高压闪络法。

用冲击高压，其电源就是储能电容 C，可近似认为是一个内阻为零的恒压源。下面介绍两种在测试时加冲击高压取样的方法：电感冲闪法和电阻冲闪法。

（1）电感冲闪法。电感冲闪法的接线如图 2-48 所示。

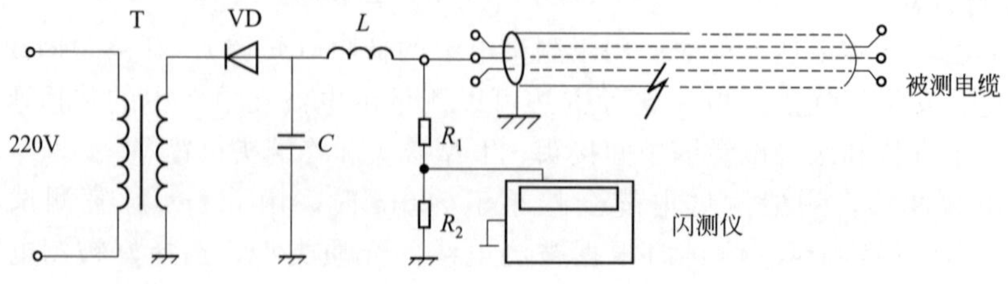

图 2-48　电感冲闪法的接线图

测试时，按如图 2-48 所示的方式接好线路以后，接通电源，整流器对电容器 C 充电。当充电电压高到一定数值时，球间隙被击穿，电容器 C 上的电压通过球间隙的短路电弧和一小电感 L 直接加到电缆的测量端。这个冲击电波沿电缆向故障点传播。只要电压的峰值足够大，故障点就会因电离而放电，应注意要使故障点闪络放电，不但需要足够高的电压，还需要一定的电压持续时间。故障点放电所产生的短路电弧使沿电缆送去的电压波反射回去。因此，电压波就在电缆端头和故障点之间来回反射。

为了使反射波不至于被测试端并联的大电容 C 短路，在电缆和球间隙之间串接一电感线圈 L（几微亨到几十微亨）组成电感微分电路。因为电感对突跳电压有较大的阻抗，有了它，就可以借助于闪测仪观察到来回反射的电压波形。从波形中可以看出电缆里衰减的余弦振荡及叠加在余弦振荡上的尖脉冲。只要测试出波形的第一个向上突跳的拐点与第一个负脉冲向下突跳拐点的时间间隔，便可利用公式计算出故障点与测试端的距离。

$$L=\frac{1}{2}VT$$

（2）电阻冲闪法。在测试闪络性故障的过程中，多数情况还可采用电阻冲闪法。电阻冲闪法的主要优点是波形方正，前后沿拐点变化较为明显，一般读数精度高于电感冲闪法，而与直流高压冲闪法相同。更为重要的是电阻冲闪法的测试波形中消除了电感冲闪所无法避免的余弦大振荡。电阻冲闪法的接线如图 2-49 所示。

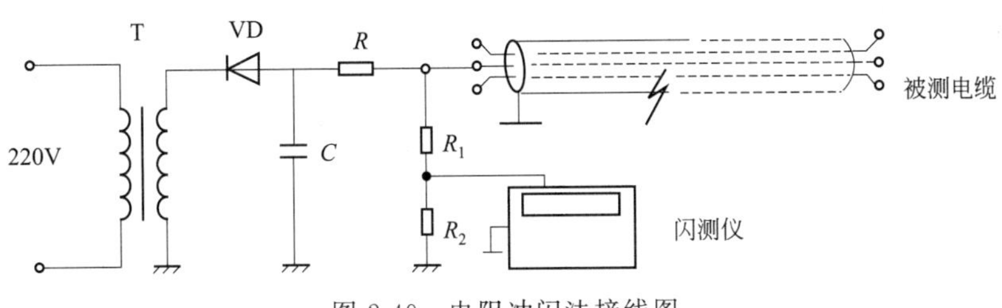

图 2-49　电阻冲闪法接线图

电阻冲闪法冲尽管波形好，但也存在有局限性，适应性不如电感冲闪法。

第3章 电动机的安装及检修

3.1 交流异步电动机的基础知识

1. 交流异步电动机的基本结构

三相交流异步电动机主要由静止的部分定子和旋转的部分转子组成，定子和转子之间由气隙分开，根据异步电动机的工作原理，这两部分主要由铁芯（磁路部分）和绕组（电路部分）构成，是电动机的核心部件。如图 3-1 所示为三相异步电动机结构示意图。

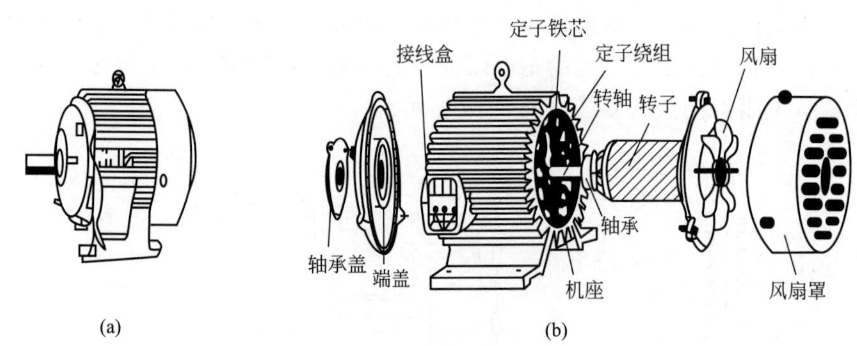

图 3-1 三相异步电动机的结构示意图

（a）电动机的外形；（b）电动机的结构

1）定子

定子由定子铁芯、定子绕组、机座和端盖等组成。机座的主要作用是用来支撑电机各部件，因此应有足够的机械强度和刚度，通常用铸铁制成。为了减少涡流和磁滞损耗，定子铁芯用 0.5 mm 厚涂有绝缘漆的硅钢片叠成，铁芯内圆周上有许多均匀分布的槽，槽内嵌放定子绕组，如图 3-2 所示。

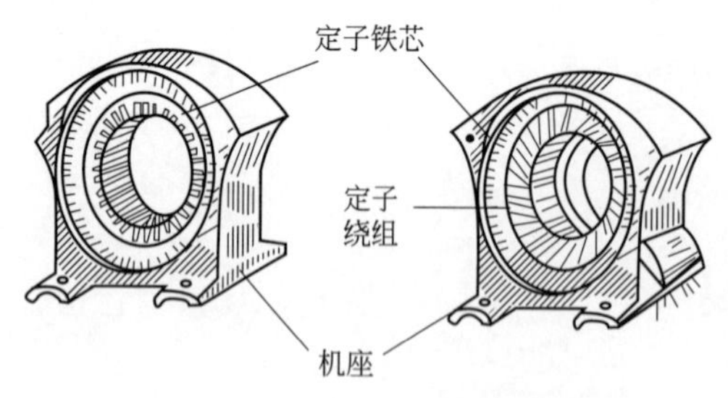

图 3-2 三相异步电动机的定子结构

定子绕组分布在定子铁芯的槽内，小型电动机的定子绕组通常用漆包线绕制，三相绕组在定子内圆周空间彼此相隔 120°电角度，每相的导体数、并联支路数相等，导体规格一样，每相导体或线圈在空间的分布规律一样。

2）转子

转子由转子铁芯、转子绕组、转轴和风扇等组成。转子铁芯也用 0.5mm 厚硅钢片冲成转子铁芯片叠成圆柱形，压装在转轴上。其外围表面冲有凹槽，用以安放转子绕组。

异步电动机按转子绕组形式不同，可分为绕线式和笼型两种。绕线式转子的绕组和定子绕组一样，也是三相绕组，绕组的三个末端接在一起（Y 型），三个首端分别接在转轴的三个彼此绝缘的铜制滑环上，再通过滑环上的电刷与外电路的变阻器相接，以便调节转速或改变电动机的启动性能，如图 3-3 所示。绕线式异步电动机由于其结构复杂，价位较高，所以通常用于启动性能或调速要求高的场合。

笼型转子绕组是在转子铁芯槽内插入铜条，两端再用两个铜环焊接而成的。若把铁芯拿出来，整个转子绕组外形很像一个鼠笼，故称笼型转子。对于中小功率的电动机，目前常用铸铝工艺把笼型绕组及冷却用的风扇叶片铸在一起，如图 3-4 所示。虽然绕线式异步电动机与笼型异步电动机的结构不同，但它们的工作原理是相同的。

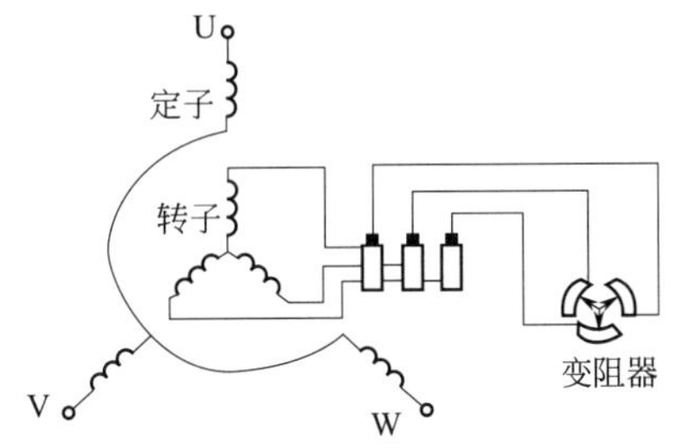

图 3-3　绕线式电动机的转子结构

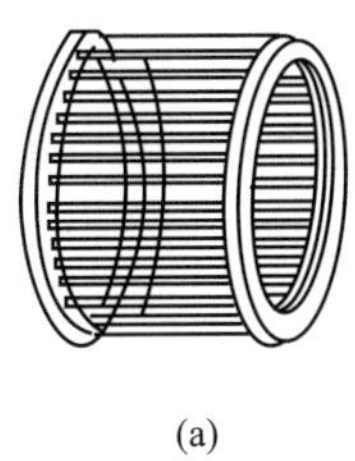

(a)

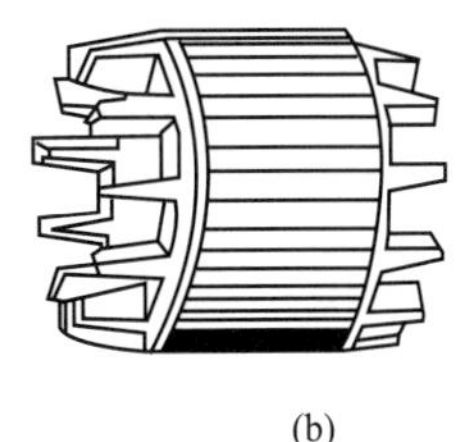

(b)

图 3-4　笼型电动机转子结构

（a）转子绕组；（b）转子外形

2. 三相异步电动机的型号

1）型号

三相异步电动机的型号，一般采用大写印刷体的汉语拼音字母和阿拉伯数字组成，其中汉语拼音字母是根据电动机的全名称选择有代表意义的汉字，再用该汉字的第一个拼音字母组成产品的型号，如 Y 系列三相异步电动机的型号为 Y112S—6 和 YB160M—4WF，其含义如下：

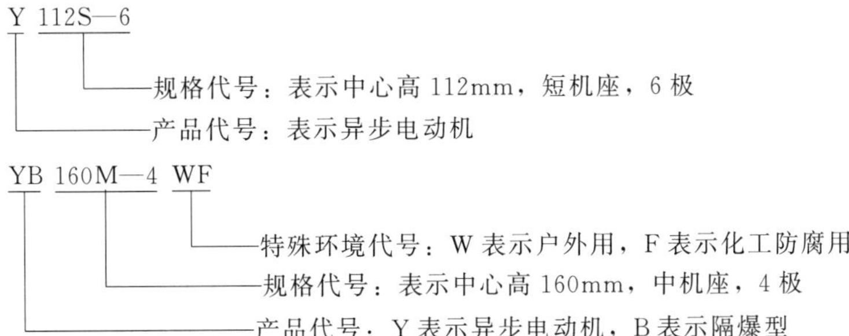

2）电动机产品常见型号的意义

电动机产品常见型号的意义见表 3-1。

表 3-1　电动机产品常见型号的意义

电动机代号	意　义	电动机代号	意　义
Y	异步	YEJ	异制加
YR	异绕	YEZ	异制锥
YD	异多	YEG	异制杠
YH	异滑	YCT	异磁调
YQ	异起	YHT	异换调
YJ	异精	YCJ	异齿减
YZ	异重	YLJ	异力减
YB	异爆	YQB	异潜泵
YEP	异制傍		

3）电动机产品的常见规格

电动机产品的常见规格见表3-2。

表3-2　电动机产品的常见规格

产品名称	产品型号构成
小型异步电动机	中心高—机座长度(字母)—铁芯长度(数字)—极数
中大型异步电动机	中心高—铁芯长度(数字)—极数
小型同步电动机	中心高—机座长度(字母)—铁芯长度(数字)—极数
中大型同步电动机	中心高—铁芯长度(数字)—极数
小型直流电动机	中心高—机座长度(数字)
中型直流电动机	中心高或机座号(数字)—铁芯长度(数字)—电流等级
大型直流电动机	电枢铁芯外径—铁芯长度

3. 电动机铭牌的参数

每台异步电动机的机座上都有一块铭牌，铭牌上标注有电动机的额定值，是选用、安装和维修电动机时的依据。也就是这个额定值，规定了这台电动机的正常运行状态和条件。电动机额定值包括以下内容。

（1）额定功率 P_N：指电动机在额定运行时，轴上输出的机械功率（kW）。

（2）额定电压 U_N：指额定运行时，加在定子绕组上的线电压（V）。

（3）额定电流 I_N：指电动机在额定电压和额定频率下，输出额定功率时，定子绕组中的线电流（A）。

（4）连接：指电动机在额定电压下，定子三相绕组应采用的连接方法，一般有三角形（△）和星形（Y）两种连接。有些老式电动机铭牌上标有220V/380 V两种额定电压，连接标明为△/Y。这种标法表示在三相线电压为220V时，为三角形（△）连接；线电压为380V时，为星形（Y）连接。

（5）额定频率 f_N：表示电动机所接的交流电源的频率，我国电力网的频率规定为50Hz。

（6）额定转速 n_N：指电动机在额定电压、额定频率和额定输出功率的情况下，电动机的转速（r/min）。

（7）绝缘等级：指电动机绕组所用的绝缘材料的绝缘等级，它决定了电动机绕组的允许温升。电动机的允许温升与绝缘等级的关系见表3-3。绝缘等级是由电动机所用的绝缘材料决定的。按耐热程度不同，将电动机的绝缘等级分为A、E、B、F、H、C等几个等级，它们允许的最高温度见表3-3。

表3-3　电动机的允许温升与绝缘等级的关系

绝缘耐热等级	A	E	B	F	H	C
绝缘材料的允许温度	105℃	120℃	130℃	155℃	180℃	180℃以上
电动机的允许温升	60℃	75℃	80℃	100℃	125℃	125℃以上

（8）工作方式：根据发热条件可分为3种：S_1 表示连续工作方式，允许电动机在额定负载下连续长期运行；S_2 表示短时工作方式，在额定负载下只能在规定时间短时运行；S_3 表示断续工作方式，可在额定负载下按规定周期性重复短时运行。

（9）温升：温升是指在规定的环境温度下，电动机各部分允许超出的最高温度。通常规定的环境温度是 40℃，如果电动机铭牌上的温升为 70℃，则允许电动机的最高温度可以是 40＋70＝110(℃)。显然，电动机的温升取决于电动机的绝缘材料的等级。电动机在工作时，所有的损耗都会使电机发热，温度上升。在正常的额定负载范围内，电动机的温度是不会超出允许温升的，绝缘材料可保证电动机在一定期限内可靠工作。如果超载，尤其是故障运行，则电动机的温升超过允许值，电动机的使用寿命将受到很大的影响。

(10) 防护等级：外壳防护等级的选用直接涉及人身安全和设备可靠运行，应根据电动机的使用场合，防止人体接触到电动机内部危险部件，防止固体异物进入机壳内，防止水进入壳内对电动机造成有害影响。电动机外壳防护等级由字母 IP 加二位特征数字组成，第一位特征数字表示防固体，第二位特征数字表示防液体。

如 IP44：第一位特征数字是表示防护 1mm 固体的电动机，能防止直径或厚度大于 1mm 的导线或直条能触及或接近机壳内带电或转动部件。

第二位特征数字是表示防溅水，电动机能承受任何方向的溅水应无有害影响。

又如 IP23：第一位特征数字是表示防护大于 12mm 固体进入电动机，能防止手指或长度不超过 80mm 的类似物体触及或接近机壳内带电或转动部件，能防止大于 12mm 的固体异物进入机壳内。第二位特征数字是表示防滴水电动机，即与垂直线成 60°角范围内的滴水应无有害影响。

以上特征数字越大即表示防护等级越高，可查阅 GB/T 4942.1—2006《旋转电机整体结构的防护等级》标准。

3.2　交流电动机的安装要求

1. 电动机基础的安装

1) 电动机座墩的建造

电动机基础、地脚螺栓孔、沟道、孔洞和电缆线管的位置、尺寸符合设计要求，且与土建质量标准符合。电动机应符合周围工作环境的要求，安装电动机应选择干燥、通风好、无腐蚀气体侵害的地方。安装地点的四周应留出一定的空间，以便于电动机的安装、检修、监视和清扫。环境温度适宜。周围空气温度在 40℃以下，无强烈的热辐射。

(1) 电动机座墩的形式如图 3-5 所示，其高度应大于 150mm，A 与 B 的长度应按电动机底座尺寸决定，为了保证地脚螺栓埋设的强度，四周要放出 150mm 的裕度。座墩高度一般应高出地面最少 100～150mm。如果电动机的质量超过 1t，基础就得加用钢筋。在易遭受振动的地点，电动机的底座基础应浇注成锯齿状，以增强其抗振性能。基础的深度一般按地脚螺栓长度的 1.5～2.0 倍选取，以保证埋设的地脚螺栓有足够的强度。

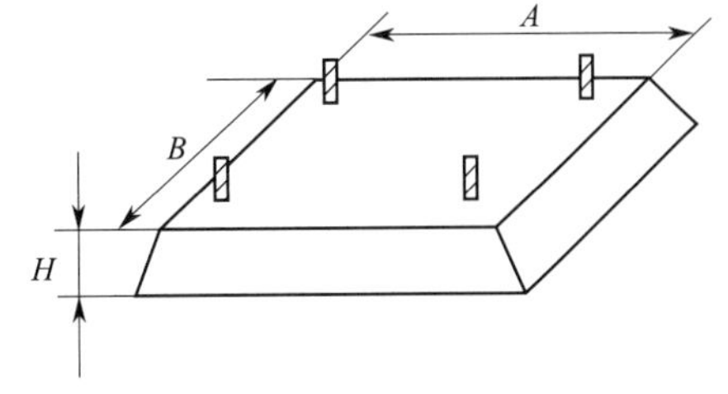

图 3-5　电动机座墩的形式

(2) 浇注混凝土座墩前，先挖好坑基并夯实，再把座墩模板放在上面，固定好地脚螺栓，保证地脚螺栓间距、高低不变，且有一定的垂直度，沿其全长的允许偏差不超过地脚螺栓孔直径或短边长的 1/10；螺栓孔与纵横中心线的允许偏差不超过地脚螺栓孔直径或短边长的 1/10，上述两者误差不得叠加。

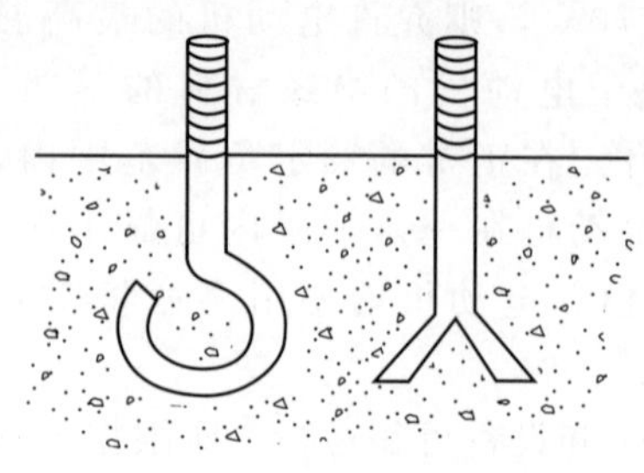

图 3-6　地脚螺栓的形式

（3）为了保证地脚螺栓埋设牢固，螺栓的一端要做成圆形或人字形开口，如图 3-6 所示，埋入深度一般为螺栓直径的 10 倍。人字形开口长度约是螺栓埋入混凝土深度的一半左右。

（4）浇注混凝土时要用铁钎捣实，浇注好后，用草袋盖上，经常浇水，养护 5～7 天，便可拆除座墩模板，再等 15 天后，才能安装电动机。

（5）管沟底部应平整，并符合设计要求的倾斜度和正确的倾斜方向。

2）电动机底板与座墩的安装

小型电动机可用人力抬到基础上进行安装。可将铁棒穿过电动机上部吊环，将其抬运到基础上，较大的电动机需用起重设备来吊装。在使用起重机械或电动葫芦吊装时，将绳子拴在电动机的吊环或底座上吊装。距离较近时可在电动机下垫一块垫板，再在垫板下塞入直径相同的金属管，然后用铁棒撬动。

（1）安装时，为防止振动，在电动机底板与座墩之间应衬垫一层质地坚韧的垫板，放置的垫板应满足下列要求：

① 底板下垫板应布置在负荷集中的地方，即底板地脚螺栓的两侧及底板的 4 个角处。

② 平垫板一般宽为 50～100mm，长为底架梁宽再加上 75～100mm。

③ 底板下部的垫板可用斜垫板，其斜率一般为 1/10～1/25，其宽度为 60～100mm。

④ 将放置垫板处的混凝土表面铲平，垫板应水平放置，且与混凝土表面严密接触，斜垫板应作点焊处理。

（2）为了确保水平安装电动机，一般在转轴上用水平仪校正，在底板下部允许垫上厚度为 0.5～5mm 的金属垫片来调整，底架上部的垫板应进行研磨，垫板与电动机机座底板的接触面应达到 75%以上。禁止用木片、竹片、铝片垫在机座下，否则，在拧紧地脚螺栓时或者电动机运行过程中发生变形或破裂，影响电动机的安装精度。

（3）在 4 个地脚螺栓上均要套上弹簧垫片，拧紧螺母时要在对角线交错依次逐步拧紧，每个螺母要拧得一样紧。拧紧螺母时，注意不要损伤螺母。

（4）加装接地保护线。

2. 电动机传动装置的安装和校正

1）齿轮传动的安装和校正

（1）安装的齿轮与电动机要配套，转轴的直径要配合齿轮的尺寸。

（2）轮孔与轴的配合要适当，不得有偏心和歪斜现象。

（3）齿轮的模数、直径和齿形应与被动轮配套。

（4）装上齿轮后，电动机的轴应与被动轮的轴平行，齿轮的啮合可用塞尺测量齿轮间的间隙，若间隙均匀，说明两轴已经平行。

（5）安装高速大齿轮必须做平衡试验，以免在运行时产生振动。

2）带轮传动的安装和校正

（1）电动机机座与底座间衬垫的防振物不可太厚，否则会影响两个带轮的间距。尤其 V 带轮更是如此。

（2）两个带轮的直径大小必须配套。

（3）两个带轮要装在一条直线上，是两轴要平行。

（4）带与带轮接触的包角应大于 120°，否则容易打滑。

（5）塔形 V 带轮必须装成一正一反，否则不能进行调速。

（6）平带的接头必须正确，传动带扣的正反面不应看错；平带装上带轮时，正反面不能装错。

（7）宽度中心线应对准。

（8）安装传动带时，先将带套在小带轮上，然后转动大带轮，用专用工具将带拨入大带轮，并调整其张紧度。

3）联轴器传动的安装和校正

（1）联轴器与电动机的连接。

① 用细砂纸把联轴器的轴孔和转轴的表面打磨光滑。

② 对准键槽，把联轴器加热后套在转轴上，注意加热温度不要超过 250℃。

③ 调整联轴器和转轴之间的键槽位置。

④ 用铁板垫在键的一端，轻轻敲打，使键慢慢进入键槽内，键在键槽内的松紧要适宜，太紧和太松都会损伤键和键槽。

⑤ 旋紧压紧螺钉。

（2）联轴节安装和校正。

① 把装好联轴器的电动机移至机械负载的连接处。

② 移动电动机使两轴基本处于同一条直线上，初步旋紧电动机机座的地脚螺栓。

③ 将钢直尺放在两半片联轴节上，用手转动电动机转轴，旋转 180°，观察两半片联轴节是否有高低不平，若有可增减电动机机座下面的金属垫片，直至高低一至，让两机处于同轴心，最后旋紧联轴节的螺栓。

3. 电动机控制设备的安装

1）导线的敷设

（1）操作开关到电动机之间的连接导线要穿管加以保护，在机床设备上，一般都有固定在床身上的电线管，活动部分用软管连接。这段导线一般分成两段，一段从控制箱到操作开关，另一段从控制箱到电动机，在控制箱内设有接线柱，供导线连接用。

（2）如果控制设备和电动机不是配套产品，布线方式一般有暗敷和明敷两种，一种是从地下埋管通过；另一种是用明管沿建筑面敷设到电动机。

（3）按所需长度截取电线管，用弯管器弯管时角度要正确。

（4）弯管并清除管口的毛刺和管内杂物，固定电线管。

（5）穿线，并在管口套上护圈。

（6）连接电动机一端的管口离地不得小于 100mm。用弯管器弯管时，注意防止弯管时管子弯裂、弯瘪。保持所弯管的弧度的圆整。

2）现场操作开关的安装

（1）电动机的操作开关或启动补偿装置应装在便于操作、运行、维护、检修的地点，做到控制时能看到电动机的运行情况。操作开关的安装要正确、紧固，配线要求紧固、美观。

（2）各种机床的操作开关，必须装在便于操作，又不易被人体或工件碰触的位置上，操作开关装在墙上时，宜装在电动机的右侧。

（3）安装配电板时应根据实际电动机的容量，正确选配控制开关、保护熔断器等。

（4）对于大容量电动机，为保证线路的安全，应加装启动设备，减小启动电流。各项元件安装时的垂直倾斜度不大于 5°。电动机的额定电流大于 50A 时，电流的测量应通过互感器进行变流测量。

（5）若操作开关装在远离电动机的地方，必须在电动机附近加装应急开关。

3）电动机接线

（1）电动机接线盒中都有一块接线板，三相绕组的6个线头排成上下两排，如图3-7所示。并规定上排3个接线桩自左至右排列的编号为6（W_2）、4（U_2）、5（V_2）对应首端，下排自左至右的编号为1（U_1）、2（V_1）、3（W_1）对应尾端，这样做的目的是为了便于接成三角形。

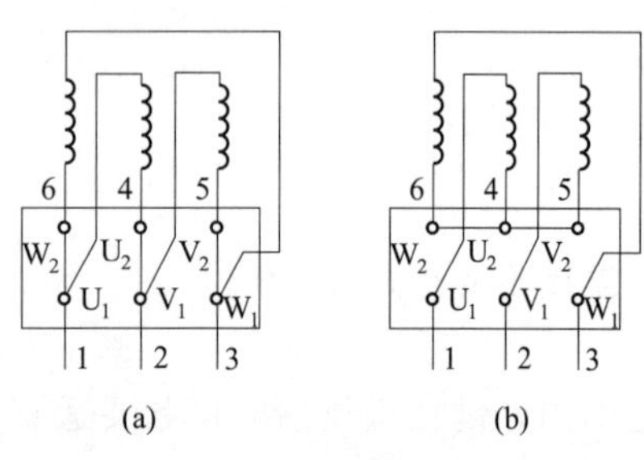

图3-7　电动机绕组接线方法

（a）三角形接线；（b）星形接线

（2）根据电动机铭牌标明的额定电压与接法关系，决定电动机的接线方法。

（3）星形连接：将三相绕组的尾端6（W_2）、4（U_2）、5（V_2）接在一起，首端1（U_1）、2（V_1）、3（W_1）分别接三相电源；三角形连接：将第一相的尾端U_2接第二相的首端V_1，第二相的尾端V_2接第三相的首端W_1，第二相的尾端W_2接第一相的首端U_1，然后将三个接点分别接三相电源。接线极性要正确牢固，标号要齐全。采用绝缘管引出时，绝缘管应良好无裂纹损伤。

（4）对于不可逆转的电动机，应检查电动机的转动方向与外壳上标出的运转箭头方向是否相符。如果电动机出现反转，可把任意对换两根电源线接头即可顺转。

（5）多速异步电动机定子绕组的接线方法较多，一定要仔细看清铭牌上的接线方式，按要求接线。接线极性要正确、牢固，标号要齐全。采用绝缘管引出时，绝缘管应良好无裂纹损伤。

（6）电动机的外壳加装接地保护线。

3.3　交流电动机的检修

1. 三相异步电动机的常见故障及处理

电动机在日常的运行过程中若使用或维护不当，常会产生一些故障，如电动机加电后不能启动，转速过快、过慢，电动机在运行过程中温升过高，有异常的声响和振动，电动机绕组冒烟、烧焦等。

三相异步电动机的故障一般可分为机械和电气两部分。机械故障包括轴承、风扇叶、机壳、联轴器、端盖、轴承盖及转轴等。电气故障包括各种类型的开关、按钮、熔断器、电刷、定子绕组、转子绕组及启动设备等。

当电动机发生故障时，首先应根据看、听、闻、摸仔细观察所发生的故障现象，再经过仪表测量、检查和分析，即可对故障做出判断，找出产生故障的原因。

下面介绍三相异步电动机常见的故障现象、可能原因及处理方法。

1）三相异步电动机不能启动

（1）故障原因：三相供电电源或定子绕组中有一相或两相断路；启动开关或接触器的触点接触不良，没有旋转磁场。

处理方法：用万用表测量、检查熔断器、开关是否熔断或烧坏；启动电器的触点是否接触良好，否则更换熔体或修理触点。

（2）故障原因：电源电压过低，造成启动转矩不足。

处理方法：用万用表测量电源电压，若电源电压过低，则适当提高电源电压，或更换线径较大的电源线，消除线路压降。

（3）故障原因：负载过大或传动机构被卡住。

处理方法：减轻电动机所拖动的负载或选择容量较大的电动机。若传动机构有故障，可用手或工具转动转子，如果不能转动，就要检查电动机本身是否被卡住，还是负载机械被卡住。方法是把电动机的联轴器拆开，单独查找，从而确定故障的具体位置，以便排除故障。

（4）故障原因：定子绕组短路。若定子绕组有相间、匝间、对地短路现象，都会使电动机的三相电流失去平衡，造成启动转矩不足。

处理方法：用兆欧表分别测量相间、对地的绝缘电阻，检查发现若绕组局部烧毁，可对烧毁的绕组进行修复或重绕。开关是否熔断或烧坏；启动电器的触点是否接触

（5）故障原因：定子绕组接线错误，造成无旋转磁势。

处理方法：检查内部连接线是否正确，再检查接线盒里的三相绕组的首末端是否正确，应按正确接线图接线。

（6）故障原因：过负荷保护设备动作。处理方法：调整过负荷保护设备动作值。

2）电动机带负载运行时，转速低于额定值

（1）故障原因：电源电压过低，使转速下降。

处理方法：用万用表检查电动机的电源电压，将电压调整到电动机的额定值。

（2）故障原因：将三角形连接运行的电动机误接成星形，造成降压运行。

处理方法：在电动机的接线盒里，将连接片上下短接连成三角形。

（3）故障原因：笼型转子断条，造成电动机拖动负载的能力降低。

处理方法：修补断条处或更换转子。

（4）故障原因：绕线式电动机电刷与滑环接触不良，或启动变阻器接触不良。

处理方法：调整电刷压力，改善电刷与滑环的接触面，修复变阻器接触触点。

（5）故障原因：运行时有一相断路，造成缺相。

处理方法：用钳形电流表检测三相电流，找出断路相，予以排除。

（6）故障原因：负载过大。

处理方法：减轻负载或更换容量较大的电动机。

3）电动机空载或负责运行时，电流表指针来回摆动

（1）故障原因：绕线式电动机转子有一相电刷接触不良。

处理方法：调整电刷压力，改善电刷与滑环的接触面。

（2）故障原因：绕线式转子滑环短路装置接触不良。

处理方法：更换滑环短路装置。

（3）故障原因：笼型转子断条。

处理方法：查找断条处并修补，或更换转子。

4）电动机温升过高或冒烟

（1）故障原因：电源电压过高或过低。

处理方法：用万用表检查电动机的电源电压，并予以调整。

（2）故障原因：电动机过载运行。

处理方法：减小负载。

（3）故障原因：电动机缺相运行，定子绕组有一相断路。

处理方法：检查三相电压是否正常，更换已熔断的熔体，找出定子绕组的断路点，局部修复或重绕。

(4) 故障原因：定子绕组有短路或接地故障。

处理方法：打开电动机，检查定子绕组的短路处，并对短路点进行绝缘处理或更换绕组，用兆欧表对进行接地故障判断，对接地点进行绝缘处理。

(5) 故障原因：重绕的电动机绕组匝数偏少或导线的线径过小。

处理方法：重新按标准数据重绕。

(6) 故障原因：定、转子铁芯片之间的绝缘损坏，使涡流损耗增大。

处理方法：修补铁芯片进行绝缘处理。

(7) 故障原因：电动机定、转子相接触，运转时扫膛，造成定子局部摩擦生热。

处理方法：检查矫正转轴，更换磨损严重的轴承。

(8) 故障原因：电动机风道阻塞。

处理方法：检查风扇是否脱落，清理电动机表面和内部的积尘和油垢，改善散热条件。

(9) 故障原因：环境温度过高。

处理方法：室内采取降温，室外避免阳光直射电动机。

5) 电动机外壳带电

(1) 故障原因：电源线与接地线接错。

处理方法：纠正接线。

(2) 故障原因：电动机受潮或绝缘老化。

处理方法：对电动机进行烘干处理，若绝缘老化则更换绕组。

(3) 故障原因：电动机引出线破损，造成碰壳。处理方法：找出引出线破损处，进行绝缘处理。

6) 电动机运转时有异常声响

(1) 故障原因：转子与定子铁芯相摩擦。

处理方法：用锉刀锉平定子或转子铁芯凸出部分，若是轴承跑外套，采用镶套的办法处理或更换端盖。

(2) 故障原因：电动机缺相运行，有“嗡嗡”声。

处理方法：检查熔断器、开关、接触器的触点是否熔断或烧坏，再检查定子绕组是否断路，若有故障予以排除。

(3) 故障原因：风扇叶碰风扇罩。

处理方法：矫正风叶，旋紧螺钉，整形变形风扇罩。

(4) 故障原因：重绕后的电动机转子擦碰绝缘纸。

处理方法：修剪高出铁芯的绝缘纸。

(5) 故障原因：轴承缺油和损坏。

处理方法：清洗 轴承，重新加入 2/3 容量的润滑油，更换损坏的轴承。

7) 电动机运行有异常振动

(1) 故障原因：转子动态不平衡，主要是转轴弯曲造成转子偏心。

处理方法：对转子做动平衡试验，矫正转轴。

(2) 故障原因：电动机放置不平或安装不牢固。

处理方法：将电动机重新安置，紧固地脚螺栓。

(3) 故障原因：电动机与联轴器配合有误，造成系统共振。

处理方法：调整电动机转轴中心线与联轴器中心线一致。

(4) 故障原因：轴承磨损严重，造成定、转子之间气隙不均匀。

处理方法：更换轴承。

(5) 故障原因：电动机缺相，绕组短路、断路等引起电磁振动。

处理方法：针对不同的故障分别予以排除。

8) 轴承过热

(1) 故障原因：轴承损坏。

处理方法：更换轴承。

(2) 故障原因：轴承与轴配合过松或过紧。

处理方法：过松时，轴与轴承跑内套，应在轴承上镶套；过紧时，重新把轴加工到标准尺寸。

(3) 故障原因：轴承与端盖配合过松或过紧。

处理方法：过松时，轴承与端盖跑外套，应在端盖上镶套；过紧时，重新把端盖加工到标准尺寸。

(4) 故障原因：润滑油过多、过少或油质不好有异物。

处理方法：调整油量或换油，润滑油的容量不宜超过轴承室容积的 2/3。

(5) 故障原因：传动带过紧或联轴器装配不协调。

处理方法：调整传动带的张力，校正联轴器传动装置。

(6) 故障原因：电动机两侧端盖或轴承盖未装平。

处理方法：将端盖或轴承盖止口装平，旋紧螺钉。

9) 绕线式转子滑环与电刷间火花过大

(1) 故障原因：电刷压力太小。

处理方法：调整弹簧压力。

(2) 故障原因：滑环表面凹凸不平或有污垢。

处理方法：用 0 号砂纸擦净污垢。

(3) 故障原因：电刷在刷窝内卡住。

处理方法：磨小电刷并装正。

2. 三相异步电动机定子绕组的重绕

定子绕组是三相异步电动机的主要组成部分，起着能量转换的重要作用，是电动机的核心部件。电动机在实际使用过程中，出现故障最多的是定子绕组故障，常见的有：绕组短路、绕组断路、绕组接地以及绕组接错嵌错等。一般情况下，不论出现哪种故障，都要进行定子绕组重绕修复。定子绕组重绕就是拆除损坏的旧绕组，重新嵌换新绕组的过程。下面简要说明定子绕组重绕的工艺流程。

1) 嵌线前的准备工作

异步电机绕组重绕准备工序包括：绕组原始数据的记录、绕组的拆除与清理、线圈的绕制和绝缘件的裁剪等。

(1) 记录原始数据。原始数据的内容有铭牌数据、绕组数据和铁芯数据三类。记录各项数据是电动机修理中的一个重要步骤，尤其是绕组数据，为了不让电动机的性能发生变化，为了在重绕定子绕组时顺利，必须详细记录有关各项数据，作为修理依据。

① 判别极数的方法。

a. 看铭牌。可直接从电动机铭牌的型号中看出，如 Y132S—2 中最后的“2”即表示二极。也可从铭牌中的额定转速参数推算出来。

$$2p=2\times\frac{60f}{n_N}$$

b. 查绕组结构。铭牌已失落的电动机，可查看绕组结构后，由线圈节距 y_1 推算出来。

$$2p=\frac{z_1}{y_1}\ \text{（向低取整取偶）}$$

c. 万用表判断。将电动机的 6 个接线头分开，把万用表打在最小直流毫安挡，用表笔接在其中一相绕组的两个线头，用手缓慢、匀速地转动电动机一圈，观察表针的摆动次数。若摆动一次，则电动机为 2 极，若摆动两次，则电动机为 4 极，以此类推。

② 测量导线直径 ϕ。取绕组的直线部分，把导线放在酒精灯火焰上烧去绝缘层，用棉布抹去炭化物，然后用千分尺测量导线直径，对同一根导线应在不同位置分别测三次，取其平均值。

（2）旧绕组的拆除与清理

① 旧绕组的拆除。中、小型异步电动机一般采用半闭口槽，电动机绕组再经过浸漆、烘干等处理，拆除绕组比较困难。现最常用的是冲压拆线法，此法又分为冷拆法和热拆法。

a. 冷拆法。当电动机的线圈槽满率不高时，将绕组一端导线平槽口凿断后，不用加热，可直接用形状合适的冲压棒冲出槽中导线，操作时把定子沿边架空，被凿面向上，让冲压棒对准槽中导线，用手锤敲击冲压棒顶端，使线圈直线部分从另一端逐步退出，如图 3-8 所示。这只适用于小容量的电动机。

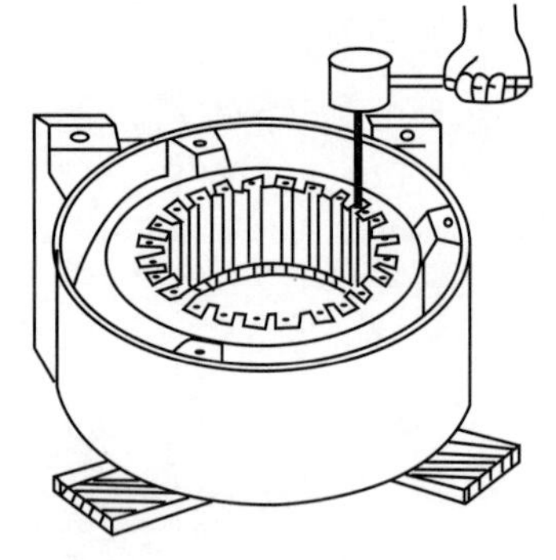

图 3-8　冲压拆线法

b. 热拆法。用单面平凿沿铁芯端面将绕组引出线一端的线圈端部平槽口凿断（保留整个端部作记录用）。然后将定子送入烘箱，加热到 100～150℃，烘 1～2h，使绝缘物软化，再取出定子，被凿面向下放好，并用撬杠和钳子把线圈撬拉出来。

② 铁芯的清理与修整。绕组拆除后，由于绝缘漆的粘结作用，使绝缘物残留在槽内，用清槽片清刮槽内，最后再用撕成条状的钢砂布条来回在槽中拉动，将残余物清理干净。

拆线时可能造成槽口的槽齿硅钢片变形或位移，导致嵌线困难或损伤槽绝缘。通常处理可用一根铜棒压在变形部位，用手锤敲铜棒，使硅钢片复位。对损伤严重的槽齿片也可去掉一两片。对槽口的毛刺，应用细牙圆锉逐一锉光。

（3）绕制线圈。绕线时首先用旧线圈样品的尺寸来确定活动绕线模的尺寸，或根据电动机的型号，在电工手册上查出绕线模的尺寸。线圈绕制过程是在绕线机上进行的，其绕制工序如下。

① 线圈绕制的方法。

a. 单个线圈单独绕制。

b. 一个极相组的线圈连起来绕制。

c. 同一相的所有线圈连续绕制。

② 核对导线数据。对导线的型号、线径和并绕根数检查核实后，将漆包线盘置于放线架上。确定线圈尺寸，将绕线模装入绕线机后并固定，调整绕线模大小以确定线圈尺寸，再检查并调整计数器置零，如图 3-9(a) 所示。

③ 线圈绕制。线头挂在绕线模左侧的绕线机主轴上，线头预留长度为线圈周长的一半。

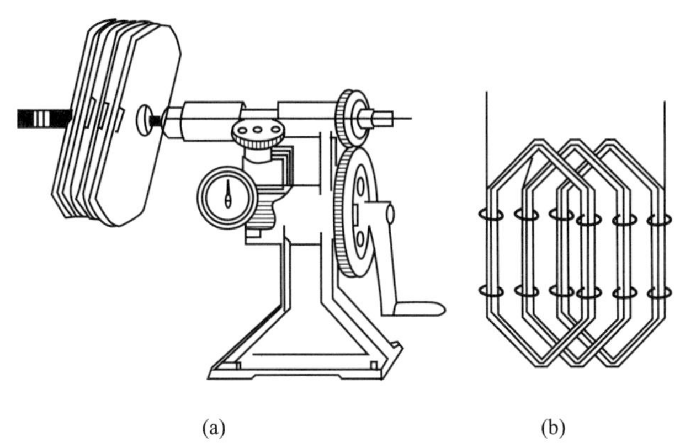

(a)　　(b)

图 3-9　绕制线圈

(a) 绕制线圈；(b) 绕扎好的线圈

嵌入绕线模槽中，导线在槽中自左向右排列整齐、紧密，不得有交叉现象，待绕至规定的匝数为止。绕完一个线圈后，留出连接线再向右移到另一个模芯上绕第二个线圈；绕线时把导线排列整齐，不交叉重叠。绕到规定匝数后，用预先备好的扎线（棉线绳，长度均10～15cm 将线圈扎紧，以防松散）。线圈的头尾分别留出 1/2 匝的长度再剪断，以备连接线用。

(4) 裁制槽绝缘。电动机的绝缘件主要是指槽绝缘、层间绝缘、端部绝缘和槽口绝缘。

① 槽绝缘纸的尺寸。对于大功率电动机一般采用二层槽绝缘，紧贴槽的外层用 0.15mm 厚的青壳绝缘纸或聚酯薄膜；里层用 0.15mm 厚的聚酯纤维纸复合箔 DMDM。对于小功率电动机可只用一层槽绝缘，0.2mm 或 0.25mm 厚的薄膜青壳纸或聚酯纤维纸复合箔 DMD。

槽绝缘长度一般要求伸出铁芯，两端均匀，以保证绕组对铁芯有足够的爬电距离。其伸出铁芯长度要根据电动机的容量而定，Y80～Y280 系列电动机槽绝缘伸出铁芯长度见表3-4。J2、JO2 系列电动机槽绝缘伸出铁芯长度，可参照 Y 系列的。

表 3-4　槽绝缘伸出铁芯长度

中心高/mm	80～112	132～160	180～280
伸出长度/mm	6～7	7～10	12～15

对宽度来说，若是里外两层的，外层的宽度只要纸的左右下三面紧贴槽壁，上面正好比槽口缩进一些。里层的宽度则要使纸的三面紧贴槽壁外，上面要高出槽口 5～10mm，以便嵌线时使导线能从高出槽口的两片纸中间滑进去，起引槽作用，如图 3-10(a) 所示。

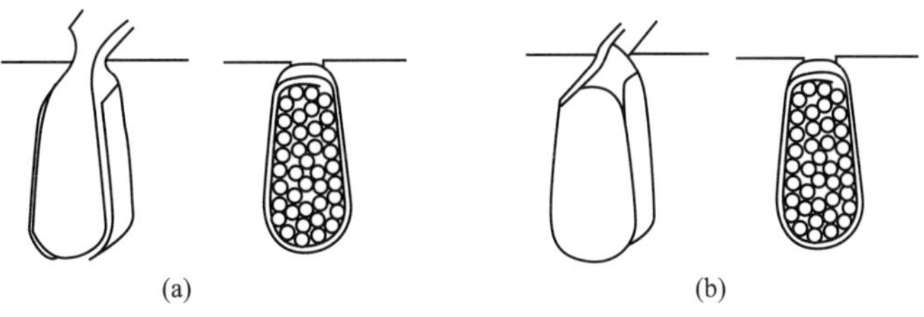

(a)　　(b)

图 3-10　槽绝缘示意图

(a) 槽口处压叠、自带引槽纸；(b) 槽口处覆盖、外加引槽纸

另一种可使里外两层的宽度相同，都让纸的三面紧贴槽壁，上面正好比槽口缩进些。

在嵌线时，槽口插入二片宽度约 20mm 薄膜青壳纸，临时引导线滑进槽里，当导线嵌满槽后，抽出二纸片，再插入裁剪好的绝缘纸条覆盖槽口，如图 3-10(b) 所示。

② 裁剪要求。

a. 裁剪玻璃丝漆布时应与纤维方向成 45°角裁剪，这样不宜在槽口处撕裂。

b. 裁剪绝缘纸时，应使纤维方向与槽绝缘和层间绝缘的宽度方向相一致。

2）嵌线

（1）准备嵌线工具。

① 划线片（板）。划线片是嵌放线圈时将导线划进铁芯线槽内，以及理顺已嵌入槽里的导线的专用工具。划线片可利用层压树脂板或西餐刀用砂轮磨削制作，最好用锯床锋钢锯条制成，其形状如图 3-11 所示，尺寸一般长 150～200mm，宽 10～15mm，厚约 3mm。

图 3-11 划线片　　图 3-12 压线块

② 压线块（铁）。压线块是把已嵌入线槽的导线压紧并使其平整的专用工具，通常用不锈钢或黄铜材料制成，并装有手柄，便于操作，如图 3-12 所示。

③ 压线条。压线条又称捅条，是小型电动机嵌线时必须使用的工具。压线条插入槽口有两个作用：其一是利用楔形平面将槽内的部分导线压实或将槽内所有导线压实；其二是配合划线片对槽口绝缘进行折合、封口。压线条一般用不锈钢棒或不锈钢焊条制成，如图3-13 所示。

图 3-13 压线条　　图 3-14 裁纸刀

④ 裁纸刀。裁纸刀是用来推裁高出槽面的槽绝缘纸的专用工具。一般用断钢锯条在砂轮上磨成，其形状如图 3-14 所示。

（2）放置槽绝缘。将已裁剪好的槽绝缘纸纵向折成 U 形插入槽中，绝缘纸光面向里，便于向槽内嵌线。

（3）嵌线。

① 沉边（或下层边）的嵌入。右手将搓捏扁后的线圈有效边后端倾斜靠向铁芯端面槽口，左手从定子另一端伸入接住线圈，如图 3-15 所示。双手把有效边靠左段尽量压入槽口内，然后左手慢慢向左拉动，右手既要防止槽口导线滑出，又要梳理后边的导线，边推边压，双手来回扯动，使导线有效边全部嵌入槽内。如果尚有未嵌入的导线有效边部分，可用划线片将该部分逐根划入槽内。导线嵌入后，用划线片将槽内导线从槽的一端连续划到另一端，一定要划出头。这种梳理方式的目的，是为了槽内导线整齐平行，不交叉。对线圈未嵌入的另一有效边则用白布带吊边。

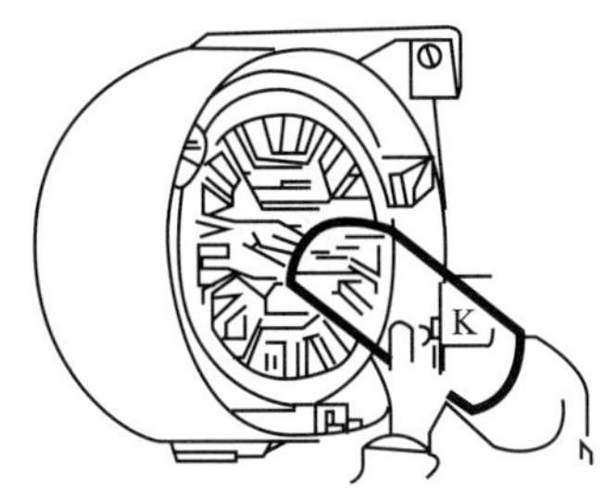

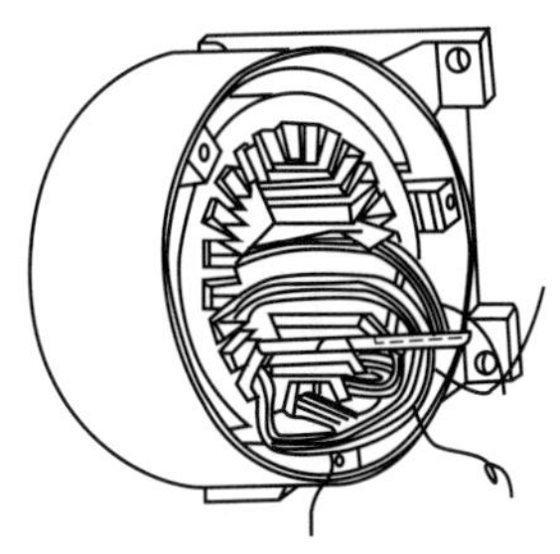

图 3-15 下层边的嵌线方法

② 浮边（或上层边）的嵌入。嵌过若干槽的沉边（或下层边）后，由嵌线规律得知，就要嵌入浮边，当嵌入第一个浮边后，以后再嵌入的线圈就能进行整嵌，而不用吊边。在浮边嵌入前要把此边略提起，双手拉直、捏扁理顺，并放置槽口。再用左手在槽左端将导线定于槽口，右手用划线片反复顺着槽口边自左向右划动，逐一将导线劈入槽内。在槽内导线将满时，可能影响嵌线的继续进行，此时，只要用双拇指在两侧按压已入槽的线圈端部，接着划线片通划几下理顺槽内导线，把余下的导线又可划入槽内。也可将压线条从一侧插入并出到另一侧，再用双拇指在两侧按压压线条两端，按压后抽出压线条，接着余下的导线又可顺利地划入槽内。

上层边的嵌入与浮边相同，只是在嵌线前先用压线块在层间绝缘上撬压一遍，将松散的导线压实，并检查绝缘纸的位置，然后再开始嵌入上层边。

③ 封槽口。导线嵌入槽后，先用压线块或压线条将槽内的导线压实，方可进行封口操作。首先保留嵌压在整个槽口内的压线条不动，用裁纸刀把凸出槽口的绝缘纸平槽口从一端推裁到另一端，即裁去凸出部分。然后再退出压线条，用划线片把槽口左边的绝缘纸折入槽内右边，压线条同时跟进，划线片在前折，压线条在后压，压到另一端为止；对槽口右边的绝缘纸也用此法操作，将导线包住，两边重叠 2mm 以上。最后用压线块压实，打入槽楔锁紧。

④ 整形。线圈全部嵌好后，用橡胶锤将绕组端部敲成喇叭口形。

对于功率较大或二极电动机，由于线圈绕组端部尺寸较长，为了避免电动机启动时受电磁力作用产生振动而损坏绝缘，因此在每个线圈绕组端部都要用丝绸带包扎，包尖的长度约为端部全长的 1/3。

3）接线

把已嵌好在定子槽中的一个个线圈连接成极相组（线圈组），然后再连接成一相绕组，最后将各相绕组的头尾（首末）端引出。通过这种连接，来保证实现绕组在空间上的对称分布。

（1）一相绕组的连接。掌握并联支路数、接法和出线方位。把同一相的几个极相组连成一个相绕组，以标出的同一极相组电流的正方向为准，串联时采取“头接尾、尾接头”（庶极式）或是“头接头，尾接尾”（显极式）。连接的思路为：将同一相的所有相带一次连接，连接顺序按同相标注字母相带中的脚标“1”接“2”、“2”连“1”的周期进行，如 U_1 接 U_2，U_2 连 U_1。连接点也可以同相相带中标定的电流正方向为准，即进接出、出连进。整个一次接线过程如图 3-16 所示。

（2）线头连接。整理好极相组的引出线，接线时可根据情况决定套管的长度，在两段引出线上各套一段长度适当的较细套管，露出连接部分线头。用电工刀将待接部分线头的漆膜刮净，然后进行连接。如果导线较细，可直接绞接，要求绞合紧密、平整、可靠，如图3-17所示。当导线较粗时，可用直径为0.3～0.7mm的细铜线扎在线头上。

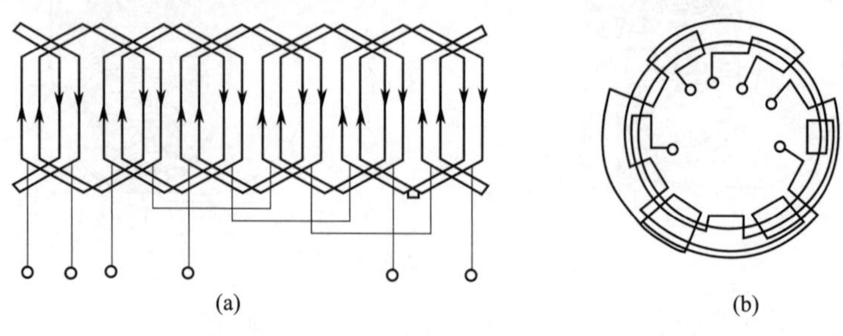

(a)　　(b)

图3-16　一相绕组的接线图

(a) 绕组展开图接线；(b) 圆图接线

(a)　　(b)

图3-17　线头的绞接

(a) 引接线；(b) 单线绞合

(3) 线头焊接。避免线头连接处氧化，保证电动机绕组长期安全运行，线头都要进行焊接。线头焊接常采用锡焊和气焊两种。

如采用锡焊，先在搪过锡的线头上刷上松香酒精，然后将浸有锡的烙铁放在线头下面(注意烙铁不能放在线头上)，当松香液沸腾时，迅速地将焊锡条涂浸在线头的焊接面上，待熔锡均匀地覆盖在焊接面后，将烙铁头沿着导线径向移开，以免在导线径向留下毛刺，刺破绝缘造成短路。另外在实施焊接过程中，要保护好绕组，切不可使熔锡渣掉入线圈缝隙中留下短路隐患。

气焊就是将被焊接的金属本体在焊接处加热熔化成液体，冷却后即可接成为一体。

4) 浸漆和烘干

目前E、B级绝缘的电机定子绕组的浸漆处理，一般采用1032三聚氰胺醇酸树脂漆，溶剂为甲苯或二甲苯，浸漆次数为两次。

(1) 预烘。绕组在浸漆前应先进行预烘，目的是为了驱除绕组中的潮气和提高工件浸漆时的温度，以提高浸漆质量和漆的渗透能力。

预烘加热要逐渐增温，预烘温度一般保持在120℃，在该温度下保温4～6h，然后将预烘后的绕组冷却到60～80℃开始浸漆。

(2) 浸漆。浸漆质量的好坏与工件的温度、漆的黏度以及浸漆时间等有关。

漆的黏度应根据浸漆的次数而定，第一次浸漆时，希望漆渗透到绕组内部，因此要求漆的流动性好一些，故漆的黏度应较低；第二次浸漆时，主要希望在绕组表面形成一层较好的漆膜，因此漆的黏度应该大一些。浸漆时间以浸到不冒气泡为止。

(3) 烘干。浸漆后先把余漆滴干，才可进行烘干，目的是将漆中的溶剂和水分挥发掉，使绕组表面形成坚固的漆膜。一般烘干过程由两个阶段组成。

① 低温烘干。低温烘干目的是促使漆中的溶剂挥发掉。温度控制在70～80℃，约烘2～3h，这样使溶剂的挥发比较缓慢，以免表面很快结成漆膜，导致内部气体无法排出，使

绕组表面形成许多气孔或烘不干。

② 高温烘干。高温烘干的目的是让绕组表面形成坚固的漆膜。温度控制在 130℃左右，烘 6～18h，具体时间可根据电动机的大小及浸漆次数而定。在整个烘干过程中，要求每隔 1h 用兆欧表测量一次绕组对地的绝缘电阻，开始时绝缘电阻下降，以后逐渐上升，在 3h 内必须趋于稳定。绕组对地绝缘电阻一般要在 5MΩ 以上，绕组才能算烘干。

5）检测和试验

(1) 绕组绝缘电阻值的检测。用兆欧表测量绕组的对地绝缘电阻和相间绝缘电阻。对于 500V 以下的低压电动机及新换绕组的电动机，要求冷态对地绝缘电阻和相间绝缘电阻都不能小于 5MΩ。

(2) 测定三相绕组的直流电阻。对直流电阻的测量可用万用表测量，或通以直流电，测出电流 I 和电压 U，再按欧姆定律计算出直流电阻 R；若直流电阻值较小，可用精度较高的电桥测量，应测量三次，取其平均值。

测定直流电阻主要是为了检验电动机三相绕组直流电阻的对称性，即三相绕组直流电阻值的平衡程度，要求不平衡度不超过平均值的 5%。如果三相绕组的直流电阻相差太多，则表明绕组中有局部短路、焊接不良、或线圈匝数有误差，应查明原因加以解决。

(3) 耐压试验。耐压试验用以检验电动机的绝缘和嵌线质量。在绕组对机座及绕组各相之间施加一定值的 50Hz 交流电压，历时 1min 而无击穿现象为合格。

(4) 匝间绝缘耐压试验。利用升压设备将电源电压升到 1.3 倍的额定电压，使电动机空载运行 3min，若电流无明显变化，则说明匝间绝缘合格。

3. 三相异步电动机定子绕组检修

三相异步电动机的定子绕组是产生旋转磁场的部分。腐蚀性气体的侵入，机械力和电磁力的冲击，以及绝缘的老化、受潮等原因，都会影响三相异步电动机的正常运行。另外，三相异步电动机在运行中长期过载、过电压、欠电压、断相等，也会引起定子绕组出现故障。定子绕组的故障是多种多样的，其产生的原因也各不相同。常见的故障有以下几种，应针对不同故障采取不同的检修方法。

1）定子绕组接地故障的检修

三相异步电动机的绝缘电阻较低，虽经加热烘干处理，绝缘电阻仍很低，经检测发现定子绕组已与定子铁芯短接，即绕组接地，绕组接地后会使电动机的机壳带电，绕组过热，从而导致短路，造成三相异步电动机不能正常工作。

(1) 定子绕组接地的原因。

① 绕组受潮。长期备用的三相异步电动机，由于受潮而使绝缘性能降低，甚至失去绝缘的作用。

② 绝缘老化。三相异步电动机长期过载运行，导致绕组及引线的绝缘热老化，降低或丧失绝缘强度从而引起电击穿，导致绕组接地。绝缘老化现象为绝缘发黑、枯焦、酥脆以及剥落。

③ 绕组制造工艺不良，以致绕组绝缘的性能下降。

④ 绕组线圈重绕后，在嵌放绕组时因操作不当而损伤绝缘，线圈在槽内松动，端部绑扎不牢，冷却介质中尘粒过多，使三相异步电动机在运行中线圈发生振动、摩擦及局部位移而损坏主绝缘，或槽绝缘移位，造成导线与铁芯相碰。

⑤ 铁芯硅钢片凸出，或有尖刺等损坏了绕组绝缘。或定子铁芯与转子相摩擦，使铁芯

过热，烧毁槽楔或槽绝缘。

⑥ 绕组端部过长，与端盖相碰。

⑦ 引线绝缘损坏，与机壳相碰。

⑧ 电动机受雷击或电力系统过电压而使绕组绝缘击穿损坏等。

⑨ 槽内或线圈上附有铁磁物质，在交变磁通作用下产生振动，将绝缘磨穿。若铁磁物质较大，则易产生涡流，引起绝缘的局部热损坏。

(2) 定子绕组接地故障的检查。检查定子绕组接地故障的方法有很多，无论使用哪种方法，在具体检查时首先应将各相绕组接线端的连接片拆开，然后再分别逐相检查是否有接地故障。找出有接地故障的绕组后，再拆开该相绕组的极相组连线的接头，确定接地的极相组。最后拆开该极相组中各线圈的连接头，最终确定存在接地故障的线圈。常用的检查绕组接地的方法有以下几种。

① 观察法。绕组接地故障经常发生在绕组端部或铁芯槽口部分，而且绝缘常有破裂和烧焦发黑的痕迹。因而当三相异步电动机拆开后，可先在这些地方寻找接地处。如果引出线和这些地方没有接地的迹象，则接地点可能在槽里。

② 兆欧表检查法。用兆欧表检查时，应根据被测电动机的额定电压来选择兆欧表的等级。500V 以下的低压电动机，选用 500V 的兆欧表；3kV 的电动机采用 1000V 的兆欧表；6kV 以上的电动机应选用 2500V 的兆欧表。测量时，兆欧表的一端接电动机绕组，另一端接电动机机壳。按 120r/min 的速度摇动摇柄，若指针指向零，表示绕组接地；若指针摇摆不定，说明绝缘已被击穿；如果绝缘电阻在 0.5MΩ 以上，则说明电动机绝缘正常。

③ 万用表检查法：检测时，先将三相绕组之间的连接线拆开，使各相绕组互不接通。然后将万用表的量程旋到 $R \times 10\mathrm{k}\Omega$ 挡位上，将一只表笔碰触在机壳上，另一只表笔碰触三相绕组的接线端。若测得的电阻较大，则说明没有接地故障；若测得的电阻很小或为零，则说明该相绕组有接地故障。

④ 校验灯检查法。将绕组的各相接头拆开，用一只 40～100W 的校验灯串接于 220V 火线与绕组之间，如图 3-18 所示。一端接机壳，另一端依次接三相绕组的接头。若校验灯亮，说明绕组接地；若校验灯微亮，说明绕组绝缘性能变差或漏电。

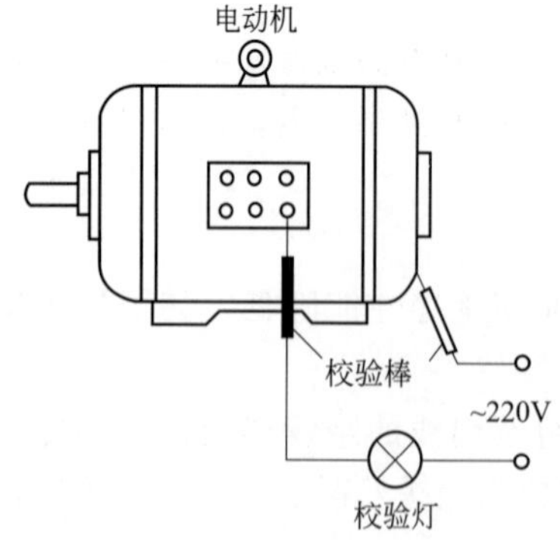

图 3-18　用校验灯检查绕组接地

⑤ 冒烟法。在电动机的定子铁芯与线圈之间加一低电压，并用调压器来调节电压，逐渐升高电压后接地点会很快发热，使绝缘烧焦并冒烟，此时应立即切断电源，在接地处做好标记。采用此法时应掌握通入电流的大小。一般小型电动机不超过额定电流的 2 倍，时间不超过 0.5min；对于容量较大的电动机，则应通入额定电流的 20%～50%，或者逐渐增大电流至接地处冒烟为止。

⑥ 电流定向法。将一相有故障绕组的两个头接起来，如将 U 相首末端并联加直流电压。电源可用 6～12V 蓄电池，串联电流表和可调电阻，如图 3-19 所示。调节可调电阻，使电路中电流为 0.2～0.4 倍额定电流，线圈内的电流方向如图中所示。则故障槽内的电流流向接地点。此时若用小磁针在被测绕组的槽口移动，观察小磁针的方向变化，可确定故障的槽号，再从找到的槽号上、下移动小磁针，观察磁针的变化，则可找到故障的位置。

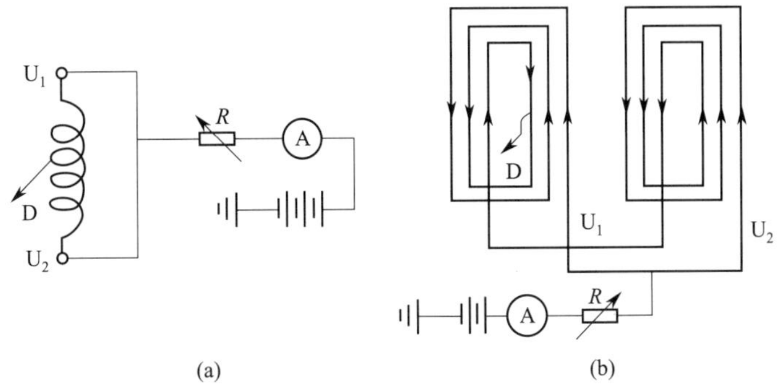

图 3-19　电流定向法

⑦ 分段淘汰法。如果接地点的位置不易被发现，可采用此法进行检查。如图 3-20 所示，首先应确定有接地故障的相绕组，然后在极相组的连接线中间位置剪断或拆开，使该相绕组分成两半，然后用万用表、兆欧表或校验灯等进行检查。电阻为零或校验灯亮的一半有接地故障存在。接着再把接地故障这部分的绕组分成两部分，以此类推分段淘汰，逐步缩小检查范围，最后就可找到接地的线圈。

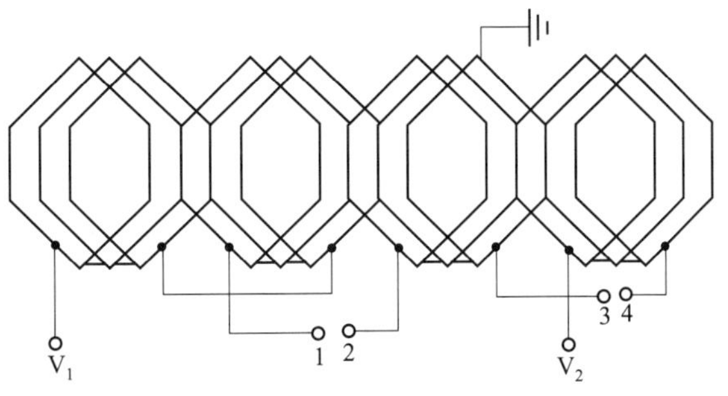

图 3-20　分段淘汰法检查接地

实践证明，电动机的接地点绝大部分发生在线圈伸出铁芯端部槽口的位置上。如该处的接地不严重，可先加热软化后，用竹片或绝缘材料插入线圈与铁芯之间，然后再检查。如不接地，则将线圈包扎好，涂上绝缘漆烘干即可。如绕组接地发生在两头碰触端盖，则可用绝缘物衬在端盖上，接地故障便可以排除。

（3）定子绕组接地故障的检修。只要绕组接地的故障程度较轻，又便于查找和修理时，都可以进行局部修理。

① 在槽口当接地点在端部槽口附近且又没有严重损伤时，则可按下述步骤进行修理。

a. 在接地的绕组中，通入低压电流加热，在绝缘软化后打出槽楔。

b. 用划线板把槽口的接地点撬开，使导线与铁芯产生间隙，再将与电动机绝缘等级相同的绝缘材料剪成适当的尺寸，插入接地点的导线与铁芯之间，用小木槌将其轻轻敲入。

c. 在接地位置垫放绝缘以后，再将绝缘纸对折起来，最后敲入槽楔。

② 槽内线圈上层边接地可按下述步骤检修。

a. 在接地的线圈中通入低压电流加热，待绝缘软化后，再敲出槽楔。

b. 用划线板将槽机绝缘分开，在接地一侧，按线圈排列的顺序，从槽内翻出一半线圈。

c. 使用与电动机绝缘等级相同的绝缘材料，垫放在槽内接地的位置。

d. 按线圈排列顺序，把翻出槽外的线圈再嵌入槽内。

e. 滴入绝缘漆，并通入低压电流加热、烘干。

f. 将槽绝缘对折起来，放上对折的绝缘纸，再打入槽楔。

③ 槽内线圈下层边接地可按下述步骤检修。

a. 在线圈内通入低压电流加热。待绝缘软化后，即撬动接地点，使导线与铁芯之间产生间隙，然后清理接地点，并垫进绝缘。

b. 用校验灯或兆欧表等检查故障是否消除。如果接地故障已消除，则按线圈排列顺序将下层边的线圈整理好，再垫放层间绝缘，然后嵌进上层线圈。

c. 滴入绝缘漆，并通入低压电流加热、烘干。

d. 将槽绝缘对折起来，放上对折的绝缘纸，再打入槽楔。

④ 绕组端部接地可按下述步骤检修。

a. 先把损坏的绝缘刮掉并清理干净。

b. 将电动机定子放入烘房进行加热，使其绝缘软化。

c. 用硬木做成的打板对绕组端部整形处理时，用力要适当，以免损坏绕组的绝缘。

d. 绝缘损坏的绕组，应重新包扎同等级的绝缘材料，涂刷绝缘漆，然后进行烘干处理。

2）定子绕组短路故障的检修

定子绕组短路是三相异步电动机中经常发生的故障。绕组短路可分为匝间短路和相间短路，其中相间短路包括相邻线圈短路、极相组之间短路和两相绕组之间的短路；匝间短路是指线圈中串联的两个线匝因绝缘层破裂而短路。相间短路是相邻线圈之间绝缘层损坏而短路，一个极相组的两根引线被短接，以及三相绕组的两相之间因绝缘损坏而造成的短路。

绕组短路严重时，在负载情况下电动机根本不能启动。短路匝数少，电动机虽能启动，但电流较大且三相不平衡，导致电磁转矩不平衡，使电动机产生振动，发出“嗡嗡”响声，短路匝中流过很大的电流，使绕组迅速发热、冒烟并发出焦臭味甚至烧坏。

（1）定子绕组短路的原因。

① 修理时嵌线操作不熟练，造成绝缘损伤，或在焊接引线时烙铁的温度过高、焊接时间过长而烫坏线圈的绝缘。

② 绕组因年久失修使绝缘老化，或绕组受潮，未经烘干便直接运行，导致绝缘击穿。

③ 电动机长期过载使用，绕组中电流过大，使绝缘老化，绝缘性能降低而失去绝缘作用。

④ 定子绕组线圈之间的连接线或引线绝缘不良。

⑤ 绕组重绕时，绕组端部或双层绕组槽内的相间绝缘没有垫好或击穿损坏。

⑥ 由于轴承磨损严重，使定子和转子铁芯相擦产生高热，而使定子绕组绝缘烧坏。

⑦ 雷击、连续启动次数过多或过电压击穿绝缘。

（2）定子绕组短路故障的检查。定子绕组短路故障的检查方法有以下几种。

① 观察法。观察定子绕组有无烧焦绝缘或有无浓厚的焦味，可判断绕组有无短路故障。也可让电动机运转几分钟，切断电源停车后，立即将电动机的端盖打开，取出转子，用手触摸绕组的端部，感觉温度较高的部位即是短路线匝的位置。

② 万用表（兆欧表）法。将三相绕组的头尾全部拆开，用万用表或兆欧表测量两相绕组间的绝缘电阻，其阻值为零或很低，即表明两相绕组有短路。

③ 直流电阻法。当绕组短路情况比较严重时，可用电桥测量各相绕组的直流电阻，电阻较小的绕组即为短路绕组（一般阻值偏差不超过5%可视为正常）。

若电动机的绕组为三角形接法，应拆开一个连接点再进行测量。

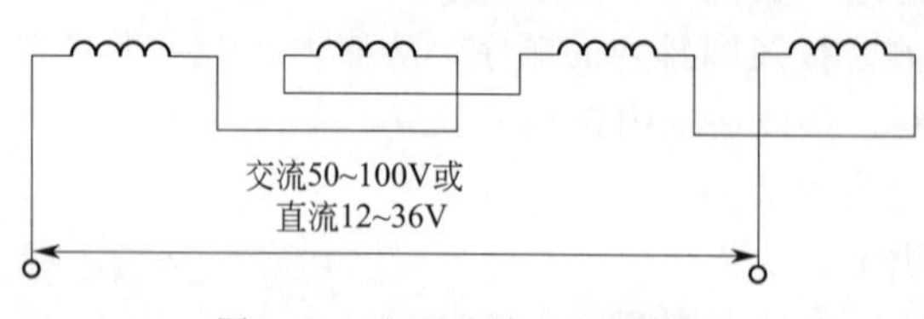

图 3-21　电压法检查短路绕组

④ 电压法。将一相绕组的各极相组连接线的绝缘套管剥开，在该相绕组的出线端通入50～100V低压交流电或12～36V直流电，然后测量各极相组的电压降，读数较小的即为短路绕组，如图 3-21 所示。为进一步确定是哪一只线圈短路，可将低压电源改接在极

相组的两端，再在电压表上连接两根套有绝缘的插针，分别刺入每只线圈的两端，其中测得的电压最低的线圈就是短路线圈。

⑤ 电流平衡法。测量电路如图 3-22 所示，电源变压器可用 36V 变压器或交流电焊机。每相绕组串接一只电流表，通电后记下电流表的读数，电流过大的一相即存在短路。

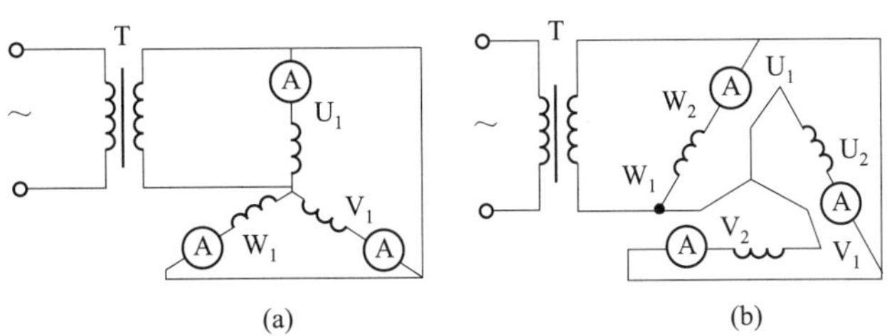

图 3-22　电流平衡法检查短路绕组

（a）星形接法；（b）三角形接法

⑥ 短路侦察器法。短路侦察器是一个开口变压器，与定子铁芯接触的部分做成与定子铁芯相同的弧形，宽度也做成与定子齿距相同，如图 3-23 所示。其检查方法如下。

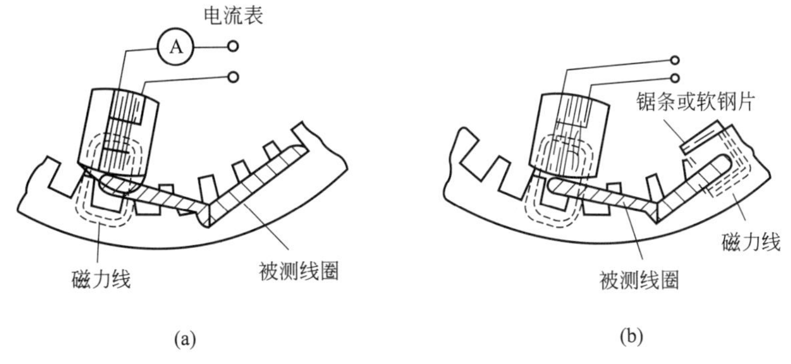

图 3-23　短路侦察器法检查短路绕组

（a）用电流表法检查；（b）用钢片检查

取出电动机的转子，将短路侦察器的开口部分放在定子铁芯中所要检查的线圈边的槽口上，给短路侦察器通入交流电，这时短路侦查器的铁芯与被测定子铁芯构成磁回路，而组成一个变压器，短路侦察器的线圈相当于变压器的一次线圈，定子铁芯槽内的线圈相当于变压器的二次线圈。如果短路侦察器是处在短路绕组，则形成类似一个短路的变压器，这时串接在短路侦察器线圈中的电流表将显示出较大的电流值。用这种方法沿着被测电动机的定子铁芯内圆逐槽检查，找出电流最大的那个线圈就是短路的线圈。

如果没有电流表，也可用约 0.6mm 厚的钢锯条片放在被测线圈的另一个槽口，如果短路，则这片钢锯条就会产生振动，说明这个线圈就是故障线圈。对于多路并联的绕组，必须将各个并联支路打开，才能采用短路侦察器进行测量。

⑦ 感应电压法：将 12～36V 单相交流电通入 U 相，测量 V、W 相的感应电压；然后通入 V 相，测量 W、U 相的感应电压；再通入 W 相，测量 U、V 相的感应电压。记下测量的数值进行比较，感应电压偏小的一相即有短路。

（3）定子绕组短路故障的检修。在查明定子绕组的短路故障后，根据具体情况进行相应的修理。根据维修经验，最容易发生短路故障的位置是同极同相、相邻的两只线圈，上、下两层线圈及线圈的槽外部分。

① 端部修理法。如果短路点在线圈端部，可能会是因接线错误而导致的短路，可拆开接头，重新连接。当连接线绝缘管破裂时，可将绕组适当加热，撬开引线处，重新套好绝缘套管或用绝缘材料垫好。当端部短路时，可在两绕组端部交叠处插入绝缘物，将绝缘损坏的导线包上绝缘布。

② 拆修重嵌法。在故障线圈所在槽的槽楔上，刷涂适当溶剂（丙酮 40 %，甲苯 35 %，酒精 25 %），约 0.5h 后，抽出槽楔并逐匝取出导线，用聚氯胶带将绝缘的损坏处包好，重新嵌回槽中。如果故障在底层导线中，则必须将妨碍修理操作的邻近上层线圈边的导线取出槽外，待有故障的线匝修理完毕后，再依次嵌回槽中。

③ 局部调换线圈法。如果同心绕组的上层线圈损坏，可将绕组适当加热软化，完整地取出损坏的线圈，仿制相同规格的新线圈，嵌到原来的线槽中。对于同心式绕组的底层线圈和双层叠绕组线圈短路故障，可采用“穿绕法”修理。穿绕法较为省工省料，还可以避免损坏其他好线圈。

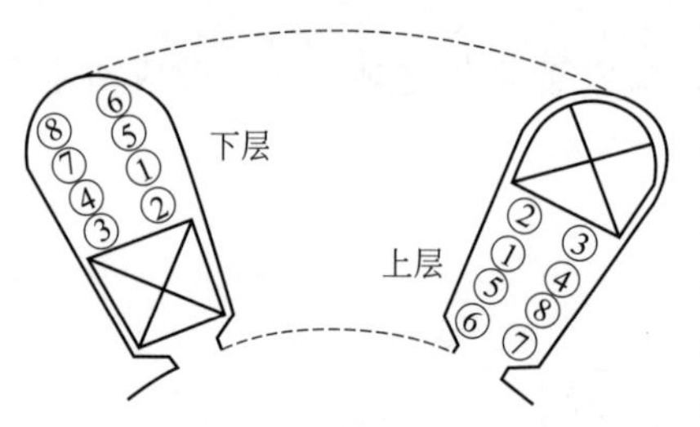

图 3-24　穿绕法修理短路绕组

穿绕修理时，先将绕组加热至 80℃左右使绝缘软化，然后将短路线圈的槽楔打出，剪断短路线圈，将短路线圈中的导线一根一根抽出。接着清理线槽，用一层聚酯薄膜复合青壳纸卷成圆筒，插入槽内形成一个绝缘套。穿线前，在绝缘套内插入钢丝或竹签（打蜡）后作为假导线，假导线的线径比导线略粗，根数等于线匝数。导线按短路线圈总长剪断，从中点开始穿线，如图 3-24 所示。导线的一端（左端）从下层边穿起，按下层 1、2、下层 3、上层 4 的次序穿绕，另一端（右端）从上层边穿起，按上层 5、下层 6、上层 7、下层 8 的次序穿绕。穿绕时，抽出一根假导线，随即穿入一根新导线，以免导线或假导线在槽内发生移动。穿绕完毕，整理好端部后，可进行接线，并检查绝缘和进行必要的试验，经检测确定绝缘良好并经空载试车正常后，才能浸漆、烘干。

对于单层链式或交叉式绕组，在拆除故障线圈后，应把上面的线圈端部压下来填充空隙，另制一组导线直径和匝数相同的新线圈，从绕组表层嵌入原来的线槽内。

④ 截除故障点法对于匝间短路的一些线圈，在绕组适当加热后，取下短路线圈的槽楔，并截断短路线圈的两边端部，小心地将导线抽出槽外，接好余下线圈的断头，而后再进行绝缘处理。

⑤ 去除线圈法或跳接法在急需电动机，而一时又来不及修复时，可进行跳接处理，即把短路的线圈废弃，跳过不用，用绝缘材料将断头包好。但这种方法会造成电动机三相电磁不平衡，恶化了电动机的性能，应慎用，并在事后进行补救。

3）定子绕组断路故障的检修

当电动机的定子绕组中有一相发生断路，电动机采用星形接法时，通电后发出较强的“嗡嗡”声，启动困难，甚至不能启动，断路相电流为零。当电动机带一定负载运行时，若突然发生一相断路，电动机可能还会继续运转，但其他两相电流将增大许多，并发出较强的“嗡嗡”声。对三角形接法的电动机，虽能自行启动，但三相电流极不平衡，其中一相电流比另外两相约大 70%，且转速低于额定值。采用多根并绕或多支路并联绕组的电动机，其中一根导线断线或一条支路断路并不造成一相断路，这时用电桥可测得断股或断支路相的电阻值比另外两相大。

（1）定子绕组断路的原因。

① 绕组端部伸在铁芯外面，导线易被碰断，或由于接线头焊接不良，长期运行后出现脱焊，以致造成绕组断路。

② 导线质量低劣，导线截面有局部缩小处，原设计或修理时导线的截面积选择偏小，以及嵌线时刮削或弯折致伤导线，运行中通过电流时局部发热产生高温而烧断。

③ 接头脱焊或虚焊，多根并绕或多支路并联绕组断股未及时发现，经一段时间运行后发展为一相断路，或受机械力影响断裂及机械碰撞使线圈断路。

④ 绕组内部短路或接地故障，没有发现，长期过热而烧断导线。

（2）定子绕组断路故障的检查实践证明，断路故障大多数发生在绕组端部、线圈的接头以及绕组与引线的接头处。因此，发生断路故障后，首先应检查绕组端部，找出断路点，重新进行连接、焊牢，包上相应等级的绝缘材料，再经局部绝缘处理，涂上绝缘漆晾干，即可继续使用。定子绕组断路故障的检查方法有以下几种。

① 观察法。仔细观察绕组端部是否有碰断现象，找出碰断处。

② 万用表法。将电动机出线盒内的连接片取下，用万用表或兆欧表测量各相绕组的电阻，当电阻大到几乎等于绕组的绝缘电阻时，表明该相绕组存在断路故障。

③ 检验灯法。小灯泡与电池串联，用两根引线分别与一相绕组的头尾相连，若有并联支路，拆开并联支路端头的连接线；有并绕的，则拆开端头，使之互不接通。如果灯不亮，则表明绕组有断路故障。测量方法如图 3-25 所示。

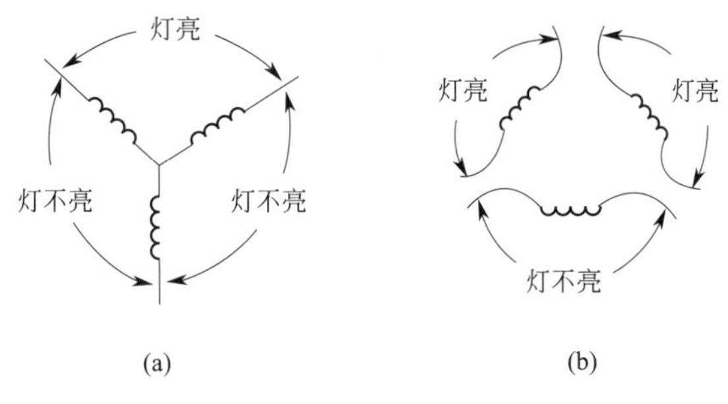

图 3-25　检验灯法检查绕组断路

（a）星形接法；（b）三角形接法

④ 三相电流平衡法。对于 10kW 以上的电动机，由于其绕组都采用多股导线并绕或多支路并联，往往不是一相绕组全部断路，而是一相绕组中的一根或几根导线或一条支路断开，所以检查起来较麻烦，这种情况下可采用三相电流平衡法来检测。

将三相异步电动机空载运行，用电流表测量三相电流。如果星形连接的定子绕组中有一相部分断路，则断路相的电流较小，如图 3-26(a) 所示。如果三角形连接的定子绕组中有一相部分断路，则三相线电流中有两相的线电流较小，如图 3-26(b) 所示。

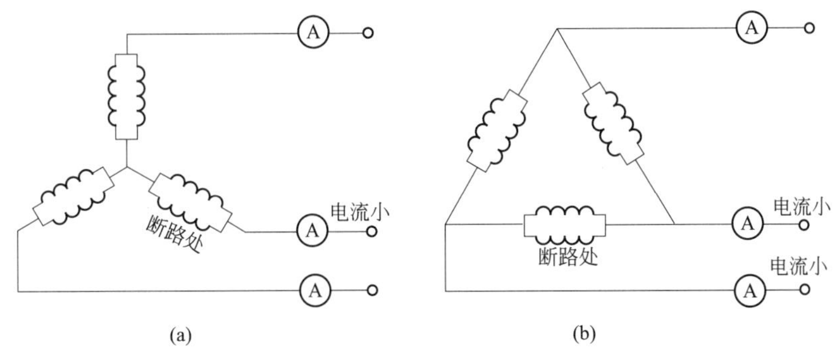

图 3-26　电动机空载运行时检查定子绕组断路

（a）星形接法；（b）三角形接法

如果电动机已经拆开，不能空载运行，这时可用单相交流电焊机作为电源进行测试。当电动机的三相绕组采用星形接法时，需将三相绕组串入电流表后再并联，然后接通单相交流电源，测试三相绕组中的电流，若电流值相差5%以上，电流较小的一相绕组可能有部分断路。如图3-27所示。当电动机的三相绕组采用三角形接法时，应先将绕组的接头拆开，然后将电流表分别串接在每相绕组中，测量每相绕组的电流，如图3-28所示。比较各相绕组的电流，其中电流较小的一相绕组即为断路相。

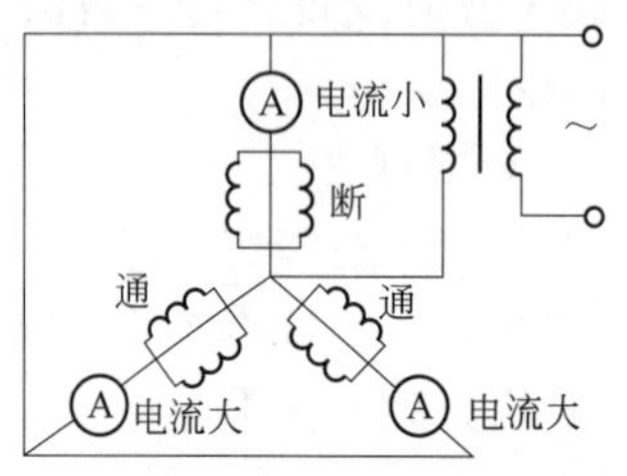

图3-27 电流平衡法检查星接电动机定子绕组

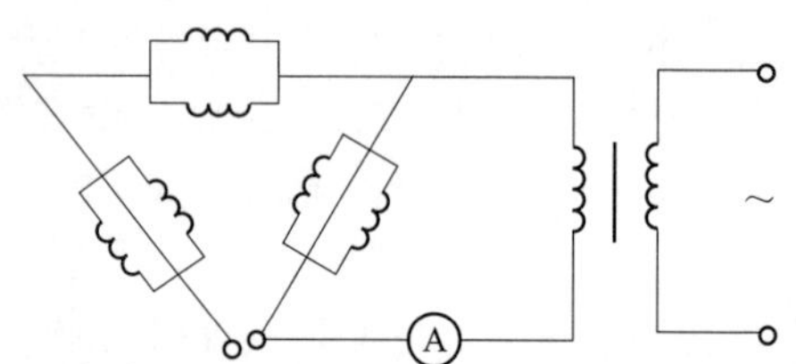

图3-28 电流平衡法检查角接电动机定子绕组

⑤ 电阻法。用直流电桥测量三相绕组的直流电阻，如直流电阻阻值相差大于2%时，电阻较大的一相即为断路相。由于绕组的接线方式不同，因此检查时可分为以下几种情况。

对于每相绕组均有两个引出线引出机座的电动机，可先用万用表找出各相绕组的首末端，然后用直流电桥分别测量各相绕组的电阻 R_u、R_v 和 R_w，最后再进行比较。

（3）定子绕组断路故障的检修。查明定子绕组断路部位后，即可根据具体情况进行相应的修理，检修方法如下。

① 当绕组导线接头焊接不良时，应先拆下导线接头处包扎的绝缘，断开接头，仔细清理，除去接头上的油污、焊渣及其他杂物。如果采用锡焊焊接的，则先进行搪锡，再用烙铁重新焊接牢固并包扎绝缘，若是采用电弧焊焊接的，则既不会损坏绝缘，接头也比较牢靠。

② 引线断路时应更换同规格的引线。若引线长度较长，可缩短引线，重新焊接接头。

③ 槽内线圈断线的处理。出现该故障现象时，应先将绕组加热，翻起断路的线圈，然后用合适的导线接好焊牢，爆炸绝缘后再嵌回原线槽，封好槽口并刷上绝缘漆。但注意接头处不能在槽内，必须放在槽外两端。另外，也可以调换新线圈。有时遇到电动机急需使用，一时来不及修理，也可以采取跳接法，直接短接断路的线圈，但此时应降低负载运行。这对于小功率的电动机以及轻载、低速电动机是比较适用的。这是一种应急修理办法，事后应采取适当的补救措施。如果绕组断路严重，则必须拆除绕组重绕。

④ 当绕组端部断路时，可采用电吹风机对断线处加热，待软化后把断头端挑起来，刮掉断头端的绝缘层，随后将两个线端插入玻璃丝漆套管内，并顶接在套管的中间位置进行焊接。焊好后包扎相应等级的绝缘，然后再涂上绝缘漆晾干。修理时还应注意检查邻近的导线，如有损伤也要进行接线或绝缘处理。对于绕组有多根断线的，必须仔细查出哪两根线对应相接，否则接错将造成自行断路。多根断线的每两个线端的连接方法与上述单根断线的连接方法相同。

4）电动机检修后的试验

电动机在总装后，为了保证电动机能正常工作，应对电动机做一些试验。电动机在试验前，首先要进行一般性检查。检查电动机的装配质量，各部分的紧固螺栓是否旋紧，转子是否转动灵活，转轴径向摆动和轴向窜动是否符合规定等。在确认电动机无异常时，才能进行试验。

（1）测量冷态直流电阻。测定直流电阻主要是为了检验电动机三相绕组直流电阻的对称性，即三相绕组直流电阻值的平衡程度，要求误差不超过平均值的 5%。由于绕组接线错误、焊接不良、导线绝缘层损坏或线圈匝数有误差，都会造成三相绕组的直流电阻不平衡。

根据电动机功率的大小，绕组的直流电阻可分为高电阻与低电阻，电阻在 10Ω 以上为高电阻，在 10Ω 以下为低电阻。其测量方法如下。

① 高电阻的测量。用万用表测量，或通以直流电，测出电流 I 和电压 U，再按欧姆定律计算出直流电阻 R。

② 低电阻的测量。用精度较高的电桥测量，应测量 3 次，取其平均值。

（2）测量绝缘电阻。兆欧表测量绕组的对地绝缘电阻和相间绝缘电阻是先将三相绕组的 6 个端头分出 U、V、W 三相的 3 对端头，再把兆欧表的“E”（地）端接其中一相，“L”（线）端接在另一相上，以 120r/min 的转速均匀摇动 1min（转速允许误差±20%），随之读取兆欧表指示的绝缘电阻值。用此法测三次，就测出 U—V、V—W、W—U 之间的相间绝缘电阻值。

然后将 U、V、W 三相的 3 个尾端头（或首端头）绞接在一起，把兆欧表的“L”（线）端接上，再把“E”（地）端接机座，以测相间绝缘电阻的方法，同样测得对地绝缘电阻值。

低压电动机通常采用 500V 兆欧表，要求对地绝缘电阻和相间绝缘电阻都不能小于 5MΩ。若绝缘电阻值偏小，说明绝缘不良，通常是槽绝缘在槽端伸出槽口部分破损或未伸出槽口或没有包好导线，使导线与铁芯相碰所致。处理方法是在槽口端找出故障点，并以衬垫绝缘纸来消除故障点。如果没有破损仍低于此值，必须经干燥处理后才能进行耐压试验。

（3）耐压试验。耐压试验用以检验电动机的绝缘和嵌线质量。通过耐压试验可以准确地发现绝缘的缺陷，以免在运行中造成绝缘击穿故障，并可确保电动机的使用寿命。

① 耐压试验的做法。要在专用的试验台上进行，每一个绕组都应轮流对机座做绝缘试验，此时试验电源的一极接在被试绕组的引出线端，而另一极则接在电动机的接地机座上。在试验一个绕组时，其他绕组在电气上都应与接地机座相连接。

② 耐压试验的标准。在绕组对机座及绕组各相之间施加一定值的 50Hz 交流电压，1min 后无击穿现象的为合格。低压电机耐压试验的标准见表 3-5。

表 3-5　低压电机耐压试验的标准

试验阶段	1kW 以上	1.1～3kW	4kW 以上
嵌线后未接线	$2U_N$+1000V	$2U_N$+2000V	$2U_N$+2500V
接线后未浸漆	$2U_N$+750V	$2U_N$+1500V	$2U_N$+2000V
总装后	$2U_N$+500V	$2U_N$+1000V	$2U_N$+1000V

进行耐压试验时，必须注意安全，防止触电事故发生。

对小于额定电压为 380V 的电动机，若身边没有高压试验设备，装配后的耐压试验也可用 2500V 兆欧表摇测 1min 代替。

（4）空载试验。当绕组接线正确，扁铁片正常转动时，用同一钳形电流表分别测三相绕组定子电流值。测得各相电流与三相平均电流之差应小于 10%，如果某相超过三相平均值 20%以上，表明该相绕组有匝间短路或轻微接地。

3.4 识读装配图

1. 装配图的作用和内容

1）装配图的作用

装配图是表达机器、电机或零、部件的工作原理，结构形状和装配关系的图样。

2）装配图的主要内容

（1）必要的视图。装配图和零件的图样，根据部件的复杂程度，采用必要的视图以及一些特殊表达方法，说明机器或部件的工作原理、结构特点、装配关系、连接方式和各零件之间的相对位置。

（2）必要的尺寸。标注出表示装配体的规格尺寸、零件间的配合尺寸、电动机或部件的安装尺寸、总体尺寸等。

（3）技术要求。用文字或符号说明机器装配、检验、试验、验收要求、使用规则等。

（4）零件的序号和明细表。说明机器或部件上各个零件的序号、名称、数量、材料以及规格和标准代号等。

（5）标题栏。说明机器或部件的名称、质量、图号、绘图比例以及制造厂家等内容。

3）装配图中的一些基本规定

为了在看装配图时易于区分不同的零件，正确理解各零件之间的装配关系和连接方式，首先必须了解装配图中的基本规定。

（1）接触表面和非接触表面的区别两零件的接触表面或配合表面，在接触处只用一条线表示，不接触的表面或非配合的表面用两条线分开表示。

（2）不同零件的剖面线方向和间隔问题两个或两个以上的金属零件，其表面相互接触或相邻时，剖面线的倾斜方向应相反，或者方向相同但间隔不等，以示区别。

4）装配图的特殊表达方法

（1）简化画法。装配图中对规格相同的螺栓、螺钉等复杂零件，可以只画一处或几处，其余以点画线表示其中心位置。对于规格相同的滚动轴承，可以只画出其中的一个详细结构图形，其余用两条交叉的点画线表示。对于零件的次要结构和圆角、倒角、退刀槽等可允许省略不画。

（2）夸大画法。装配图中的薄片、小间隙、小锥度等可适当夸大画出。

（3）假想表示法。有时为了表示本部件与其他零（部）件的安装、连接关系，或部件中某个零件的运动极限位置，可用双点划线表示。

2. 装配图的读法

在设计、装配、使用、维修以及技术交流等各种生产活动中，都会遇到读装配图。读装配图主要的要求如下。

（1）了解电动机或部件的名称、用途、结构和工作原理。

（2）了解各组成部分的连接形式，装配关系和装拆顺序。

（3）了解各零件的结构形状和作用，想象出装配体中各零件的动作过程。

3. 识读交流异步电动机装配图

交流异步电动机装配图见附录 1。

1）大致了解

从装配图标题栏中知道这是一台交流异步电动机，看明细表可知这台交流异步电动机由28种共50个零件组成。

2）分析视图

交流异步电动机装配图由两个图组成，一个是做了局部剖视的主视图，另一个是 A—A 剖视和局部剖视的左视图。主视图是由定子和转子两大部分组成。定子由定子铁芯、定子绕组、机座组成，定子铁芯压装在机座内，用紧固螺钉固定。转子由转轴和转子铁芯、转子绕组组成；转轴轴颈装有轴承盖和滚动轴承，安放在定子内。机座两端装有端盖，用来支承转子，并用螺钉固定在机座上。在转轴后端装有风扇和风罩。从左视图 A—A 剖视可知机座散热片分布情况，在机座装有电动机的铭牌和出线盒，由左视图中的局部剖视图可知定子绕组三根引出线接到出线盒的情况。

3）分析尺寸

装配图中电机中心高为160mm，转轴轴径 ϕ38mm，轴伸端的12mm平键尺寸视为规格尺寸，定子与转子之间气隙为0.4mm。210±1.05mm、254±1.05mm、4个 ϕ16mm 孔及80±0.4mm视为安装尺寸。

4）装配尺寸

图中 ϕ252H7/K6、ϕ54H7/P6，前者说明机座内径为 ϕ252mm、公差等级为7级的基准孔和定子铁芯为 ϕ252mm、偏差为K、公差等级为6级的过渡配合。后者说明转子铁芯内径 ϕ54mm、公差等级为7级的基准孔和转轴为 ϕ54mm、偏差为P、公差等级为6级的过盈配合。ϕ45K6、ϕ100J6都是装配尺寸。

5）外形尺寸

图中575mm、320mm、370mm、160mm、220mm都属于外形尺寸，提供了电动机所占的空间尺寸，是运输装箱的重要尺寸数据。

6）分析装配顺序

交流异步电动机的装配顺序是：转子两端装上涂有润滑脂的轴承盖；热套两端轴承；将转子穿入定子内腔；装前后端盖；用螺栓将前后端盖拧紧机座上；用螺栓拧紧轴承盖；装风扇和风罩；接出线；盖上出线盒盖；钉上铭牌。

3.5 三相异步电动机的拆装

1. 知识要求

（1）三相异步电动机的基本结构及各部件的作用。

（2）三相异步电动机拆装的基本步骤及操作要点。

（3）三相异步电动机转子的分类及特点。

（4）轴承的分类、检测及拆装方法。

（5）定子绕组形式的判别。

（6）定子绕组接线方式的判别。

2. 拆卸步骤及要求

（1）切断电源，在接线盒内拆开电动机与电源连接线，并做好与电源线相对应的标记，以免恢复时搞错相序。

（2）拆开传动部件的连接，如卸下传动带或卸下联轴器螺栓。

（3）卸下底角螺母、弹簧垫片和平垫片。

（4）抬下电动机放在平地，用拉具卸下带轮或联轴器。拆卸前应测量并记录联轴器或皮带轮与轴台间的距离，并标记电机的出轴方向及引出线在机座上的出口方向。

（5）拆电动机尾部的风扇罩，卸下定位键或螺钉，并拆下风扇。

（6）旋下前后端盖的紧固螺钉，并拆下前轴承外盖。

（7）卸下前端盖。可用一个大小适宜的扁凿，插在端盖突出的耳朵处，按端盖对角线依次向外撬，直至卸下前端盖。

（8）拆下后轴承外盖。

（9）用木板垫在转轴前端，将转子连同后端盖一起用锤子从机壳上的止口中敲出。在抽出转子前，应在转子下面的气隙和定子绕组端部之间垫上厚纸板，以免抽出转子时碰伤铁芯和绕组。

（10）最后用拉具拆卸前后轴承及轴承内盖。

3. 安装步骤及要求

电动机的安装步骤是拆卸步骤的逆过程。装配前，各接触配合处都要进行除锈清理，装配时，应按各部件拆卸时所作的标记复位。这里着重说明主要部件的装配方法及要求。

（1）轴承冷套法装配。先将轴颈部分擦干净，把清洗好的轴承套在轴上，用一段钢管，其内径略大于轴颈直径，外径又略小于轴承内圈的外径，套入轴颈，再用手锤敲打钢管端头，将轴承敲进。也可用硬质木棒或金属棒顶住轴承内圈敲打，为避免轴承歪扭，应在轴承内圈的圆周上均匀敲打，使轴承平衡地行进。

（2）转子热装法装配。将轴承用铁丝吊起架空放入80～100℃变压器油中，加热30～40min后，趁热取出迅速套入轴颈中。

装配小型电动机的转子时，一手托住转子，一手握住轴，对准定子中心，小心往里送，绝对不能碰伤定子绕组。装配大型电动机的转子时，要用起重设备分段吊进转子。

（3）端盖装配。

① 后端盖的装配：将轴伸端朝下垂直放置，在其端面上垫上木板，后端盖套在后轴承上，用木槌敲打，把后端盖敲进去。

② 前端盖的装配：先铲去端盖口和机壳止口中的脏物，再对准机壳上的螺栓孔把端盖装上，按对角线一先一后逐步拧紧螺栓，同时，要随时转动转子，让其灵活转动。

（4）轴承盖装配。将轴承内盖与轴承按规定加上润滑油后，再装上端盖和轴承外盖，在一个螺栓孔内插上一个螺栓，一手轻轻顶住螺栓，一手转动转轴，轴承内盖会跟随转动，当转到轴承内、外盖螺栓孔成一条直线时，即可旋上螺栓。最后把其余两个螺栓也装上旋紧。

（5）带轮或联轴器装配。用细砂纸把带轮或联轴器的轴孔和转轴的表面轻轻打磨光滑，对准键槽，把带轮或联轴器套在转轴上，调整好键和键槽的位置，用铁条垫在键一端轻轻敲打，使键慢慢进入键槽，旋紧紧固螺钉。

用兆欧表检查三相绕组的对地和相间绝缘电阻，其阻值不得低于0.5MΩ。正确接线，通电试车。

4. 准备工作

（1）材料用品：砂纸、毛刷、润滑油、喷灯、汽油或煤油、油壶、钢管、撬杠、钢直尺、铜棒、劳保用品等。

（2）工具仪器：铁锤、拉具、常用电工工具、活扳手、套筒扳手、兆欧表、转速表、钳形电流表、万用表。

5. 考核时限

以小组为单位，考核时限为 120min。

6. 考核项目及评分标准（表 3-6）

表 3-6　异步电动机的拆装考核项目及评分标准

项目	考核要点	配分	评分标准	扣分	得分
穿戴	穿戴是否整齐、规范	10	不符合要求每一项扣 2 分		
拆卸	是否按照电动机操作规程拆卸	20	不符合要求每一项扣 2 分		
检测内容	是否按照电动机检测内容去做	25	缺少检测内容，每一项扣 5 分		
安装	是否按照电动机操作规程安装	20	未按要求安装每一项扣 5 分		
清理现场	是否清理好现场，器件摆放整齐	15	不符合要求每一项扣 2 分		
其他	是否尊重考评人、讲文明礼貌	10	方法不规范扣 5 分		
时限	120min		每超 1min 扣 2 分		
合计		100			

3.6　电动机的安装及调试方法

1. 知识要求

（1）电动机基础的建造。

（2）电动机的搬运方法及操作要点。

（3）电动机的安放及调整。

2. 安装步骤及要求

（1）准备安装场地。安装电动机应选择干燥、通风好、无腐蚀气体侵害的地方。安装地点的四周应留出一定的空间，以便电动机的安装、检修、监视和清扫。环境温度应适宜，空气温度在 40℃以下，无强烈的热辐射。安装地点的四周应与其他设备至少保持 1.3m 的距离。电动机的结构形式应适合生产机械周围环境的条件。

（2）制作地脚螺钉。将六角螺栓的头部用钢锯锯成一条 2.5～4mm 的缝，再用钢凿将其分成人字形。六角螺栓埋入混凝土中的长度一般是螺栓直径的 10 倍左右。人字形开口的长度约是螺栓埋入混凝土深度的一半左右。使用夹钳时注意不要损伤螺栓的螺纹，锯缝要平直。使用钢凿时注意不要损伤螺栓的螺纹，同时应防止螺栓边缘或棱角发生崩裂。

（3）制作安装座墩。电动机大都安装在机械设备的固定底座上，无固定底座的，一定要安装在混凝土座墩上。座墩的具体高度要按电动机的规格、传动方式和安装条件等决定。座墩的长与宽大约等于电动机的机座底尺寸＋150mm。基础的深度一般按地脚螺栓长度的 15～20 倍选取，以保证埋设的地脚螺栓有足够的强度。

（4）电动机的搬运。电动机在采用起重机械或电动葫芦搬运时，将绳子拴在电动机的吊环或底座上吊装。距离较近时可在电动机的下面垫一块垫板，再在垫板下面塞入相同直径的金属管，然后用铁棒撬动。搬运前应仔细检查吊钩、制动部分是否完好，只有确认执行部件完好无损才可搬运。不允许用绳子套在电动机的带盘或转轴上抬电动机。

（5）电动机与座墩的安装。为防止振动，安装时须在电动机与座墩之间衬垫一层质地坚韧的木板或硬橡胶类的防振物。在 4 个紧固螺栓上套上弹簧垫圈，拧紧螺母时要按对角线交错依次拧紧。4 个紧固螺母要拧得一样紧。拧紧螺母时，注意不要损伤螺母。

（6）水平调整电动机。电动机安装就位后，应使用水平仪对电动机进行纵向和横向校正。如果不平，可在机座下面垫上 0.5mm 厚的钢片进行校正。

（7）电动机接线。根据电动机铭牌标明的额定电压与接法，决定电动机接线的方法。接线极性要正确、牢固，标号要齐全。采用绝缘管引出时，绝缘管应良好无裂纹损伤。应注意加装接地保护线。

（8）检查调试。用兆欧表测量电动机绕组之间和绕组与接地之间的绝缘电阻，用 500V 兆欧表测量电动机的绝缘电阻值应不低于 0.5 MΩ。此外，还应检查电动机的接线是否符合要求，外壳是否可靠接地或接零等。空载试车时，用钳形电流表测量电动机三相空载电流是否平衡。对于不可逆转的电动机，应检查电动机的转动方向与外壳标出的运转方向是否相符。用转速表测量电动机的转速与电动机的额定转速进行比较，确定电动机的质量。

3. 准备工作

（1）材料用品：螺栓、水平仪、导线、钢管、撬杠、卷尺、台虎钳、劳保用品等。

（2）工具仪器：常用电工工具、活扳手、套筒扳手、兆欧表、转速表、钳形电流表、万用表、弯管器、钢锯、电动葫芦。

4. 考核时限

考核时限为 120min。

5. 考核项目及评分标准（表 3-7）

表 3-7　电动机的安装、接线及调试考核项目及评分标准

项目	考核要点	配分	评分标准	扣分	得分
穿戴	穿戴是否整齐、规范	5	不符合要求每一项扣 2 分		
基础制作	是否按照电动机基础安装操作规程	20	不符合要求每一项扣 2 分		
电动机安装及调整	是否按操作规程搬运、摆放及调整电动机	20	未按要求安装，每一项扣 5 分		
电动机控制电路安装	是否按照电动机控制电路操作规程安装	20	未按要求安装，每一项扣 5 分		
检测内容	是否按检测内容去做	20	缺少检测内容每一项扣 5 分		
清理现场	是否清理好现场，器件摆放整齐	5	不符合要求每一项扣 2 分		
其他	是否尊重考评人、讲文明礼貌	10	方法不规范扣 5 分		
时限	120min		每超 1min 扣 2 分		
合计		100			

3.7　三相异步电动机定子绕组检修

1. 三相异步电动机定子绕组断路检修

1）相关知识

（1）异步电动机定子绕组的结构及形式。

（2）异步电动机定子绕组的接线方式。

（3）分析异步电动机定子绕组断路故障的原因。

（4）异步电动机定子绕组断路故障的现象及判断方法。

（5）分清异步电动机定子绕组断路和电动机缺相运行，造成电动机损坏现象的区别。

2）检修要求

（1）检修前应进行定子绕组端部的外观检查，看各绕组元件的接线头或电机引出线等处，有无断开的现象。

（2）拆开电动机接线盒里的连接片，会利用万用表或校验灯检查判断定子绕组断路故障。

（3）对于多根导线并绕或多支路并联的电动机，可用三相电流平衡法和电阻法检查判断定子绕组断路故障。

（4）掌握绕组单根导线断路修复的方法。

（5）掌握绕组多根导线断路修复的方法。

（6）掌握绕组断路穿绕修复的方法。

3）准备工作

（1）材料用品：砂纸、紫铜皮、焊锡丝、绝缘套管、36V 电源变压器、劳保用品等。

（2）工具仪器：常用电工工具、兆欧表、万用表、电桥、电吹风、电烙铁。

4）考核时限

考核时限为 120min。

5）考核项目及评分标准（表 3-8）

表 3-8　异步电动机定子绕组断路检修考核项目及评分标准

项目	考核要点	配分	评分标准	扣分	得分
穿戴	穿戴是否整齐、规范	10	不符合要求每一项扣 2 分		
准备	1. 工具佩带是否齐全	20	不符合要求每一项扣 2 分		
	2. 仪器、仪表操作规程		不符合要求每一项扣 2 分		
检测内容	是否按照电动机绕组断路检测内容检查	25	缺少检测内容，每一项扣 5 分		
修理	是否按照电动机绕组断路修复规程操作	25	未按绕组断路修复要求操作每一项扣 5 分		
清理现场	是否清理好现场，器件摆放整齐	10	不符合要求每一项扣 2 分		
其他	是否尊重考评人、讲文明礼貌	10	违反安全操作规程扣 15 分		
时限	120min		每超 1min 扣 2 分		
合计		100			

2. 三相异步电动机定子绕组短路检修

1）相关知识

（1）异步电动机定子绕组的结构及形式。

（2）异步电动机定子绕组的接线方式。

（3）分析异步电动机定子绕组短路的原因。

2）检修要求

（1）检修前应进行定子绕组端部的外观检查，观察各绕组有无相间短路和匝间短路现象。

（2）拆开电机接线盒里的连接片，利用万用表或兆欧表判断定子绕组相间短路故障。

（3）对于接线方式已在内部接成的电动机，可用电阻法检查判断定子绕组断路故障。

3）准备工作

（1）材料用品：砂纸、紫铜皮、焊锡丝、绝缘套管、绝缘纸、24V 或 36V 电源变压器、灯泡、劳保用品等。

（2）工具仪器：常用电工工具、兆欧表、万用表、电吹风、电烙铁、短路侦察器。

4）考核时限

考核时限为 120min。

5）考核项目及评分标准（表 3-9）

表 3-9　异步电动机定子绕组短路检修考核项目及评分标准

项目	考核要点	配分	评分标准	扣分	得分
穿戴	穿戴是否整齐、规范	10	不符合要求每一项扣 2 分		
准备	1. 工具佩带是否齐全	20	不符合要求每一项扣 2 分		
	2. 仪器、仪表操作规程		不符合要求每一项扣 2 分		
检测内容	是否按照电动机绕组短路检测内容检查	25	缺少检测内容，每一项扣 5 分		
修理	是否按照电动机绕组短路修复规程操作	35	未按修复要求操作每一项扣 5 分		
清理现场	是否清理好现场，器件摆放整齐	10	不符合要求每一项扣 2 分		
时限	120min		每超 1min 扣 2 分		
合计		100			

3. 三相异步电动机定子绕组接地检修

1）相关知识

（1）异步电动机定子绕组的结构及形式。

（2）异步电动机定子绕组的接线方式。

（3）分析异步电动机定子绕组接地的原因。

（4）异步电动机定子绕组接地故障的现象及判断方法。

（5）掌握电动机定子绕组接地故障的修复方法。

2）检修要求

（1）检修前应进行定子绕组端部的外观检查，观察各绕组元件在槽口处有无接地现象。

（2）拆开电机接线盒里的连接片，利用兆欧表判断定子绕组接地故障。

（3）会用校验灯检查法、大电流烧穿法和分组淘汰法判断定子绕组接地故障。

（4）掌握绕组槽口接地修复的方法。

（5）掌握绕组在槽内接地修复的方法。

3）准备工作

（1）材料用品：36V 交流电源变压器、灯泡、划线板、绝缘纸、绝缘漆、劳保用品等。

（2）工具仪器：常用电工工具、单相调压器、兆欧表、钳形电流表、万用表。

4）考核时限

考核时限为 120min。

5）考核项目及评分标准（表 3-10）

表 3-10　异步电动机定子绕组接地检修考核项目及评分标准

项目	考核要点	配分	评分标准	扣分	得分
穿戴	穿戴是否整齐、规范	10	不符合要求每一项扣 2 分		
拆卸	1. 工具佩带是否齐全	20	不符合要求每一项扣 2 分		
	2. 是否按照电动机操作规程拆卸		不符合要求每一项扣 2 分		
检测内容	是否按照电动机绕组接地检测内容去做	25	缺少检测内容，每一项扣 5 分		
修理	是否按照电动机绕组接地修复规程操作	20	未按修复要求操作每一项扣 5 分		

续表

项目	考核要点	配分	评分标准	扣分	得分
清理现场	是否清理好现场，器件摆放整齐	15	不符合要求每一项扣 2 分		
其他	是否尊重考评人、讲文明礼貌	10	违反安全操作规程扣 15 分		
时限	120min		每超 1min 扣 2 分		
合计		100			

4. 三相异步电动机检修后的试验

1）相关知识

（1）异步电动机定子绕组的结构及形式。

（2）异步电动机定子绕组的接线方式。

（3）掌握电桥、兆欧表的使用方法。

2）试验要求

（1）试验前检查电动机的装配质量，转子是否能转动灵活。

（2）准确测量冷态直流电阻。

（3）会用兆欧表测量绕组的对地绝缘电阻和相间绝缘电阻。

3）准备工作

（1）材料用品：堵转棒、绝缘纸、劳保用品等。

（2）工具仪器：常用电工工具、三相调压器、兆欧表、钳形电流表、电桥。

4）考核时限

考核时限为 120min。

5）考核项目及评分标准（表 3-11）

表 3-11　异步电动机检修后的试验考核项目及评分标准

项目	考核要点	配分	评分标准	扣分	得分
穿戴	穿戴是否整齐、规范	10	不符合要求每一项扣 2 分		
装配后的检查	1. 工具佩带是否齐全	20	不符合要求每一项扣 2 分		
	2. 是否按照电动机操作规程检查		不符合要求每一项扣 2 分		
测试内容	是否按照电动机测试内容去做	25	缺少测试内容，每一项扣 5 分		
试验	是否按照电动机试验规程操作	30	未按要求试验每一项扣 5 分		
清理现场	是否清理好现场，器件摆放整齐	15	不符合要求每一项扣 2 分		
时限	120min		每超 1min 扣 2 分		
合计		100			

【相关知识】

3.8　三相异步电动机定子绕组的结构

1. 基本术语

1）线圈

线圈是组成绕组的基本件，是用绝缘导线（漆包线）在绕线模上按一定形状绕制而成

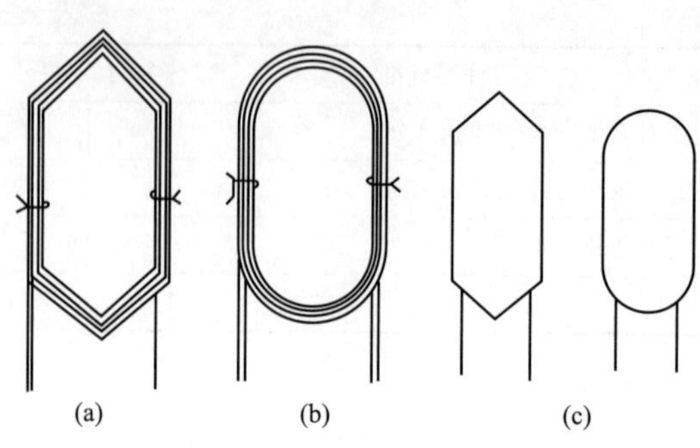

图 3-29 常用线圈及简化画法
（a）菱形线圈；（b）弧形线圈；（c）简化画法

的。线圈一般由多匝绕成，其形状如图 3-29 所示。两直线段嵌入槽内，是电磁能量转换部分，称线圈有效边；两端部仅为连接有效边的线，不能实现能量转换，故端部越长材料浪费越多；引线用于引入电流的接线。

2）线圈组

几个线圈顺接串联即构成线圈组，三相异步电动机中最常见的线圈组是极相组。它是一个极下同一相的几个线圈顺接串联而成的一组线圈，如图 3-30 所示。

3）定子槽数 Z_1

定子铁芯上线槽总数称为定子槽数，用字母 Z_1 表示。

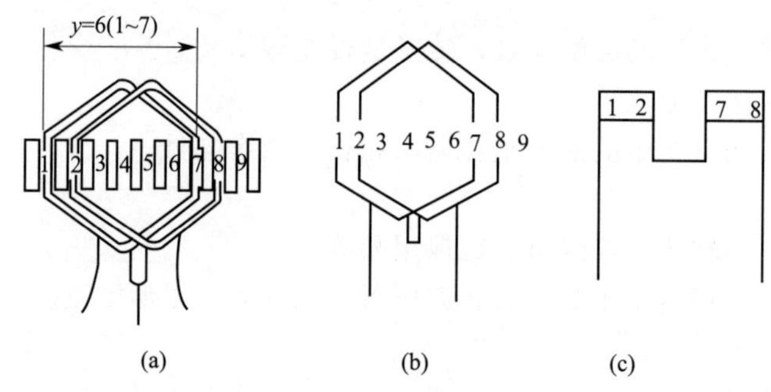

图 3-30 一个极相组线圈的连接方法
（a）连接方法；（b）展开图；（c）简化图

4）磁极数 $2p$

磁极数是指绕组通电后所产生磁场的总磁极个数，电动机的磁极个数总是成对出现，所以电动机的磁极数用 $2p$ 表示。三相异步电动机的磁极数可从铭牌上得到，也可根据电机转速计算出磁极数，即

$$2p=\frac{120f}{n_1}$$

式中，f 为电源频率；p 为磁极对数；n_1 为电机同步转速，n_1 可从电机转速 n 取整数后获得，它在交流电动机中为确定转速的重要参数，即

$$n=\frac{60f}{p}\ (\mathrm{r/min})$$

5）极距 τ

极距为相邻两异性磁极之间的槽距，通常用槽数来表示，即 $\tau=\frac{Z_1}{2p}$。

6）节距 y

节距为线圈的两个有效边所跨占的槽数。为获得较好的电气性能，节距应尽量接近极距 τ。即

$$y\approx\tau=\frac{Z_1}{2p}$$

7）每极每相槽数 q

每极每相槽数是指绕组每极每相所占的槽数。即

$$q=\frac{Z_1}{3\times 2p}$$

8）相带

三相电动机的相带是指每极下一相所占的宽度，用电角度表示。一般一个磁极对应180°电角度，若每极下三相均匀分布，则相带为60°电角度。

9）槽距角 α

指定子相邻槽之间的间隔，以电角度来表示，即

$$\alpha=\frac{180^\circ\times 2p}{Z_1}$$

10）线径 ϕ 与并绕根数 N_a

线径 ϕ 是指绕制电机时，根据安全载流量确定的导线裸直径。功率大的电动机所用的导线较粗，但线径过大时，会造成嵌线困难，可用几根细导线替代一根粗导线进行并绕。其细导线根数就为并绕根数 N_a。

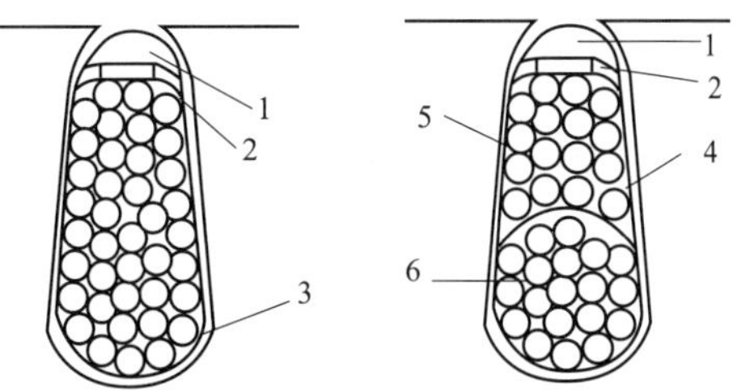

图 3-31　单、双层槽内布置情况

1—槽楔；2—覆盖绝缘；3—槽绝缘；4—层间绝缘；5—上层线圈边；6—下层线圈边

11）单层与双层绕组

单层绕组是在每槽中只放一个有效边，这样每个线圈的两有效边要分别占一槽。故整个单层绕组中线圈数等于总槽数的一半。

双层绕组是在每槽中用绝缘隔为上、下两层，嵌放不同线圈的各一有效边，线圈数与槽数相等，如图 3-31 所示是单层、双层槽内布置情况示意图。

2. 三相单层绕组的形式

1）三相绕组的性能及特点

(1) 等宽度式（叠式）。线圈为等距，即所有线圈节距相同，线模容易调整；线圈节距短于极距（整距），较省线材；单层绕组的线圈数量少，嵌线工时省，但电气性能较差。

(2) 同心式。绕组是单层布线，有较高的槽满率；线圈节距的平均值为等距，绕组端部长度大而耗线材，且漏磁较大、电气性能也较差；可采用分层嵌线而形成“双平面”或“三平面”绕组，使嵌线方便，多适用于二极电动机和小容量微型电动机。

(3) 交叉式。交叉式绕组为整距，但线圈平均节距较短，用线较节省；每组线圈数和节距都不等，给嵌线工艺增加了困难；槽满率较高，电气性能较差。

2）三相单层 4 极 36 槽绕组的展开图

如图 3-32 所示。由三相 4 极 36 槽可知该绕组的每极相槽数 $q=3$，以其中某一相在各分图上说明。单层绕组具有较高的槽利用率、不易发生相间短路、线圈数量较少、嵌线工时省等优点，在小型电动机中得到广泛应用。由于单层绕组结构的限定，其绕组端部较厚，不易整形，无法利用短距系数来改善绕组的电磁性能，这就是单层绕组的电动机性能较差的原因。

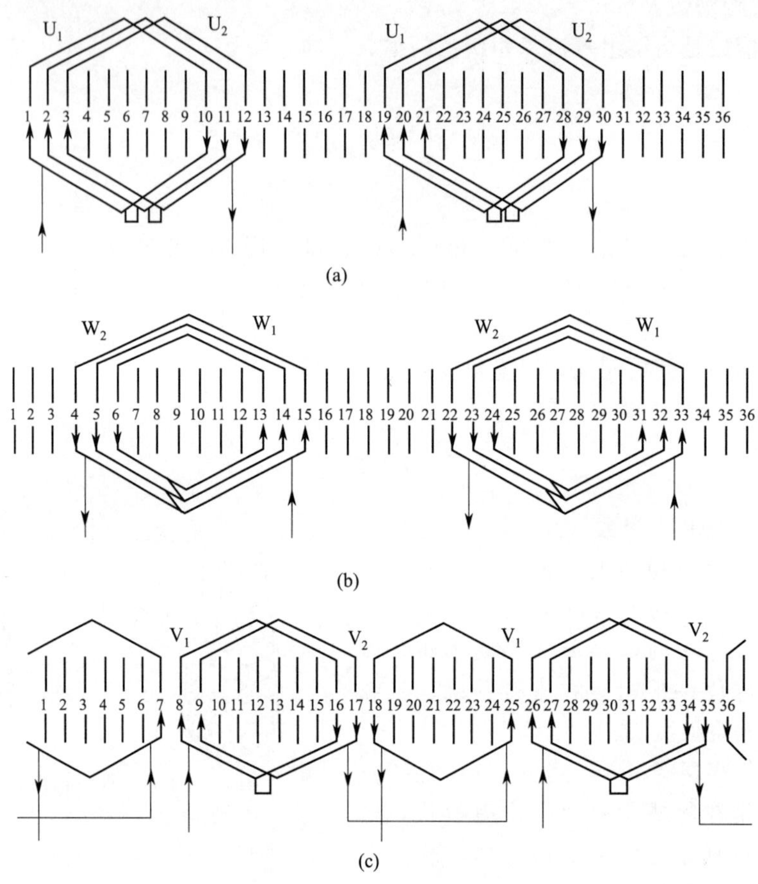

图 3-32　单层绕组的 3 种类型

（a）等宽式；（b）同心式；（c）交叉式

3.9　定子绕组引出线首末端判别

当电动机接线板损坏，定子绕组的 6 个线头分不清楚时，不可盲目接线，以免引起电动机内部故障，因此必须分清 6 个线头的首尾端后才能接线。一般电动机定子的绕组首、末端均引到出线板上，并采用符号 U_1、V_1、W_1 表示首端，U_2、V_2、W_2 表示末端。但实际工作中，常会遇到电动机三组定子绕组引出线的标记遗失或首、末端不明的情况，此时可采用以下几种方法予以判别。

1. 用 36V 交流电源和灯泡判别首尾端

（1）用万用表的电阻挡，分别找出三相绕组的各相两个线头。

（2）先给三相绕组的线头作假设编号 U_1、U_2，V_1、V_2 和 W_1、W_2。并把 V_1、U_2 连接起来，构成两相绕组串联。

（3）U_1、V_2 线头上接一只灯泡。

（4）W_1、W_2 两个线头上接通 36V 交流电源，如果灯泡发光或万用表测量 U_1、V_2 两个线头上有电压，说明线头 U_1、U_2 和 V_1、V_2 的编号正确。如果不发光，或用万用表测不出电压，则把 U_1、U_2 或 V_1、V_2 任意两个线头的编号对调一下即可。

（5）再按上述方法对 W_1、W_2 两个线头进行判别。

2. 用万用表和电池法

（1）用万用表的电阻挡代替电池与小灯泡，测出各相绕组的两根线端，电阻值最小的两线端为同一相绕组的线端。

（2）将万用表选择开关切换到直流电流挡（或直流电压挡也可以），量程可小些，这样指针偏转值明显。将任意一组绕组的两个线端先标上首端 D_1 和末端 D_4 的标记并接到万用表上，并且指定首端 D_1 接万用表的“－”端上，末端 D_4 接天用表的“＋”端上。再将另一相绕组的一个线端接电池的负极，另一个线端去碰触电池正极，同时注意观察表针的瞬间偏转方向，若表针正转移（向右转动），则与电池正极相碰的那根线端为首端，与电池负极相连接的一根线端为末端，做好首末端标记 D_2 和 D_5。若表针瞬间反转移（向左转动）则该相绕组的首末端与上述判别正好相反。

（3）万用表与绕组的接线不动，用上述同样的方法判别第三相绕组的首末端。

3. 利用电动机转子的剩磁和万用表法

（1）用万用表电阻挡判别出同一相绕组的两线端，方法同前。

（2）将三相绕组并联在一起，用万用表的毫安挡或低电压档测量并联绕组两端的电流或电压，同时转动转子一下，如果万用表指针不动，则表明是定子绕组的三个首端（U_1、V_1、W_1）并联在一起，三个末端（U_2、V_2、W_2）并联在一起。若万用表指针转动，则说明不是首端相并和末端相并，此时应一相一相地将每相绕组调一个头，观察表针情况，直到万用表指针不动为止，便可做好首末端标记。

此方法是利用转子中的剩磁在定子绕组中产生感应电势的方向关系来判别的，所以电动机转子必须有剩磁，即必须是运转过的或通过电的电动机。

第 4 章　电力变压器的安装及检修

4.1　电力变压器的结构和工作原理

电力变压器是电力系统中的主要电力设备，是将某一电压等级的电能变换成同频率的另一电压等级的静止电器。其功能是将电力系统中的电能电压升高或降低，以利于电能的合理输送、分配和使用。

电力变压器按用途分为输电变压器、配电变压器和特种变压器等多种。输电变压器是将发电机发出的电压升高后送到电网中，如 35kV、66kV、110kV、220kV、330kV、500kV 等；配电变压器将从电网中送来的电压经变压器降压后分配到各用电单位；特种变压器可以配合仪表完成对高电压、大电流的测量和线路的保护，如电压互感器、电流互感器等。

1. 电力变压器的基本结构

三相油浸式电力变压器是应用最广泛的一种变压器，其外形结构如图 4-1 所示，主要由铁芯、绕组、套管、电压分接开关、冷却装置、油箱及附件构成。

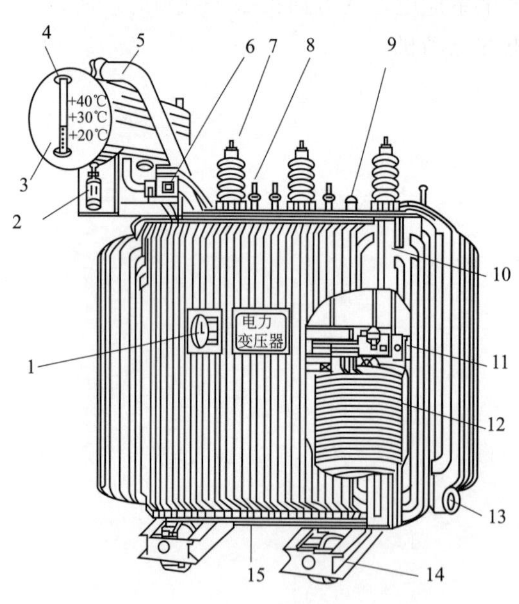

图 4-1　中小型油浸式电力变压器

1—温度计；2—吸湿器；3—储油柜；4—油位计；5—安全气道；6—气体继电器；7—高压套管；8—低压套管；9—分接开关；10—油箱；11—铁芯；12—绕组及绝缘；13—放油阀门；14—小车；15—接地螺栓

1）铁芯

铁芯是变压器的磁路部分。变压器的铁芯是用 0.23～0.35mm 厚的硅钢片叠成，片间涂刷绝缘漆。铁芯分为心式和壳式两种。由于心式结构比较简单，且绕组安置和绝缘的处理都比较容易，所以，电力变压器一般采用心式结构。

2）绕组

绕组是变压器的电路部分。绕组多采用电解铜或铝线绕制，分高压绕组和低压绕组。配电变压器，一般多采用同心式绕组，高压绕组是一次绕组，低压绕组是二次绕组。通常低压绕组在铁芯外面，高压绕组在低压绕组的外面。大、中型电力变压器有的有 3 个绕组，除了高、低压绕组外，还有一个中压绕组。同心式绕组分为圆筒式（双层、多层）、螺旋式、连续式、纠结式和箔式等 5 种，如图 4-2 所示为部分同心式绕组外形图。

3）油箱

油箱是油浸式变压器的外壳，箱内装有铁芯、绕组和变压器油。变压器油既可作为绝缘介质，又可作为冷却介质，具有绝缘、散热、灭弧、抗氧化的作用。

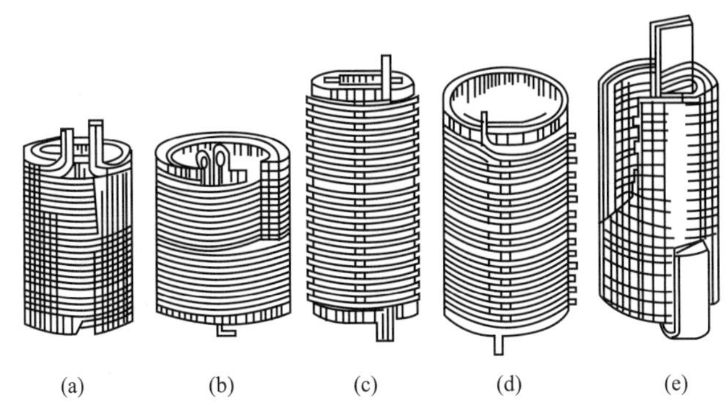

图 4-2　部分同心式绕组外形图

(a) 双层圆筒式；(b) 多层圆筒式；(c) 螺旋式；(d) 连续式；(e) 箔式

4）油枕

油枕一般为圆筒形容器，水平安装在油箱的上部，通过弯管与油箱连通。当变压器油的体积随油温的变化而膨胀或缩小时，油枕起着储油及补油的作用，以保证油箱内充满油。油枕还能减少油与空气的接触面，防止油被氧化和受潮。储油柜上装有油标管，用以监视油位的变化，即油位计，如图 4-3 所示。

5）吸湿器

吸湿器又称呼吸器，如图 4-3 所示。吸湿器一般由一个铁管和玻璃容器组成，内装干燥剂（如硅胶）。油枕内的油是通过吸湿器与空气相通的。干燥剂的作用是吸收空气中的水分及杂质，使油保持良好的电气性能，用氯化钴（$CoCl_2$）浸过的硅胶，除吸湿外，还起指示剂作用，其吸湿饱和后，会由蓝色变红色。

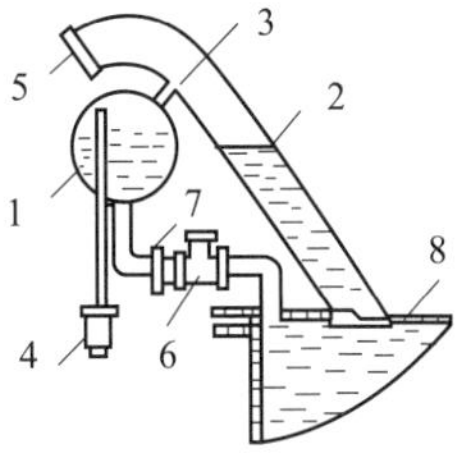

图 4-3　油枕、呼吸器和防爆管

1—油枕；2—防爆管；3—油枕与防爆管连通器；4—呼吸器；5—防爆膜；6—气体继电器；7— 蝶形阀；8—箱盖

6）防爆管

防爆管又称安全气道，如图 4-3 所示。是防止变压器内部发生故障时，油温升高，油箱内大量气体来不及排除而使压力升高，以致造成油箱破裂，故在容量为 800kV・A 及以上的变压器顶部都装有防爆管。形状一般为喇叭形的管或筒。

7）散热器

在变压器油箱四周焊接许多的管或铁片，称为散热器，目的是增加散热面积。当变压器上层油温与下层油温产生温差时，通过散热器形成油的循环，使油经散热器冷却后流回油箱，起到降低变压器温度的作用。为提高变压器油冷却的效果，可采用风冷和水冷等措施。

8）高、低压绝缘套管

高、低压绝缘套管是变压器高、低压绕组的引线引到油箱外部的绝缘装置，起着固定引线和对地绝缘的作用。低压套管一般采用瓷质绝缘套管，高压套管在瓷质套管内还必须采用较复杂的内部绝缘，常用的高压套管有充油式套管和电容式套管。

9）分接开关

分接开关是用来切换高、低压绕组的分接头来调整电压比的装置，如图 4-4 所示。分接开关有两种调压方式，一种是停电切换，称为无载调压；另一种是带电切换，称为有载调压。分接开关的触头材料是镀镍黄铜，具有耐磨和良好的导电性能。

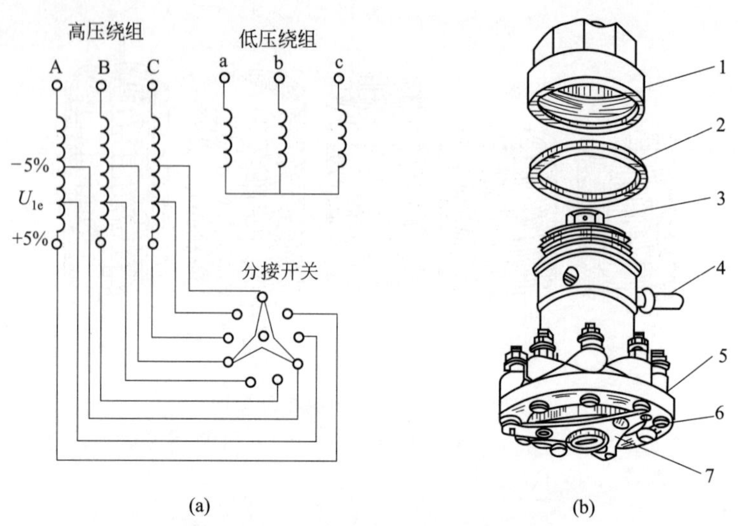

图 4-4　三相无励磁分接开关

（a）无励磁分接开关的三相接线图；（b）无励磁分接开关的外形图

1—帽；2—密封垫圈；3—操动螺母；4—定位螺钉；5—绝缘盘；6—静触头；7—动触头

10）气体继电器

气体继电器又称瓦斯继电器，是变压器的主要保护装置之一，装于变压器的油箱和储油柜的连接管上。变压器内部发生故障时，如绝缘击穿、匝间短路、铁芯故障等，气体继电器的上触点接信号回路，下触点接断路器跳闸回路，能发出信号并使断路器跳闸。容量在 800kV·A 及以上油浸式变压器均装有气体继电器。

11）附件

变压器还有温度计、净油器、油位计等附件。

2. 电力变压器的工作原理

无论是单相还是三相电力变压器，在其磁路构成的铁芯柱上，分别装有一次绕组及二次绕组。接于电源侧的绕组称为一次绕组，与负载相连接的绕组称为二次绕组。根据电磁感应定律，当变压器一次绕组接入电源时，交流电源电压就在一次绕组中产生一个励磁电流，励磁电流由铁芯中感应出变化的磁通，在二次绕组中感应出交变电动势。变压器一、二次绕组中产生的感应电动势分别

$$E_1=4.44fN_1B_mS\times10^{-4}$$

$$E_2=4.44fN_2B_mS\times10^{-4}$$

式中，B_m 为铁芯中最大的磁通密度；S 为铁芯的截面积；f 为电源频率；N_1 为一次绕组匝数；N_2 为二次绕组匝数。将两式相比可得

$$E_1/E_2=N_1/N_2$$

由此可见，变压器一、二次电动势之比等于一、二次绕组匝数之比。由于变压器绕组有阻抗，即一次电压 U_1 略大于 E_1，而二次电压 U_2 略小于 E_2。如忽略阻抗压降，则有

$$E_1/E_2=N_1/N_2=U_1/U_2$$

变压器一、二次电压之比等于一、二次绕组匝数之比。这个比值称为变压器的电压比。

变压器通过电磁耦合关系，将一次侧的电能传输到二次侧去，如忽略变压器自身的损耗，变压器输入的功率就等于变压器向负载输出的功率，即

$$U_1 I_1 = U_2 I_2 \quad 或 \quad I_1/I_2 = U_2/U_1$$

所以

$$I_1/I_2 = N_2/N_1$$

由此看出变压器一、二次电流与一、二次绕组匝数成反比。但实际上变压器在运行中有铁损、铜损等损耗产生，正因为如此，变压器在运行中会产生热量。

3. 电力变压器的连接组别

电力变压器的连接组别是指变压器一、二次绕组，因采取不同连接方式而形成变压器一、二侧对应的线电压之间不同相位关系。常用的连接方式有 Yyn0 和 Dyn11 两种，如图 4-5 和图 4-6 所示。

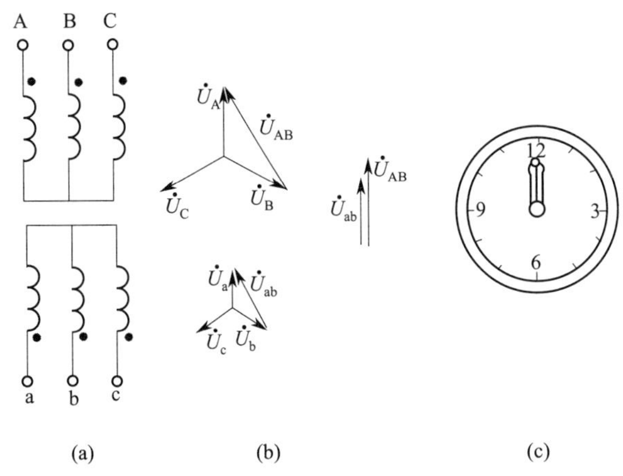

图 4-5　变压器 Yyn0 连接组别

（a）绕组接线图；（b）电压向量图；（c）时钟表示图

三相变压器高压绕组的首端分别用大写字母 A、B、C 表示，末端用 X、Y、Z 表示；低压绕组的首端用小写字母 a、b、c 表示，末端用 x、y、z 表示。用“0”表示中性点。若有中性点引出线时，则用 YN 和 yn 表示。

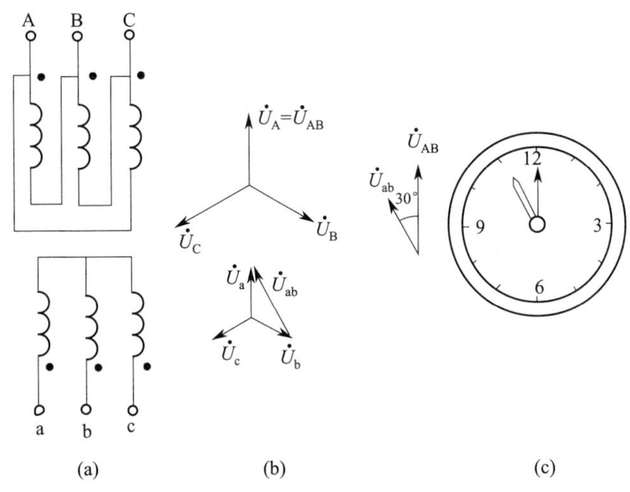

图 4-6　变压器 Dyn11 连接组别

（a）绕组接线图；（b）电压向量图；（c）时钟表示图

4.2 电力变压器安装前的检查

为确保变压器安全可靠地运行，在安装变压器前，应进行以下几方面的检查。

1. 变压器的外观检查

(1) 根据变压器的铭牌核对变压器的型号、规格与施工图样是否一致。

(2) 观察变压器外部是否有油渍；是否有渗、漏油现象；判断引起渗漏的原因并处理。

(3) 观察储油柜油标是否完好，油位是否正常。带有温度表示刻度的油标，油位应与气温基本相符。因为油位过高和过低都是不妥当的，过高则在变压器投入运行后，油温上升膨胀，油很可能从储油柜顶部的吸湿器连通管处溢出来；过低则在轻负荷或短时期内停用时，很可能使油位下降到油位计上看不到的位置，甚至使气体继电器的上接点因油位过低而动作发信号，这将额外增加带电注油的工作量。

(4) 变压器本体有无机械损伤；箱盖螺栓是否齐全；用活扳手以适当的力量检查各螺栓是否松动，松紧程度是否一致。

(5) 检查安全气道的保护膜是否完好，如破损而未被发现，则在投入运行后，绝缘油便与空气直接接触，甚至有雨水侵入内部的可能，这就会使油质变坏，降低油的绝缘强度，甚至发生变压器内部短路的严重后果。

(6) 检查瓷套管是否清洁，有无破裂、裂纹，若有应及时调换。

2. 变压器吊心检查

在运输和装卸变压器的过程中，常常因振动和冲击而使铁芯螺栓松动或脱落，穿心螺杆也常因绝缘材料损坏而使绝缘性能降低。因此，对运输过程中凡出现异常情况的变压器，以及容量为630kV·A及以上的变压器，安装前应对其铁芯进行检查，并将所发现的问题及时加以处理。

1）吊心检查的基本要求

(1) 吊心检查应尽可能在干燥清洁的室内进行。若条件不许可，只能在室外进行检查时，也应选在晴天、无风沙时进行，并应有防止灰尘落入的措施。

(2) 雨天或雾天不能在室外进行吊心检查，只允许在室内进行，且室内温度应比室外温度高10℃，室内的相对湿度不应超过75%。变压器运到室内后，应停放24h以上方可开始吊心。

(3) 环境温度不宜低于0℃，变压器铁芯的温度不应低于环境温度。如铁芯的温度低于环境温度时，可用电炉在变压器底部加热，使铁芯的温度高于环境温度10℃，以免检查铁芯时绕组受潮。

(4) 铁芯暴露在空气中的时间，干燥天气（相对湿度不大于65%）不应超过16h；潮湿天气（相对湿度大于75%）不应超过12h。计算时间为：对带油运输的变压器，由开始放油时算起，对不带油运输的变压器，由揭开顶盖或打开任一堵塞算起，至注油开始或大盖及孔板均已封上为止。

2）吊心前的准备工作

(1) 所需的工具和材料：各种活扳手、塞尺、白纱带、黄蜡带、塑料带、白布、绝缘纸板（钢纸）、垫放铁芯的道木、存放变压器油的油桶等。

(2) 起重设备：起重设备可用电动桥式起重机、电动葫芦或倒链。起吊前如用倒链，必须根据变压器的高度和质量搭好三脚架，确保坚实牢固。并检查钢丝绳的质量是否符合要求，且钢丝绳应完整干净。

(3) 变压器油的处理：吊心前应用干净的瓶子对变压器油取油样，以便进行耐压试验和化学分析。如果不合格，应换合格的变压器油或用滤油机进行过滤。

(4) 架设临时作业架：通常都将铁芯放在油箱上进行检查，需用临时作业架。临时作业架应根据变压器的高度架设，一般采用高凳或人字梯搭木板的办法，作业架应牢固稳当。

3) 吊心检查的具体方法

(1) 放油：在拆开油箱箱盖前，为防止储油柜中的油漏出，应预先通过放油阀将变压器油放至变压器顶盖密封衬垫的水平以下，不带储油柜的变压器，应该放至出线套管以下。

(2) 吊心：为了使铁芯吊出和放入油箱时不至于碰撞箱壁，并且放入时铁芯能平稳地落在油箱底的铁垫脚上，在起吊前应将油箱放平。铁芯用起重机或倒链吊出，先将顶盖与油箱连接的螺栓全部卸开，然后将钢丝绳系在顶盖上的吊环（或吊钩）上，通常小变压器沿顶盖较长侧的中心装有两个吊环或吊钩，较大的变压器在顶盖的四角上装有 4 个吊环，并将吊环的全部螺纹拧紧在顶盖上。将铁芯缓慢吊出，用干净的道木（可外包干净的塑料布）或型钢（角钢或槽钢）垫在油箱结合面上，铁芯放在其上。

为避免吊杆受力弯曲，应使钢丝绳在起重机吊钩处与垂直线所成的角度不超过 30°，也可用方木横向支撑的办法以防止吊杆拉弯，如图 4-7 所示。

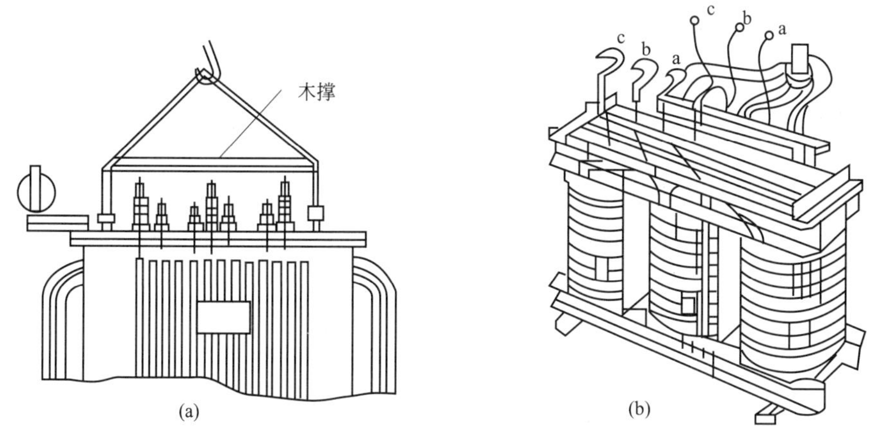

图 4-7　利用木撑起吊变压器铁芯

(a) 利用木撑起吊铁芯；(b) 吊出后的变压器本体

(3) 检查铁芯：铁芯吊出后应立即检查，要有专人负责记录，将发现的问题和处理结果都记录下来。检查步骤作如下：

① 清除铁芯及油道中的油泥，检查硅钢片是否有过热现象，铁芯有无变形。

② 检查所有螺栓应紧固，并有防松措施；绝缘螺栓应无损坏，防松绑扎完好。

③ 检查铁芯接地铜片是否完好，接地是否可靠。

④ 检查接地片接触是否良好，有无缺少和损坏。打开夹件与铁轭接地片后，铁轭螺杆与铁芯、铁轭与夹件、螺杆间的绝缘应良好，用 2500V 兆欧表摇测，额定电压为 10kV 以下的变压器为 2MΩ 以上；额定电压为 20～35kV 的变压器为 5MΩ 以上。如不符合要求，可拆下穿心螺杆检查。绝缘套管如有损坏的地方，则可在穿心螺杆上包扎几层绝缘带，使其恢复绝缘。如果铁轭采用钢带绑扎时，也同样检查钢带对铁轭的绝缘应良好。铁芯应无多点接地现象。

⑤ 检查绕组的外形是否完好，表面有无变色、脆裂、击穿等现象；绕组间绝缘有无破损、松动位移等情况。

⑥ 检查引出线绝缘是否良好、包扎紧固有无破裂情况，接线是否牢靠。

⑦ 检查调压分接开关的分接头接触是否良好，动作是否灵活，转动位置与指示位置是否一致，用0.05mm×10mm塞尺检查动、静触头接触是否严密（应塞不进去），密封应良好、无渗油现象。

⑧ 油箱底部应清洁无油垢杂物、油箱内壁无锈蚀、阀门无缺陷。

⑨ 铁芯检查完毕后，应用合格的变压器油冲洗，并从箱底放油孔将油放净。

⑩ 将铁芯吊入油箱。放入油箱前，应用干净的木杆装上磁铁以检查油箱内有无遗留金属物，再将顶盖与油箱之间的密封衬垫放好，然后放下铁芯，将盖板上的螺栓拧紧，最后将放出的绝缘油再全部注入变压器中。

4.3 室内变压器的安装

正确安装变压器是保证变压器安全运行的重要条件之一。电力变压器的安装方法，取决于变压器的结构、容量和电压等级。对于大容量、高电压的主变压器，其附件如储油柜、绝缘套管、分接开关操作机构、防爆管、净油器、冷却器等都是拆卸下来分别运输。这类变压器的安装较为复杂。中小型配电变压器是整体组装好后运输的，安装工作相对地比较简单，主要包括基础施工、变压器的吊装、变压器的高低压接线、接地线的连接等。电力变压器安装方式也有多种，但概括起来可分为室内、室外两大类。室内称为配电室，室外有杆架式、台墩式和落地式。下面介绍中小型配电变压器的安装要求和方法。

1. 室内变压器的安装方法

（1）变压器宽面推进时，低压侧应向外，如图4-8所示；变压器侧面推进时，油枕侧向外，便于带电巡视检查，如图4-9所示。

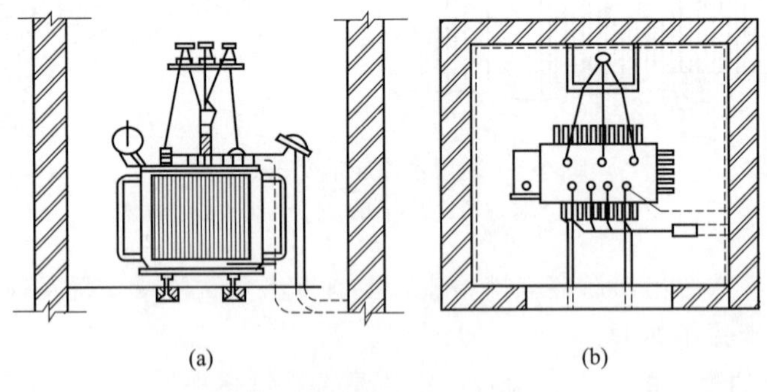

图4-8 室内变压器的安装形式一

（a）正视图；（b）俯视图

（2）变压器室的安全距离：室内变压器外壳，距门不应小于1m，距墙不应小于0.8m；额定电压为35kV及以上的变压器，距门不应小于2m，距墙不应小于1.5m；变压器二次母线的支架，距地面不应小于2.3m，高压母线两侧应加遮拦；变压器室设有操作用的开关时，在操作方向上应留有1.2m以上的操作宽度。

（3）变压器室属于一、二级耐火等级的建筑，其大门、进风窗、出风窗的材料应满足防火要求。

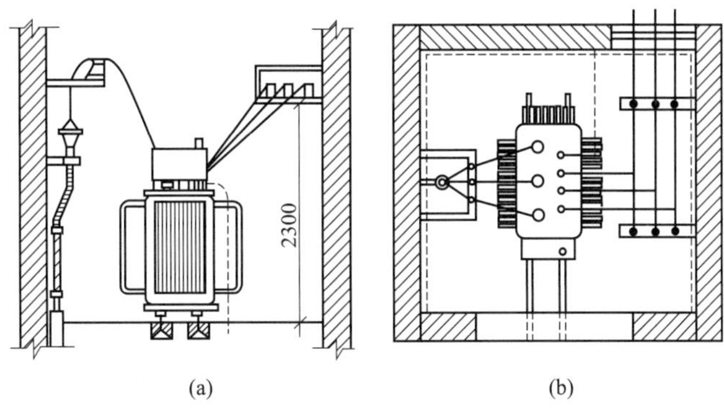

图 4-9　室内变压器的安装形式二

(a) 正视图；(b) 俯视图

(4) 变压器室应用铁门，采用木质门应包镀锌冷轧钢板（俗称铁皮），门的宽度和高度应根据安装设备情况而定，一般宽为 1.5m，高为 2.5～2.8m，门应向外开。配电室不足 7m 的，允许有一个出口，超过 7m 的不得少于两个出口。

(5) 变压器室顶板高度按设计的要求，一般不低于 4.5～5m。

(6) 变压器母线的安装，不应妨碍变压器吊心检查。

(7) 百叶窗的内侧要装有网孔不大于 10mm×10mm 的防动物网。基础下的进风孔不安装百叶窗，但网孔外要安装直铁条，防止网格外的机械损伤，直铁条可采用直径为 10mm 的圆钢，间距为 100mm。

(8) 变压器室出风窗顶部须靠近屋梁，自然通风排风温度不应高于 45℃，一般出口的有效面积应大于风口有效面积的 1.1～1.2 倍。

(9) 当自然通风的进风温度为 30℃时，变压器室地坪距离室外地坪的高度为 0.8m；进风温度为 35℃时，变压器地坪距离室外地坪的高度为 1m；

(10) 变压器室内不可有与电气无关的管道，电缆通道内要有防止小动物进入的措施。

(11) 变压器地基上的轨梁安装，按变压器的轮距来确定，基础轨距和变压器的轮距应吻合。

(12) 单台变压器的油量超过 600kg 时，应设储油坑。

(13) 变压器室混凝土地面不起沙，墙面抹灰刷白。

(14) 各金属部件应涂防腐漆。

2. 变压器的吊装

基础施工完成后，可进行变压器的吊装。吊装时应将变压器搬运至基础就位，如有底架，则连底架一起就位于基础的轨道上。此时应注意，为使运行中变压器内产生的气体能全部流向气体继电器，箱盖和气体继电器的连通管都必须具有向上有 1%～1.5%高起的坡度，如图 4-10 所示。为使变压器顶能有规定的坡度，可用千斤顶将变压器储油柜一端顶起，用垫铁垫在储油柜一端的两轮下。垫铁厚度可由变压器中心距乘以 1%～1.5%求得。如两轮中心距为 1m 时，垫铁片的厚度为 10～15mm，在变压器就位完成，其滚轮应用可拆卸的制动装置加以固定，并在滚轮上涂以防锈油。

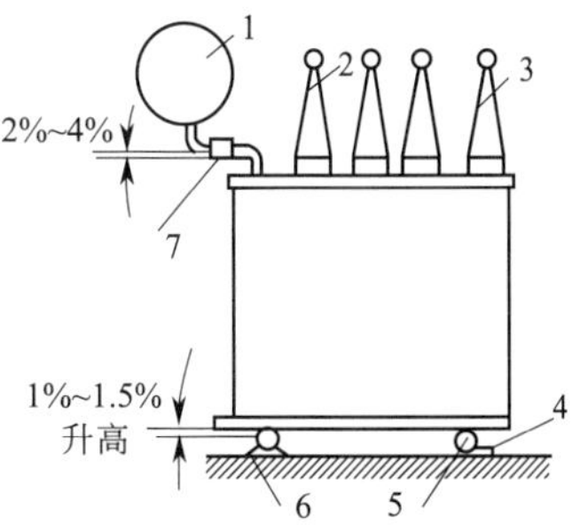

图 4-10　变压器沿油枕方向升高的坡度

1—油枕；2—高压套管；3—高压中性套管；4—制动铁；5—滚轮；6—垫铁；7—气体继电器

3. 变压器的接线安装

室内变压器接线安装指将高压线路经穿墙套管或用高压电缆引入，经高压开关柜接至变压器，其低压侧经低压开关柜送出，需要专用的变压器室。下面主要介绍变压器引入电源线与变压器的一次侧连接安装；二次侧与低压开关柜的连接安装；变压器接地的连接安装。

1）变压器电源引入线的安装

如图 4-11 所示，变压器高压侧的额定电压为 10kV，采用架空线引入线。架空引入线安装法如图 4-12 所示。若采用高压电缆引入线，高压电缆引入线安装法如图 4-13 所示。图中电缆是沿墙垂直敷设的。电缆头支架高度 H 因变压器的容量而不同（表 4-1）。

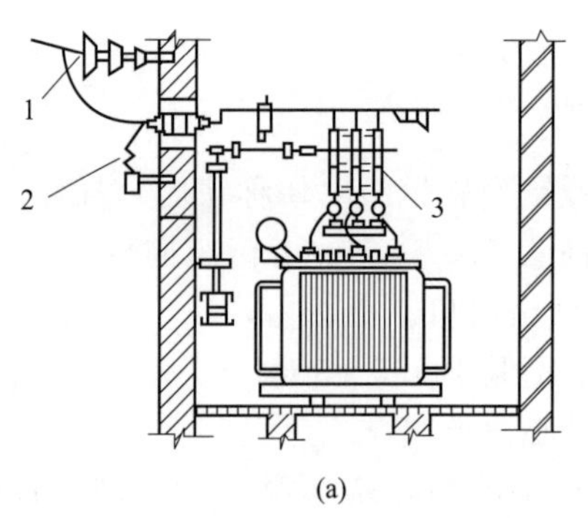

(a)

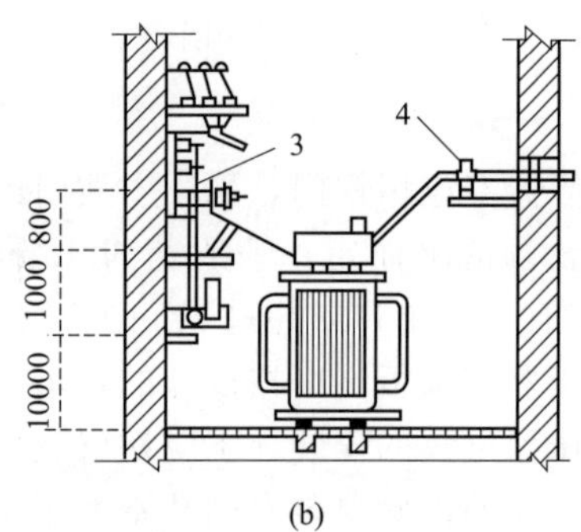

(b)

图 4-11 室内变压器的安装

(a) 正视图；(b) 侧视图

1—高压架空引入线；2—阀式避雷器；3—10kV 负荷开关；4—低压母线

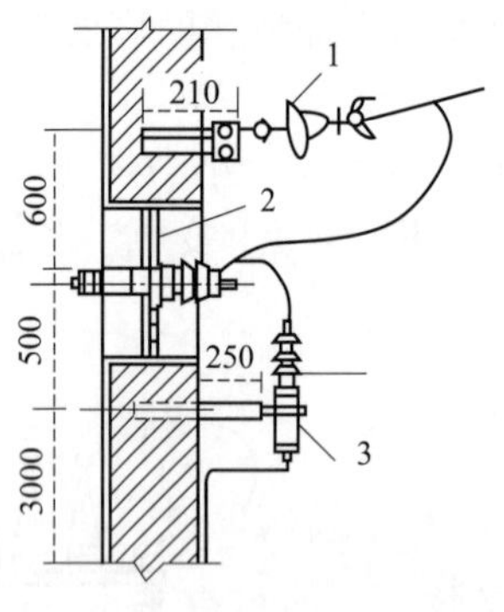

图 4-12 10kV 架空引入线的安装图

1—绝缘子支架；2—穿墙板；3—避雷器

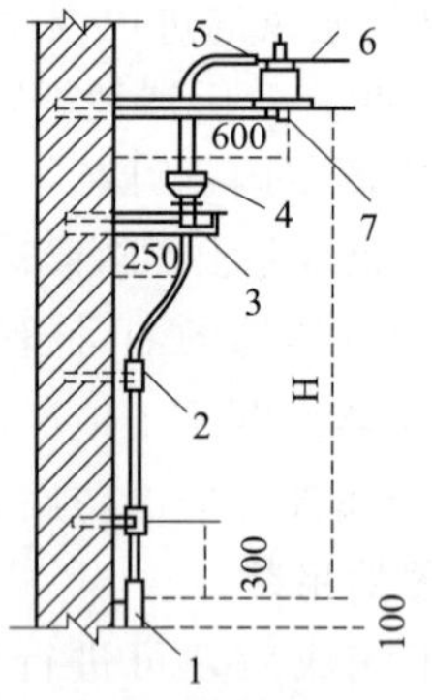

图 4-13 10kV 高压电缆引入线的安装图

1—保护管；2—卡子；3—电缆头支架；4—电缆头终端盒；5—电缆头接线端子；6—高压母线；7—绝缘子支架

表 4-1 电缆头支架高度 *H*

变压器容量/kV·A	高度/mm	变压器容量/kV·A	高度/mm
100～125	1600	500～630	2000
160～250	1700	800～1000	2100
315～400	1900		

2）高压穿墙套管及穿墙板安装

（1）采用穿墙板安装套管时，穿墙板角钢支架用砂浆埋牢。若安装在外墙上，其垂直面应略斜，使套管在户外的一端稍低；若套管两端都在户外或户内，过墙板应保持垂直，套管应保持水平。过墙板应接地，以免发生意外。接地线可沿墙敷设，并与角钢支架用电焊连接。

(2) 安装套管时应仔细检查，套管不应有裂纹和破碎，并用 1000～2500V 兆欧表测量绝缘电阻，电阻值应在 1000MΩ 以上，必要时应作耐压试验。

(3) 套管的中心线应与支持绝缘子中心线在同一直线上，否则，会给安装母线带来困难。10kV 穿墙套管及穿墙板安装如图 4-14 所示。

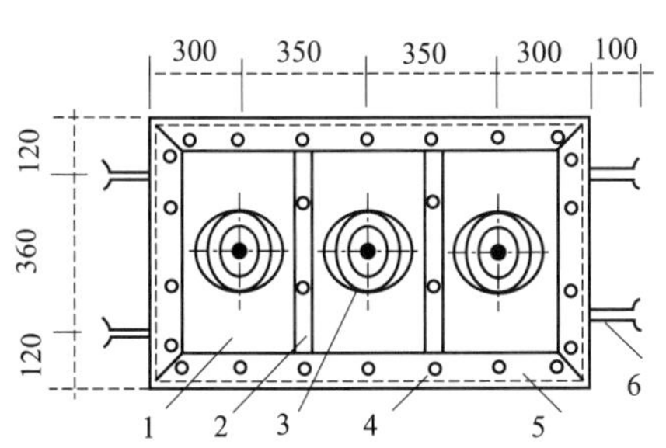

图 4-14　10kV 穿墙套管及穿墙板的安装图

1—钢板 $t=3$mm；2—30mm×4mm 扁钢；3—穿墙套管；4—M6×25 螺钉；5—30mm×30mm×4mm 角钢；6—预埋螺钉

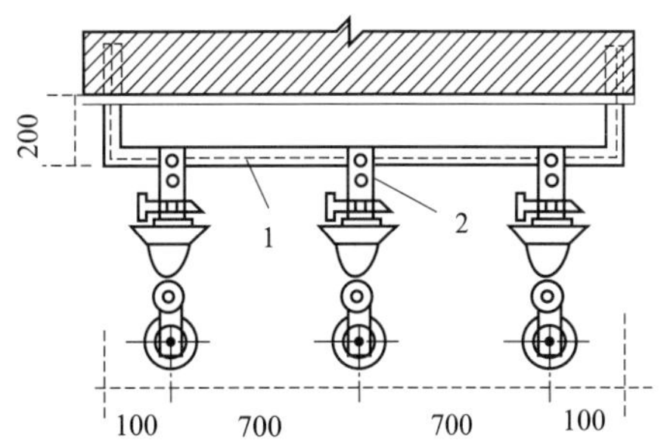

图 4-15　10kV 进户线绝缘子支架的安装图

1—50mm×50mm×5mm 角钢；2—60mm×6mm 扁钢

3）高压绝缘子支架的安装

绝缘子又称瓷瓶，被广泛应用于变压器、开关电器及输配电线路中。用来支持和固定带电导体，并与大地绝缘或作为带电导体之间的绝缘，因此，要求绝缘子具有足够的机械强度和绝缘性能，并能在恶劣环境下安全运行。绝缘子分为户内和户外两种。两者的区别在于户外绝缘子具有较多和较大的裙边，以增长沿面放电距离，并能在雨天阻断水流，使绝缘子能在较恶劣的环境中可靠工作。在多灰尘和有害气体的地区，应采用特殊结构的防污绝缘子。户内绝缘子表面无裙边。如图 4-15 所示为 10kV 进户线绝缘子支架安装的安装图。

4）变压器低压母线的安装

低压母线与变压器低压端子的连接主要有竖连和横连两种方式，由于低压母线电流大，所以较少采用横连。无论采用哪种连接方法，连接前都要对母线的接触面进行处理。通常将铜母线钻孔后要搪锡，铝母线钻孔后要做好铜、铝过渡接触面的处理，确保接触面接触良好。

室内变压器低压母线的引出，多数是经低压绝缘子支架穿墙引出，如图 4-16 所示。支

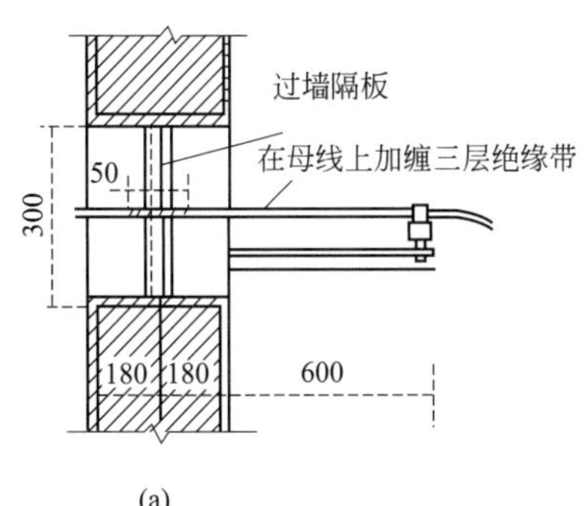

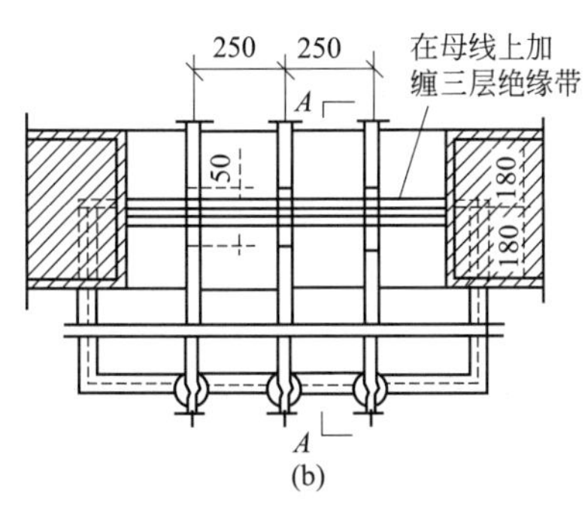

图 4-16　低压母线支架安装图

(a) 剖面图；(b) 平面图

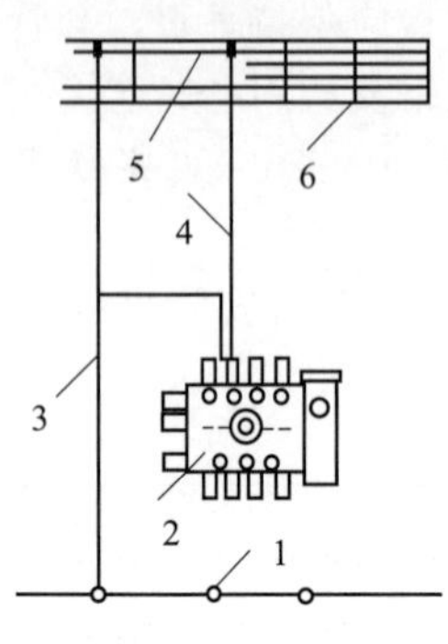

图 4-17　变压器的接地线安装图
1—接地装置；2—变压器；3—扁钢接地线；4—零母线；5—工作零母线；6—低压开关柜

架固定前，首先根据设计要求做好绝缘子的固定；或先在墙壁上固定好支架，组装母线时再装绝缘子。如果母线的截面积大于 1000mm 时，支架下面要加支撑。

5）变压器的接地线安装

在三相四线制供电线路中，变压器低压侧有一根中性母线，也称变压器的零母线，此端子的引出线除把供电系统中的中性线（零线）连成一体构成工作零母线外，还要把从此端子的引出线与本变电所的接地线（接地板）连接，从而构成一体，如图 4-17 所示。

在变压器上部进行安装接线时，如果顶盖有开孔，在登上顶盖前，必须将衣服口袋内的东西全部取出，也不许戴手表，使用的器具最好用绳子系牢。安装用的螺钉、螺母要用盒子盛好，或由下面的工作人员传给，严防杂物落入变压器箱体内。

4.4　室外变压器的安装

1. 室外变压器的安装要求

配电变压器在室外安装，主要是把变压器安装在室外特设的平台上。安装变压器的平台称为变压器台，简称变台，变台主要有室外柱上变台和室外地上变台两种。

1）杆架式变压器台安装的一般要求

(1) 杆架式变压器应装设在接近负载中心的地方，使低压供电线路的线路功率损耗和线路电压降减小。一般将变压器台设在用电量较大的单位附近，同时还应保证最远用电设备的电压降在允许范围内。装设地点应便于维修，并要避免安装在转角杆和分支杆等装杆复杂的地方。

(2) 变压器外廓离可燃性建筑物的距离应大于 5m；离耐火建筑物的距离不应小于 3m。

(3) 变压器台距地面不应小于 2.5m；低压配电箱下沿离地面不应小于 1m。

(4) 变压器台上所有裸露带电体离地面高度均应在 3.5m 以上。

(5) 高、低压线路同杆架设时，低压线路应位于高压线路下方，高、低压横担间的距离不小于 1.20m。

(6) 应在离地面 2.5～3.0m 高的明显部位装设警告牌。

(7) 在空气中含有易燃易爆气体或对绝缘有破坏作用的粉尘的地区，不宜装设杆架式变压器台，应采用室内变电所。

2）落地式变压器台安装的一般要求

(1) 室外变压器容量为 320kV·A 及以下时，可采用柱上变台安装方式；容量超过 320kV·A 时，可采用地上变台安装方式。

(2) 落地式变台应有坚固的基础。基础表面距地面的高度不应小于 0.3m。一般为 0.3～0.5m。为了安全期间，变台周围应设置高度不小于 1.8m 的围墙或栅栏，变压器外壳至围墙或栅栏的净距离不得小于 0.8m，距门的净距离不应小于 2m。

(3) 变台的引下线杆应在围栏内。隔离开关或熔断器断电后，带电部分距地面的高度不应小于 4m，有遮栏时不应小于 3.5m。变台的门应加锁，门上应悬挂“止步，高压危险!”

的警告牌。只有切断电源后，才可进入围栏。

(4) 安装跌落式熔断器的横担离地面高度应不小于 4.5m。

(5) 柱上变压器应安装平稳、牢固。腰栏采用直径为 4mm 的冷拉普用钢丝（俗称铁丝）缠绕四圈以上。冷拉普用钢丝不应有接头，缠绕应紧固。腰栏距带电部分不应小于 0.2m。

(6) 变压器高压跌开式熔断器安装倾斜角度为 25°～30°，相间距离不应小于 0.7m。

(7) 变压器低压侧熔断器的安装，应符合下列条件：低压侧有隔离开关时，熔断器应装于隔离开关与低压绝缘子之间；低压侧无隔离开关时，熔断器安装于低压绝缘子外侧，并用绝缘线跨接在熔断器台两端的绝缘线上。

2. 杆架式变压器台安装方法

如图 4-18 所示，杆架式变压器台安装方法，图中标出了变压器台各部分的安装尺寸。

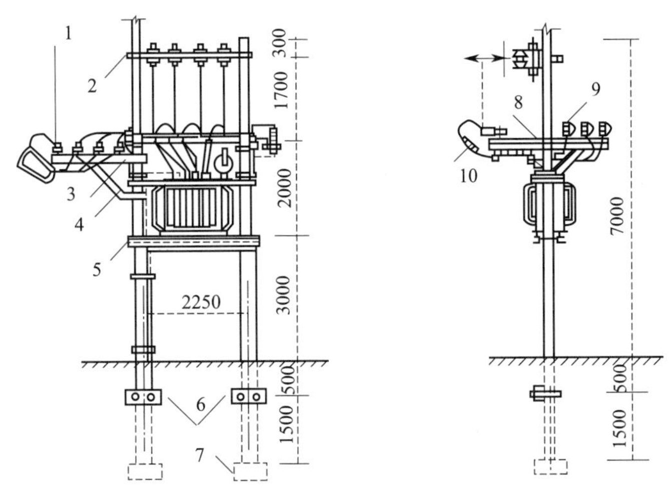

图 4-18　杆架式变压器台安装图

1—低压绝缘子；2—低压引下线横担；3—熔断器安装横担；4—角钢支架；5—变压器台架；6—卡盘；7—底盘；8—低压出线横担；9—避雷器；10—跌开式熔断器

4.5　电力变压器和母线的连接

1. 母线之间的连接

母线的连接方法通常有 3 种，分别为搭接、对接和夹板连接，如图 4-19 所示。

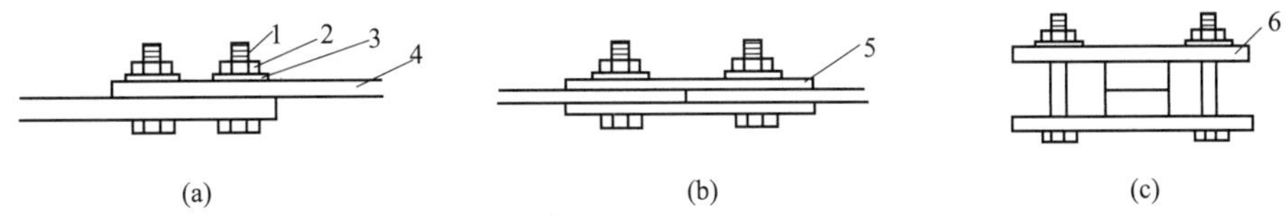

图 4-19　母线的螺栓连接

(a) 搭接；(b) 对接；(c) 夹板连接

1—螺钉；2—螺帽；3—垫板；4—母线；5,6—连接板

(1) 母线连接时，所有紧固件都应有防锈层（镀锌或烤蓝）。装螺栓时，应在母线搭接处的两侧放平垫圈，再在螺母侧加弹簧垫圈，然后逐个拧紧，拧紧后的螺栓应露出螺母 3～

5道丝扣。

（2）拧螺母时，应先用较大力量将螺母拧紧，然后松开螺母，第二次拧紧螺母时拧到弹簧垫圈压平即可。螺栓的拧紧应适度，如果过松，接触电阻增大；如果太紧，母线连接处平面上的压力过分集中，母线通电发热后会使母线接触部位变形，接触电阻也会增大。可用0.05mm的塞尺检查母线的连接情况。母线的宽度在60mm及以上时，塞入深度不超过6mm；母线的宽度在50mm以下时，塞入的深度不超过4mm。

（3）用夹板连接母线时，最好用铜螺栓，而且至少应在夹板的一边使用两个铜螺栓，并最好使用非磁性夹板，以减少涡流损耗。

（4）母线与设备端子相连时，如果是铜铝连接或铜母线与铝母线连接，应采用铜铝过渡板。如无合适的铜铝过渡板，则可用薄铜皮搪锡后，垫在铜铝接头之间。

2. 母线与电力变压器的连接

1）母线与变压器高压端子的连接

硬母线和变压器的高、低压端子连接，不应使端子承受任何机械力，母线终端引向变压器端子的位置应很准确。母线与变压器高压端子的连接方法如图4-20所示。在高压母线的端部开有长槽，高压端子就卡在长槽内，使母线处于自然松动的状态，然后再拧紧螺母。拧紧螺母时，应使用两把活扳手，一把扳手固定套管压紧螺母，另一把扳手旋紧母线压紧螺母，以防止套管中的螺栓跟着转动，影响变压器内部的引线。

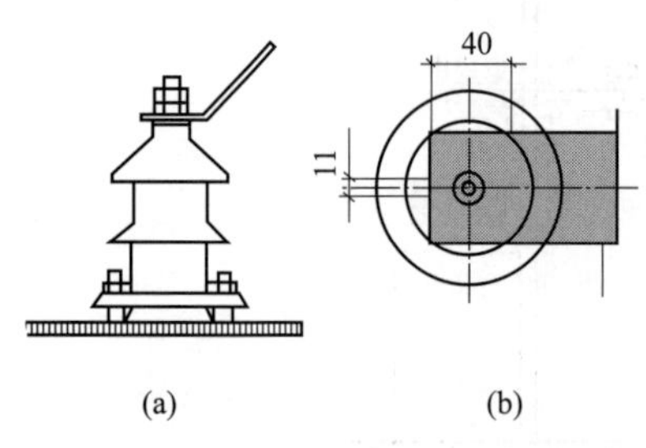

图4-20　母线与变压器高压端子的连接
（a）安装示意图；（b）母线终端做法

2）母线与变压器低压端子的连接

当变压器的容量在315kV·A以上时，低压母线的截面积较大，因此常采用竖连方式。母线终端钻螺栓孔前，应仔细调整位置，使其很自然地靠近端子引出铜排，不使变压器低压接线端子承受拉力。母线终端与变压器端子的竖连方式如图4-21(a)所示。容量小的变压器，低压母线可采用横连方式，如图4-21(b)所示。拧紧低压端子上母线压紧螺母的方法与高压母线相同。低压母线与变压器端子的接触面，应经母线平整机加工，打孔后应镀锡。

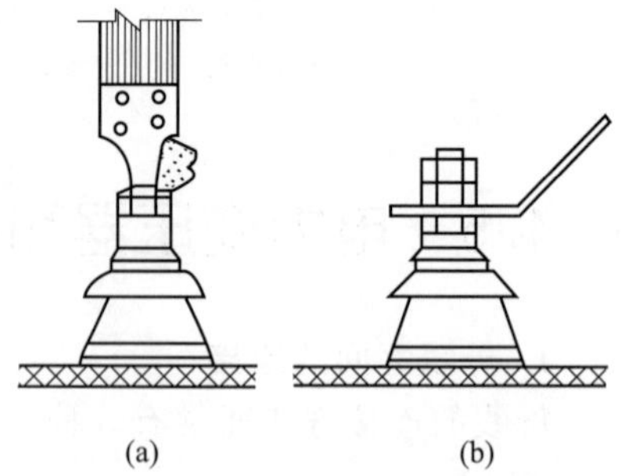

图4-21　母线与变压器低压端子的连接
（a）竖连方式；（b）横连方式

3. 母线相序排列与涂色

母线的相序排列在设计图中都有规定，可按下列要求排列。

1）母线的相序排列

（1）垂直安装的母线：A、B、C三相的排列由上向下。

（2）水平布置的母线：A、B、C三相的排列由内向外。

（3）引下线的排列：A、B、C三相的排列由左至右。

2）母线涂色

母线安装后应涂漆，涂漆可防止母线氧化，也可以加强散热；涂漆的另一个作用是可以识别母线的相别，用不同的颜色把相别区分开。母线涂色应按下列规定进行。

（1）三相交流母线：A相涂黄色；B相涂绿色；C相涂红色；由三相交流母线引出的单

相母线，应与引出相的颜色相同。

（2）交流中性线汇流母线：不接地者涂白色；接地者涂紫色带黑色横条。

（3）直流母线：正极涂褐色；负极涂蓝色。

（4）单片母线所有的各面，多片母线所有能见到的表面以及钢母线，不论其安装的片数和电流种类，均应涂漆。

（5）母线螺栓连接处或母线夹板连接处，以及连接焊缝处不应涂漆。母线与设备连接处，以及距所有连接处 10mm 以内的地方不涂漆。

（6）供携带型接地线连接用的接触面上不涂漆。不涂漆部分的长度应为母线的宽度或直径，但不应小于 50mm，并应以宽度为 10mm 的黑色带与母线相色分隔开。

（7）母线的运行温度一般为 70℃。为便于监视母线运行情况，可在各连接处贴上熔化温度为 70℃的示温蜡片，运行中如示温蜡片熔化时，应及时采取措施。

4.6　电力变压器检修的基本知识

电力变压器在运行过程中，由于受到电磁力、热应力、电腐蚀、化学腐蚀、运输振动、受潮等影响，会导致变压器发生各种故障，为了保证变压器安全运行，对不符合规定要求的零部件进行更换或修复，定期对变压器进行检修。排除其故障隐患，延长电力变压器的使用寿命，保证安全运行。

1. 电力变压器的检修周期

电力变压器在运行过程中，由于电气部分及机械部分的老化会使电力变压器的各种性能参数下降，甚至增多故障。所以需要对其进行有计划的检修，将其恢复到原来的水平。电力变压器的检修一般分为大修、小修和事故后检修。大修是将电力变压器的器身从油箱中吊出而进行的各项检修；小修是将变压器停运，但不吊心而进行的检修。

按照部颁标准 DL/T573—2010《电力变压器检修导则》的规定，电力变压器的检修周期有大修周期和小修周期两种。

1）电力变压器的大修周期

电力变压器的大修是指对电力变压器的各个部件及其附属设备的彻底检修，需要将电力变压器的器身从油箱中吊出（绕组铁芯除外），对所有部件的缺陷进行逐一排除和处理。正常运行的主要电力变压器在投运后的第 5 年和以后每 5～10 年应进行一次吊心大检修，一般变压器及线路配电变压器如果未曾过载运行，一般是 10 年大修一次。如果电力变压器在运行中发生故障，或在预防性试验中发现问题，可考虑提前进行吊心大检修。安装在污秽区或恶劣环境中的变压器，可根据其运行记录、试验数据及技术数据确定其大修周期。

2）电力变压器的小修周期

电力变压器的小修是指对电力变压器的各个部件及其附属设备大体的清洁、检查、检修，不需要将电力变压器解体吊心。变压器的小修一般为 1 年一次，对安装在污秽区或恶劣环境中的变压器，其小修周期视现场另行规定。

3）附属装置的检修周期

（1）保护装置和测温装置的校验，应根据有关规程的规定进行。

（2）变压器油泵的解体检修，2 级泵 1～2 年进行一次，4 级泵 2～3 年进行一次。

（3）变压器风扇的解体检修，1～2 年进行一次。

（4）净油器中吸附剂的更换，应根据油质化验结果而定；吸湿器中的吸附剂视失效程度随时更换。

（5）自动装置及控制回路的检验，一般每年进行一次。

（6）水冷却器的检修，1～2 年进行一次。

（7）套管的检修随本体进行，套管的更换应根据试验结果确定。

2. 变压器的大修的要求

（1）为了防止变压器器身吊出箱体后，暴露在空气中的时间过长而使绕组受潮，应尽量避免在阴雨天吊心大修。同时，吊出心子暴露在空气中的时间不应超过以下规定：即在干燥空气（相对湿度<65%）时，心子暴露不超过 16h；潮湿空气（湿度<75%）时不超过 12h。在周围环境湿度较大时，吊心前可先对变压器加温，测量周围环境温度和变压器油温，当心子温度高于环境温度 10℃左右时，方可进行吊心。

（2）变压器运行时间若超过 20 年，在吊心时应重点检查绕组绝缘老化程度，鉴定绝缘等级。目前鉴定绝缘等级尚无仪表设备方法，主要根据检修人员的经验来决定判断，一般为 4 级。

① 一级：良好状态，绝缘具有弹性、韧性，用手指压时，不会留下变形痕迹，未变色。

② 二级：合格状态，绝缘坚硬，颜色变深，用手指压时不裂缝、不变形。

③ 三级：不可靠状态，绝缘已经坚硬、脆弱、颜色较深，用手指压时有小裂缝或变形。

④ 四级：不合格状态，绝缘坚硬、变黑，用手指压时即可撕裂或掉下碎片。

从节约的观点出发，三级绝缘还可以运行，但在运行中应注意运行条件，加强监视，并缩短检修周期。

（3）变压器线圈不应有松动现象，隔衬垫应牢固，高、低压绕组无变形或移位，绕组应对称，无污垢。

（4）分接开关接点应牢固，无氧化油膜烧蚀痕迹，绝缘纸和胶管应完好无损。转动部分的通轴与顶盖上的标志字样应一致。

（5）铁芯应卡装牢固，与线圈间的油道应通畅。铁芯的穿心螺栓应绝缘良好。

（6）气体继电器的二次回路绝缘应良好，接线正确，绝缘合格，继电器内部浮筒及水银接点应完好。

（7）充油套内的油位应保持在规定的油位指示线上。

3. 电力变压器的大修前的准备

根据电力变压器运行过程中出现的故障缺陷，经现场核对后，制订出相应的检修对策与注意事项，编订大修项目表，拟定大修控制进度和施工进度；制订必要的安全技术措施与组织措施，对检修中需要的设备、材料和工具预先列出清单，并运送到工作现场。为保证变压器检修工作顺利进行，准备工作主要有以下几点：

1）查阅档案，了解电力变压器的运行状况

（1）运行中所发现的缺陷和异常情况，出口短路的次数和情况。

（2）负载、温度和附属装置的运行情况。

（3）查阅上次大修的总结报告和技术档案。

（4）查阅试验记录，包括油的化验和色谱分析，了解绝缘状况。

（5）检查渗漏油部位并作出标记。

（6）进行大修前的试验，确定附加检修项目。

2）编制大修工程技术、组织措施计划

（1）人员组织及分工。

(2) 施工项目及进度表。

(3) 特殊项目的施工方案。

(4) 确保施工安全、质量的技术措施和现场防火措施。

(5) 主要施工工具、设备明细表，主要材料明细表。

(6) 绘制必要的施工图。

3) 施工场地要求

(1) 电力变压器的检修，如条件许可，应尽量安排在发电厂或变电所的检修间内进行。

(2) 施工现场无检修间时，亦可在现场进行电力变压器的检修工作，但需作好防雨、防潮、防尘和消防措施，同时应注意与带电设备保持安全距离，准备充足的施工电源及照明，安排好储油容器、大型机具、拆卸附件的放置地点和消防器材的合理布置等。

4. 电力变压器的大修项目和步骤

1) 电力变压器大修的步骤

(1) 做好吊出器身检修的准备工作，如大修前的各项试验及变压器油化验工作。

(2) 放油、打开油箱盖、吊出器身、检查线环和铁芯。

(3) 检查、清洗、检修分接开关及绕组引线。

(4) 铁芯、铁芯紧固件及接片的检查检修。

(5) 油箱及其附件的检查检修，包括油箱盖、油箱、油枕、接点引线绝缘、油管道、各个油阀门、散热器、吸湿器以及净油器等。

(6) 安全保护装置的检查检修。包括安全气道、气体继电器、压力释放阀以及测温装置等。

(7) 检查控制仪表信号和保护装置信号。

(8) 滤油或换油。

(9) 对电力变压器器身各处进行干燥处理。

(10) 更换全部密封胶垫和组件并试漏。

(11) 清扫油箱并喷涂油漆。

(12) 装配电力变压器，并进行电气试验和试运行。按《电力设备预防性试验规程》中规定的项目进行试验和测试，合格后进行通电试运行。

2) 电力变压器大修的主要项目

(1) 电力变压器吊心。吊心是变压器大修工作中的关键性工作之一，是大修的第一步，也是技术性较强，工作量较大的一项工作。一般可按下述顺序及要求进行。

① 按照电气安全操作规程，做好各项安全技术措施与组织措施，将检修工具设备运入检修现场。

② 架设并检查核对起重设备，包括导链、绳索、挂钩、吊架或横梁导轨，确保其承重能力和工作可靠性良好。搭建工作架（脚手架），对于油浸式电力变压器，脚手架的高度可略低于油箱沿，并确保牢靠稳固，可同时站 3～4 人。

③ 拆除一、二次侧母线及控制信号线

④ 根据现场条件，对电力变压器做相关电气试验，如测量绝缘电阻等，并做好记录。按照《电力设备预防性试验规程》，若试验不合格或明显劣于前次试验结果，就将不合格项目或部位作为重点检修项目。

⑤ 放油。对于钟罩式变压器，要将油全部放尽。对于固定散热管式的油箱式电力变压器将油放至油面略低于箱沿即可。对于可拆卸散热器的变压器，需将油全部放尽或放至散热

管下端连接管以下。将放出的变压器油放在干净的容器内，以备对其进行净化处理。

⑥ 拆除电力变压器油箱盖上的油枕、安全气道、气体继电器、测温装置，必要时也要拆除散热器和热虹吸净油器等。对于卸下的以上部件要摆放在干燥、干净的地点，并用堵板对其进行封堵，防止潮气和灰尘进入。

⑦ 卸下油箱周围的螺栓。

⑧ 将绳索或挂钩挂于油箱盖吊攀上，并保证稳妥可靠，即可对器身或箱罩进行起吊。起吊时要慢慢上移，并随时观察各处的受力情况是否均匀，由专人统一指挥。将器身吊出油箱后放到事先准备好的枕木或油盘上，若油箱内无其他作业，也可以将器身放在油箱沿的枕木上，以备检修。严禁将器身悬挂在空中进行检修，严禁将钟罩悬挂在空中对器身进行检修。

⑨ 对于检修时的环境温度、环境湿度及暴露在空气中的时间，要符合本节上文“电力变压器大修要求”中的相关要求。

（2）电力变压器器身的检修。器身的检修也是大修工作中的一项重点工作之一，绕组、铁芯等部件的检查检修及缺陷处理都在此部分完成。

① 绕组的检修。

a. 检查绕组表面是否清洁，有无变形和位移。整个绕组应无倾斜、位移，导线横向无明显弹出现象。如有变形应及时修理。

b. 检查绕组绝缘有无破损，油道有无被绝缘、油垢或杂物（如硅胶粉末）堵塞的现象，必要时可用软毛刷（或用绸布、泡沫塑料）轻轻擦拭，以保持油道畅通。绕组线匝表面如有破损裸露，应进行包扎处理。

c. 用手指按压绕组表面检查其绝缘状态，绝缘老化程度见表 4-2。

表 4-2　绝缘老化程度的分类

级　别	绝缘状态	说　　明
第一级	绝缘弹性良好，色泽新鲜均一	绝缘良好
第二级	绝缘稍硬，但手按时无变形，且不裂不脱落，色泽略暗	尚可使用
第三级	绝缘已有发脆，色泽较暗，手按时有轻微的裂纹，变形不太大	绝缘不可靠，应酌情更换绕组
第四级	绝缘已炭化发脆，手按时即脱落或裂开	不能使用

d. 检查绕组是否有变形，木或胶木螺栓是否完好，木夹件是否完好，有无松动脱落现象，并逐一加以整理和紧固。若绕组存在变形，表明绕组受到了机械力或电动力的损伤，要细心检查，并予以排除和修复。

e. 调整每相绕组的压铁螺栓，使其紧固，但不可过紧，以免使绕组变形。

② 引线及绝缘支架的检修。

a. 检查引线和分接开关的分接线的焊接和固定状况，有无断股、开焊、过热等现象。

b. 检查绝缘支架有无松动和损坏，位移，检查引线在绝缘支架内的固定情况。

c. 拧紧所有的螺钉，金属螺钉应装以弹簧垫圈或装扣紧螺母，而木螺钉用细绳缠在螺纹凸出螺母的部分上。所有的坏螺母和坏垫圈应找到并放在一起，还要检查是否齐全，如果这些部件落在绕组之间的油道内或其他地方，就很可能会引发事故。

③ 铁芯的检修。

a. 检查铁芯可见部分的硅钢片颜色有无变异，以判断铁芯有无过热的现象。完好的硅钢片应颜色均匀。若局部颜色变深，或出现红褐色斑痕，则可能是铁芯局部过热。有时只是出现不大一点的红褐色斑痕，便可能是该点片间绝缘损坏放电所致。此时可结合变压器油样的相色谱分析结果判断故障性质。检查铁芯外表是否平整，绝缘漆膜有无脱落，上铁轭的顶部和下铁轭的底部是否有油垢杂物，可用洁净的白布或泡沫塑料擦拭，若叠片有翘起或不规整之处，可用木槌和铜锤敲打平整。

b. 检查铁芯上下夹件、方铁、绕组压板的紧固程度和绝缘状况，绝缘压板有无爬电烧伤和放电痕迹。检查铁芯和夹件的接地。若发现接地片断了时应把它接上，或在另外一处装设新接地片。为便于监测运行中铁芯的绝缘状况，可在大修时在变压器箱盖上加装一小套管，将铁芯接地线（片）引出接地。

c. 检查压钉、绝缘垫圈的接触情况，用专用扳手逐个紧固上下夹件、方铁、压钉等各部位紧固螺栓。

④ 油箱的检修。

a. 对油箱的上焊点、焊缝中存在的砂眼等渗漏点进行补焊。

b. 清扫油箱内部，清除积存在箱底的油污杂质。

c. 清扫强油循环管路，检查固定于下夹件上的导向绝缘管连接是否牢固，表面有无放电痕迹。

d. 检查钟罩（或油箱）法兰结合面是否平整，发现沟痕，应补焊、磨平。检查密封胶垫，胶垫接头粘合牢固，并放置在油箱法兰直线部位的两螺栓的中间，搭接面平放。搭接面长度不少于胶垫宽度的 2～3 倍。胶垫压缩量为其厚度的 1/3 左右（胶棒压缩量为 1/2 左右）。

（3）变压器分接开关的检修。

① 检查开关各部件是否齐全完整无缺损。

② 松开上方头部定位螺栓，转动操作手柄，检查动触头转动是否灵活，若转动不灵活应进一步检查卡滞的原因；检查绕组实际分接是否与上部指示位置一致，否则应进行调整。

③ 检查动静触头间的接触是否良好，触头表面是否清洁，有无氧化变色、镀层脱落及碰伤痕迹。弹簧有无松动，发现氧化膜可用碳化钼和白布带穿入触柱来回擦拭清除；触柱如有严重烧损时应更换。触头接触电阻应小于 500$\mu\Omega$，触头接触压力用弹簧秤测量应为 0.25～0.5MPa；或用 0.02mm 塞尺检查，应无间隙。

④ 检查触头分接线是否紧固，发现松动应拧紧，锁住。

⑤ 检查分接开关绝缘件有无受潮、剥裂或变形，表面是否清洁，发现表面脏污应用无绒毛的白布擦拭干净，绝缘筒如有严重剥裂变形时应更换；操作杆拆下后，应放入油中或用塑料布包上。

⑥ 检修的分接开关，拆前做好明显标记。拆装前后指示位置必须一致，各相手柄及传动机构不得互换。

⑦ 检查绝缘操作杆 U 形拨叉接触是否良好，如有接触不良或放电痕迹应加装弹簧片。分接开关装复后，依次测量各分接位置连同高压绕组的直流电阻，并做好记录。运行挡的直流电阻可放在最后一次测量，测量完毕后，分接开关不再切换。

（4）套管的检修。

① 压油式套管检修。

a. 检查瓷套有无损坏，瓷套应保持清洁，无放电痕迹、无裂纹、裙边无破损。

b. 套管解体时，应依次对角松动法兰螺栓；拆卸瓷套前应先轻轻晃动，使法兰与密封胶垫间产生缝隙后再拆下瓷套，注意防止瓷套碎裂。

c. 拆导电杆和法兰螺栓前，应防止导电杆摇晃损坏瓷套，拆下的螺栓应进行清洗，螺纹损坏的应进行更换或修整。

d. 取出绝缘筒（包括带覆盖层的导电杆），擦除油垢，绝缘筒及在导电杆表面的覆盖层应妥善保管，必要时应干燥。

e. 检查瓷套内部，并用白布擦拭；在套管外侧根部根据情况喷涂半导体漆，应喷涂均匀。

f. 有条件时，应将拆下的瓷套和绝缘件送入干燥室进行轻度干燥，然后再组装。干燥温度为 70～80℃，时间不少于 4h，升温速度不超过 10℃/h，防止瓷套裂纹。

g. 更换新胶垫，位置要放正，胶垫应压缩均匀，密封良好。

② 充油套管检修。

a. 检查瓷套的内外表面并清扫干净，瓷套应无油垢、杂质、瓷质无裂纹、水泥填料无脱落。

b. 放尽套管中的油。并用热油（温度为 60～70℃）循环冲洗，至少循环三次，将残油及其他杂质冲出。

c. 所有卸下的零部件应妥善保管，防止受潮，组装前应擦拭干净。

d. 绝缘筒应擦拭干净，无起层、漆膜脱落和放电痕迹，绝缘良好。如绝缘不良，可在 70～80℃的温度下干燥 24～48h。

e. 为防止油劣化，在玻璃油位表外表涂刷银粉，银粉涂刷应均匀，并沿纵向留一条 30mm 宽的透明带，以监视油位。

f. 更换各部法兰胶垫，胶垫压缩均匀，各部密封良好。

g. 套管组装时与解体顺序相反，导体杆应处于瓷套中心位置，瓷套缝隙均匀，防止局部受力瓷套裂纹。

h. 组装后注入合格的变压器油，油质应符合 GB/T 14542—2017 的规定。

i. 进行绝缘试验，应按电力设备预防性试验标准进行。

③ 油纸电容型套管的检修。电容心轻度受潮时，可用热油循环，将送油管接到套管顶部的油塞孔上，回油管接到套管尾端的放油孔上，通过不高于 80℃的热油循环，使套管的 $\tan\delta$ 值达到正常数值为止。

变压器在大修过程中，油纸电容型套管一般不作解体检修，只有在套管的 $\tan\delta$ 值不合格时，才需要进行干燥或套管本身存在严重缺陷，不解体无法消除时，才分解检修。

（5）油保护装置的检修方法。

① 检修储油柜。

a. 打开储油柜的侧盖，检查气体继电器连管是否伸入储油柜，一般伸入部分应高出底面 20～50mm。

b. 清扫内外表面锈蚀及油垢，内壁刷绝缘漆，外壁刷油漆，要求平整有光泽。

c. 清扫集泥器、油位计、塞子等零部件。

d. 更换各部密封垫，密封良好无渗漏，应耐受油压 0.05MPa 且 6h 内无渗漏。

e. 重划油位表温度标示线。

② 检修胶囊式储油柜。

a. 放出储油柜内的存油，取出胶囊，倒出积水，清扫储油柜。

b. 检查胶囊的密封性能，进行气压试验，压力为 0.02～0.03MPa，在 12h（或浸泡在水池中检查有无冒气泡）内应无渗漏。

c. 用白布擦净胶囊，从端部将胶囊放入储油柜，防止胶囊堵塞气体继电器连管，连管口应加焊挡罩。

d. 将胶囊挂在挂钩上，连接好引出口。为防止油进入胶囊，胶囊管出口应高于油位表与防爆管连管，且三者应相互连通。

e. 更换密封胶垫，装复端盖，应密封良好，无渗漏。

③ 检修隔膜式储油柜。

a. 解体检修前可先充油进行密封试验，压力为 0.02～0.03MPa，且在 12h 内，隔膜应密封良好，无渗漏。

b. 拆下各部连管（吸湿器、注油管、排气管、气体继电器连管等），并清扫干净，妥善保管，管口密封，防止进入杂质。

c. 拆下指针式油位计连杆，卸下指针式油位计，并妥善保管。

d. 分解中节法兰螺栓，卸下储油柜上节油箱，取出隔膜清扫。

e. 清扫上下节油箱。

f. 更换密封胶垫，应密封良好无渗漏。

g. 检修后按解体相反顺序进行组装。

④ 检修磁力油位计。

a. 打开储油柜手孔盖板，卸下开口销，拆除连杆与密封隔膜相连接的铰链，从储油柜上整体拆下磁力油位表，注意不得损坏连杆。

b. 检查传动机构是否灵活，有无卡轮、滑齿现象。

c. 检查主动磁铁、从动磁铁是否锅合和同步转动，指针指示是否与表盘刻度相符，否则应调节限位块，调整后将紧固螺栓锁紧，以防松脱。连杆摆动 45°时指针应旋转 270°，从“0”位置指示到“10”位置，传动灵活，指示正确。

d. 检查限位报警装置动作是否正确，当指针在“0”最低油位和“10”最高油位时，分别发出信号，否则应调节凸轮或开关位置。

e. 更换密封胶垫进行复装，应密封良好无渗漏。

⑤ 净油器的检修。

a. 关闭净油器的进出口阀门，应关闭严密，不渗漏。

b. 打开净油器底部的放油阀，放尽内部的油（打开上部的放气塞，控制排油速度）。

c. 拆下净油器的上盖板和下底板，倒出原有吸附剂，用合格的变压器油将净油器内部和连管清洗干净。

d. 检查各部件应完整无损并进行清扫，检查下部滤网有无堵塞，洗净后更换胶垫，装复下盖板和滤网，应密封良好。

e. 吸附剂的重量占变压器总油量的 1%左右，吸附剂的更换应根据油质的酸价和 pH 值而定；更换的吸附剂应经干燥并筛去粉末后，装至距离顶面 50mm 左右，填装时间不宜超过 1h，装回上盖板并加以密封。

f. 打开净油器下部阀门，使油徐徐进入净油器，同时打开上部放气塞排气，直至冒油为止，注意必须将气体排尽，防止残余气入油箱。

g. 打开净油器上部阀门，使净油器投入运行。

h. 对于强油冷却的净油器，在净油器出入口阀门关闭后，即可卸下净油器，将内部的吸附剂倒出，然后进行检修和清理，并对出入口滤网进行检查，对原来采用的金属滤网，应更换为尼龙网。

⑥ 吸湿器的检修。

a. 将吸湿器从变压器上卸下，倒出内部吸附剂，检查玻璃罩应完好，并进行清扫。

b. 把颗粒不小于 3mm 干燥的吸附剂装入吸湿器内，为便于监视吸附剂的工作性能，一般可采用变色硅胶，并在顶盖下面留出 1/5～1/6 高度的空隙。

c. 失效的吸附剂由蓝色变为粉红色，置入烘箱干燥，干燥温度从 120℃升至 160℃，时间为 5h，还原后呈蓝色再用。

d. 更换胶垫。

e. 下部的油封罩内注入变压器油，加油至正常油位线，使其能起到呼吸作用；并将罩拧紧（新装吸湿器，应将密封垫拆除）。

f. 为防止吸湿器摇晃，可用卡具将其固定在变压器油箱上，应安装牢固，不受变压器振动影响。

（6）安全保护装置的检修方法。

① 检修防爆管。

a. 放油后将防爆管拆下进行清扫，去掉内部的锈蚀和油垢，并更换密封胶垫。检修后进行密封试验，注满合格的变压器油，并倒立静置 4h 不渗漏。

b. 内部装有隔板，其下部装有小型放水阀门。隔板应焊接良好，无渗漏现象。

c. 上部防爆膜片应安装良好，均匀地拧紧法兰螺栓，防止膜片破损。防爆膜片应采用玻璃片，禁止使用薄金属片。

d. 防爆管与储油柜间应有连管或加装吸湿器，以防止由于温度变化引起防爆膜片破裂，连管应无堵塞，接头密封良好。

e. 防爆管内壁无锈蚀，绝缘漆涂刷均匀有光泽。

② 检修压力释放阀。

a. 从变压器油箱上拆下压力释放阀，拆下零件妥善保管，孔洞用盖板封好。

b. 清扫护罩和导流罩。

c. 检查各部连接螺栓及压力弹簧，应完好，无锈蚀、无松动。

d. 进行动作试验，开启和关闭压力应符合规定。

e. 检查微动开关动作是否正确，触头应接触良好。

f. 更换密封胶垫，应密封良好不渗油。

g. 检查信号电缆，应采用耐油电缆。

③ 检修气体继电器。

a. 将气体继电器拆下，检查容器、玻璃窗、放气阀门、放油塞、接线端子盒、小套管等是否完整，接线端子及盖板上箭头标示是否清晰。继电器内充满变压器油，在常温下加压 0.15MPa，并持续 30min 无渗漏。

b. 气体继电器密封检查合格后，用合格的变压器油冲洗干净。

c. 气体继电器应由专业人员检验，动作可靠，绝缘、流速校验合格。对流速一般要求：自冷式变压器 0.8～1.0m/s；强油循环变压器 1.0～1.2m/s；额定容量为 120MV·A 以上变压器 1.2～1.3m/s。

d. 气体继电器的连接管径应与继电器管径相同，其弯曲部分应大于 90°。对额定容量为 7500kV·A 及以上变压器的连接管径为 ϕ80mm；额定容量为 6300kV·A 以下变压器的连接管径为 ϕ50mm。

e. 气体继电器先装两侧连管，连管与阀门、连管与油箱顶盖间的连接螺栓暂不完全拧紧，此时将气体继电器安装于其间，用水平仪找准位置并使入出口连管和气体继电器三者处于同一中心位置，然后再将螺栓拧紧。气体继电器应保持水平位置；连管朝向储油柜方向应有 1.0%～1.5%的升高坡度；连管法兰密封胶垫的内径应大于管道的内径；气体继电器至储油柜间的阀门应安装于靠近储油柜侧，阀的口径应与管径相同，并有明显的“开”、“闭”标志。

f. 复装完毕后打开连管上的阀门，使储油柜与变压器的本体油路连通，打开气体继电器的放气塞排气。气体继电器的安装，应使箭头朝向储油柜，继电器的放气塞应低于储油柜最低油面 50mm，并便于气体继电器的抽心检查。

g. 连接气体继电器的二次引线应采用耐油电缆，并防止漏水和受潮；气体继电器的轻、重瓦斯保护动作正确。

(7) 冷却装置的检修方法。

① 检修散热器。

a. 采用气焊或电焊，对渗漏点进行补焊处理。焊点准确，焊接牢固，严禁将焊渣掉入散热器内。

b. 对带法兰盖板的上、下油室应打开法兰盖板，清除油室内的焊渣、油垢，然后更换胶垫，使法兰盖板密封良好。

c. 清扫散热器表面，油垢严重时可用金属洗净剂（去污剂）清洗，然后用清水冲净晾干，清洗时管接头应可靠密封，防止进水。

d. 用盖板将接头法兰密封，加油压进行试漏，试漏标准是片状散热器的试验油压力为 0.05～0.1MPa、时间为 10h；管状散热器的试验油压力为 0.1～0.15MPa、时间为 10h。

e. 用合格的变压器油对内部进行循环冲洗。

f. 重新安装散热器，注意阀门的开闭位置，阀门的安装方向应统一；指示开闭的标志应明显、清晰；安装好散热器的拉紧钢带。

② 检修强油风冷却器。

a. 打开上、下油室端盖，检查冷却管有无堵塞现象，更换密封胶垫。

b. 更换放气塞、放油塞的密封胶垫，使密封良好，不渗漏。

c. 进行冷却器的试漏和内部冲洗，试漏标准是试验油压力为 0.25～0.275MPa、时间为 30min 应无渗漏。

d. 清扫冷却器表面，并用 0.1MPa 压力的压缩空气（或水压）吹净管束间堵塞的灰尘、昆虫、草屑等杂物，若油垢严重可用金属洗净剂擦洗干净。

③ 检修强油水冷却器。

a. 拆下并检查差压继电器、油流继电器，进行修理和调试。

b. 关闭进出水阀，放出存水，再关闭进出油阀，放出本体油。

c. 拆除水、油连管，拆下上盖，松开本体和水室间的连接螺栓，吊出本体进行全面检查，清除油垢和水垢。

d. 检查铜管和端部胀口有无渗漏，发现渗漏应进行更换或堵塞，但每回路堵塞不得超过 2 根，否则应降容使用。试漏标准是试验压力为 0.4MPa，时间为 30min 内无渗漏。

(8) 测温装置的检修。

① 压力式（信号）温度计。

a. 拆卸时拧下密封螺母连同温包一并取出，然后将温度表从油箱上拆下，并将金属细管盘好，其弯曲半径不小于 75mm，不得扭曲、损伤和变形。包装好后进行校验，并进行警报信号的整定。

b. 经校验合格，并将玻璃外罩密封好，安装于变压器箱盖上的测温座中。座中预先注入适量变压器油将座拧紧，不渗油。

c. 将温度计固定在油箱座板上，其出气孔不得堵塞，并防止雨水浸入，金属细管应盘好妥善固定。

② 温度计应定期进行校验，以保证温度指示正确，以下是具体标准。

a. 压力式温度计：全刻度±1.5℃（1.5 级）；全刻度±2.5℃（2.5 级）。

b. 电阻温度计：全刻度±1℃。

c. 棒式温度计：全刻度±2℃。

（9）电力变压器组装。电力变压器器身、油箱及其他设备检修完毕后，全部清洗干净，应尽快将器身放回油箱中，并将油箱盖复位。在器身下放时要缓慢下放。更换全部密封垫，将油枕、安全气道、压力释放阀等部件装复。将器身放回油箱中后检查并确认位置正确，无卡别现象，最后均匀将四周螺栓紧固。

5. 电力变压器小修项目

（1）检修前的准备工作。

（2）处理已经发现的故障或缺陷。

（3）放出储柜内的污油，检修油位计并调整油位。缺油时应补加合格的变压器油。

（4）检修全部冷却装置、吸湿器、风扇等，清除污垢。

（5）检修保护装置（气体继电器、安全气道、压力释放阀等）应合格。

（6）检修调压装置、分接开关、测温装置及控制箱，并进行调试合格。

（7）检查接地系统，检查引线及连接状况。测量接地电阻应合格。

（8）检查全部阀门和油道，检查全部密封状况，处理渗、漏油缺陷。

（9）测定变压器的绝缘电阻时，其值应符合表 4-3 中所列的数值。

表 4-3　变压器绝缘电阻合格值

额定电压/kV		3～10		20～35		60～220	
绝缘电阻/MΩ		良好	最低	良好	最低	良好	最低
温度/℃	10	900	600	1200	800	2400	1600
	20	450	300	600	400	1200	800
	30	225	150	300	200	600	400
	40	120	80	155	105	315	210
	50	64	43	83	55	165	110
	60	36	24	50	33	100	65
	70	19	13	27	18	50	35
	80	12	8	15	10	30	21

4.7　电力变压器典型故障处理

电力变压器典型故障按其发生的部分可以分为 4 类：电路故障、磁路故障、绝缘介质故障和结构部件故障。电路故障主要是指绕组和引线故障，其原因是绝缘老化、受潮、分接开关触点接触不良、过电压击穿、二次系统短路及材料质量工艺不良引发的刺透、碰破绝缘而形成匝间或层间短路等故障。磁路故障一般指铁芯、铁轭夹件与铁芯间的绝缘损坏、穿心螺栓绝缘损坏及铁芯接地不良引起放电等。绝缘介质故障是指在电力变压器运行中绝缘瓷套管损坏，常引起相间、相对地间短路；电力变压器运行环境不清洁，有化学或其他污染；电力变压器油绝缘老化，有杂质等导致绝缘性能下降；绝缘套管表面有灰尘等。电力变压器的结构故障主要是机械性故障，如连焊点断裂；销钉失效或安装不正确，使其无法操作，操作时内外不一致；油箱渗漏油；油箱膨胀变形等。在巡视过程中发现变压器存在异常运行状况时，应当立即进行检查分析异常原因，必要时将电力变压器停运。根据故障现象，采取相应的技术措施进行检查、判断、分析。

1. 电力变压器铁芯多点接地故障的检修

1）产生多点接地的原因

（1）制造电力变压器或更换铁芯时，选用的硅钢片质量有问题，如硅钢带的表面粗糙不光滑，热轧硅钢片涂的绝缘漆膜脱落，冷轧硅钢片的绝缘氧化膜附着力差脱落，造成片间短路，形成多点接地。

（2）硅钢片长期受潮，使表面锈蚀严重，漆膜或氧化膜脱落，造成多点接地。

（3）铁芯加工工艺不合理，如毛刺超标，剪切中放的不平，夹有细小的金属颗粒或硬质非金属微粒，将叠片压出一个个小凹坑，另一面则成了小凸点，叠装后也将叠片绝缘层破坏造成片间短路。

（4）叠压不当，叠压系数取的过大，压力过大，破坏了片间绝缘。

（5）运行维护不当。电力变压器长期过载运行使片间绝缘老化，平时不巡视检查，使铁芯局部过热严重，片间绝缘遭破坏造成多点接地。

2）出现多点接地时的异常现象

（1）在铁芯中产生涡流，铁损耗增加，铁芯局部过热。

（2）多点接地严重时，且持续时间较长，电力变压器连续运行将导致油及绕组也过热，使油纸绝缘逐渐老化。引起铁芯叠片两片绝缘层老化而脱落，铁芯过热烧毁。

（3）较长时间多点接地，使变压器油劣化而产生可燃性气体，使气体继电器动作。

（4）因铁芯过热使器身中木质垫块及夹件碳化。

（5）严重的多点接地会使接地线烧断，后果不可设想。

（6）多点接地也会引起放电现象。

3）电力变压器铁芯多点接地故障的检修方法

（1）铁芯的外部检查法。对铁芯进行外部检查时，首先应检查铁芯有无发黑、褪色、短接和短路的地方。在清除坚固件污垢和残渣后，把接地片打开用兆欧表检查夹紧件和油箱的绝缘是否达到 10MΩ，若有铁轭螺杆，对于额度电压低于 10kV 以下的变压器，其螺杆绝缘电阻值不能低于 2MΩ；35kV 变压器其螺杆绝缘电阻值不能低于 5MΩ；110kV 及以上的变压器其螺杆绝缘电阻值不能低于 10MΩ。然后进一步检查，此时应拆除上铁轭、绕组，再插上铁轭片检测。如果铁芯片绝缘有明显的毛病，则应拆开铁芯，进行检修。

（2）气相色谱分析法。这是目前诊断电力变压器铁芯多点接地的最有效方法。最常用的是 IEC 三比值法，有时也采用德国的四比值法。当变压器发生故障时，为区分故障类别，可取油样对油中含气量进行色谱分析。

① 色谱分析中如气体中的甲烷（CH_4）及烯烃含量较高，而一氧化碳（CO）和二氧化碳（CO_2）气体含量和以往相比变化不大，则说明铁芯过热，可能是由于多点接地所致。

② 色谱分析中当出现乙炔（C_2H_2）气体，说明铁芯已出现间歇性多点接地。

(3) 电气法

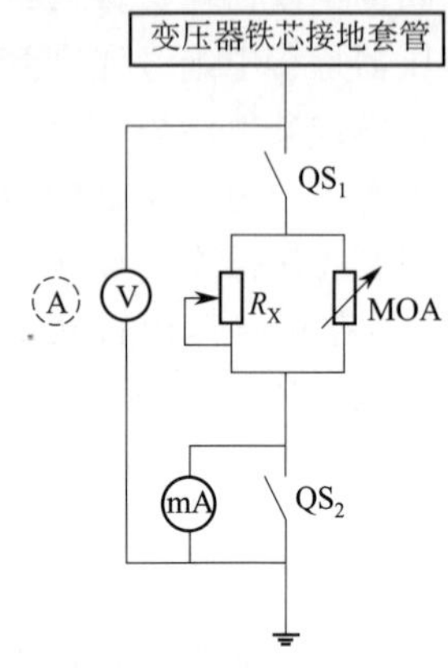

图 4-22　铁芯接地应急措施接线图

MOA—金属氧化物避雷器；R_X—限流电阻

① 带电测试分析法。若电力变压器在运行中，可在变压器铁芯外侧接地套管的引下线上用钳形电流表测量是否有电流，也可在接地刀闸处接入电流表或串接接地故障指示器。正常情况下，此电流很小，为 mA 级（一般小于 0.3A），当存在接地故障时，铁芯主磁通周围相当于有短路匝存在，匝内流过环流，其值决定于故障点与正常接地点的相对位置，即短路匝中包围磁通的多少，最大电流可达数百安培，还与变电器所带负载情况有关。可采用如图 4-22所示的原理接线图进行参数测定，其中 MOA—金属氧化物避雷器，作为防止 R_X 开路的后备保护，其操作步骤如下。

a. 正常运行时 QS_1、QS_2 关合。

b. 测试故障电流时，将电流表 A 两个端子接入，拉开 QS_1，即可测量，测试完毕，合上 QS_1，取下电流表 A。

c. 测量接地电流时，在采取限流措施后，将 QS_2 隔离开关断开即可。测试完毕后，合上 QS_2，取下毫安表恢复运行。

d. 测量铁芯开路电压（即铁芯在高电场中的悬浮电位）时，接入电压表，拉开 QS_1，测试完毕后，合上 QS_1，取下电压表。

对于铁芯和上夹件分别引出油箱外接地的变压器，如图 4-23 所示。

图 4-23　判断铁芯故障点部位

I_1—上夹件接地回路电流；I_2—铁芯接地回路电流

如测出夹件对地电流为 I_1 和铁芯对地电流为 I_2，根据经验可判断出铁芯故障的大致部位，判断方法：

当 $I_1=I_2$ 时，且数值在数安以上，夹件与铁芯有连接点；

当 $I_2 \geqslant I_1$ 时，I_2 数值在数安以上时，铁芯有多点接地；

当 $I_1 \leqslant I_2$ 时，I_1 数值在数安以上时，夹件碰壳。

采用钳形电流表测试电流时，应注意干扰。测量时可先将钳形电流表紧靠接地线，读取第 1 次电流值，然后再将接地线钳入，读取第 2 次电流值，两次差值即为实际接地电流。

② 停电测试分析法。变压器停电后，进行电气测试的内容和方法如下。

a. 正确测量各级绕组的直流电阻。若各组数据未超标，且各相之间与历次测试数据之间相比较，无明显偏差，变化规律基本一致，由此可排除故障部位在电气回路内（如分接开关接触不良，引线接触松动，套管导电杆两端接触不良等）。

b. 为了进一步核定是否为铁芯多点接地，可断开接地线，用 2500V 绝缘电阻表对铁芯接地套管测量绝缘电阻，由此判定铁芯是否接地。对于无套管引出接地线的变压器，色谱数据分析判断显得更为重要。停电测试各绕组直流电阻，排除裸金属过热的可能性，从而确定变压器铁芯是否接地。

③ 确定故障点。通过上述测试分析，确定变压器铁芯存在多点接地故障后，便可进一步查找故障点的具体位置。吊装后，对于杂物引起的接地，较为直观，也比较容易处理。但也有某些情况在停电吊罩后找不到故障点，为了能确切找到接地点，现场可采用如下方法。

a. 直流电压法。将铁芯与夹件的连接片打开，在铁轭两侧的硅钢片上通入 6V 的直流电，然后用直流电压表依次测量各级硅钢片间的电压，如图 4-24 所示，当电压等于零或者表针指示反向时，则可认为该处是故障接地点。

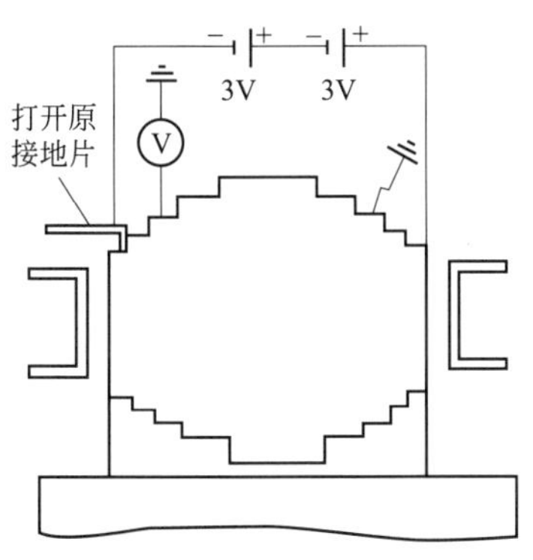

图 4-24　检测电压的接线图

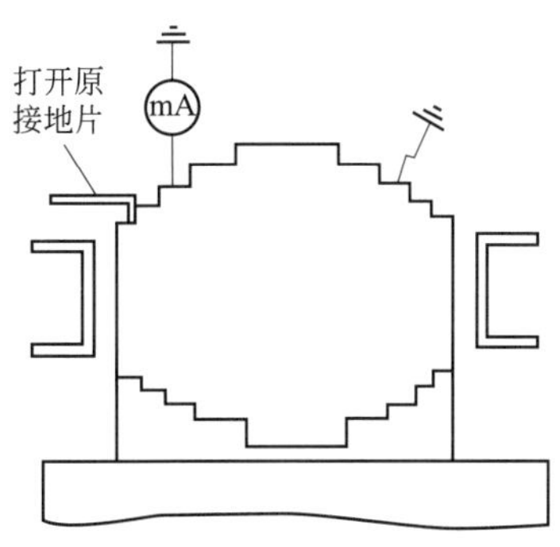

图 4-25　测量电流的接线图

b. 交流电流法。将变压器低压绕组接入 220～380V 交流电，此时铁芯中有磁通存在。如果有多点接地故障时，用毫安表测量会出现电流（铁芯和夹件的连接片应打开）。用毫安表沿铁轭各级逐点测量，如图 4-25 所示，当毫安表中的电流为零时，则该处为故障点。这种测电流法比测电压法准确、直观。若用上述两种方法，仍查不出故障点，最后可确定为铁芯下夹件与铁轭阶梯间的木块受潮或表面有油泥。将油泥清理干净后，进行干燥处理，故障可排除。一般对变压器油进行微水分析可发现是否受潮。

c. 铁芯加压法。将铁芯的正常接地点断开，用交流试验装置给铁芯加电压，若故障点接触不牢固，在升压过程中会听到放电声，根据放电火花可观察到故障点。当试验装置电流增大时，电压升不上去，没有放电现象，说明接地故障点很稳固，此时可采用下述的电流法。

d. 铁芯加大电流法。将铁芯的正常接地点断开，用电焊机给铁芯加电流，其接线图如图 4-26 所示。当电流逐渐增大，且铁芯故障接地点的电阻大时，故障点温度升高很快，变压粉由将分解而冒烟，从而可以观察到故障点部位。故障点是否消除可用铁芯加压法验证。

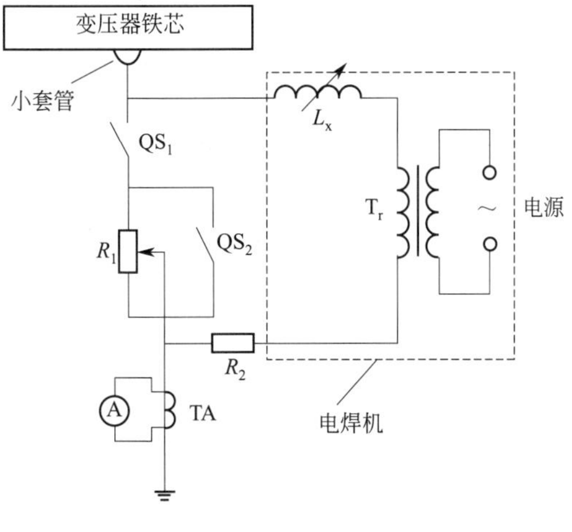

图 4-26　用电焊机给铁芯加电流的接线图

QS_1—400V、25A 隔离开关；QS_2—连接片；R_1—可调电阻器 500W、400Ω；R_2—保护电阻；L_x—可调电感；T_r—电焊机

4）变压器铁芯多点接地故障的检修案例

（1）故障现象。某新投入的变压器运行一天，负载 30%，但油面温升高达 50℃，内有异常响声。

（2）故障检查。

① 用钳形电流表测得接地引线的故障电流为 17～25A。正常情况下应小于 0.3A。

② 立即停止变压器的运行。

③ 打开接地套管引下线，用 2500V 兆欧表测量铁芯对地绝缘电阻，发现指针在 0～

100MΩ 间摆动，同时油箱内高压侧 C 相下部有放电声。

④ 做油的色谱分析发现：甲烷（CH_4）、乙烯（C_2H_4）含量较高。由此确认变压器铁芯存在多点接地故障。

⑤ 吊起钟罩油箱后，用交流法查找故障点，确定高压 C 相下铁轭与夹件间有一弹性的金属片存在，但现场无法消除。

（3）处理方法。

① 将上铁轭的铁芯接地片移至多点接地部位对应的级片上，以减小涡流；

② 在接地套管引下线处串一滑线电阻，使故障电流控制在 0.3A 以内。

2. 变压器绕组直流电阻不平衡故障的检修

1）绕组直流电阻不平衡率的定义及限值

（1）相电阻不平衡率。相电阻不平衡率是指三相绕组中直流电阻最大值与最小值之差与三相直流电阻的平均值之比。设三相变压器三个“相绕组”的电阻值分别为 R_a、R_b 和 R_c，且令 R_a 最大，R_c 最小。由此，相电阻不平衡率 S_P 为

$$S_P=\frac{R_a-R_c}{(R_a+R_b+R_c)\times\frac{1}{3}}\times 100\%$$

（2）线电阻不平衡率。线电阻不平衡率是指三相变压器绕组的线直流电阻中最大值与最小值之差与三个线电阻平均值之比。设三相变压器的三个线端 a、b 和 c 中的任意两个端子间的直流电阻分别表示为 R_{ab}、R_{bc} 和 R_{ca}，且设 R_{ab} 最大，R_{bc} 最小。由此，线电阻不平衡率 S_1 为

$$S_1=\frac{R_{ab}-R_{bc}}{(R_{ab}+R_{bc}+R_{ca})\times\frac{1}{3}}\times 100\%$$

按规定容量为 1.6MV·A 以上的电力变压器，相电阻不平衡率不应大于 2%，无中性点引出的绕组，线电阻不平衡率不应大于 1%；容量在 1.6MV·A 及以下的电力变压器，相电阻不平衡率一般不大于 4%，线电阻不平衡率一般不大于 2%。从工程实用的角度看，完全可以认为线电阻不平衡率为相电阻不平衡率的一半。因此建议对所有三相变压器，无论其容量大小，均可只规定出直流线电阻的不平衡率限值为 2%。

2）绕组直流电阻不平衡的原因

（1）各相绕组的引线长短不同，导致各相绕组的直流电阻不同。

（2）导线质量不同，某些导线的铜和银的含量低于国家标准的规定，导线截面有偏差，也可能导致绕组直流电阻不平衡。

（3）引线与套管导杆或分接开关之间连接不紧，可能导致变压器直流电阻不平衡。

（4）分接开关接触不良。

（5）分接开关指位指针移位。

3）三相绕组直流电阻不平衡的故障现象

（1）绕组局部出现严重发热。

（2）绕组的三相电流及电压不平衡。

（3）变压器送电后跳闸。

（4）变压器出现单相运行。

4）三相绕组直流电阻不平衡的故障处理方法

针对上列故障现象，对应的处理方法如下。

(1) 若是因匝间短路造成三相绕组直流电阻不平衡，可通过用双臂电桥检测或用手摸三相绕组，发热严重的即为匝间短路相。通过吊出器身进一步分清匝间短路是一次绕组，还是二次绕组；是在线圈的外层，还是在里层或中层；是在线圈的上部或下部几匝，还是在中部匝中；是一两匝或多匝，只有这样才能确定是修理，还是重新绕线圈。一般在高、低压绕组的外层，又在上下几匝间，修理起来方便些，在中层或里层的，修复难度大些。

(2) 若是分接开关错位，应仔细检查分接开关错位程度和分接开关磨损与损坏程度，确定对开关采取修复或更换方案。

(3) 对某一相绕组一个或几个并联支路引线头断开的修理比较容易，当查出有哪一相的并联导线接头断开，重新焊牢即可。如引线头接的过紧，在变压器运行中受电动力作用或机械应力作用，造成拉断，应把拉断处剪齐，用根数和尺寸相同的导线焊上。

(4) 如属于并联支路的引线头同套管下部引线端子开焊，应重新焊牢。

(5) 如检测为线圈的某几段或几个线并绕反向或接反，可将绕反的线匝拆下，选用同规格的导线，按正确的绕向绕好所需的匝数换上即可；如查出为头尾接错，可将头尾调换后，再连接好或焊好。

5) 变压器直流电阻不平衡故障的检修案例

(1) 故障现象。某变压器的额定容量为 3200kV·A，一次额定电压为 35kV，二次额定电压为 10.5kV，连接组标号 Yd11。变压器送电就跳闸，现场测量绝缘电阻值：一次对地、二次对地及一次对二次分别为 2000MΩ、1000MΩ 及 2000MΩ；测量直流电阻发现三相阻值不平衡，即 V 相及 W 相相等，U 相为 V 或 W 相的一半以下。

从上面的跳闸现象及测量的绝缘阻值和直流电阻阻值来看，该变压器高压绕组存在故障，初步认为 U 相高压绕组有断线或开焊现象。

(2) 故障检查。

① 将变压器停止运行，吊出器身仔细检查。

② 检查发现：U 相高压绕组首引线和 U 相套管连接处开焊，且高压绕组靠近首出头线有 1/3 绕组匝间绝缘因过热老化变焦糊，形成了严重的匝间短路。说明是由于 U 相绕组出头线和套管引线焊接不良，虚焊、假焊存在。

③ 进一步检查还发现烧焦的这部分绕组间及上铁轭、夹件间有熔在一起的铜瘤，说明高压绕组不仅匝间有短路毛病，还有绕组导线烧伤已达熔融状态。

(3) 处理方法。根据 U 相高压绕组损坏的情况，决定 U 相高压绕组重绕更换。

① 放出全部的变压器油，将油箱底部及下部侧壁上的铜瘤、污物清除干净。

② 对变压器油进行过滤，将烘烤合格的变压器身吊入油箱内，紧固好。

③ 采用真空加热注油方法，确保潮气不混入油中。

④ 更换全部密封垫圈。

⑤ 加强焊接操作。

因本故障主要是由于焊接不良所致，所以绕组出线头及套管引线的焊接应选用银焊条，采用氧气或乙炔气焊的焊接方法。

3. 变压器无励磁分接开关故障的检修

1) 无励磁分接开关故障的原因

(1) 触头严重损坏。

(2) 触头压力不平衡，有些分接开关的触头弹簧是可调的，应适当调节弹簧，使触头压力保持平衡。

(3) 分接开关使用较久，触头表面产生氧化膜和污垢。若氧化膜很薄，污垢不多，操作触头动作多次，即可消除，否则，要用汽油擦洗。有时绝缘油的分解物沉积在触头呈光泽薄膜；表面上看起来很洁净，实际上会有一绝缘层，造成接触不良，应用丙酮擦洗消除。

(4) 滚轮压力不均，使有效接触面积减小，应调整滚轮，保证接触良好。

(5) 分接开关引线连接与焊接不良，经受不起短路电流冲击而造成分接开关故障。

(6) 倒换分接头时，由于接头位置切换错误，引起分接开关损坏。

(7) 装配结构有缺陷。分接头接触不良使局部过热，应测量分接头的直流电阻，更换质量好的分接开关。

2) 无励磁分接开关故障的现象

当发现变压器油箱内有“吱吱”的放电声，电流表随着响声产生摆动，瓦斯保护可能发出信号，油的闪点急剧下降等情况时，可能是分接开关故障。

3) 无励磁分接开关故障的处理方法

(1) 检查分接开关各部件是否完整。

(2) 检查分接开关转动是否灵活。

(3) 检测分接开关直流电阻。

(4) 检查触头分接线是否紧固。

(5) 检查分接开关绝缘件有无受潮、剥裂或变形。

(6) 检查开关操动杆下端槽形插口与开关转轴上端圆柱销的接触是否良好。

常见变压器无励磁分接开关故障类型、原因及处理方法见表 4-4。

表 4-4 常见变压器无励磁分接开关故障类型、原因及处理方法

序号	故障类型	故障原因	处理方法
1	变压器箱盖上分接开关密封渗漏油	(1)安装不当 (2)密封材料质量不好或年久变质	(1)如系箱盖与开关法兰盘处漏油，应拧紧固定螺母；如系转轴与法兰盘或座套间漏油，应拆下定位螺栓等(根据操动机构的结构而定)，拧紧压缩密封环的塞子 (2)用新的密封件予以更换
2	绕组直流电阻测量值不稳定或增大	(1)运行中长期无电流通过的静触头表面，有氧化膜或油污以致接触不良 (2)绕组分接线与开关静触头的连接松动	(1)旋转开关转轴，进行 3～5 个循环的分接变换以清除氧化膜或污物 (2)更换触头弹簧。触头轻微烧损时，用砂纸磨光，烧损严重时应予更换
3	操动机构不灵，不能实现分接更换	(1)开关转轴与法兰盘或座套间密封过紧 (2)触头弹簧失效，动触头卡滞 (3)单相开关的操动杆下端槽口未插入开关转轴上端	(1)调整压缩密封环的塞子，使密封压缩适当，既不会漏油，又确保开关转轴转动灵活 (2)更换弹簧并调整动触头 (3)拆卸操动机构，重新安装好操动杆
4	油色谱分析发现 C_2H_2 微量升高，但无规律性，并无过热现象	单相开关操动杆下端槽形插口与开关转轴上端圆柱销间存在间隙，产生局部放电	拆卸操动机构，取出操动杆，检查其下端槽形插口，如发现该处有炭黑放电痕迹，应加装弹簧片

4) 无励磁分接开关故障检修案例

(1) 故障现象。一台电力变压器，无励磁分接开关由Ⅱ段变换到Ⅲ段，当空载送电后，变压器发出沉重的声响，很快其二次侧 C 相套管喷油，立即切除电源。

(2) 故障检查。

① 测变压器绕组的直流电阻，AB 相为 1.78Ω，BC 相 1.78Ω，AC 相 1.77Ω。三相平衡

误差是 0.5%，小于国家标准规定的 2% 。

② 吊心检查，发现 B 相调压绕组崩断。原因是分接开关调整未到位，如图 4-27 所示。

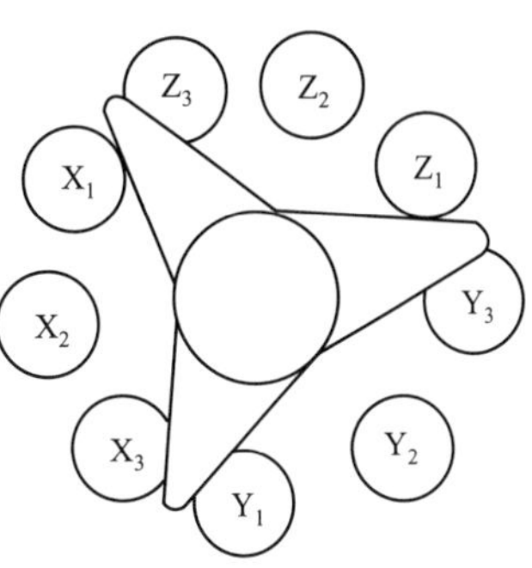

图 4-27　分接开关位置图

分接开关的动触头搭在 X_3 与 Y_1 之间、X_1 与 Z_3 之间、Z_1 与 Y_3 之间，在分接开关两静触头之间有稍高于静触头的绝缘物。制造中由于 X_3 与 Y_1 之间绝缘未能将动触头撑起，使 X_3 与 Y_1 静触头通过动触头搭接在一起；而在 X_1 与 Z_3、Z_1 与 Y_3 之间动触头只分别与 Y_3、Z_3 接触，且因未到位，接触不好，有烧伤痕迹。这样就形成了 X_3—Y_1—Y_3 的回路，将 B 相调压绕组 Y_1、Y_3 之间短路。崩断点在 Y_2 与 Y_1 之间。Y_3 与 Y_2 之间的绕组只是崩散了，所以Ⅱ段的直流电阻仍能测出来。

(3) 处理方法。

① 根据 B 相低压绕组损坏的情况，决定 B 相低压绕组重绕。

② 增大分接开关静触头之间的距离。

③ 提高分接开关两静触头之间绝缘物的高度。

4. 变压器喷油故障的检修

1) 变压器喷油故障的原因

导致变压器喷油故障的原因是多方面的，如二次侧系统短路、变压器内部有短路、油枕出气孔堵塞以及安装、运行和维修等方面管理不当，都会发生变压器喷油、油箱炸裂等故障。

(1) 正常运行的变压器，其绝缘油和固体绝缘材料会老化和分解，产生少量的烃类及一氧化碳、二氧化碳气体。这些气体大部分溶解在油中，并在变压器内扩散。当变压器内部发生过热或放电故障时，会加快绝缘材料的热分解，当产生气体的数量大于最大的溶解度时，便会有一部分气体跑入绝缘油上部空间内，通过吸湿器或呼吸器排入空气，造成变压器喷油故障。

(2) 现行的电力变压器国家标准规定，630kV·A 及以下的油浸式变压器，一般不装气体继电器和安全气道。当变压器内部发生故障，其产气速率（mL/h）超过吸湿器或呼吸器在常压下的释放能力时，变压器油箱内的压力便开始增大，当大于大气压力时，吸湿器或呼吸器发生喷油。

(3) 如果变压器油箱内压力继续增大，将在油箱盖与油箱连接的密封垫处喷油。当变压器油箱内的压力超过油箱的允许压力时（一般变压器 0.05MPa，矿用变压器 0.1MPa），变压器油箱将可能炸裂。

2) 变压器喷油的异常现象

(1) 油箱盖与油箱连接的密封垫处喷油。

(2) 变压器呼吸器喷油。

(3) 分接开关烧毁。

(4) 气体继电器保护动作。

3) 预防变压器发生喷油故障的措施

(1) 保证良好的变压器散热条件，避免变压器超过允许的温升。

(2) 保持变压器绕组的接头及分接开关的触头接触良好。

(3) 保持变压器的绝缘良好。一是要搞好负荷管理，防止超过允许的温升运行；二是防止绝缘油受潮而引起绕组绝缘受潮；三是配备可靠的保护装置，减轻过负荷及短路电流对变压器绕组的影响。

（4）配备完善的保护装置。变压器的保护装置包括一、二次侧的继电保护装置和油箱防爆保护装置。对于一次侧额定电压为10kV及以下，二次侧额定电压为0.4kV，采用Yyn0接线的变压器，容量在180～320kV·A的变压器，应设置负荷开关和零序过电流保护；对于容量在400kV·A以上的变压器，一次电流互感器采用相差接线方式，使用GL型反时限电流继电器作过流和多相短路保护，二次侧中性线上采用零序过电流作单相短路保护。

（5）建立变压器运行规程，明确工作人员在正常情况下的巡视检查内容，掌握异常情况下的处理方法，加强值班人员的培训和考核。

4）变压器喷油故障检修案例

（1）故障现象。一日上午，电气检修人员在巡视检查中，发现安装投运不到两年的2号主变靠南侧水泥地面上有大量的油迹，并在南侧龙门构架的立柱3m处也有大量油迹，再查看主变压力释放阀顶端的信号装置，显示已动作。该压力释放阀为YST—55/130KJ型，释放压力为55MPa，即主变内部压力大于该值时释放阀动作。但当时主变的声响、温度、电流均无异常现象，而且主变轻重瓦斯继电器也均未动作过。

（2）故障检查。

① 确保主变压器的运行安全，应停电检查。

② 检查发现吸湿器内硅胶中有变压器油；吸湿器托油罩上侧的密封橡胶垫圈在安装时没有卸除，而且托油罩上得较紧，致使空气隙堵塞。

③ 储油柜中大胶囊内有大量油，胶囊已破损。

通过分析认为，事故原因主要是吸湿器托油罩上侧的密封橡胶垫圈没有卸除，加之该罩又上得较紧，致使吸湿器中的空气隙完全堵塞，胶囊与大气无法相通。因此发生大量喷油。

瓦斯继电器不动作，是因主变内部压力生成有一定的过程，这时既没有可燃性气体产生，也没有一定流速的油流产生。通过对变压器的气相色谱化验及主变各项高压试验，证明主变一切正常。

（3）防止措施。

① 新装变压器在投运前一定要将吸湿器托油罩上侧的密封橡胶垫圈卸除。此垫圈是变压器储存、运输时密封用的，正常运行时决不可密封，以保证变压器的“呼吸”顺畅。

② 变压器在运行中，值班人员应经常检查胶囊的“呼吸”是否顺通，吸湿器是否堵塞，储油柜的油位波动是否正常。

③ 变压器安装或大修时，应对胶囊是否漏气进行仔细的检查，经试漏合格方可安装。安装时要注意袋身方向与储油柜方向平行，防止袋身扭转或折皱，导致损坏。

④ 储油柜内壁表面应光滑、无毛刺和焊渣，以防割破、刺伤胶囊。

4.8 变压器的试验与干燥方法

1. 变压器的试验项目

变压器经过大修后，其绝缘性能和某些电气特性可能有所变化，经过试验和测量，将其结果与以往的资料进行比较，即可判定变压器是否达到质量要求。变压器检修后的试验项目主要有绝缘电阻试验、直流电阻试验、泄漏电流试验和交流耐压试验。

1）绝缘电阻试验

绝缘电阻试验可检查变压器的绝缘性能，尤其能有效地检查出绝缘受潮、表面脏污以及贯穿性的集中缺陷现象。良好的绝缘体，即使加上很高的电压，能通过的泄漏电流也是很小的，只能用微安（$1\mu A=10^{-6}A$）来计算，所以绝缘体的绝缘电阻是非常大的。但绝缘体的绝缘电阻会受到很多外界条件和本身的影响。如绝缘材料受潮或表面上附着灰尘和油垢等，其绝缘电阻就要大大降低。在运行中很容易被正常使用的电压所击穿而造成事故。因此，在试验前先要测量绝缘电阻。通常采用绝缘电阻的测试、吸收比试验及铁芯紧固螺栓的绝缘试验 3 种方法来测量绝缘电阻。

绝缘电阻是施加在被试品上的直流电压与被试品流过的泄漏电流的比值，即

$$R_x=\frac{U}{I_g}$$

式中，U 为加在绝缘体两端的电压，V；I_g 为通过绝缘体的泄漏电流，μA；R_x 为绝缘电阻，MΩ。

(1) 绝缘电阻的测试。

① 绝缘电阻的测量部位和顺序。绝缘测量的部位和顺序，见表 4-5。

表 4-5　绝缘测量的部位和顺序

顺序	双绕组变压器		三绕组变压器	
	被测绕组	应接地的部位	被测绕组	应接地的部位
1	低压	外壳及高压	低压	外壳、高压及中压
2	高压	外壳及低压	中压	外壳、高压及低压
3	—	—	高压	外壳、高压及中压
4	高压及低压	外壳	高压及中压	外壳及低压
5	—	—	高压、中压及低压	外壳

注：表中顺序 4、5 的项目，只对 15000kV・A 及以上的变压器进行。

② 测量方法。在测量变压器绕组的绝缘电阻时，兆欧表的连接，应按仪表上所注明的标号进行，如图 4-28(a) 所示，在测量高、低压绕组间的绝缘电阻时，将兆欧表的“线路”（即“L”）端和“接地”（即“E”）端分别接到高压侧和低压侧绕组上，将“保护环”（即“G”）端接到变压器铁芯或外壳上。在测量高压绕组和对低压绕组对外壳（对地）的绝缘时，按如图 4-28(b) 和 (c) 所示完成接线。

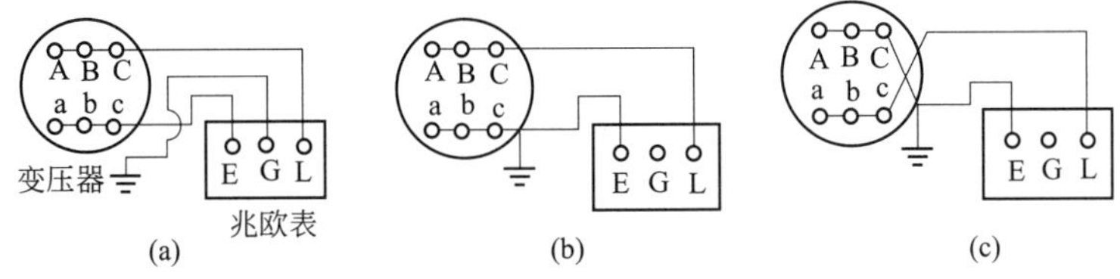

图 4-28　测量变压器绝缘电阻接线示意图

(a) 高压绕组对低压绕组；(b) 高压绕组对地；(c) 低压绕组对地

(2) 吸收比试验。当测量容量较大的变压器的绝缘电阻时，可以看到绝缘电阻的数值和通电时间有关。通电时间越长，其读数越高，这种现象为绝缘体的吸收特性。

① 试验目的。吸收比试验的目的是要求测出两种时间下绝缘电阻的比值，用它来判断变压器是否受潮或确定变压器干燥工艺是否良好，这是一项重要的原始数据。此项试验适用于大容量的变压器，容量较小的变压器不用做吸收比试验。

② 试验方法。吸收比的试验和测量绝缘电阻的方法大致相同，所不同的就是要记录通电时间。现在规定的吸收比分两种：一种是60s与15s时绝缘电阻的比值；另一种是10min与1min绝缘电阻的比值，即

$$吸收比=\frac{R_{X60}}{R_{X15}} \qquad 或吸收比=\frac{R_{X10}}{R_{X1}}$$

35kV以下的电力变压器，温度在10～40℃时，60s与15 s的吸收比应大于或等于1.3，35kV以上的电力变压器有时需要做10min与1min的吸收比，其值应大于或等于2，即

$$\frac{R_{X60}}{R_{X15}}\geqslant 1.3 \quad 或 \quad \frac{R_{X10}}{R_{X1}}\geqslant 2$$

（3）铁芯紧固螺栓的绝缘试验。铁芯与铁轭的紧固螺栓要求绝缘良好，如果其绝缘损坏，在运行中将引起局部短路，产生很大的涡流。当有两个以上的螺栓绝缘损坏时，则形成一个好像在磁场中受感应的绕组，将产生强烈的循环电流。其产生的热量，能使绝缘损坏，以致发展到绕组层间短路，最终烧毁变压器。因此，在变压器大修中，必须测量铁芯和铁轭紧固螺栓的绝缘电阻。发现异常应及时处理。

铁芯和铁轭的紧固螺栓在出厂试验时，用1000V以上兆欧表测量，对于额定电压在3～6kV变压器，测量值不低于200MΩ；电压在20～30kV的不低于300MΩ；电压在0.4kV的不低于90MΩ。运行中的变压器其铁芯和铁轭紧固螺栓的绝缘电阻不得低于初始值的50%。其耐压试验电压为交流1000V或直流2500V，施压时间持续1min。

（4）绝缘电阻试验注意事项。

① 试验前应拆除被测试变压器的所有对外连接线，并将被试绕组对地充分放电，至少放电2min。

② 测量时，非被测试绕组均应接地。

③ 兆欧表水平放置后，校验其指零和无穷大来判断此兆欧表是否良好，测量时保持120r/min的恒定转速。测吸收比时，为了读数准确，最好采用电动兆欧表。

④ 应在兆欧表达到额定转速时将表头接于被试绕组，同时计时，计算出吸收比。

⑤ 读数完毕，先将表头离开被试绕组，再停止兆欧表的转动，防止被试绕组储存的电荷烧毁兆欧表。

⑥ 试验结束时，必须将被试绕组对地充分放电。

⑦ 记录被试物体温度、环境温度和空气相对湿度。

⑧ 绝缘电阻是以变压器绕组浸入油中时所测得的数值为准。变压器注油后应静放5～6h再进行测量，所得数值与前次比较，应换算到相同温度时的数值。

2）变压器直流电阻试验

（1）试验目的。变压器绕组直流电阻的测试是确定短路损耗的重要依据。同时通过绕组直流电阻的测试可检查三相绕组的直流电阻是否平衡；检查导线规格是否正确；检查并绕导线和并联支路是否正确；检查焊接质量，如导线与引线之间的焊接、引线与套管连接处的焊接以及导线之间的焊接等；提供精确的直流电阻值，供计算附加损耗和电阻损耗，为此，要求直流电阻的测量误差不超过±0.2%，并且要换算到75℃。

（2）试验方法。一般有电压降法和电桥法两种。由于电压降法准确度不高，灵敏度较低，须换算和消耗电能等原因，所以除测量极小电阻（如$10^{-3}\Omega$以外）很少采用电压降法，而是采取电桥法。如图4-29所示为电压降法测量电阻的接线图。

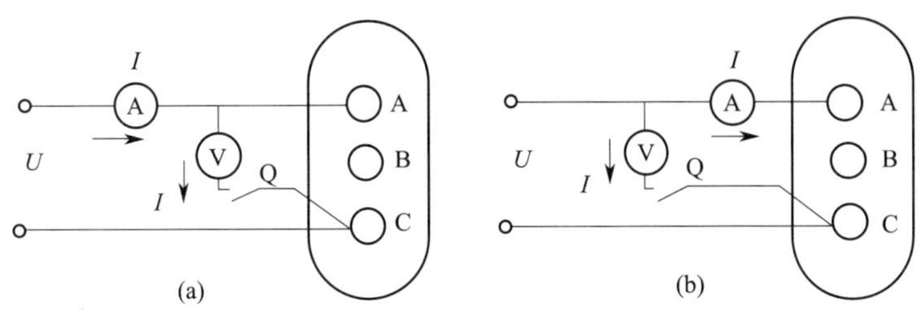

图 4-29　电压降法测量电阻的接线图

(a) 测量小电阻；(b) 测量大电阻

被测绕组的电阻远小于电压表内阻 r_V 时，I_v 很小可忽略不计，可认为 $R \approx U/I$。这种接法适用于测量小电阻。采用如图 4-29(a) 所示的接线图。当被测绕组的电阻远大于电流表内阻 r_V 时，电流表的内阻可忽略不计，可认为 $R \approx U/I$。这种接法适用于测量大电阻。采用如图 4-29(b) 所示的接线图。

电压表和电流表的准确度不低于 0.5 级。由于变压器绕组的电感较大，所以测量时必须注意在电源电流稳定后，方可接入电压表进行读数；而在断开电源前，一定要先断开电 压表，以免绕组反电动势使电压表损坏。

(3) 测试直流电阻时注意事项

① 测试前应将被测试绕组对地充分放电。

② 双臂电桥接线时电压端子（P_1、P_2）靠近被测物，电流端子（C_1、C_2）接外侧，对于低值电阻更要注意接法，如图 4-30 所示为低值电阻的四端接线法。

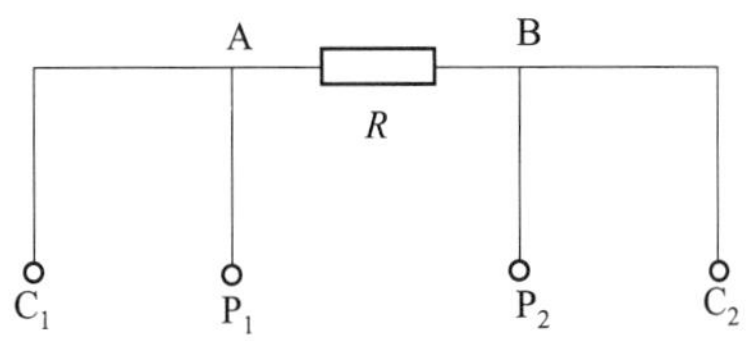

图 4-30　低值电阻的四端接线法

③ 由于绕组电感较大，所以在电路闭合后，待被测电路充电后电流稳定方可接入检流计，测出电阻值。完成测量后要先断开检流计开关，再断开电源。防止反电动势打坏检流计。

④ 变压器有中性点引出的可以测量相电阻，带有分接头的绕组应在所有分接头下测握其直流电阻。

⑤ 将所测电阻值换算到 75℃的电阻值，在同一接头上测得各相直流电阻，相互间的差别以及与制造厂或最初测量值的差别不应超过±2%，换算公式为

$$R_{75℃} = R\frac{T+75}{T+t}$$

式中，R 为被测出的电阻值，Ω；T 为计算常数，铜导线取 235，铝导线取 225；t 为测量时的温度，℃。

3) 泄漏电流试验

变压器绝缘在直流高压下测量其泄漏电流值，可以灵敏地判断变压器绝缘的整体受潮、部件表面受潮、脏污缺陷等。在变压器绝缘预防性试验中，可以根据历年来测量泄漏电流值的大小，或其变化趋势以判别设备是否受潮或存在缺陷。

(1) 微安表接在高压端的泄漏电流试验，接线图如图 4-31 所示。

① 这种接线可以消除高压引线对地的杂散电流（电晕电流、高压试验变压器的泄漏电流等）影响造成测量误差。试验时，微安表用金属罩进行屏蔽，采用屏蔽线将微安表接到变压器的高压端。读表时应保持安全距离，站在绝缘垫上，做好安全措施，防止触电。

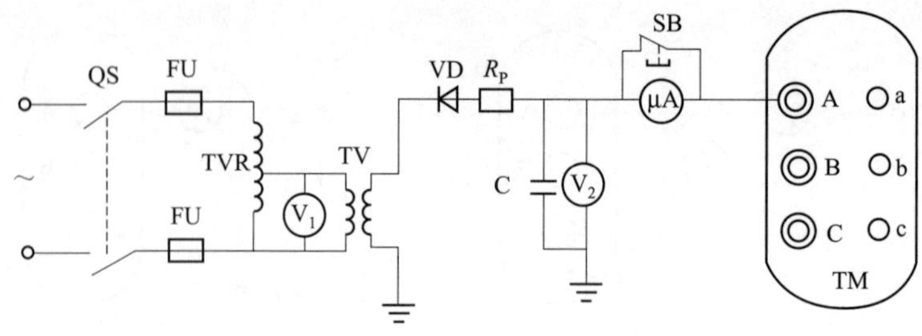

图 4-31　微安表接在高压端的泄漏电流试验接线图

QS—刀开关；FU—熔断器；TVR—调压器；TV—试验变压器或电压互感器；VD —二极管；C—滤波电容器；V_2—高压静电电压表；μA—微安表；R_P—保护电阻；V_1—低压电压表；SB—试验按钮开关；TM—被试变压器

② 为防止微安表在升压过程或被试变压器出现放电情况下被击穿烧毁表头，因此，在试验回路中还必须对微安表进行保护，如图 4-32 所示。

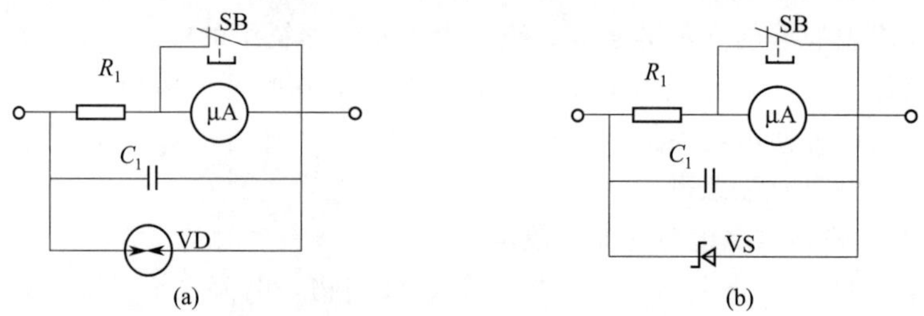

图 4-32　防止微安表在升压或放电时损坏的保护线路

（a）放电管保护；（b）稳压管保护

SB—短路按钮开关；VD—放电管（放电电压 50～150V）；VS—稳压管；μA—微安表；C_1—滤波电容器（0.5～5μF，300V）；R_1—增压电阻

（2）微安表接在低压侧的泄漏电流试验，接线图如图 4-33 所示。这种接线的优点是读数方便、安全。但由于电路的高压引线等对地的杂散电流以及高压试验变压器对地泄漏电流等都经微安表，使读数包含了被试品以外的电流，造成测量误差。因此，在实际测量中，如果试品一端不直接接地，则微安表可接在试品与地之间，上述误差即可消除。如果试品一端已接地，则将微安表接在高压侧。

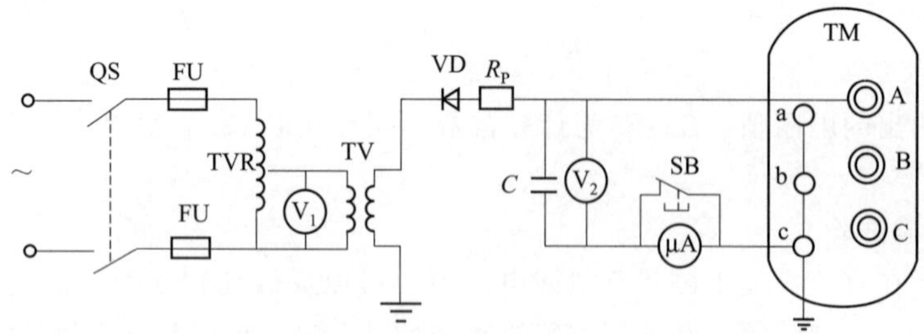

图 4-33　微安表接低压侧泄漏电流试验接线图

QS—刀开关；FU—熔断器；TVR—调压器；TV—试验变压器或电压互感器；VD—二极管；C—滤波电容器；V_2—高压静电电压表；μA—微安表；R_P—保护电阻；V_1—低压电压表；SB—试验按钮开关；TM—被试变压器

（3）注意事项。

① 试验前、后都必须将变压器绕组上的剩余电荷放掉，做到充分放电。

② 保护回路中的按钮开关，只短路微安表，也只有在读数时断开按钮开关，读完数后继续短路微安表。

③ 由于变压器绝缘结构不同，其泄漏电流值也常有很大变动，因此对变压器的泄漏电流值不作统一规定，而主要根据同类型设备或同一设备历次试验结果比较来估计被试品的绝缘状态，并结合其他绝缘试验结果综合分析作出判定。

4）测量介质损耗角

测量变压器的介质损耗角，目的在于检查变压器绝缘受潮、油质劣化、绕组附着油泥等情况，测量灵敏度很高，介质损耗角正切 $\tan\delta$ 是判断绝缘好坏一项很重要的数据。

目前测量变压器的 $\tan\delta$ 是采用专用的 QSI 型交流电桥。改变仪表内桥电路的连接，可以测量两端绝缘的或一端接地的变压器，测量两端绝缘的变压器的电桥是采用正接法，如图 4-34(a) 所示；测量一端接地的变压器采用反接法，如图 4-34(b) 所示。由于反接法无须两端绝缘，被广泛应用在现场测试和出厂试验中。

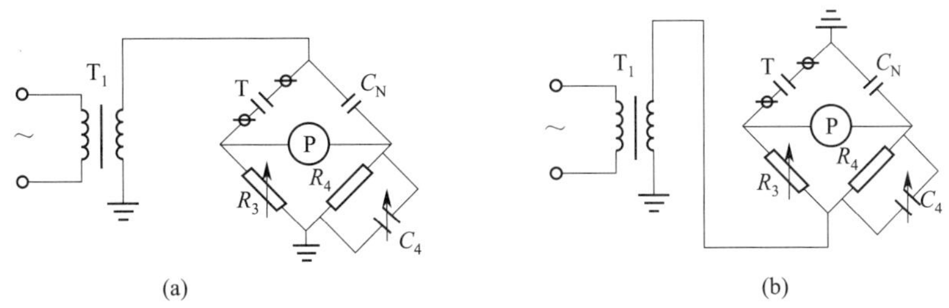

图 4-34　QSI 型交流电桥试验接线图

(a) 正接法；(b) 反接法

T_1—电源变压器；T—被试变压器；C_N—标准电容；R_3、R_4—桥臂电阻；C_4—桥臂电容

采用反接法时，被试绕组的各引线端子要短连接，其余各非测量绕组都要短连接后进行接地。绕组测量部位和顺序见表 4-5。表中序号 4、5 项只对 15000kV·A 及以上的电力变压器进行测量。

使用交流电桥测量时，应注意以下几点。

(1) 为了测量准确，被试绕组所有套管要短连接，非试绕组也要短连接并可靠接地。被试电力变压器与电桥也应可靠接地。

(2) 要定期测试交流电桥的标准电容是否受潮，如果使用受潮的标准电容，则测出的 $\tan\delta$ 值误差大。大修后未经干燥的变压器的 $\tan\delta$ 允许值见表 4-6。

表 4-6　大修后未经干燥的变压器的 $\tan\delta$ 允许值

高压绕组的电压等级	温度/℃						
	10	20	30	40	50	60	70
35kV 级及以下	2.5%	3.5%	5.5%	8.0%	11.0%	15.0%	20.0%
35kV 级以上	2.0%	2.5%	4.0%	6.0%	8.0%	11.0%	18.0%
110kV 级及以上	1.0%	1.5%	2.0%	3.0%	4.0%	6.0%	8.0%

(3) 测量回路应消除各种局部放电，特别是引线的刷状放电（100kV 以上），因而要选择光滑较粗的高压引线，正确地选用桥体电阻的分流电阻，调节检流计固有振荡频率与 C_x（变压器电容）的固有振荡频率，使其谐振。使检流计具有最高的灵敏感。

（4）电桥的后插孔、标准电容外壳以及三根连线都带高压，为了安全应与接地部位保持一定距离；“C_x”、“C_N”及“E”点三根连线应用布带架空。

（5）60kV级及以上的电力变压器套管上带有接地的引出小套管，测量时在引出小套管上单独测量 $\tan\delta$，这时接线套管端子接地，交流电桥 C_x 接在小套管上，试验电压为2.5kV。

5）工频耐压试验

工频耐压试验是鉴定电力变压器主绝缘强度最有效的方法，也是保证设备绝缘水平，使电力变压器可靠运行的重要措施。耐压试验一般可发现集中性的缺陷，如绕组主绝缘受潮、开裂，或引线绝缘距离不够，以及绕组绝缘上附有污垢等。工频耐压所加电压远比正常运行时，所以，必须在非破坏性试验后，认为绝缘良好才进行外施工频耐压试验。

（1）试验方法。试验电压高于50kV的大型变压器耐压试验接线图如图4-35所示，图中金属保护电阻 R_P 是用来限制击穿时的短路电流，否则会引起试验变压器的损坏。Q是保护球间隙，当试验变压器电压超过预定试验电压的5%～10%时，球间隙击穿放电，保护被试变压器。输入端接至50Hz的220V交流电源上。

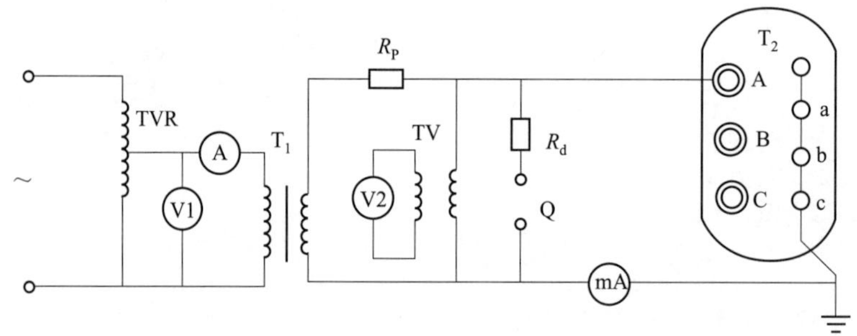

图4-35　试验电压高于50kV的大型变压器耐压试验接线图

TVR—调压器；T_1—试验变压器；TV—电压互感器；T_2—被试变压器；

R_P—保护电阻；R_d—阻尼电阻；Q—保护球间隙；mA—毫安表

阻尼电阻 R_d 直接与球隙Q串联，用来限制大电流，保护试验变压器不受损坏。起阻尼作用的纯电阻，当球隙放电或被试变压器击穿时，R_d 可削弱或限制振荡过电压。R_d 可在100～1000kΩ内选取，试验电压高时选大值；反之取小值。试验频率高时选小值；反之选大值。球隙Q的放电电压决定于试验电压的峰值，要求绝缘球与接地球的轴线在一条垂直或平行于地平面的直线上。

如果试验电压为50kV以下的中小型变压器做耐压试验，接线图如图4-36所示。

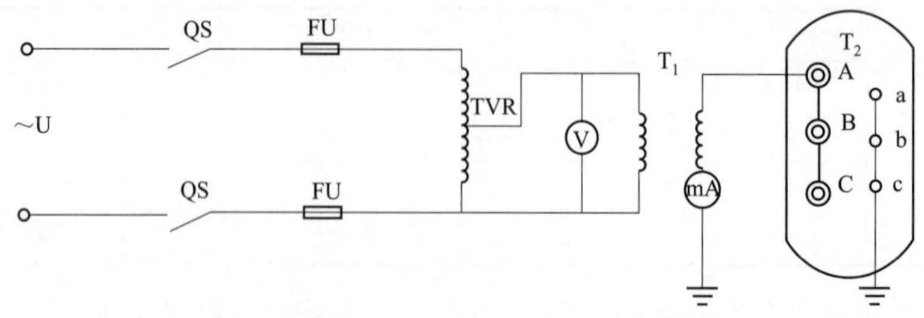

图4-36　试验电压为50kV以下的中小型变压器耐压试验接线图

QS—刀开关；FU—熔断器；TVR—调压器；T_1—试验变压器；T_2—被试变压器；V—电压表；mA—毫安表

（2）试验注意事项。

① 做耐压试验前，必须进行非破坏性试验，确认被试变压器绝缘良好后方可进行。

② 试验要在变压器注油后 5～6h 再进行，以便使注油中停留在绕组中的气泡尽可能地逸出。油应注满，使套管浸在油内。变压器工频耐压试验标准见表 4-7。

表 4-7 变压器工频耐压试验标准

额定电压/kV		3	6	10	15	20	35	66	110	220
最高工作电压/kV		3.5	6.9	11.5	17.5	23.0	40.5	72.5	126.0	252.0
油浸式电力变压器	出厂试验电压/kV	18	25	35	45	55	85	140	200	395
	预防试验电压/kV	15	21	30	38	47	72	120	170	336
干式电力变压器	出厂试验电压/kV	10	20	28	38	50	70			
	预防试验电压/kV	8.5	17.0	24	32	43	60			

③ 试验时电压上升速度，在试验电压的 40%以前，可以是任意的，以后应以均匀的速度升至预定的数值。保持 1min（固体绝缘干式电力变压器应保持 5min），然后电压均匀降低，大约在 5s 内降到试验电压的 25%或更小，再切断电源。

④ 试验过程中，要保持电压稳定，操作人员应精神集中，被试设备和高压引线应设遮栏并有专人监护。

⑤ 如发现表针指示有变化，或冒烟、有放电的响声，则必须拆开变压器，消除缺陷后再重新试验。

⑥ 在试验过程中，若发现电力变压器内部有放电声和电流表指示突然变化，在重复试验时，施加电压比第一次降低，都说明是固体绝缘击穿了；如果施加电压并未降低，仍在原来施加电压下开始放电，是属于油隙的贯穿性击穿。如在试验过程中，电力变压器内部有炒豆般的声响，电流表的指示也很稳定，这可能是悬浮金属件对地的放电。

⑦ 电力变压器工频耐压试验前后的绝缘电阻值变化不得超过 30%。

6）变压器油的耐压试验

变压器油是油浸电力变压器的主要绝缘、冷却介质。其电气强度和化学成分的好坏，直接影响电力变压器的性能。即使变压器油中含有少量水分和杂质，也会使绝缘强度下降，且变压器油与氧气接触，在高温下容易氧化而变质。因此，在进行变压器交流耐压试验前，必须进行变压器油击穿强度试验。必要时还应同时进行物理和化学分析试验。一般是进行简化分析试验，其项目包括界面张力、酸值、水溶性酸（pH 值）、闪点、机械杂质、电气强度试验和介质损失角正切值 $\tan\delta$。

变压器油的电气强度试验是在油内放入标准电极，施加工频电压，当电压升到一定值时，电极间发生明显的火花放电，即油被击穿。开始击穿时的电压就表示变压器油的电气强度，通常以击穿电压的平均值表示。标准要求为：用于 15kV 及以下变压器的变压器油不应低于 25kV；用于 20～35kV 者不应低于 35kV。

油击穿耐压试验应在室温 15～35℃，湿度不高于 75%的条件下进行，所用设备与工频交流耐压试验设备相同。但使用较多的是油击穿试验器，其接线图如图 4-37 所示。

（1）取油样。取油样时先将电力变压器下部的放油阀用干净的棉纱或细布擦净，并放油冲洗干净。再把取样瓶用油清洗 2～3 次，然后取油样，待样瓶注满油后，将瓶盖塞紧。取样瓶最好应用 500～1000mL 的广口带磨口塞的无色玻璃瓶，使用前应用汽油或酒精清洗，然后用蒸馏水洗净，放入 105℃的烘箱中干燥 4h。干燥时瓶宜倒置或横放，瓶塞应单独放

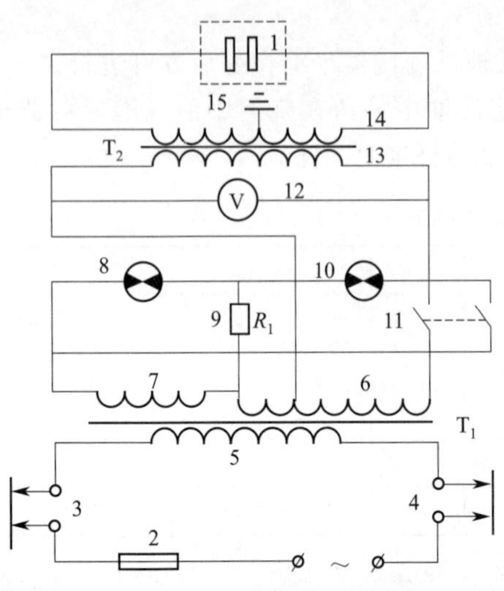

图 4-37　油击穿试验器接线图

1—油杯；2—熔断器；3,4—窗联锁；5—调压器一次线圈；6—调压器调压线圈；7—调压器信号线圈；8—电源指示灯；9—电阻；10—合闸指示灯；11—油击穿的自动跳闸开关；12—电压表；13—试验变压器低压线圈；14—试验变压器高压线圈；15—线圈中间接地

置。干燥好的样瓶，冷却后盖紧瓶塞，在取样前不要开启。

取样瓶上应贴有标签，标签内容包括单位、油样名称；设备名称、取样日期和气候条件等。取油样应选择晴天和无风沙时进行。

油样取至实验室后，必须在不破坏原有储装密封的状态下放置 2～8h，待油温基本接近室温后方可进行试验。在揭盖前，将试油颠倒数次，以使内部杂质混合均匀，但不得留有气泡。

（2）试验。

① 先用试油将油杯、量规及玻璃棒等洗涤 2～3 次。将油杯电极的间隙调整为 2.5mm，电极和油面的距离不小于 15mm ，如图 4-38 所示。

② 注油。注油时用干净的玻璃棒使试油沿油杯内壁徐徐流下，让其不至产生气泡，到油面达到内壁油面线为止，再静放 10～15min 使气泡逸出。

③ 合上电源和自动跳闸开关，此时电源指示灯亮，而电压表指示应为零。然后以不大于 3kV/s 的速度升压，直到油击穿为止。击穿瞬间，电压表所指示的电压值即为击穿电压，记录下该电压值。在升压过程中，如发生不大的破裂声或电压表指针振动，这不是击穿，应继续升压（不许中途停顿），直至击穿为止。击穿后将调压器退回零位并切断电源。然后用干净的玻璃棒轻轻拨除电极间的游离碳，静置 5min。再按上述同样方法连续试验 5 次，取这 5 次试验的平均值作为平均击穿电压。

④ 不同牌号的绝缘油，或同牌号的新油与旧油不宜混合使用，如必须混合时，应进行混油试验。

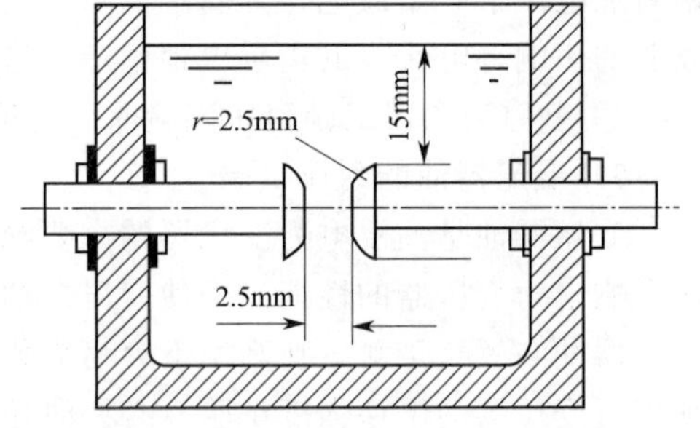

图 4-38　油试验用油杯和电极

2. 变压器的干燥方法

变压器受潮后必须进行干燥。变压器干燥是一项消耗时间较长而且要求较高的工作，但并不是每次大修都必须进行的工作，只有在绝缘受潮的情况，或变压器经过全部或局部更换绕组或绝缘大修以后均应进行干燥。变压器的干燥方法视其容量大小和结构形式而不同，各厂（所）可根据具体条件来选择相应的干燥方法。其方法有以下几种。

1）感应加热法

感应加热法是将变压器器身放在油箱中，在箱壁外绕线圈并通以工频电流，利用油箱壁中的涡流损耗来干燥变压器器身的方法。干燥时，箱壁温度不应超过 115～120℃，器身温度就应不超过 90～95℃。箱壁外绕线圈的匝数及励磁电流的大小，可以参照经验表格计算求得，在加热时可根据现场情况进行适当调整。油箱外可以包保温层，将加热绕组绕在保温层外。无保温层时，可用多根石棉板条将绕组撑起。油箱内的温度可以用励磁绕组电源的通、断来控制和调节。

2）短路电流干燥法

短路电流干燥法是从变压器的一侧加上低压励磁电流，将其另一侧短路，使各绕组都有一定的电流流过，利用变压器绕组的铜损耗产生的热量，进行干燥处理的方法。加热的温度可以用电流的通、断来调节。正常加热时，外加电压应略低于其阻抗电压值。加热时要使电流缓慢上升，不可突然加较大电流进行加热干燥。温度上升后应保持良好的通风。在短路干燥过程中，应严格监视绕组的温度和短路电流的大小，以防止电流过大引起绕组过热，而使绝缘受到损伤。

3）抽真空干燥法

对于大、中型的变压器一般在采用加热干燥法的同时，配以抽真空干燥法，可取得更好的效果。由于油箱箱壁机械强度的限制，抽真空时，真空度会受一定的限制。在抽真空时要严格控制，以避免变压器油箱受力后发生永久性变形。采用真空干燥法时，应事先将可拆卸式散热器全部拆除，彻底清理油箱内部，然后将器身放回油箱内。将所有密封部件全部装复，以保证油箱内部的密封良好。干燥时绕组的引出线应与套管接线柱相连，以便在干燥过程中测量其绝缘电阻。干燥过程中，大约每过 1h 测量一次绝缘电阻，一般在温度初升时，绝缘电阻会有所下降，然后逐渐回升，待升至一定值，维持 6h 不变，干燥即可结束。此时即可进行真空注油至油面淹没器身，并维持真空 1～2h，然后停止抽真空，进行其他装复工作。

4）变压器器身的干燥处理应注意事项

（1）无论采用哪种干燥方法，在无油干燥时，器身温度不得超过 95℃，以免损坏绕组绝缘。在带油干燥时，上层油温不得超过 80℃，以避免油质老化。如果带油干燥处理仍不能改善绝缘电阻，应换用无油干燥法。

（2）在保持温度下，绝缘电阻可连续 6h 保持稳定，干燥处理即可结束。

（3）带油干燥时应每 4h 测一次线圈的绝缘电阻和油的击穿电压。当油的击穿电压在稳定状态，绝缘电阻也连续 6h 保持稳定，便可停止干燥。

（4）任何加热法都可在油箱外加保温层，保温层可用石棉布、玻璃丝布等绝缘材料，但不得使用木屑、麻袋等可燃材料。干燥现场严禁烟火，周围应备有灭火设施。

（5）干燥中如不抽真空，则在箱盖上应留有通风孔，如利用套管孔、油门孔等，或将防爆管上的玻璃取下，以便排出水蒸气。如有可能，在油箱下部通入热风，以加快干燥速度。

4.9　电力变压器的运行维护

1. 电力变压器的运行方式

变压器正常运行时，负载一般不应超过其额定容量。但在特殊情况下，也可以在规定的范围内过负载运行。

1）过负载运行

变压器的过负载运行包括正常过负载和事故过负载两种。

（1）正常过负载。实际运行中，变压器的负载和环境温度是经常变化的。轻负载和环境温度低时，绝缘材料的老化减缓；过负载和环境温度高时，绝缘材料的老化就会加速。因此，环境温度低时，适当过负载运行，还不致影响变压器的使用寿命，称为正常过负载。对于自然冷却或风冷却的油浸式变压器，正常过负载的允许数值和允许时间如下：

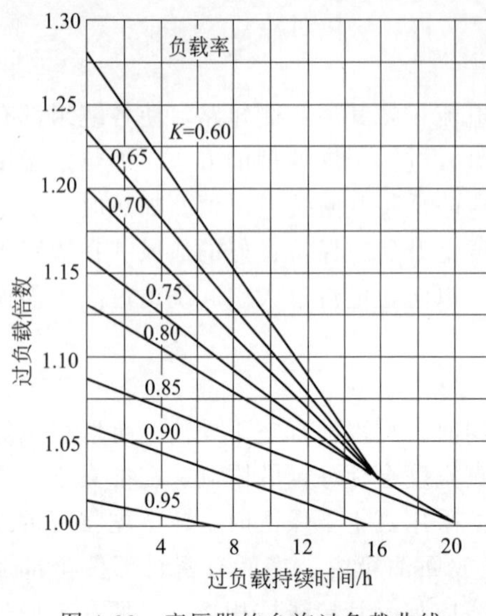

图 4-39　变压器的允许过负载曲线
（负载率 $K<1$ 时）

① 当变压器的日负载率 $K<1$ 时，则在高峰负载期间变压器的允许过负载倍数及允许的过负载持续时间可按如图 4-39 所示的曲线来确定。过负载倍数是指一昼夜内最大负载（P_{max}）与变压器额定负载（P_N）的比值。变压器在运行时所能输出的功率，主要决定于绕组温度的高低，如果事先不知道负荷大小，可根据过负载前变压器上层油的温升，按表 4-8 的规定来确定过负载倍数和允许持续时间。

② 查夏季（6、7、8 三个月）变压器的典型负载曲线可知，其最高负载低于变压器的额定容量时，在冬季每低 1%便允许过负载 1%（以 15%为限），但注意上层油温不能超过规定值。如果正常过负载总数不超过 30%，则上述两项过负载数值可以累计叠加使用。

（2）事故过负载。并列运行的变压器，如果其中一台发生故障必须退出运行，而又无备用变压器时，其余各台变压器允许在短时间内承受程度较大的过负载。在这种情况下的过负载运行称为事故过负载，事故过负载对变压器的使用寿命是有一定影响的。

表 4-8　自冷或风冷油浸式电力变压器过负载倍数和允许持续时间

过负载倍数	过负载前上层油的温升为下列数值时的允许过负载持续时间/（h～min）						
	18℃	24 ℃	30 ℃	36 ℃	42 ℃	48 ℃	54 ℃
1.0	连　续　运　行						
1.05	5～50	5～25	4～50	4～00	3～30	1～30	—
1.10	3～50	3～25	2～50	2～10	1～25	0～10	—
1.15	2～50	2～25	1～50	1～20	0～35	—	—
1.20	2～05	1～40	1～15	0～45	—	—	—
1.25	1～35	1～15	0～50	0～25	—	—	—
1.30	1～10	0～50	0～30	—	—	—	—
1.35	0～55	0～35	0～15	—	—	—	—
1.40	0～40	0～25	—	—	—	—	—
1.45	0～25	0～10	—	—	—	—	—
1.50	0～15	—	—	—	—	—	—

注：“～”之前的时间单位为 h；“～”之后的时间单位为 min。

对于油浸自冷和油浸风冷的电力变压器，事故过负载的倍数与允许持续时间的关系见表 4-9。实际使用中，应严格按表所列数值要求，以防止变压器严重受损。

表 4-9　变压器事故过负载的倍数和允许持续时间

油浸自冷式变压器	过负载倍数	1.30	1.45	1.60	1.75	2.00
	允许持续时间/min	120	80	45	20	10
干式变压器	过负载倍数	1.20	1.30	1.40	1.50	1.60
	允许持续时间/min	60	45	32	18	5

2）变压器的并列运行

无论是在电网变电所还是工矿企业变电所，常采用两台或多台变压器并列的运行方式。所谓并列运行（也称并联运行），即各台变压器的一次绕组并接到同一电网母线上，二次绕组也都并接到公共的二次母线上，如图 4-40 所示。

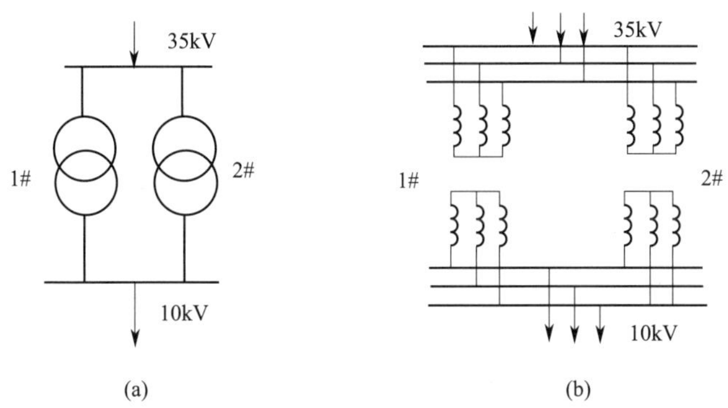

图 4-40　变压器的并列运行
（a）原理图；（b）接线图

① 采用并列运行方式的优点。

a. 提高供电的可靠性。其中一台变压器发生故障时，可从电网切除并进行检修。负载由其余各台变压器分担，不用中断供电（必要时仅需对某些用户限电），也可有计划地安排轮流检修。

b. 提高运行经济性。根据负载大小可随时调整投入并联运行的变压器台数，保证变压器的负载系数较高，从而减少空载损耗，提高效率和改善电网的功率因数。

c. 减少一次性投资。可以减少总备用容量，并随用电负载的增加而分批安装新变压器，即分期投资。

② 变压器并列运行条件。

a. 各变压器一、二次侧的额定电压分别相等（即额定变比相同）。

原因：并列运行的变压器如果电压比不同，二次侧电压不相等，相差大于允许值，会在绕组内产生较大循环电流（也称“环流”），降低变压器的输出容量，严重时还会烧毁变压器。

b. 变压器绕组的连接组别必须相同。

原因：在变压器并列运行的条件中，最重要的一条就是要求并列的变压器的连接组别相同。如果连接组别不同的变压器并列后，即使电压的有效值相等，同样在两台变压器同相的二次侧，也会出现很大的电压差（电位差）。由于变压器的二次阻抗很大，将会产生很大的循环电流，使变压器严重发热以致烧毁。因此连接组别不同的变压器是不允许并列运行的。

c. 变压器的短路电压百分比（又称阻抗电压百分比）应相等。

原因：变压器并列运行时，负载分配与短路电压的数值大小成反比，即短路电压大的变压器分配的负载电流小；而短路电压小的变压器分配的负载电流大。如果并列运行的变压器短路电压百分比不相等时，不能按变压器容量成比例地分配负载，会造成短路电压百分比小的变压器过负载，短路电压百分比大的不能满负载。

此外，并列运行的各台变压器额定容量不能相差过大，一般以不大于 3∶1，原因是从变压器经济运行考虑的，因为容量相差过多时容易使负载分配不合理，造成一台变压器过负载，另一台变压器不能满负载。

③ 变压器并列运行的注意事项。变压器并列运行，除应满足并列运行条件外，还应该注意安全操作，一般应考虑以下几方面。

a. 新投入运行和检修后的变压器，在并列运行前应进行核相，并在空载状态时试验并列运行无问题后，方可正式并列运行带负载。

b. 变压器的并列运行，必须考虑并列运行的经济性，不经济的变压器不允许并列运行。

c. 进行变压器并列或解列操作时，不允许使用隔离开关和跌开式熔断器。要保证操作正确，不允许通过变压器倒送电。同时还应注意，不宜频繁操作。

2. 变压器的日常维护与检查

为保证变压器安全可靠地运行，值班人员应对运行中的变压器各部位及各种表计进行定期巡视与严密监视，及时发现和处理异常情况，把设备的缺陷、故障甚至事故消除在萌芽状态。

（1）巡视检查周期。

① 变配电所有人值班时，每班巡视检查一次。

② 变配电所无人值班时，可每周巡视检查一次。

③ 对于采用强迫油循环的变压器，要求每小时巡视检查一次。

④ 室外柱上配电变压器，每月巡视检查一次。

（2）日常巡视检查的内容。

① 检查变压器的温度。油浸式电力变压器运行中的允许温升应按上层油温来检查，由温度计查看变压器上层油温是否正常。油浸式电力变压器在环境温度40℃时，其上层油温不得超过90℃。当指示温度的玻璃温度计与压力式温度计相互间有显著异常时，应查明是仪表不准还是油温确有异常。

② 检查油位。检查变压器储油柜上的油位是否正常，是否假油位，有无渗油现象，充油的高压套管油位、油色是否正常，套管有无漏油现象。油位指示不正常时必须查明原因。必须注意油位计出、入口处有无沉淀物堆积而阻碍油的通路。

③ 检查变压器的声响。变压器的电磁声与以往比较有无异常。异常噪声发生的原因通常有下列几种。

a. 因电源频率波动大，造成外壳及散热器振动。

b. 铁芯夹紧不良，紧固部分发生松动。

c. 因铁芯或铁芯夹紧螺杆、紧固螺栓等结构上的缺陷，发生铁芯短路。

d. 绕组或引线对铁芯或外壳有放电现象。

e. 由于接地不良或某些金属部分未接地，产生静电放电。

④ 检查漏油。漏油会使变压器油面降低，还会使外壳散热器等产生油污。应特别注意检查各阀门各部分的垫圈。

⑤ 检查引出导电排的螺栓接头有无过热现象。可查看示温蜡片及变色漆的变化情况。

⑥ 检查变压器顶盖上的绝缘件。检查出线套管、引出导电排的支持绝缘子等表面是否清洁，有无裂纹、破损及闪络放电痕迹。

⑦ 检查阀门。查看其状态是否符合运行要求，应特别注意检查通向气体继电器的阀门和散热器的阀门是否处于打开状态。阀门各部分的垫圈，若发现焊接不良，则应立即进行检

修处理。

⑧ 检查防爆管。防爆管有无破裂、损伤及喷油痕迹，防爆膜是否完好。因防爆管装于较高处，检查时应特别注意。

⑨ 检查冷却系统。冷却系统运转是否正常，如风冷油浸式电力变压器，风扇有无个别停转，风扇电动机有无过热现象，振动是否增大；强迫油循环水冷却的变压器，油泵的运转是否正常，油压和油流是否正常；对室内安装的变压器，要察看周围通风是否良好，是否要开动排风扇等。

⑩ 检查吸湿器。吸湿器的干燥剂是否变色（如白色的硅胶是否呈蓝色，活性铝是否由青色变为粉红色）。分辨干燥剂是否已失效。

3. 变压器火灾预防

从变压器的结构和所用的绝缘材料以及变压器的运行条件可以看出，变压器存在着火灾事故的隐患。

1）变压器火灾的危险性

变压器在正常运行的过程中，由于绕组和铁芯磁件外壳产生大量的热量，使变压器油的度温升高。如果变压器超负荷运行，油温将会更高。从而使变压器内部压力急剧增加，造成外壳爆裂，大量喷油着火。燃烧的变压器油将使火灾事故扩大，烧毁其他设备，甚至导致全厂、全所停电，影响正常生产和供电，造成巨大的经济损失。

2）变压器火灾的原因

引起变压器爆炸着火的具体原因一般有以下几方面。

（1）绕组绝缘损毁产生短路，引起着火或爆炸事故。

① 绕组绝缘老化、变质、绝缘强度降低，严重时失去绝缘作用，造成绕组匝间、层间短路，使绕组发热燃烧。绕组燃烧时会分解出大量可燃性气体（氢气和乙炔气体等），与空气混合达到一定浓度后，形成爆炸性混合物，遇到放电火花就会发生燃烧或爆炸。

② 由于进水使绝缘强度降低而引起匝间短路事故。变压器进水多从高压套管的端子帽底部进水，因为端子帽底部的密封垫老化、变质（脆裂）后会引起渗水或大雨中沿高压引线进水，引起出线根部附近的高压线圈匝间或层间短路。

另外，变压器的油枕顶部、防爆膜、呼吸器、潜油泵的进油阀门杆的密封盘根处密封不严，进水、进潮气或进空气，从而使绝缘性能降低，造成匝间或层间短路。

③ 焊渣、铁磁物质等杂物（如过滤网及活性氧化铝等）进入变压器，不仅可将油道堵塞，还会使绝缘碳化引起匝间短路。铁磁物质吸附在绕组处引起绝缘强度降低，导致绕组故障。

（2）变压器主绝缘击穿。

① 对中性点不接地运行的变压器，由于操作不当引起操作过电压，使主绝缘烧坏。

② 由于变压器出口单相弧光接地，对中性点不接地运行的变压器引起操作过电压，使变压器内部发生闪络。

③ 由于套管上部端子帽密封不良，雨水通过销钉孔沿引线漏入变压器，使引线根部绕组绝缘强度大大降低，造成该相绕组对地，或高压绕组之间短路。这样的事故有设备结构缺陷方面的原因，也有运行、维护、检修等方面的原因。

④ 引线对油箱内距离不够，绝缘强度不够，引起闪络放电。

（3）变压器套管闪络，引起爆炸起火。变压器套管事故在变压器事故中所占比重仅次于绕组事故。套管密封不严进水而引起爆炸的事故较多，特别是油纸电容式套管的进水事故更多。套管渗油，使其表面长期积满油垢而产生闪络的事故，从而使套管爆炸起火，引起变压器故障。

（4）分接开关和绕组连接处接触不良，产生高温。变压器分接开关的位置不正或者在制造时存在弹簧压力不足、滚轮压力不均等问题，使实际有效接触面积减小；镀银层强度不够，磨损脱皮产生接触不良，产生高温，使油分解产生油气，引起燃烧和爆炸。有的变压器三相调压开关相间距离不够或者绝缘材质不合格，在过电压情况下引起绝缘击穿，造成相间短路事故。在线圈与线圈之间、绕组端部和分接头之间以及露出油面的接线头等，如果开焊，或连接不好、松动或断开而产生电弧的故障也时有发生。

（5）磁路发生故障，铁芯故障，产生涡流、环流发热，引起变压器故障。铁芯多点接地事故多是制造不良或检修不慎引起的。在变压器制造时，螺栓穿过铁芯及铁轭以夹紧叠片时，常因装配上的疏忽，使螺栓四周的绝缘损坏，造成叠片间局部短路，形成局部涡流。如果螺栓上的绝缘有两个或两个以上损坏时，则在螺栓与螺栓间可能产生很大的循环电流，形成一匝与磁通相连的短路线圈，闭合回路的电流产生热量可以使所短接的硅钢片加热到溶化的程度，并可能同时造成线圈绝缘破坏而短路。

当叠片之间的绝缘或者铁轭的夹板之间的绝缘破坏时，会产生很大的涡流，产生相当大的热量，严重时可使铁芯绕组绝缘损坏。

当夹件与铁芯之间的绝缘距离不够，或钟罩加强筋对上夹件的距离不够，或铁芯底部有杂物时，将发生铁芯多点接地，有些大型变压器由于低压绕组压钉脱落使铁芯两点接地，产生涡流发热。

在制造过程中，因使用金属工具，使铁芯及轭铁叠片的边缘发生粗糙而产生局部短路，从而产生涡流发热。制造完毕后将铁屑、金属杂物及碎钢片遗留叠片之间，使铁芯产生局部涡流和发热。

3）变压器的防火防爆措施

变压器起火是由于变压器的各种故障引起的，因此预防变压器故障是防止其着火的关键，应从设计、制造、安装、检修、运行、维护等方面采取措施，杜绝变压器火灾事故的发生。

（1）严格执行标准（国际标准和国家标准）、优化计、提高设计和制造水平。

（2）严格执行有关规定，做好变压器火灾事故的预防，重点做好以下几方面。

① 预防变压器绝缘击穿事故；

② 预防铁芯多点接地及短路故障；

③ 预防套管闪络爆炸事故；

④ 预防引线事故；

⑤ 预防分接开关事故；

⑥ 防止油质劣化，保持绝缘水平；

⑦ 变压器干燥、试验或本体工作时，应切实做好防火工作。

（3）加强绝缘监督，认真进行预防性试验及变压器油的气相色谱分析。定期进行预防性试验、变压器油的气相色谱分析，建立试验及色谱分析档案。发现异常，应及时跟踪分析，从而可以及时发现绝缘过热、局部放电、绕组过热、分接开关接触不良、放电、发热等缺陷和隐患。

（4）严格执行运行操作规程，防止误操作。

① 变压器投运和停运的操作程序。

a. 强迫油循环变压器投运时应逐台投入冷却器，按负载情况控制投入冷却器的台数。

b. 变压器充电应在保护装置的电源侧用断路器操作。停运时先停负载侧，后停电源侧。

c. 在无断路器时，用于切断 20kV 及以上的变压器的隔离开关，必须三相联动并装有消弧角。室内的隔离开关操作室必须在各相之间安装耐弧的绝缘隔板。

d. 允许用熔断器投切空载配电变压器和 66kV 的站用变压器。

② 新投运变压器和更换绕组后的变压器，其冲击合闸次数为 3 次。

③ 新装、大修及换油后的变压器在施加电压前，应按规定时间使变压器油静止。

④ 干式电力变压器在停运期间，应防止绝缘受潮。

⑤ 消弧线圈投入运行前，应使其分接位置与系统运行情况相符，且导通良好。消弧线圈应在系统无接地现象时投入。

⑥ 消弧线圈由一台变压器的中性点切换到另一台时，必须先将消弧线圈断开，再切换。

4.10　变压器绝缘套管的安装

1. 知识要求

(1) 熟悉变压器绝缘套管的作用。

(2) 掌握绝缘套管安装方法。

(3) 了解变压器绝缘套管的型号。如 BDL—10/1000 表示的含义。B 表示变压器专用，D 表示绝缘型式为单体瓷绝缘，L 表示可装电流互感器，10 表示额定电压为 10kV，1000 表示额定电流为 1000A。

2. 操作要求

(1) 在安装时应特别注意将导杆上的定位钉插在下部瓷套的定位槽内，以防瓷套转动。

(2) 对于 BF（F 表示复合瓷绝缘）型套管，必须旋紧套管上部靠近瓷盖的螺母。使组合式瓷件充分夹紧在变压器的箱盖上，以防止渗漏油。

(3) 对于 BD、BJL（J 表示有附加瓷绝缘）型套管，必须均匀地旋紧固定套管的螺杆上的螺母，使其固定在箱盖上，同时必须旋紧外露导杆上靠近瓷盖的螺母，使密封垫圈起到应有的作用。

(4) 对于 BDL—10/800 及以上和 BJL—35/400 套管，在安装后，应旋松套管放油塞，以便使套管中空气在加油过程中完全放出。

(5) 套管在常年使用中，应保持瓷盖表面的清净，以防放电。

(6) 拆卸前应进行变压器绝缘套管外观检查，看表面是否有破损或裂纹。

(7) 变压器绝缘套管的导电杆是否锈蚀，若生锈应用汽油或煤油洗净或更换。

(8) 扭下头部最后一个螺母前，应用细绳将导杆拉住，以防导杆滑进变压器油箱中。

(9) 对已拆卸的变压器绝缘套管进行绝缘检查，其绝缘电阻值不低于 500MΩ。

3. 准备工作

(1) 材料准备：BDL—10/1000 单体瓷绝缘套管及备件、汽油或煤油、导线、劳保用品等。

（2）仪器设备：变压器、兆欧表、万用表、组合电工工具。

4. 考核时限

以小组为单位，考核时限为 20min。

5. 考核项目及评分标准

考核项目及评分标准见表 4-10。

表 4-10　变压器绝缘套管的安装考核项目及评分标准

项目	考核要点	配分	评分标准	扣分	得分
穿戴	穿戴是否整齐、规范	10	不符合要求每一项扣 2 分		
工具佩带	1. 工具佩带是否齐全	15	不符合要求每一项扣 2 分		
	2. 是否检查工具、仪表的完好性		不符合要求每一项扣 2 分		
操作规程	1. 是否按绝缘套管操作规程拆装器件	20	违反拆装程序每一项扣 5 分		
	2. 是否按绝缘套管操作规程安装器件	20	违反安装程序每一项扣 5 分		
	3. 是否按绝缘套管操作规程检查器件	10	未按要求检查每一项扣 5 分		
清理现场	是否清理现场，电器是否放在指定场地	15	不符合要求每一项扣 2 分		
其他	是否尊重考评人，讲文明礼貌	10	违反安全操作规程扣 15 分		
时限	20min		每超 1min 扣 2 分		
合计		100			

4.11　变压器无载调压分接开关的安装

1. 知识要求

（1）熟悉电压分接开关作用。

（2）掌握电压分接开关调压方式和调压范围。一种是停电切换，称为无载调压（也称无励磁）；另一种是带电切换，称为有载调压（也称无励磁）。调压范围为－5%～＋5%；

（3）了解电压分接开关的型号。如 WSPⅢ250/10—3×3 表示的含义。

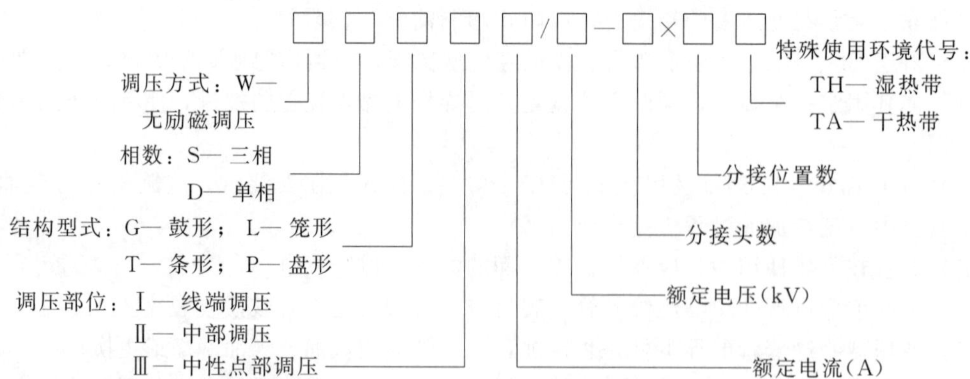

（4）熟悉变压器无励磁分接开关的三相接线图。

（5）变压器分接开关的安装位置。

无励磁分接开关是变压器的一次侧和二次侧均与电网断开的情况下，用来变换一次绕组（通常为高压绕组）的分接，改接其有效匝数，从而进行分级调压。这是因为高压绕组一般都套装在低压绕组的外面，引出分接头比较方便，另一方面高压侧的电流小，分接引线和分接开关的载流部分截面小，分接开关的触头比较容易制造。

2. 操作要求

（1）安装变压器分接开关必须做到机械转动灵活，转轴密封良好，以防漏油。

（2）变压器分接开关的触头接触电阻应小于 500μΩ，触头表面应保持光洁，无氧化变色、无碰伤及镀层脱落，接触严密。

（3）变压器分接开关的所有紧固件均应拧紧，无松动。

（4）分接开关的绝缘部件在空气中时间不得超过以下要求。

① 相对湿度不超过 65%时为 16h。

② 相对湿度不超过 75%时为 12h。

3. 准备工作

（1）材料准备：WSPⅢ250/10—3×3 分接开关及备件、汽油或煤油、导线、劳保用品等。

（2）仪器设备：变压器、兆欧表、电桥、万用表、组合电工工具。

4. 考核时限

以小组为单位，考核时限为 20min。

5. 考核项目及评分标准

考核项目及评分标准见表 4-11。

表 4-11　变压器无载调压分接开关的安装考核项目及评分标准

项目	考核要点	配分	评分标准	扣分	得分
穿戴	穿戴是否整齐、规范	10	不符合要求每一项扣 2 分		
工具	工具佩带是否齐全	15	不符合要求每一项扣 2 分		
	是否检查工具、仪表的完好性		不符合要求每一项扣 2 分		
安装	是否按照分接开关操作规程安装	30	违反安装程序每一项扣 5 分		
检查	是否按照分接开关操作规程检查器件	20	未按要求检查每一项扣 5 分		
清理现场	是否清理好现场	15	不符合要求每一项扣 2 分		
其他	是否尊重考评人、讲文明礼貌	10	违反安全操作规程扣 15 分		
时限	20min		每超 1min 扣 2 分		
合计		100			

4.12　电力变压器铁芯接地故障的检修

1. 知识要求

（1）熟悉变压器器身的结构，如图 4-41 所示。

（2）了解变压器铁芯多点接地故障类型。

（3）变压器铁芯出现多点接地时的异常现象。

（4）变压器铁芯多点接地产生的原因。

（5）变压器铁芯多点接地故障检修常用的方法。

2. 操作要求

（1）检修前应进行铁芯外观的检查，看铁芯可见部分的硅钢片颜色有无变异，以判断铁

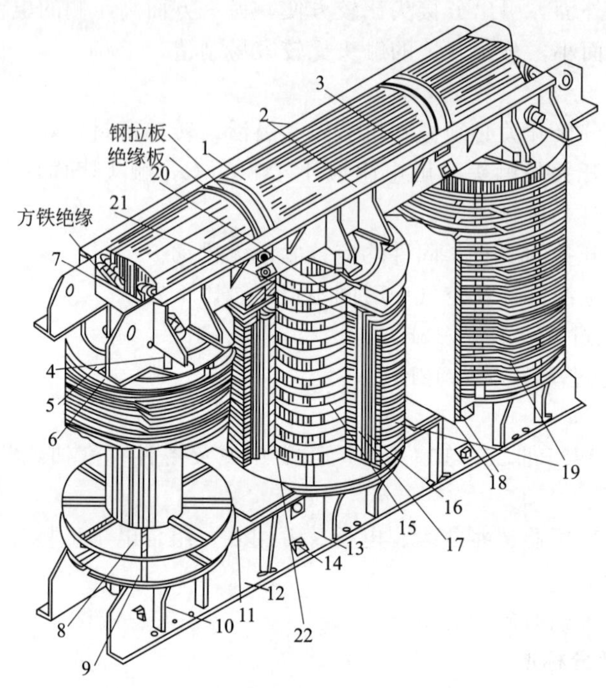

图 4-41　变压器器身结构示意图

1—铁轭；2—上夹件；3—上夹件绝缘；4—压钉；5—绝缘纸圈；6—压板；7—方铁；
8—下铁轭绝缘；9—平衡绝缘；10—下夹件加强筋；11—下夹件上肢板；12—下夹件下肢板；
13—下夹件腹板；14—铁轭螺杆；15—铁芯柱；16—绝缘纸筒；17—油隙撑条；
18—相间隔板；19—高压绕组；20—角环；21—静电环；22—低压绕组

芯有无过热现象。

（2）检查铁芯上下夹件、方铁、绕组压板的紧固程度和绝缘状况，绝缘压板有无爬电烧伤和放电痕迹。

（3）检查铁芯油道和外面线段之间的油道是否清洁。

（4）检查压钉、绝缘垫圈的接触情况，用专用扳手逐个紧固上下夹件、方铁、压钉等各部位紧固螺栓。

（5）用兆欧表检查铁芯与方铁、夹件、拉带、穿心螺杆以及对地的绝缘电阻，常温下对地的绝缘电阻应大于 200MΩ。

（6）掌握气相色谱分析法。

（7）熟练应用电气法中的直流法、交流法、铁芯加压法、铁芯加大电流法来判断变压器铁芯多点接地故障。

3. 准备工作

（1）材料准备：导线、螺钉、垫片、汽油或煤油、油桶、开口油桶、油管、油盘、劳保用品等。

（2）仪器设备：轻便式电焊机、油泵、空气压缩机、手提砂轮、滤油纸干燥箱、注油枪、绝缘电阻表、交流电压表、钳形电流表、万用表、真空表、组合电工工具。

4. 考核时限

以小组为单位，考核时限为 120min。

5. 考核项目及评分标准

考核项目及评分标准见表 4-12。

表 4-12　变压器铁芯接地故障的检修考核项目及评分标准

项目	考核要点	配分	评分标准	扣分	得分
穿戴	穿戴是否整齐、规范	10	不符合要求每一项扣 2 分		
拆卸	1. 工具佩带是否齐全	20	不符合要求每一项扣 2 分		
	2. 是否按照变压器铁芯操作规程拆卸		不符合要求每一项扣 2 分		
检修内容	是否按照变压器铁芯接地检修内容去做	25	缺少检修内容，每一项扣 5 分		
安装	是否按照变压器铁芯操作规程安装器件	20	未按要求安装每一项扣 5 分		
清理现场	是否清理好现场、电器是否放在指定场地	15	不符合要求每一项扣 2 分		
其他	是否尊重考评人、讲文明礼貌	10	违反安全操作规程扣 15 分		
时限	120min		每超 1min 扣 2 分		
合计		100			

4.13　变压器绕组直流电阻不平衡故障的检修

1. 知识要求

(1) 了解相电阻不平衡率和线电阻不平衡率的概念。

(2) 熟悉变压器绕组直流电阻不平衡的原因。

(3) 了解三相绕组直流电阻不平衡的故障现象。

(4) 掌握变压器绕组直流电阻的测试方法。

(5) 了解测试直流电阻时的注意事项。

2. 操作要求

(1) 检查绕组表面是否清洁，有无变形和位移。

(2) 检查绕组绝缘有无破损，油道有无被绝缘、油垢或杂物（如硅胶粉末）堵塞现象。

(3) 用手指按压绕组表面检查其绝缘状态，判断绝缘老化的程度。

(4) 调整每相绕组的压铁螺栓，使其紧固，但不可过紧，以免使绕组变形。

(5) 用电压降法测试直流电阻。

(6) 用电桥法测试直流电阻。

(7) 比较用电压降法和用电桥法测试直流电阻的差异。

(8) 直流电阻的测量误差不超过±0.2%，并且要换算到 75℃值。

3. 准备工作

(1) 材料准备：6V 或 12V 蓄电池、导线、螺钉垫片、汽油或煤油、油盘、劳保用品等。

(2) 仪器设备：双臂电桥、惠斯顿电桥、电压表、电流表、各种活扳手、套管扳手、内六角扳手、尖扳手、滤油纸干燥箱、绝缘电阻表、万用表、组合电工工具。

4. 考核时限

以小组为单位，考核时限为 30min。

5. 考核项目及评分标准

考核项目及评分标准见表 4-13。

表 4-13　变压器绕组直流电阻不平衡故障检修的考核项目及评分标准

项目	考核要点	配分	评分标准	扣分	得分
穿戴	穿戴是否整齐、规范	10	不符合要求每一项扣 2 分		
拆卸	1. 工具佩带是否齐全	20	不符合要求每一项扣 2 分		
	2. 是否按照绕组直流电阻操作规程拆卸		不符合要求每一项扣 2 分		
检修	绕组直流电阻检修内容是否完整	25	缺少检修内容，每一项扣 5 分		
安装	是否按照绕组直流电阻操作规程安装	20	未按要求安装每一项扣 5 分		
清理现场	是否清理好现场、电器是否放在指定场地	15	不符合要求每一项扣 2 分		
其他	是否尊重考评人、讲文明礼貌	10	违反安全操作规程扣 15 分		
时限	30min		每超 1min 扣 2 分		
合计		100			

【相关知识】

4.14　干式电力变压器

1. 干式电力变压器发展概述

根据国家标准《干式电力变压器》中的定义，所谓干式电力变压器，就是铁芯和绕组不浸在绝缘液体中的变压器。由于干式电力变压器具有运行安全可靠，维护简单，无燃烧危险，又可深入负荷中心等优点，广泛用于城市供电系统。近十多年来，西欧和日本的干式电力变压器已占电力变压器总产量的 35%，美国成套变电站采用干式电力变压器的占 80%～90%。

我国生产干式电力变压器始于 20 世纪 50 年代末，80 年代后有较大的发展，目前国内容量最大、电压等级最高的 SCZ9—X—31500/110 树脂浇注干式电力变压器，已于 1999 年 9 月通过了国家变压器质量监督检验中心鉴定。这标志着 110kV 大容量干式电力变压器的研制成功。

2. 干式电力变压器的种类

1）按调压方式分类

干式电力变压器分为无励磁调压和有载调压两种。无励磁调压有三相 SG 系列、SCL 系列和单相 DG 系列等；有载调压如 SGZ 系列等。

2）按外形结构分类

干式电力变压器分为有箱（封闭式）和无箱（非封闭）式两种，箱体有铁板结构和铝合金结构两种。

3）按绝缘介质分类

干式电力变压器分为浸渍式（空气自冷）、环氧浇注式和树脂绕包式三大类。另外，还有一种干式电缆电力变压器。

在干式电力变压器中，浸渍式又分为非封闭式（开启式）和封闭式两种。环氧浇注式又可分为带填料的厚绝缘浇注和用玻璃纤维加强的薄绝缘浇注两种，即树脂加填料浇注和树脂浇注两种。树脂绕包式又称缠绕式树脂包封。

（1）浸渍式干式电力变压器又称非封闭式。国内浸渍式干式电力变压器多用于水电站、地铁、高层建筑。由于这种变压器受外界环境的影响比树脂绕包式的大，在国内外的产量正逐渐减少。

（2）封闭式干式电力变压器，是指变压器的保护外壳能使外界空气以循环方式直接冷却铁芯和绕组的一种干式电力变压器。器身有封闭的外壳。封闭式还有一种密封型干式电力变压器，是指变压器带有密封的保护外壳，壳内充有空气或某种气体。其外壳的密封性能应使壳内的空气或某种气体不与外界发生交换，是一种非呼吸型的变压器。

（3）带填料的厚绝缘浇注电力变压器，就是树脂加填料浇注的包封绕组变压器，带填料结构的变压器是在 20 世纪 60 年代中期开发的，耐热等级为 B 级。环氧浇注树脂层厚以前一般在 6～12mm，现在为 3～5mm，故称厚绝缘浇注变压器。这种绕组的特点是，包封层防潮、阻燃，自熄性好、机械强度高。由于绝缘性能好，无燃烧危险可深入负荷中心，这种变压器在国内发展很快。但防止包封层开裂问题较突出。因为铜的热膨胀系数与石英粉填料的热膨胀系数差异较大，这种结构给铜绕组的发展带来较大阻力。

（4）不带填料的薄绝缘浇注变压器就是薄层树脂浇注绕组变压器，又称玻璃纤维加强的薄绝缘浇注变压器。其低压绕组也是用铜箔或铝箔或用扁线绕制的，高压绕组用箔带在环氧玻璃纤维筒上绕成分段式，或用扁线或圆线绕成分段层式，然后装入浇注模浇注，树脂包封层厚度仅为 1～3mm。这种玻璃纤维加强的薄绝缘绕组，国内普遍采用不带填料的结构，如图 4-42 所示。但德国则普遍采用带填料结构。带填料结构的防潮、阻燃、自熄性更好，是比较理想的结构。

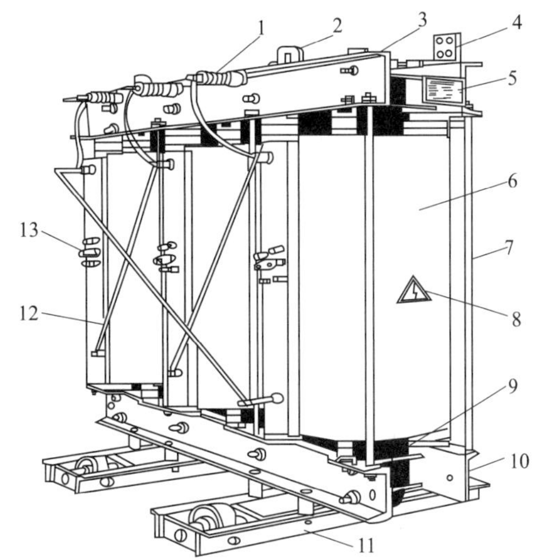

图 4-42　三相树脂浇注绝缘干式电力变压器

1—高压出线套管；2—吊环；3—上夹件；4—低压出线接线端子；5—铭牌；6—树脂浇注绝缘绕组（内为低压，外为高压）；7—上下夹件拉杆；8—警示标牌（“高压危险!”）；9 —铁芯；10—下夹件；11—底座（小车）；12—高压绕组相间连接杆；13—高压分接头及连接片

（5）树脂绕包式又称缠绕式树脂包封绕组电力变压器。“雷神”和“赛格迈”干式电力变压器都属这种类型。

赛格迈是云南变压器厂引进法国制造技术生产的一种 H 级绝缘干式电力变压器。其低压为箔式绕组，高压为层式结构，绕组两端有端封，不怕潮，可在明火 750℃下防燃。因聚酯纤维价格很高，约 500 元/kg，因而该型变压器的价格约为油浸式电力变压器的 3 倍。

（6）电缆电力变压器。交联电缆干式电力变压器器身包括铁芯和绕组两大主要部件，其中绕组为高压电缆直接绕制而成。高压电缆包括带有多股部分的芯部，一个内半导体层围绕着该芯部，一个绝缘层围绕着内半导体层，还有一个外半导体层围绕着绝缘层。其中绕组装有隔离件，隔离件布置在绕组中，径向隔离每层电缆匝，以便产生一个轴向圆柱形冷却气道。

3. 干式电力变压器的结构

1）铁芯

干式电力变压器铁芯的结构与油浸式电力变压器的差别不大。采用晶粒取向冷轧电工钢片，轭和柱采用 45°全斜接缝。心柱用钢带或自干型绝缘粘带绑扎，也有用黏结剂将铁芯胶合。

干式变压器的铁芯为防止因凝露而引起锈蚀，在铁芯表面涂有耐热的防锈覆盖漆或树脂。在变压器运行时，铁芯是产生振动和噪声的根源，绕组和底座等部件和铁芯交接的部位需安置弹性零件（硅橡胶的撑条、压板和垫片等），形成缓冲的结构，以便减小变压器的振动和噪声。容量较大时，铁芯中要有气道，气道尺寸为15～20mm。

2）绕组

（1）浸渍式绕组。浸渍式绕组的结构形式和油浸式电力变压器的类似，耐热绝缘等级一般采用H级或F级，绕组除了浸漆处理外，其表面还涂有耐潮的覆盖漆，制造这种类型的绕组，工装设备比较简单，约为同规格浇注式变压器成本的80%。但是浸渍式绕组的干式变压器的绝缘性能比油浸式的差，防潮性能也差。

（2）环氧树脂厚绝缘浇注式绕组。此类绕组的结构形式以西门子公司的“干福”产品为代表。低压绕组为铝箔绕制的F级圆筒式绕组，高压绕组采用以石英粉为填料的环氧树脂浇注的铝绕组。高压绕组的绝缘耐热等级为B级，环氧树脂包封层具有耐潮阻燃和自熄性能。

（3）薄绝缘树脂浇注式绕组。为了解决树脂层开裂的问题，欧洲和美国的厂家先后推出了F级玻璃纤维加强薄绝缘环氧树脂浇注的干式电力变压器绕组，其包封层具有耐潮、阻燃和自熄性能，与厚绝缘浇注式绕组相比，薄绝缘树脂浇注式绕组有以下特点。

① 高、低压绕组分别由玻璃纤维增强的薄层树脂所包封层的厚度一般为1～3mm。由于采用了玻璃纤维增强，因而加强了树脂包封层的机械强度，既韧又薄的树脂包封层富有弹性，可随绕组一起膨胀和收缩，减少了包封层内的温差。改善了热传导的性能。

② 由于铜的发热时间常数比铝的大，且铜绕组的最高允许温度为350℃（F级）而铝绕组的仅为200℃（B级），因此，就短时过载能力而言，铜绕组要比铝绕组强。

③ 可在浇注绕组内设置轴向冷却气道，所以散热性能好。如果要制造大容量变压器，不必增加绕组的高度来增加散热面，这为发展大型的干式变压器提供了有利的条件。

3）温控装置

在变压器运行中，如果遇到短路、过载、环境温度过高或冷却通风不够等情况时，就会使变压器过热，使绝缘迅速老化，缩短使用寿命。防止过热的有效方法就是在变压器上配装温度控制装置。国内外干式变压器的温控保护装置有盘式温度表、膨胀式温控器、PTC（正温度系数）热敏电阻温控装置、铂热电阻测温装置。

第 5 章　电梯的安装及检修

5.1　电梯的安装要求

1. 电梯安装的准备检查

电梯是一种比较复杂的机电综合设备，具有零碎、分散，与安装电梯的建筑物紧密相关等特点。电梯的安装工作实质上是电梯的总装配，而且这种总装配大多在远离制造厂的使用现场进行，这就使电梯的安装工作比一般机电设备的安装工作更重要、更复杂。因此，从事电梯安装工作必须是经过考核取得电梯安装维护资质的专业队伍和电梯安装维护资格的专业人员。

1）安装班组的组成

电梯可由电梯制造厂或专业安装单位进行安装。根据不同电梯的技术要求、规格、层站数、自动化程度，建立安装小组。安装小组一般由 4～6 名经国家技术监督部门考核取得资格的人员组成，其中必须有熟悉电梯产品的电工和钳工各一名，以便全面负责电梯的安装和调试工作。

电梯安装小组的负责人应向小组成员介绍有关电梯的基本情况，如施工现场、电源、报警、医疗、工作周期等事项，并做必要的安全教育。

2）安装技术资料的熟悉

安装人员应熟知电梯安装、验收的国家标准、地方法规以及企业产品标准，同时还应阅读土建资料及随机技术文件。随机技术文件应包括电梯安装说明书、使用维护说明书、易损件图册、电梯安装平面布置图、电气控制说明书、电路原理图和电气安装接线图、装箱单、合格证书等。

3）施工进度安排

为了提高安装进度，安装班组内可分为机和电两个施工作业组。电梯机械和电气两个系统的安装工作，可由两个作业组采用平行交叉作业，同时进行施工。根据电梯的控制方式、层站数，确定具体的施工方案，编制施工进度计划表。同时编制安装电梯的施工预算，提出用工用料计划。在安装电梯的过程中，需要根据施工期的不同阶段，配备一定数量的辅助工，保证安装工作的顺利进行。一般一台十层以下的电梯，工程进度为一个月，甚至更快。

4）施工现场的检查及工具准备

事先检查电梯的施工现场，包括通道是否畅通，是否需要清理现场，仓库及零部件存放地点的干燥和安全，机房、井道是否符合电梯安装规程中的各项规定及有无安全隐患等。

认真核对和测量机房、井道位置、尺寸，曳引机在机房内的位置和方向，控制柜的位置，引入机房的电源位置和配置。并作好记录。清查或购置安装工具和必要的设备。安装电梯时必备的一般工具和设备有以下几类。

钳工工具，如钳子、扳手、螺钉旋具、钢锯、榔头、锉刀等；

电工工具，如万用表、兆欧表、电烙铁、电工刀、拨线钳、试电笔等；

磨削工具，如手枪钻、冲击钻、砂轮机、角向磨光机、丝锥及扳手等；

起重工具，如手动葫芦、液压千斤顶、撬杠、绳索及其夹头等；

测量工具，如水平仪、塞尺、钢卷尺、线锤、钢直尺、游标卡尺、直角尺等；

调试工具，如示波器、声级计、转速表、秒表、弹簧秤、加速度测试仪等；

其他工具，如电梯安装的吊线架、导轨粗校卡板、导轨精校卡板等，还有电气焊、喷灯、油枪、手电筒、36V 手提行灯等。

5）电梯井道的测量

电梯井道测量是在电梯安装前对电梯土建布置图尺寸的复核。测量内容包括井道平面净尺寸、垂直度、井道留孔、预埋件位置、底坑深度、顶层高度以及提升高度等，如发现不符，应及时通知使用单位予以修正。

对高层建筑，用以下步骤进行井道测量。

(1) 了解有关门口的井道内壁抹灰层的形式及厚度。

(2) 井道样板架上标出导轨的中心线和轿厢中心线，尺寸应按土建图样中的规定，并考虑抹灰层厚度而定。

(3) 应预先标好固定垂线的位置。

(4) 测量各层井道尺寸，作详细记录。

6）电梯设备的开箱验收

安装人员在开始安装前，应会同用户及制造厂家的代表一起开箱。根据装箱单开箱清点、核对电梯的零部件和安装材料，并将核对结果进行记录，由三方代表当场签字，限期内补齐缺损件。清理、核对过的零部件要合理放置和保管，避免压坏或使楼板的局部承受过大载荷。可以根据部件的安装位置和安装作业的要求就近堆放，尽量避免部件的重复搬运，以便安装工作的顺利进行。

7）清理井道，搭脚手架

安装电梯是一种高空作业，为了便于安装人员在井道内进行施工作业，一般需要在井道内搭脚手架。搭脚手架前必须先清理井道，特别是底坑内的杂物必须清理干净。脚手架可用竹竿、木杆、钢管搭成。脚手架的形式与轿厢和对重装置在井道内的相对位置有关，对重装置在轿厢后面和侧面的脚手架一般可搭成如图 5-1(a) 所示的形式。如果电梯的井道截面尺寸或电梯的额定载重量较大，采用单井式脚手架不够牢固时，可增加如图 5-1(b) 所示的虚线部分，成为双井式脚手架。对于层站多提升高度大的电梯，在安装时也有用卷扬机作动力，驱动轿厢架和轿厢底盘上下缓慢运行，进行施工作业。也可以把曳引机先安装好，由曳引机驱动轿厢架和轿底来进行施工作业。搭脚手架时必须注意：

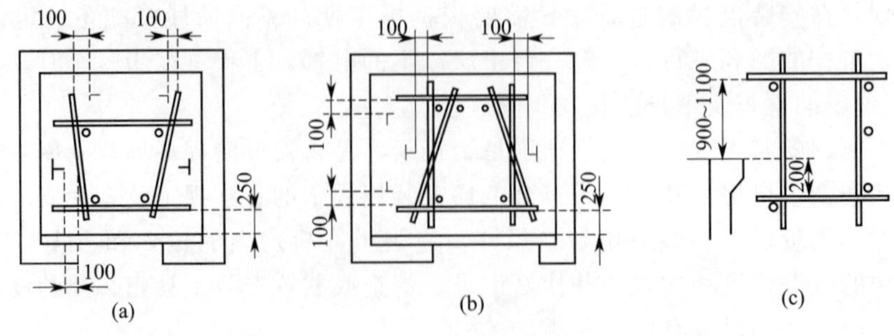

图 5-1　脚手架结构形式

(a) 对重装置在轿厢后面；(b) 对重装置在轿厢侧面；(c) 脚手架在厅门口处

(1) 用扣件或铁丝捆绑牢固，便于安装人员上下攀登。其承载能力必须在 45×1000Pa 以上。横梁的间隔应适中，一般为 1300mm 左右。每层横梁应铺放两块以上脚手板，各层间的脚手板应交错排列，脚手板两端应伸出横梁 150～200mm，并与横梁捆扎牢固。

(2) 脚手架在厅门口处应符合如图 5-1(c) 所示的要求。

(3) 采用竹杆或木杆搭成的脚手架，应有防火措施。

(4) 不要影响导轨、导轨架及其他部件的安装，防止影响吊装导轨和放置铅垂线。

(5) 脚手架立管最高点位于井道顶板下 1.5～1.7m 处为宜，以便稳放样板。脚手架搭到上端站时，立杆应尽量选用短材料，以便组装轿厢时先拆除。

在井道内应设置工作电压不高于 36V 的低压照明灯，并备有能满足施工作业需要的供电电源。照明灯设置点应根据井道高度和结构形式、作业点的位置选定。

8) 样板架制作及挂线工艺

制作和稳固样板架与悬挂铅垂线时，必须以电梯安装平面布置图中给定的参数尺寸为依据。由样板架悬挂下放的铅垂线是确定轿厢导轨和导轨架、对重导轨和对重导轨架、轿厢、对重装置、厅门门口等位置，以及相互之间的距离与关系的依据。安装人员在制作样板架、稳固安装样板架、悬挂铅垂线前，必须认真核对安装平面布置图所给定的参数尺寸与有关零部件的实际尺寸之间是否协调，如果发现有不协调之处应及时采取相应措施，确保安装工作顺利进行。为了便于安装和保证安装质量，样板架分为上样板架和下样板架，如图 5-2 所示。

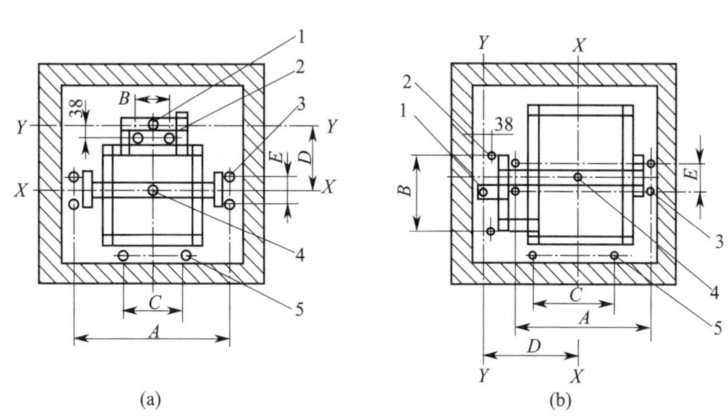

图 5-2　样板架及铅垂线示意图

(a) 对重装置在轿厢后面；(b) 对重装置在轿厢侧面

A—轿厢导轨架面距；B—对重导轨架面距；C—厅门净门口尺寸；D—轿厢和对重装置中心距；E—轿厢导轨固定孔中心距；1—对重装置中心垂线；2—对重导轨架导轨固定孔中心垂线；3—轿厢导轨架导轨固定孔中心垂线；4—轿厢中心垂线；5—厅门净门口宽铅垂线

上样板架位于井道上方距离机房楼板 1m 处左右，用膨胀螺栓将角钢水平牢固地固定于井道壁上（或沿水平方向剔洞），稳放样板木支架，并且端部固定。样板支架方木端部应垫实找平，水平度误差不得大于 3/1000。样板架木梁用断面为 100mm×100mm、干燥、不易变形、四面刨平、互成直角的木料制成。

下样板架水平地固定在井道底坑内距离底坑地面，800～1000mm 处。样板架一端顶着厅门对面的墙壁，另一端用木楔固定在厅门口下面的井道墙壁上。固定后的上和下样板架如图 5-3 所示。

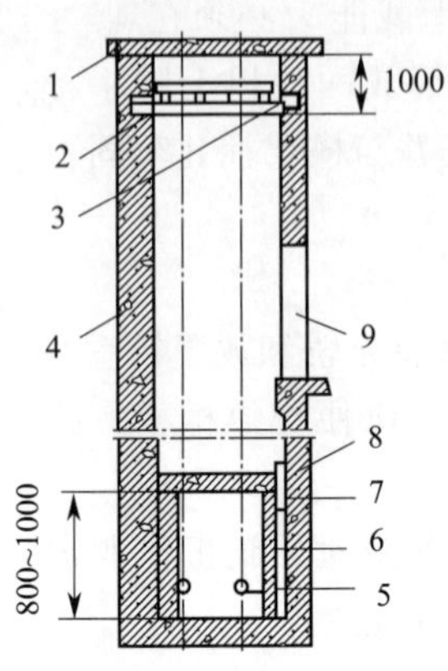

图 5-3　上、下样板架稳固示意图

1—机房楼板；2—上样板架；3—木梁；4—井道墙壁；5—铅垂；6—撑木；7—木楔；8—底坑样板架；9—厅门入口处

以上准备工作做好后，安装班组的机电人员就可以分为两个施工作业小组，对电梯的机械和电气两部分进行平行交叉作业施工。在施工过程中，应做到既有分工又有协作，遇到问题共同协商解决。

2. 电梯机械部分安装的要求

1）承重梁的安装

承重钢梁大多采用槽钢或工字钢，安放在机房的楼面上。在楼面上安装时，只要将钢梁运至机房内就位即可。安装承重梁时应注意以下几方面。

（1）承重梁如需埋入承重墙内，其支承长度应超过墙厚中心 20mm，且不应小于 75mm。对于砖墙，梁下应垫以能承受其载荷的钢筋混凝土梁或金属梁，如图 5-4(a) 所示。

（2）多根承重梁安装完成后，上平面水平度应不大于 0.5/1000，承重梁上平面相互间的高差不大于 0.5mm，且相互的平行度误差不大于 6mm，如图 5-4(b) 所示。

2）曳引机的安装

常见的曳引机安装方式如图 5-5 所示。其中图 5-5(a) 所示的承重梁固定在井道向机房延伸的水泥墩子或墙体上，用于客梯时承重梁与水泥墩子间放置防震橡胶垫；用于货梯时不用橡胶垫而将钢梁与墩子浇牢。这种方式的钢梁与机房楼面间距只有 30～50mm。图 5-5(b) 所示的承重梁两端支承，在与井道向机房延伸的水泥墩子上，承重梁与机房楼面之间的距离为 400～600mm，安装时，根据机房净高度和曳引形式决定其安装方式。

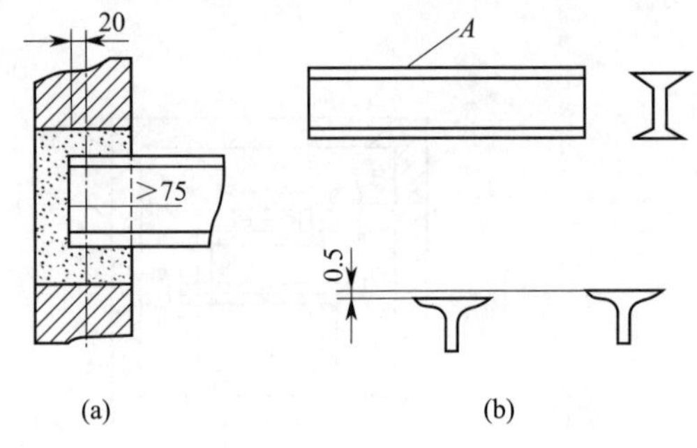

图 5-4　承重梁的埋设和水平度

（a）承重梁埋设；（b）承重梁水平度

曳引机可借助手动葫芦进行吊装就位，如图 5-6 所示。曳引机安放到基座后，必须进行定位。可在曳引轮居中的绳槽前后各放一根铅垂线直至井道样板上的绳轮中心位置，移动曳引机位置，直至铅垂线对准主导轨（轿厢）中

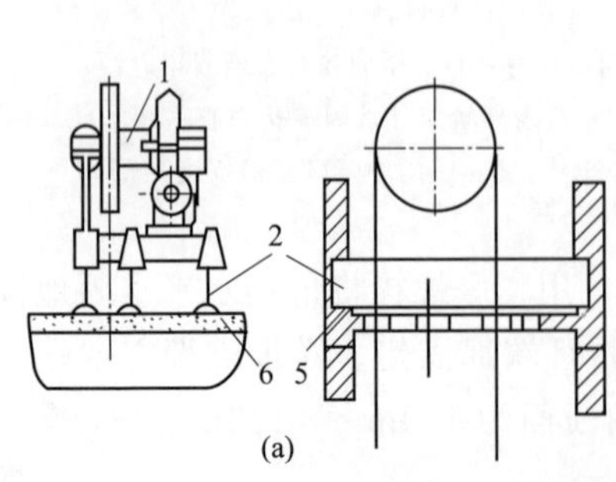

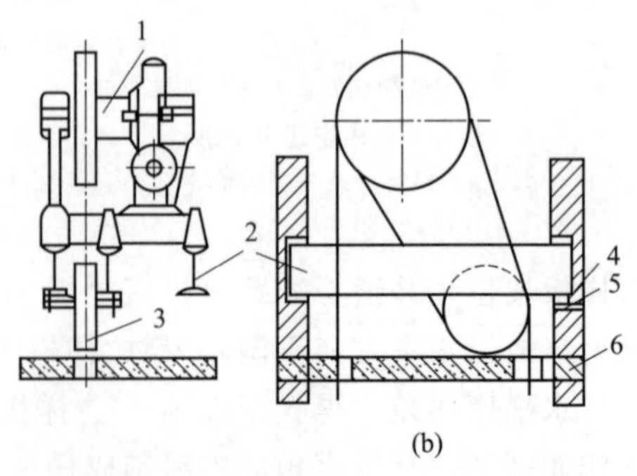

图 5-5　曳引机安装方式

（a）承重梁贴近楼面布置；（b）承重梁高位布置方式

1—曳引机；2—工字梁；3—导向轮；4—钢板；5—橡胶垫；6—楼板

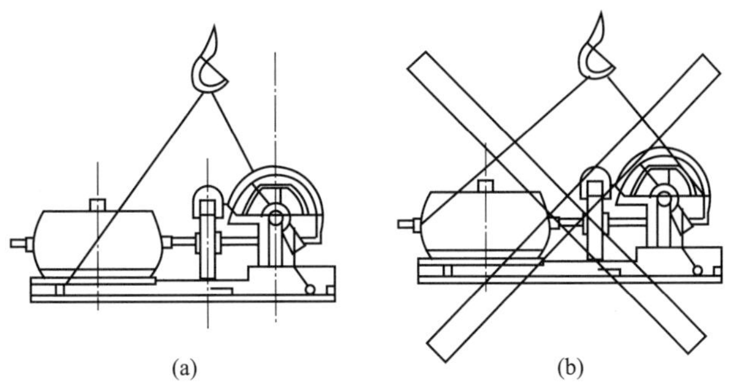

图 5-6　曳引机的吊装方法

心和对重导轨（对重）中心，然后将曳引机座与承重梁定位固定。

3）限速器的安装

限速器应装在井道顶部的楼板上，其具体位置根据安装布置图的要求定位。

为了保证限速器与张紧装置的相对位置，安装时在限速器轮绳槽中心挂一铅垂线至轿厢横梁处的安全钳拉杆的绳接头中心；再从这里另挂一根铅垂线到底坑中张紧轮绳槽中心，要求上下垂直重合，然后在限速器绳槽的另一侧中心到底坑中的张紧轮槽再拉一根线，如果限速器绳轮的直径与张紧轮直径相同，则这根线也是铅垂的，如图 5-7 所示。

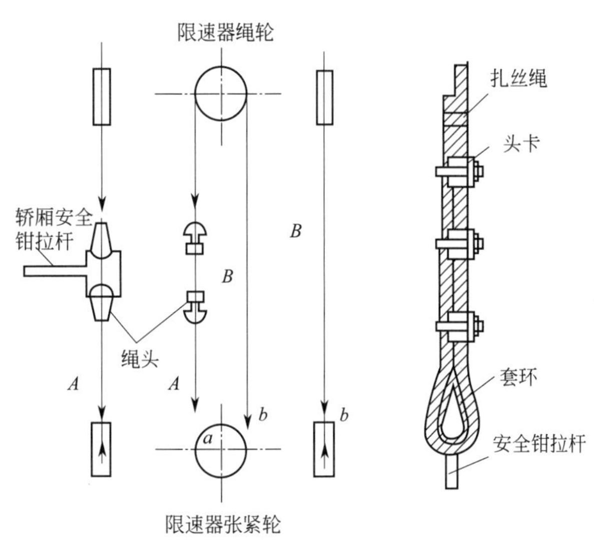

图 5-7　限速器的定位示意图

限速装置经安装调整后应满足以下要求。

(1) 限速器绳轮的不铅垂度，应不大于 0.5mm。

(2) 按平面布置图的要求，限速器的位置偏差在前后和左右方向，应不大于 3mm。

(3) 限速装置绳索与导轨的距离，按安装平面布置图的要求，偏差值应不超过 5mm。

4）导轨、导轨支架的安装

(1) 导轨支架的安装。导轨用压导板、圆头方颈螺栓、螺母固定在导轨支架上，导轨支架与井道墙固定。

① 对穿螺栓固定法。当井道墙厚度小于 150mm 时可用冲击钻或手锤，在井道壁上钻出所需大小的孔，用螺栓通过穿孔将支架固定，如图 5-8(a) 所示。固定时在井道壁背面放置一块厚钢板垫片。

② 预埋螺栓法。采用这种方法，要求土建时在井道墙上留有预留孔，或者在安装时先凿孔，然后将预埋螺栓按要求位置固定好，埋入深度不小于 120mm，最后用较高标号的混凝土浇灌牢固，如图 5-8(b) 所示。

③ 预埋钢板焊接固定法。这种方式适用于混凝土井道墙。在土建时按要求预埋带有钢筋弯脚的钢板，安装时将导轨支架焊接在钢板上即可，如图 5-8(c) 所示。

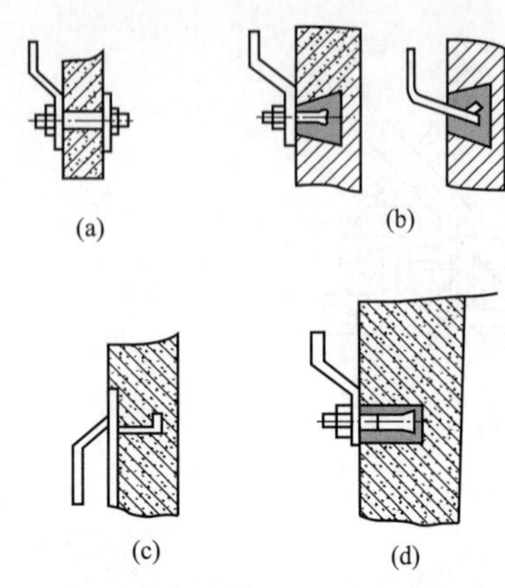

图 5-8 导轨支架安装

（a）对穿螺栓固定法；（b）预埋螺栓法；（c）预埋钢板焊接固定法；（d）膨胀螺栓固定法

④ 膨胀螺栓固定法。这种方法适用于混凝土或突心砖墙墙体的井道。安装时用冲击钻或墙冲在井道墙上钻一与膨胀螺栓规格相匹配的孔，放入膨胀螺栓将支架固定即可，如图 5-8(d) 所示。

导轨架全部固定好，等灌注的水泥砂浆完全凝固，并经全面检查校正后，可吊装导轨。轿厢导轨和对重导轨应分别吊装。

（2）导轨架经稳固和调整校正后，应符合下列要求。

① 任何类别和长度的导轨架，其不水平度应不大于5mm，导轨架端面 $a<1$mm，

② 采用焊接式稳固导轨架时，预埋钢板应与井壁的钢筋焊接牢固。

③ 由于井壁偏差或导轨架高度误差，允许在校正时用宽度等于导轨架的钢板调整井壁与导轨架之间的间隙。当调整钢板的厚度超过 10mm 时，应与导轨架焊成一体。

（3）吊装导轨。吊装轿厢导轨前需按样板架上悬挂的导轨架和导轨铅垂线确定导轨位置，先把底坑槽钢安装好，然后再吊装导轨。导轨的下端应与底坑槽钢连接，上端与机房楼板之间的距离和电梯运行速度有关，按电梯安装安全规范 GB 7588—2016 的规定，当对重装置完全坐在其缓冲器上时，轿厢导轨的长度应能提供适当的进一步制导行程。电梯的运行速度越快，影响就越大。导轨应用压板固定在导轨支架上，不应采用焊接或螺栓连接。

导轨安装前应清洗导轨工作表面及两端接头，并检查导轨的直线度，不符要求的导轨应予以校正。导轨之间用连接板固定。

导轨吊装定位后，观测导轨端面、铅垂线是否在正确的位置上，校正时用如图 5-9(a) 所示的导轨卡规定位，自上而下进行测量校正。当两列导轨侧面平行时，卡规两端的箭头应准确地指向卡规的中心线。

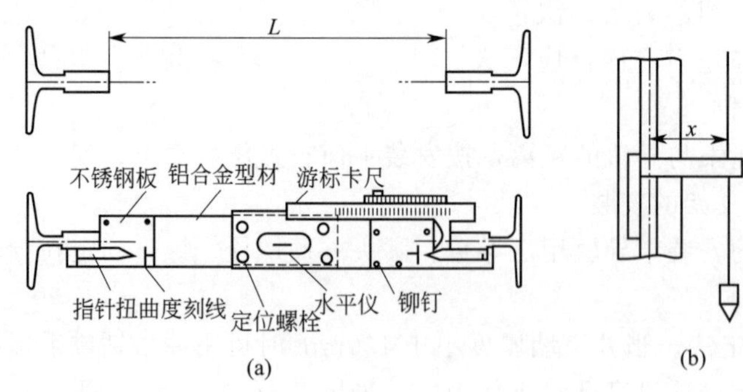

图 5-9 导轨校正示意图

（a）导轨工作面校正示意图；（b）导轨垂直度校正

导轨的垂直度可用如图 5-9(b) 的方法进行校正。导轨经精校后应达到以下要求。

① 两列导轨要求垂直，而且互相平行，在整个高度内的相互偏差应该不大于 1mm，如图 5-10(a)所示。

② 导轨接头不宜在同一水平面上，或按厂家图样要求施工。

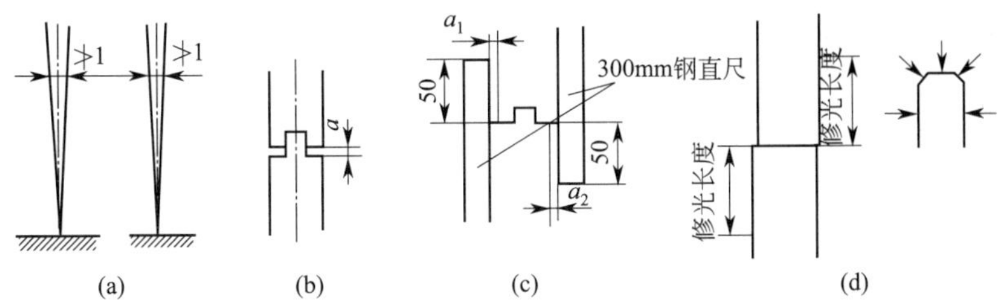

图 5-10　导轨主要部位调整示意图

(a) 导轨不垂直度；(b) 导轨接头缝隙；(c) 导轨接头台阶；(d) 导轨接头修光

③ 两列导轨的侧工作面与导轨中心铅垂线偏差，每 5m 应不大于 0.6mm。

④ 导轨接头处的缝隙应不大于 0.5mm，如图 5-10 (b) 所示。

⑤ 导轨接头处的台阶，用 300mm 长的钢板尺靠在工作面上，用厚薄规检查。在 a_1 和 a_2 处应不大于 0.04mm，如图 5-10(c) 所示。

⑥ 导轨接头处的台阶应按规定修光。修光后的凸出量应不大于 0.02mm，如图 5-10(d) 所示。修光长度如表 5-1 所示。

表 5-1　导轨接头修光长度

电梯速度/(m/s)	2.5 以上	2.5 以下
修光长度/mm	≤300	≤200

⑦ 最下一层导轨架距底坑 1000mm 以内，最上一层导轨架距井道顶距离≤500mm，中间导轨架间距≤2500mm 且均匀布置，如与接导板位置相遇，间距可以调整，错开的距离≥30mm，但相邻两层导轨架间距不能大于 2500mm。

⑧ 电梯导轨严禁焊接，不允许用气焊切割。

5) 轿厢、安全钳及导靴的安装

轿厢一般都在井道最高层内安装，在轿厢架进入井道前，首先将最高层的脚手架拆去，在端站层门地槛对面的墙上平行地固定两个角钢托架（图 5-11），或平行地凿两个 250mm×250mm 的两个洞，孔距与门口宽度相近。然后用两根截面不小于 200mm×200mm 的方木作支承梁，并将方木的上平面找平，最后加以固定。然后，通过井道顶的曳引绳孔并借助于楼板承重梁用手拉葫芦悬吊轿厢架，如图 5-12 所示。

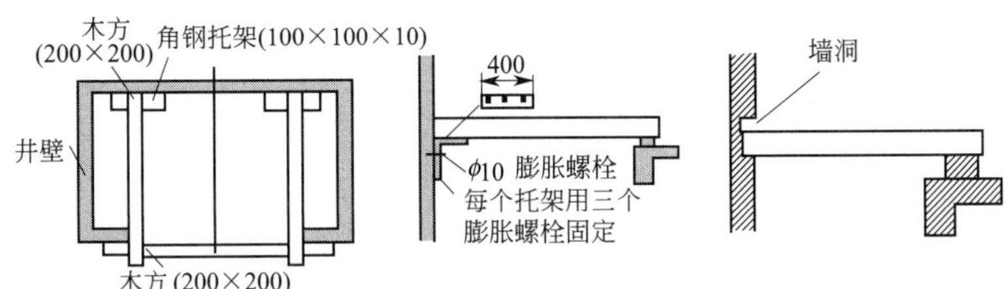

图 5-11　轿厢拼装基础示意图

通常的轿厢安装顺序为，下横梁→立柱→上梁→轿底→轿壁→轿顶→门机→轿厢门。安全钳在装下横梁时应事先装好。

(1) 将底梁放在架设好的木方或工字钢上。调整安全钳口（老虎嘴）与导轨面间隙，(如电梯厂的图样有具体规定尺寸，要按图样的要求）同时调整底梁的水平度，使其横、纵

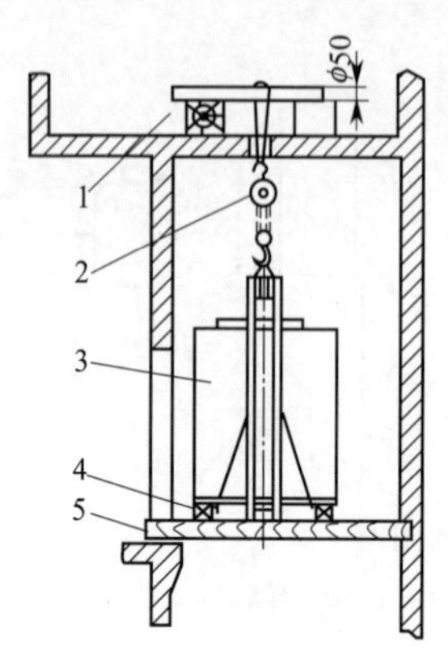

图 5-12　轿厢组装示意图

1—机房；2—2～3t 手动葫护；3—轿厢；4—木块；5—200mm×200mm 方木

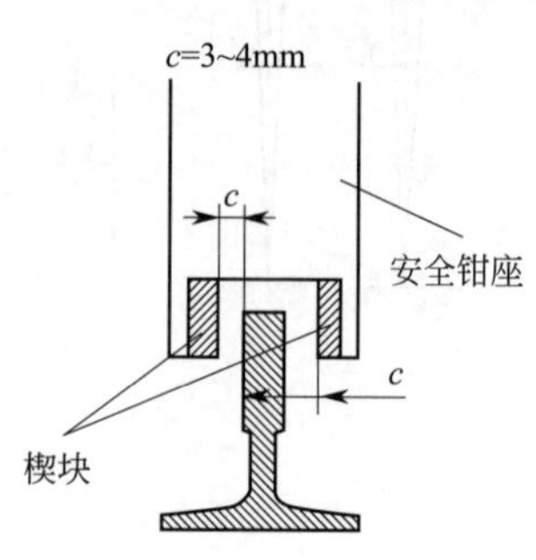

图 5-13　安全钳间隙调整

向不水平度均不超过 1‰。

（2）安装安全钳楔块，楔齿距导轨侧工作面的距离调整到（安装说明书有规定者按规定执行），且四个楔块距导轨测工作面间隙为 3～4mm 且应一致，然后用厚垫片塞于导轨侧面与楔块之间，使其固定，如图 5-13 所示，同时把老虎嘴和导轨端面用木楔塞紧。

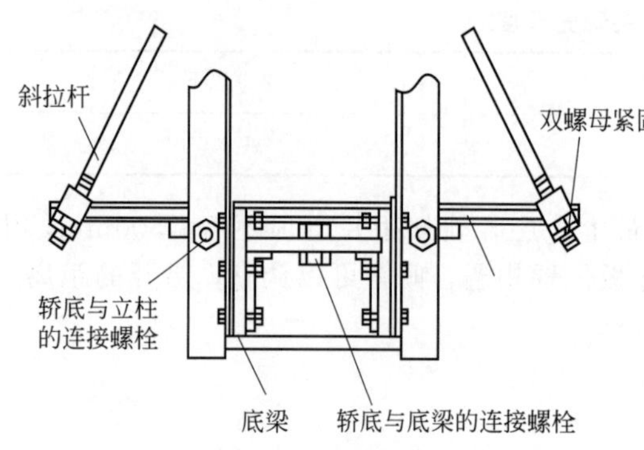

图 5-14　轿厢架装配示意图

具体安装时，先将轿厢架下横梁平放在井道内的支承横梁上，校正好下横梁平面的水平度、导轨端面与安全钳端面的间隙。轿底安装时，根据不同型式的轿底结构（固定式、带减震元件的活络轿底）特点确定安装工艺。通过轿架斜拉杆上的双螺母调整轿底水平度，如图 5-14 所示，轿底安装好后应保证其水平度不大于 2/1000。

轿底安装好后装轿壁。一般先装后壁，后装侧壁，再装前壁。轿顶预先组装好，用吊索悬挂起来，待轿壁全部装好后再将轿顶放下，并按设计要求与轿壁固定。

导靴安装时，应使同一侧上下导靴保持在一个垂直平面内。导靴与导轨顶面应保留适当的间隙。固定式导靴，使其两侧间隙各为 0.5～1mm。滚轮导靴外圈表面与导轨顶面应紧贴。弹性导靴与导轨顶面应无间隙。弹性导靴对导轨顶面的压力应按预定的设计值调整合适。过紧或过松均会影响电梯乘坐的舒适性，如图 5-15 所示。

6）安装轿门

（1）轿门门机安装于轿顶，轿门导轨应保持水平，轿门门板通过 M10 螺栓固定在门挂板上。门板垂直度误差不大于 1mm。轿门门板用连接螺栓与门导轨上的挂板连接，调整门板的垂直度使门板下端的门滑块与地坎上的门导槽相配合。

（2）安全触板（或光幕）安装后要进行调整，使之垂直。轿门全部打开后安全触板端面和轿门端面应在同一垂直平面上。安全触板的动作应灵活，功能可靠。

7）安装缓冲器

（1）对于设有底坑槽钢的电梯，通过螺栓把缓冲器固定在底坑槽钢上。

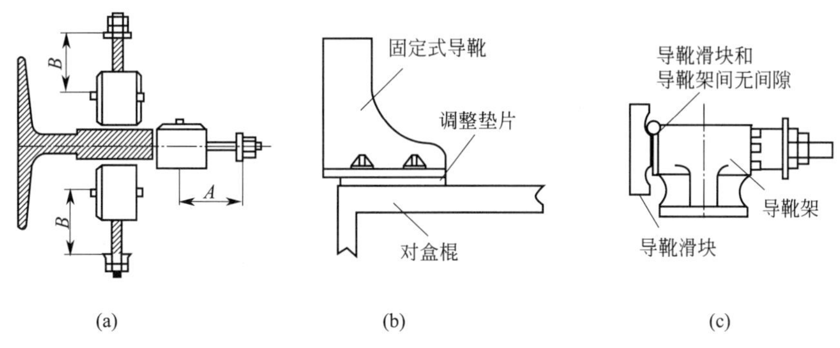

图 5-15　导靴安装示意图

（2）对于没有设底坑槽钢的电梯，缓冲器应安装在混凝土基础上。安装时，应根据电梯安装平面布置图确定的缓冲器位置，把缓冲器支撑到要求的高度，校正校平后穿好地脚螺栓，再制作基础模板和浇灌混凝土砂浆，把缓冲器固定在混凝土基础上。

（3）安装缓冲器时，固定缓冲器的混凝土基础高度，视底坑深度和缓冲器自身的高度而定，有关部位参数尺寸之间的关系如图 5-16 所示。

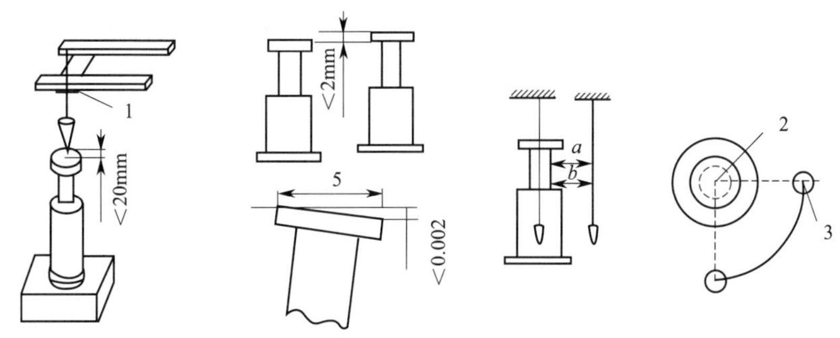

图 5-16　缓冲器安装示意图

1—撞板；2—缓冲器中心；3—线坠中心

缓冲器经安装调整校正后应达到以下要求。

① 采用油压缓冲器时，经校正校平后活动柱塞的不铅垂度，应不大于 0.5mm。

② 一个轿厢采用两个缓冲器时，两个缓冲器间的高度差，应不大于 2mm。

③ 采用弹簧缓冲器时，弹簧顶面的不水平度，应不大于 2/1000。

8）对重的安装

（1）安装对重时应先在底坑架设一个由方木构成的木台架，其高度为底坑地面到缓冲越程位置时的距离 *S*。弹簧缓冲器的 *S* 值为 200～350mm，油压缓冲器的 *S* 值为 150～400mm，如图 5-17(a) 所示。

（2）先拆卸下对重架一侧上下两个导靴，在电梯的第 2 层左有吊挂一个手动葫芦将对重架吊起就位于对重导轨中，下面用方木顶住垫牢，然后将拆卸下两个对重导靴装好；

（3）再根据每一对重铁块的重量和平衡系数，计算并装入适量的对重铁块。铁块要平放、塞实，并用压板固定，防止运行时由于铁块窜动而发生噪声；

（4）安装底坑安全栅栏。底坑安全栅栏的底部距底坑地面应为 500mm，安全栅栏的顶部距底坑地面应为 1700mm，一般用扁钢制作，如图 5-17(b) 所示。

9）安装厅门及门锁

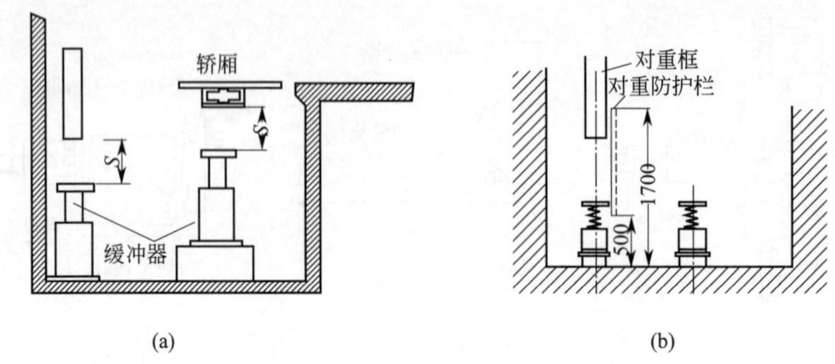

图 5-17　对重及防护栏安装示意图

厅门最常见的有手动开关门和自动开关门两种。这里主要介绍一下怎样安装采用自动开关门机构的厅门。

（1）安装厅门踏板。安装厅门踏板时，应根据精校后的轿厢导轨位置，计算和确定厅门踏板的精确位置。并按这个位置校正样板架悬挂下放的厅门口铅垂线，然后按厅门口铅垂线的位置，用 400＃以上的水泥砂浆把踏板稳固在井道内侧的“牛腿”上。安装后厅门踏板的不水平度不得大于 1/1000mm。踏板应高出抹灰后的楼板地平面 5～10mm，并抹成 1/1000～1/50mm 的过渡斜坡。厅门踏板与轿门踏板的距离，与平面布置图中所规定尺寸的偏差应不大于±1mm。

（2）安装门扇和门扇连接机构。踏板、左右立柱或门套、上坎架等构成的厅门框安装完，并经调整校正后，可以吊挂厅门扇并装配门扇间的连接机构。门扇上端通过吊门滚轮吊挂在门导轨上，下端通过钢或塑料制成的滑块插入踏板槽内，使门在一个垂直面上左右运行。门扇在垂直面上的位置偏差可以通过调整吊门滚轮架与门扇间的固定螺栓来实现。

① 吊门滑轮装置的偏心挡轮与导轨下端面间的间隙 c，不得大于 0.5mm，如图 5-18(a) 所示。

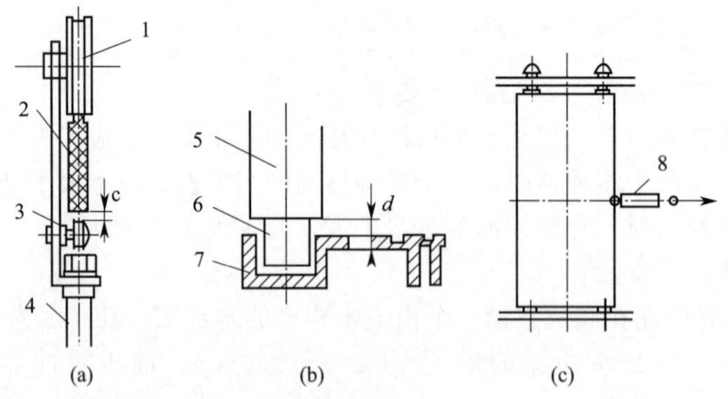

图 5-18　门扇安装调整示意图

1—门滑轮；2—门导轨；3—偏心轮；4,5—门扇；6—门滑块；7—门滑槽；8—弹簧秤

② 门扇下端与踏板间的间隙 d 应为（6±2）mm，如图 5-18(b) 所示。

③ 门扇未装联动机构前，在门扇的中心处沿导轨的水平方向任何部位牵引时，其阻力应不大于 2.9N，如图 5-18(c) 所示。

④ 门扇与门套，门扇与门扇的间隙均应为（6±2）mm。

⑤ 中分式门扇间的对口处，其水平误差应不大于 1mm。

10）安装曳引绳锥套和挂曳引绳

曳引绳锥套和曳引钢丝绳是连接轿厢和对重装置的机件。对于非自锁楔式锥套的曳引绳通过巴氏合金浇固在曳引绳锥套的锥套里，曳引绳锥套通过拉杆与轿厢架或对重架连接。为了避免截错，一般采用实地测量法。

测量和计算曳引绳的长度是件细致的工作，一般需由两人配合进行。曳引绳的长度经测量和计算出来后，可把成卷的曳引钢丝绳放开拉直，然后按根测量截取。截取前应在截取点的两端用铁丝扎紧，以免钢丝绳截断后出现松散的现象。曳引钢丝绳全部截取完后可进行绳头制作和浇灌巴氏合金。制作时将被制作的绳头穿过曳引绳锥套的锥套，并松开端头上的铁丝，擦去油污，做好花结，再把做花结的绳头拉入锥套内，把花结摆正、摆好，用布带将锥套小口堵扎缠好，防止浇灌时巴氏合金从小口漏出。浇灌巴氏合金时，需把巴氏合金加热到300℃左右，然后进行浇灌，为了保证质量，必须做到一次浇灌而成，如图 5-19 所示。

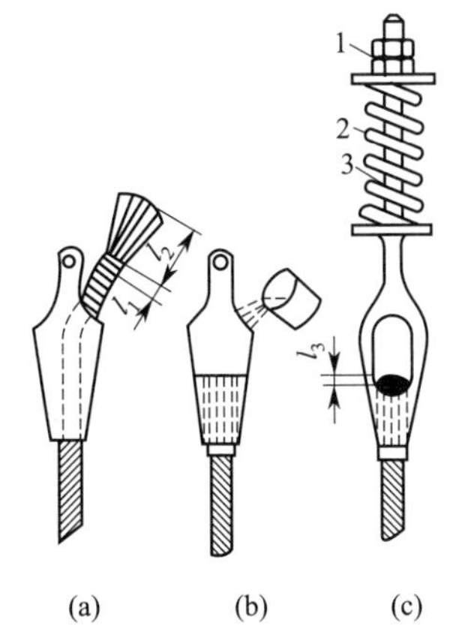

图 5-19　曳引绳头制作示意图

1—锥套；2—巴氏合金；3—曳引钢丝绳

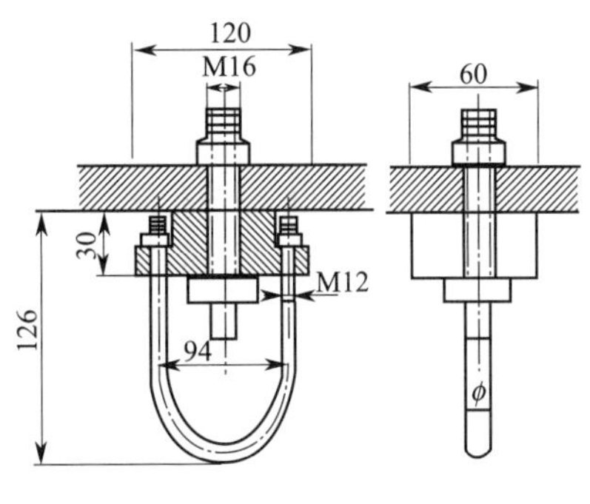

图 5-20　补偿绳挂装部件

11）补偿装置的安装

电梯井道设备安装完成后，须将补偿绳（缆、链）挂装到位。轿厢和对重的底部都由用于挂装补偿绳的部件，如图 5-20 所示。挂装后必须符合下列条件。

（1）使用张紧轮，并设置防护装置。

（2）张紧轮的节圆直径与补偿绳的公称直径之比不小于 30；设置防护装置。

（3）当对重到达最低位置时与张紧轮间的垂直距离不小于 300mm。

（4）补偿绳距离地坑底面的最小距离不小于 100mm。

3. 电梯电气部分安装的要求

电梯电气部分的安装工作应按随机技术文件和国家标准 GB 7588—2016 的要求开展工作。

1）安装控制柜和井道中间接线箱

（1）控制柜的安装。控制柜一般位于井道上端的机房内。为了便于操作和维修，控制柜周围应有比较大的空地，控制柜的背面与墙壁的距离必须在 600mm 以上，而且最好把控制柜稳固在高约 100～150mm 的水泥墩上。一般先用砖块把控制柜垫到需要的高度，然后敷设电线管或电线槽，待电线管或电线槽敷设完后再浇灌水泥墩，把控制柜固定在混凝土墩上，如图 5-21 所示。

（2）井道中间接线箱和随行电缆的安装。井道中间接线箱（或楔形插座）安装在井道高

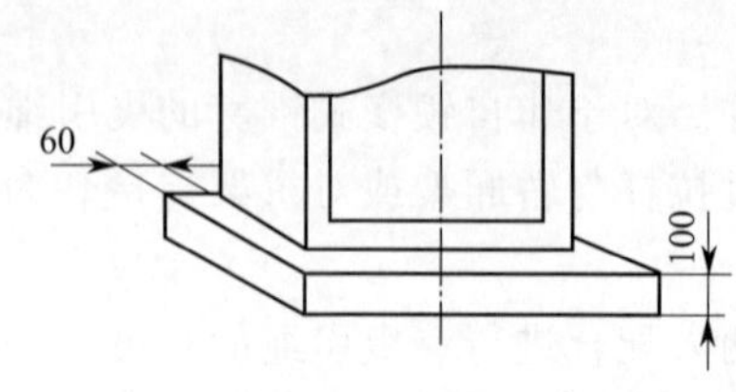

图 5-21　控制柜稳固安装示意图

度 1/2 往上 1.5～1.75m 处。确定接线箱的位置时必须便于电线管、槽或电缆的敷设，使跟随轿厢上、下运行的软电缆在上、下移动过程中不至于发生碰撞。近年来，由控制柜引至轿厢的导线大多采用电梯专用随行电缆，这样井道中间接线箱就可省去，也就是采用楔形插座，如图 5-22 所示为随行电缆的安装示意图。

2）安装分接线箱和敷设电线槽或电线管

根据随机技术文件中电气安装管路和接线图的要求，控制柜至极限开关、曳引电动机、制动器线圈、层楼指示器或限位开关、换速传感器、井道中间接线箱、井道内各层站分接线箱、各层站分接线箱至各层站召唤箱、指层器以及厅门电联锁等均需敷设电线槽、管、金属软管等，在电梯的安装过程中，常采用电缆和金属软管混合方式敷设的电气控制线路。敷设主干线时常采用多芯电缆，由主干电缆至各电器部件则采用金属软管。

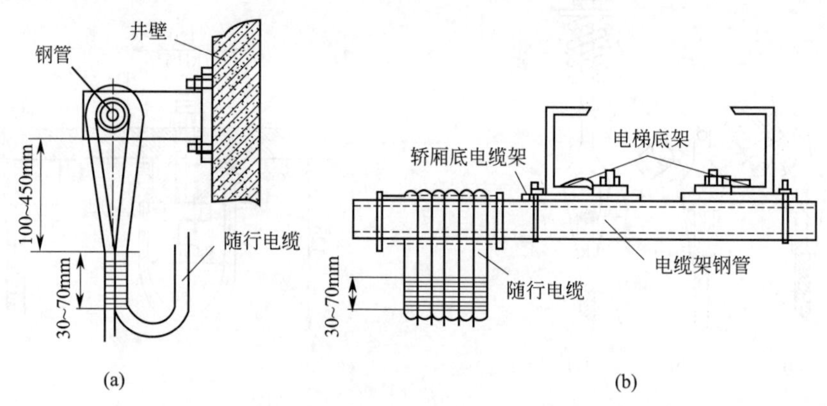

图 5-22　随行电缆的安装示意图

（a）井道中部随行电缆的绑扎；（b）轿厢底随行电缆的绑扎

（1）安装分接线箱和敷设电缆。

① 按多芯电缆的计划敷设位置，在机房楼板下离墙 25mm 处放一根铅垂线，并在底坑内稳固，以便校正电缆的位置。

② 凿墙孔埋地脚螺栓，将分线箱固定妥当，用电缆线卡固定多芯电缆，注意处理好电缆与分接线箱的接口处，以保护电缆的绝缘层。

③ 在各层对应召唤箱、指层器、厅门电联锁、限位开关等的相对位置处，根据引线的数量选择适当的金属软管安装。

（2）分接线箱和电缆接线。敷设电缆时，对于竖电缆每隔 1m 左右需设一个电缆卡。等全部路、段的线缆截完敷设好后，开始配接线。配接线前，应将电缆在接线箱入口做保护处理，然后进行配接线。配接线时应按路、段进行，每路或段配接完并经检查无误后再配接另一路或段。接每一根线时，都要核对电缆号、线的色号或线号，对于采用电子器件的电气部件，如电子触钮、接近开关以及微处理机等易受外来信号干扰的电子线路，需采用金属屏蔽线，以免相互干扰而发生误动作。

3）安装极限开关、限位开关或端站强迫减速装置

极限开关、限位开关或端站强迫减速装置都是设在端站的安全保护装置。限位开关包括上第一、二限位开关和下第一、二限位开关等 4 只限位开关。四只限位开关按安装平面布置图的要求，和极限开关的上、下滚轮组同装在井道内端站轿厢导轨的一个方位上。经安装调

整校正后，两者滚轮的外边缘应在同一垂直线上，使打板能可靠地碰打两者的滚轮，确保限位开关和极限开关均能灵活可靠地动作。轿厢上、下运行时，开关箱的滚轮左或右碰打上、下打板，强迫电梯到上、下端站时提前一定距离自动将快速运行切换为慢速运行。经调整校正后，上、下两副打板中心应对准开关箱的滚轮中心，滚轮按预定距离碰打上、下打板，滚轮通过连杆推动开关箱内的两套接点组按预定距离准确可靠地断开预定的控制电路。

4）安装召唤箱、指层器、换速平层装置

根据安装平面布置图的要求，把各层站的召唤箱和指层器稳固安装在各层站厅门外。一般情况下，指层器装在厅门正上方距离门框 250～300mm 处。召唤箱装在厅门右侧，距离门框 200～300mm，距离地面 1300 mm左右处。指层器和召唤箱经安装调整校正校平后，面板应垂直水平，紧贴墙壁的装饰面。换速平层装置允许在动梯后，使电梯在慢速运行状态下，边安装边调整校正。经调整后，隔磁板（或遮光板）应位于干簧管（或光电）传感器的凹形口中心，与底面的距离应为 4～6mm，确保传感器的安全可靠。

5）电气控制系统的保护接地或接零

保护接地就是把电气设备的金属外壳、框架等用接地装置与大地可靠连接，这一做法适用于电源中性点接地的三相五线制低压供电系统。

保护接零就是在电源中性点接地的三相四线制低压系统，把电气设备的金属外壳、框架与中性线相连接。

接地和接零都具有当电气设备的绝缘电阻损坏，造成设备的外壳带电时，防止人体碰触外壳而发生触电伤亡事故。但是采用保护接地时，接地电阻不得大于 4Ω，而且采用保护接零的电气设备不应又作保护接地。

电梯的电气设备也必须作接地保护。其接地线必须用不小于 $4mm^2$ 的黄绿双色铜线。机房内的接地线必须穿管敷设，与电气设备的连接必须采用线接头，并设有防松脱的弹簧垫圈。轿厢的接地线可根据软电缆的结构形式决定，采用钢心支持绳的电缆可利用钢心支持绳作接地线，采用尼龙心的电缆则可把若干根电缆心线合股作为接地线，但其截面积应不小于 $4mm^2$。每台电梯的各部分接地设施应连成一体，并可靠接地。

5.2　电梯的维护检修要求

1. 电梯日常维护保养要求

为了使电梯保持良好的工作状态，电梯的使用单位要与专业的电梯维护单位签订维修保养合同。同时，聘请合格的电梯司机，熟练地操纵电梯运行。

电梯的维修工作主要是查找和排除电梯的故障及故障隐患，保证电梯安全、正常的运行。维护人员应每天查看机房 1～2 次。若发现有不正常的现象发生，能修理的，应及时修理、调整或更换。

每周，至少检查一次抱闸间隙。要求两闸瓦同时松开，抱闸间隙小于 0.7mm。抱闸间隙过大，应予以调整，并紧固连接螺栓。要检查一次电梯的平层装置，进行适当的调整。曳引、安全钳以及极限开关等钢丝绳的工作和连接情况，检查一次轿厢内各项设备的工作情况。

每月，应对电梯的减速器和各安全保护装置、井道设施、自动门机构、轿顶轮以及导向轮的滑动轴承间隙等，都要认真、细致地检查一次。

每季，应检查一次电梯的各个传动部分，如曳引机、导向轮、曳引绳、轿顶轮、门传动系统、安全装置、电磁制动器、限速器张紧装置、安全钳及电控系统中的电器。要清除各元件上的灰尘和油污，又要进行适当的调整。坚决杜绝电梯“带病”工作。

每年，要进行一次全面性的技术检查。在电梯的日常保养中，还有一项重要的工作是部件的润滑，必须给以高度的重视。若润滑保养不善，机件极易磨损，由此带来的损失，将无法估量。各有关部件对于润滑的要求，添加润滑剂的型号等，见表 5-2。

表 5-2　电梯各主要机件、部位润滑及清洗换油周期表

机件名称	部位	加油及清洗换油时间	油脂型号
曳引机制动器	制动器销轴	每周加油一次	机油
	电磁铁可动铁芯与铜套之间	半年检查一次，每年加一次	石墨粉
曳引电动机	电动机滚动轴承	每月挤加一次，每季至多半年换油一次	钙基润滑脂
	电动机滑动轴承	每周加油一次，每季至多半年换油一次	
导向轮、轿顶轮	轴与轴套之间	每周给油杯挤加一次，每年拆洗换油一次	钙基润滑脂
滚轮导靴	滚轮导靴轴承	每季挤加一次，每半年清洗换油一次	钙基润滑脂
限速器	限速器旋转轴销、张紧轮轴与轴	每周挤加一次，每年清洗换油一次	钙基润滑脂
安全钳	安全钳内的滚、滑动部位	每月涂油一次	适量凡士林
选层器	滑动批板、导向导轨和传动机构	每月、每季加油一次，每年清洗换油一次	钙基润滑脂
油压级冲器		每月检查和补油一次	

电梯的保养工作主要是做好清洁、润滑和紧固工作。保证电梯安全、高效的运行。通过眼看、耳听、鼻闻、手摸，乃至用必要的工具和仪器等检测手段，掌握电梯运行及各部件的技术状态。发现问题和故障后应及时排除并做好记录。

2. 电梯主要零部件维修保养技术

1）曳引机的保养

（1）减速箱的保养。

① 箱体内的油量应保持在油针或油镜的标定范围，油的规格应符合要求。

② 润滑油脂润滑的部位，应定期拧紧油盅盖。一般一个月应加油一次。

③ 应保证箱体内润滑油的清洁，当发现杂质明显时，应更换新油。

④ 应使蜗轮蜗杆的轴承保持合理的轴向游隙，当电梯在换向时，发现蜗杆轴与蜗轮轴出现明显窜动时，应采取措施，调整轴承的轴向游隙使其达到规定值。

⑤ 应使轴承的温升不高于 60℃；箱体内的油温不超过 80℃，否则应停机检查温升的原因。

⑥ 当轴承在工作中出现撞击、磨切等噪声，并通过调整亦无法排除时，应考虑更换轴承。

⑦ 当减速箱中蜗轮蜗杆的齿磨损过大，在工作中出现很大换向冲击时，应对其进行大修。大修内容主要是调整中心距或换掉蜗轮蜗杆。

（2）制动器的保养。

① 应保证制动器的动作灵活可靠。各活动关节部位应保持清洁，并用润滑油定期润滑。对电磁铁，必要时可加石墨粉润滑。

② 制动瓦在松开时，与制动轮的周向间隙应均匀，且最大不超过 0.7mm。当周向间隙过大时，应调整。

③ 制动器应保持足够的制动力矩，当发现有打滑现象时，应调整制动弹簧。

④ 当发现制动带磨损，导致铆钉头外露时，应更换制动带。

(3) 曳引轮的保养。应保证曳引绳槽的清洁，不允许在绳槽中加油润滑。

① 应使各绳槽的磨损一致。当发现槽间的磨损深度差距最大达到曳引绳直径的 1/10 以上时，要车削至深度一致，或更换轮缘，如图 5-23 所示。

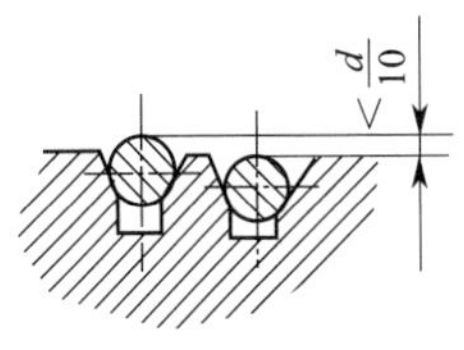

图 5-23　绳槽磨损差

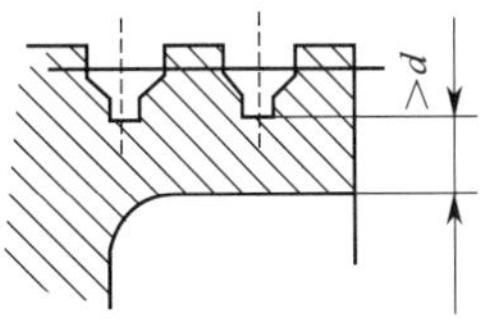

图 5-24　最小轮缘厚度

② 对于带切口半圆槽，当绳槽磨损至切口深度少于 2mm 时，应重新车削绳槽，但经修理车削后切口下面的轮缘厚度应大于曳引绳直径 d。如图 5-24 所示。

(4) 曳引电动机的保养。

① 应保证电动机各部分的清洁，不应让水或油进入电动机的内部。应经常吹净电动机内部和换向器，电刷等部分的灰尘。

② 滑动轴承的电动机，应注意油槽内的油量是否达到油线，同时应保持油的清洁。

③ 当电动机转子轴承磨损过大，出现电动机运转不平稳，噪声增大时，应更换轴承。

④ 每季度应检查一次直流测速发电机，如碳刷磨损严重，应予更换，并清除电动机内的炭屑，在轴承处加注润滑脂。

2) 曳引绳与绳头组合的保养

(1) 应使全部曳引绳的张力保持一致，当发现松紧不一致时，应通过绳头弹簧加以调整(相互拉力差应在 5%以内)

(2) 曳引绳使用时间过长，会耗尽绳芯中的润滑油，导致曳引绳的表面干燥，甚至出现锈斑，此时可在曳引绳的表面薄薄地涂一层润滑油。

(3) 应经常注意曳引绳有否机械损伤，有否断丝爆股及锈蚀及磨损程度等。如已达到更换标准，应立即停止使用，更换新的曳引绳。

(4) 应保持曳引绳的表面清洁，当发现表面粘有沙尘等异物时，应用煤油擦干净。

(5) 在截短或更换曳引绳，需要重新对绳头锥套浇注巳氏合金时，应严格按工艺规程操作，切不可马虎从事。

(6) 应保证电梯在顶层端站平层时，对重与缓冲器间应有足够的间隙。当由于曳引绳伸长，使间隙过小甚至碰到缓冲器时，可将对重下面的调整垫摘掉。如还不能解决问题，则应截短曳引绳，重新浇注绳头。

3) 限速器与安全钳的保养

(1) 应保证限速器的转动灵活，对速度变化的反应灵敏。其旋转部分润滑应保持良好，一般一周应加油一次，当发现限速器内部积有污物时，应加以清洗。

(2) 应使限速器张紧装置转动灵活，一般每周应加油一次，每年清洗一次。

(3) 应保证安全钳的动作灵活，提拉力及提升高度均应符合要求。

4) 导轨和导靴的保养

(1) 对配用滑动导靴的导轨，应保持良好的润滑。要定期在油匣中添加润滑油，并调整油毛毡的伸出量及保持清洁。

(2) 滑动导靴靴衬工作面磨损过大，会影响电梯的运行平稳性。一般对侧工作面、磨损量不超过 1mm（双侧），内端面不超过 2mm，超过时应更换。

（3）应保证弹性滑动导靴对导轨的压紧力，当靴衬磨损而引起松弛时，应加以调整。

（4）应使滚动导靴滚轮滚动良好，当出现磨损不均，应加以修理；当出现脱圈，过分磨损时，应更换。

（5）在年检中，应详细检查导轨连接板和导轨压板处螺栓的紧固情况，并应对全部压板螺栓进行一次重复拧紧。

（6）当安全钳动作后，应及时修光钳块夹紧处的导轨工作面。

5）轿厢门、厅门和自动门锁的保养

（1）当门滚轮的磨损导致门扇下坠及歪斜等时，应调整门滚轮的安装高度或更换滚轮，并同时调整挡轮位置，保证合理的间隙。

（2）应经常检查厅门联动装置的工作情况，对于钢丝绳式联动机构，发现钢丝绳松弛时，应于张紧。对于摆杆式和撑臂式联动机构，应使各转动关节处转动灵活，各固定处不应发生松动，当出现厅门与轿厢门的动作不一致时，应对机构进行检查调整。

（3）应保持自动门锁的清洁，在季检中应检查保养。对于必须作润滑保养的门锁，应定期加润滑油。

（4）应保证门锁开关的工作可靠性，应注意触头的工作状况，防止出现虚接。

6）自动门机的保养

（1）应保持调定的调速规律，当门在开关时的速度变化异常时，应立即作检查调整。

（2）对于带传动的开门机，应使传动带有合理的张紧力，当发现松弛时应加以张紧。对于链传动的开门机，同样应保证链条合理的张紧力。

（3）自动门机各转动部分，应保持良好的润滑，对于人工润滑的部位，应定期加油。

7）缓冲器的保养

（1）对于弹簧缓冲器，应保护其表面不出现锈斑，长时间使用后，应加涂防锈油漆。

（2）对油压缓冲器，应保证油在液压缸中的高度，一般每季度应检查一次，当发现低于油位线时，应添加油（保证油的黏度相同）。

（3）油压缓冲器柱塞外露部分应保持清洁，并涂抹防锈油脂。

（4）当发现补偿链在运行时产生较大的噪声，应检查消声绳是否折断。

（5）对于补偿绳，其设于底坑的张紧装置应转动灵活，上下浮动灵活。对需要人工润滑部位，应定期添加润滑油。

8）导向轮及绳轮的保养

（1）应保证导向轮及绳轮的转动灵活，其轴承部分，应每月挤加一次润滑油。

（2）发现绳槽磨损严重，且各槽的磨损深度相差 1/10 绳径时，应拆下修理或更换。

9）井道电气开关的保养及其检查维修

（1）每月应对各安全保护开关进行一次检查，拭去表面尘垢。核实触头接触的可靠性、触头的压力及压缩裕度，清除触头表面的积尘，烧蚀处应锉平，严重时应更换。

（2）极限开关应灵敏可靠，每年进行一次越程检查，视其能否可靠地断开主电源，迫使电梯停止运行，其转动部分可用钙基润滑脂。

（3）各开关应灵活可靠，每月检查一次，去除表面的灰垢，核实触头接触的可靠调整触头压缩裕度，清除触头表面的积垢，烧蚀处应用细目锉刀锉平滑，严重时需更换。

（4）每月检查一次轿顶上，井道内感应开关，行程开关等电气装置，要求各楼层的感应开关动作灵敏度一致，限位开关的通断可靠及时，当发现感应器和行程开关不能正常工作时，应检查并更换元件。

10）机房和井道的保养

（1）机房内应禁止无关人员进入，在维修人员离开时，应锁门。

（2）应注意不让雨水浸入机房。平时保持良好通风，并注意调节机房的温度。

（3）机房内不准放置易燃、易爆物品；同时保证机房中灭火设备的可靠性。

（4）底坑应保持干燥、清洁，发现有积水时应及时排除。

11）控制屏的保养及其检查维修

（1）控制屏的保养。

① 应经常用软刷和吹风清除屏体及全部电气件上的积尘，保持清洁。

② 应经常检查接触器、继电器触头的工作情况，保证其接触良好可靠。导线和接线柱应无松动，动触头连接的导线接头应无断裂。

③ 应保证接触器、继电器的触头清洁、平滑，发现有烧蚀时，应用细齿锉刀修整平滑（忌用砂布），并将屑末擦净。

④ 更换控制屏内熔断器时，应保证熔断丝的额定电流与回路电源额定电流相一致。对电动机回路、熔丝的额定电流应为电动机额定电流的 2.5～3 倍。

（2）控制屏的检查和维修。

① 断开驱动电动机电源，检查控制屏的控制程序正确无误。直流 110V 控制回路，交流 220V 控制回路，三相交流 380V 主电路，检查时必须分清，防止发生短路，损坏电气元件。

② 经常检查，可用软刷和吸尘器清除控制屏上接触器继电器的积灰。将电源断开检查触头的接触是否可靠。动作应灵活可靠、吸合线圈外表绝缘是否良好，以及机械联锁装置动作的可靠性，无明显噪声，动触头连接的导线端处无断裂现象。接线柱处导线连接应紧固无松动现象。

③ 接触器和继电器触头烧蚀的地方，如不影响其性能时，不必处理，如表面严重烧损以致凹凸不平特别显著时，允许采用细目锉刀修平，切忌采用砂布加工，因触头一般都用银和银合金，其质软；易嵌入砂粒，反而造成接触不良而产生电弧烧损。

④ 更换熔丝时，应使熔断电流与该回路的电流相匹配，对电动机回路熔丝的额定电源应为该电动机额定电流的 2.5～3 倍。

⑤ 电气控制系统发生故障时，应根据其现象按电气原理图分区分段查找并排除。

⑥ 正确选用硒或硅整流器中的熔丝，以防止整流堆过负载和短路。存放超过 3 个月以上时，应先进行成形试验，先通 50％额定交流电压 15min，再加 75％额定交流电压 15min，最后加至 100％额定交流电压。

⑦ 检查变压器是否过热，电压是否正常，绝缘是否良好。

⑧ 保持恰当压力和适当动作间隙。电磁式时间继电器的延时，可用改变非磁性垫片厚度和调节弹簧拉力来达到。

3. 电梯的安全操作

1）电梯的安全使用

电梯是上下运送乘客或货物的运输设备。根据电梯的运送任务及运行特点，确保电梯在使用过程中的人身和设备安全是至关重要的。确保电梯在使用过程中人身和设备安全，必须做到以下几点。

（1）重视加强对电梯的管理，建立并坚持贯彻切实可行的规章制度。

（2）电梯必须配备专职司机，无司机控制的电梯必须配备管理人员。

（3）制定并坚持贯彻安全操作规程。

（4）依据维保合同，监督维修人员的日常维护和预检修制度的执行情况。

（5）司机、管理人员、维修人员等发现不安全因素时，应及时处理。

（6）停用超过一周后重新使用时，应认真检查和试运行后方可交付继续使用。

（7）电梯电气设备的一切金属外壳必须采取保护性接地或接零措施。

（8）机房内应备有灭火设备。

2）电梯的安全操作规程

制定并严格贯彻司机、乘用人员、维修人员的安全操作规程，是安全使用电梯的重要环节之一，也是提高电梯使用效率和避免发生人身设备事故的重要措施之一。其安全操作规程的主要内容一般如下。

（1）司机和乘用人员的安全操作规程。

① 行驶前的准备工作。

a. 在多班制的情况下，司机在上班前应做好交接班手续，了解上一班的运行情况。

b. 开启厅门进入轿厢前，需注意电梯的轿厢是否停在该层站。

c. 开始工作前，对于有司机控制的电梯，司机应控制电梯上下试运行数次，观察并确定电梯的关门、启动、运行、选层、换速、平层停靠开门、上下端站限位装置、安全触板、信号登记和消号等性能和作用是否正常，有无异常的撞击声和噪声等。对于无司机控制的电梯，上述工作应由管理人员负责进行。

d. 做好轿厢、厅轿门及其他等乘用人员可见部分的卫生工作。

② 使用过程中的注意事项。

a. 有司机控制的电梯，司机在工作时间内需要离开轿厢时，应将电梯开到基站，锁梯后方可离开。

b. 严格禁止乘用人员随便扳动操纵箱上的开关和按钮等电气元件。

c. 轿厢载重应不超过电梯的额定载重量。

d. 装运易燃易爆等危险物品时，需预先通知司机或管理部门，以便采取相应的安全措施。

e. 严禁在轿厢门开启的情况下，通过按应急按钮，控制电梯慢速行驶。

f. 乘用人员进入轿厢后，切勿依靠轿厢门，以防电梯启动关门或停靠开门时碰撞乘用人员或夹住衣物等。

g. 轿厢顶部除电梯自身的设备外，不得放置其他物品。

③ 发生下列现象之一时，应立即停机并通知维修人员检修。

a. 作轿内指令登记和关闭厅门、轿厢门后，电梯不能启动，或司机关闭厅门、轿厢门后，电梯不能启动。

b. 在厅门、轿厢门开启的情况下，在轿内按下指令按钮时能启动电梯。

c. 到达预选层站时，电梯不能自动提前换速，或者虽能自动提前换速，但平层时不能自动停靠，或者停靠后超差过大，或者停靠后不能自动开门。

d. 电梯在额定速度下运行时，限速器和安全钳动作制动。

e. 电梯在运行过程中，在没有轿内外指令登记信号的层站，电梯能自动换速或平层停靠开门，或中途停车。

④ 使用完毕关闭电梯时，应将电梯开到基站，把操纵箱上的电源、信号、照明等的开关复位，将电梯门关闭。

⑤ 发生下列情况之一时应采取相应的措施。

a. 电梯运行过程中发生超速，超越端站楼面继续运行，出现异常响声和冲击振动，有异常气味等，应对准备企图跳离轿厢的乘客进行严肃的劝阻。

b. 电梯在运行中突然停车，在未查清事故原因前应切断电源，指挥乘用人员撤离轿厢，若轿厢不在厅门口处，应设法通知维修人员到机房用盘车手轮盘车，使电梯与门口停平。

c. 发生火灾时，司机和乘用人员要保持镇静，把电梯开到就近的安全层站停车，并迅速撤离轿厢，关闭好厅门，停止电梯的使用。

地震和火灾过后，要组织有关人员对电梯认真检查并试运行，确认可继续运行时方能投入使用。

（2）维修人员的安全操作规程。

① 维护修理前的安全准备工作。

a. 轿厢内或入口的明显处应挂上“检修停用”标牌。

b. 让无关人员离开轿厢或其他检修工作场地，关好厅门，不能关闭厅门时，需用合适的护栅挡住入口处，以防无关人员进入电梯。

c. 检修电气设备时，一般应切断电源或采取适当的安全措施。

d. 一个人在轿顶上做检修工作时，必须按下轿顶检修箱上的急停按钮，关好厅门，并在操纵箱上悬挂“人在轿顶，不准乱动”的标牌。

② 检修过程中的安全注意事项。

a. 给转动部位加油、清洗，或观察钢丝绳的磨损情况时，必须停闭电梯。

b. 人在轿顶上工作时，站立处不得有油污；否则应打扫干净，以防滑倒。

c. 人在轿顶上准备开动电梯以观察有关电梯部件的工作情况时，必须牢牢握住轿厢绳头板、轿架上梁或防护栅栏等机件。不能握住钢丝绳，并注意整个身体应置于轿厢外框尺寸内，防止被其他部件碰伤。需由轿厢内的司机或检修人员开电梯时，要交代和配合好，未经许可不准开动电梯。

d. 在多台电梯共用一个井道的情况下，检修电梯时应加倍小心，除注意本电梯的情况外，还应注意其他电梯的动态，以防被其碰撞。

e. 禁止在井道内和轿顶上吸烟。

f. 检修电气部件时应尽可能避免带电作业，必须带电操作或难以在完全切断电源的情况下作业时，应预防触电，并有主持和助手协同进行，应注意电梯出现突然启动运行的情况。

5.3　电梯电气故障处理方法

1）电梯电气维修基础

（1）电梯电气故障维修的重要性。由于电梯为特种设备，控制环节比较多，所以电梯出现的故障，绝大多数是由电气控制系统引起的。如果维修人员对电梯原理理解不深，检查判断和排除故障的方法不当，就会经常造成电梯停梯待修、带病运行，从而降低电梯的使用价值，甚至造成严重的安全事故。因此，掌握电梯电气系统的控制原理、熟悉各元器件的安装位置及作用和性能，线路的敷设情况，掌握排除故障的正确方法，才能从根本上提高电梯维修的质量，确保电梯的正常运行。

（2）电梯电气故障调查。电梯电气故障一般由各种线路和元器件短路或接触不良而引起，多出现于门系统、安全系统、控制系统等部位。在进行故障调查时，应首先采用望、闻、切、问等感官方法。

① 望：观察电梯的显示部分，如显示灯，显示屏等有无故障显示，根据其显示的内容

和含义结合电梯的原理判断故障。另外对电气部分中的被怀疑部件，看有否变色、有否高温后被烧的痕迹、有否不正常的变形，移位等。

② 闻：对电动机、电感器、接触器、继电器等，嗅其线圈有无异味。

③ 切：用手感觉被怀疑部件是否过热，拨动是否有虚焊和脱焊现象，对于接线端子，用旋具拨动有关导线，看接点是否有松动或虚焊。

④ 问：详细了解出现故障时的背景和现象。一旦出现故障，应在第一时间向有关人员了解故障发生时的背景和现象。

外观检查若发现了异常，可用仪表等工具对其确认，若未发现异常，实际上也是将故障点的范围缩小了，这就需要用万用表等工具对被怀疑的线路进行仔细检查，如首先检查该电路的电源是否正常。若正常，则可采用电阻法、电压法或短接法来检查故障点。

(3) 电阻法。当开关触点或线路接触不良、短路、断路时，如压线松脱、接触点氧化导致接触不良、电动机变压器绝缘漆包线断开等现象，都可以用测量电阻的方法查出故障点。如图 5-25 所示为电梯厅门联锁原理图，如层门联锁回路出现故障，联锁继电器不吸合，电梯不运行，则可用电阻法对故障点进行检查。具体方法是，将全部层门关闭并断开总电源后，用万用表的电阻挡测厅门联锁继电器 MSJ 线圈 a、b 端的电阻值，若电阻值很大，说明线圈断线；若电阻值符合一般规律，则说明故障点在某一层层门的联锁开关上。测量各层门上各个开关的接点（01～1、1～3、3～5、5～a)，哪个接点不通，其故障点就在哪个接点上。

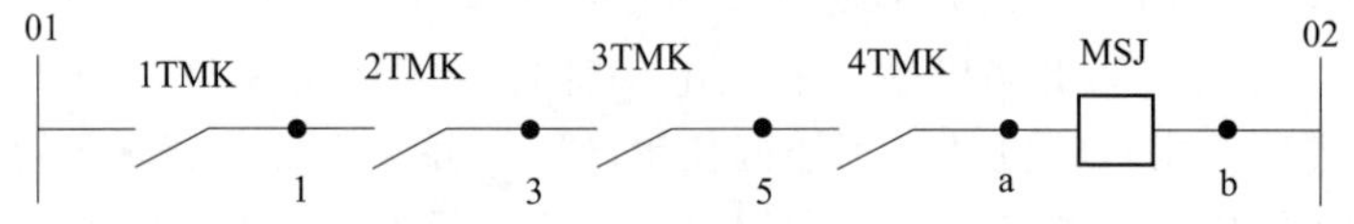

图 5-25　电梯厅门联锁原理图

检查高层电梯层门联锁回路故障时，为了提高检查效率，可采用优选法，若门锁回路的 02 是接零线的，在轿顶上用电阻法测量中间楼层的门锁（比如 3 端）对地的电阻，若电阻值很大则故障点在 3 与 a 之间，若接近 MSJ 线圈的电阻值，则故障点在 3 与 01 之间。以此方法再在问题段的中点测量，就能很快找出故障点来。

(4) 电压法。电压法是用电压表测量相关元器件两端的电压，根据一般电气原理来判断该元器件是否已经损坏的方法。

还是如图 5-25 所示用电压法查找层门联锁回路故障的故障点。将全部层门关闭但不断开总电源，用万用表相应的电压挡（01～02 的电压)，测量厅门联锁继电器 MSJ 线圈 a、b 端的电压，若其值接近 01～02 的电压值，说明故障出在 a、b 两端的线圈上，如果其值符合一般规律，则说明故障点在某一层层门的联锁开关上，测量各层门上各开关的接点（01～1、1～3、3～5、5～a）的电压，哪个接点的电压较大，其故障点就在哪个接点上。

若维修人员手头一时没有仪表，在实践中，可以用俗称“灯泡法”的方法来检查。这种方法利用的还是电压法的原理，用小灯的亮度来测线路有无电压以判断线路的通断。

(5) 短接法。短接法俗称“封线法”，是用一段导线逐段短接电器线路中各个开关接点或线路，模拟该开关或线路已经闭合或接通来查找故障的方法。

(6) 程序检查法。程序检查法是在调试、大修、改造以及进行较大规模的系统故障排除时，将电动机与抱闸动力电源切除，按电气原理图和操作说明书要求，短接不能运行的接点及触头，人为地给逻辑控制线路或 PC 的梯形图创造一个工作条件，以满足电动机的启动、加速、快速运行、换速减速、制动平层、停车开门、关门运行等条件要求。然后用短导线短路法，给控制框加上位置信号、召唤信号、指令信号，观察控制系统中各部位、各环节接线是否正确，各输出信号的顺序是否符合电梯运行的顺序。

（7）程序检查法的方法与步骤。例如，新改装一台 PC 控制的交流双速轿内按钮控制的货梯一台，要求听召唤，不参与定向，只给出内指令信号；工作时按关门钮自行关门启动，到达预选层站后，自动换速平层停梯开门；上、下班在基站用钥匙开、关门；检修时慢车点动运行，点动、开关门，有应急按钮，必要时可开门运行。

程序检查步骤如下。

① 先拆除曳引电动机三相电源线和抱闸的两根直流电源线。

② 用短导线短接不够运行条件的接点，如门联锁接点，安全继电器接点，上、下限位接点，上、下强迫换速接点等。

③ 因电梯的运行状态是一个变化过程，而模拟试运行只能在静态条件下进行，所以势必和实际运行有差距，因此检修人员必须熟悉图样，尽量考虑周密。仔细检查 PC 各输入点指示灯，在确实满足图样要求的条件后，可用短接法模拟司机的选层步骤给 PC 输入内指令，检查电梯的关门（关门继电器吸合），以及启动、选层及运行过程，PC 输出关门信号，接着快车接触器吸合，调速接触器吸合，上升（下降）接触器吸合。

④ 检查以上顺序是否符合图样的要求，在检查试验中，如发现有不正常的地方，应立限排除，然后再重新试验。

2）电梯的常见故障及排除方法

电梯的故障有机械故障和电气故障两种，机械故障较直观，通过外观的望、闻、问、切，即可发现故障部位。可电气故障就不同了，除直观检查外，还必须借用一些仪表和工具对故障线路及元器件进行检测，才能找到故障点。

分析电梯故障时，不论何种类型、何种驱动、何种控制系统，首先，要掌握电梯的运行工艺过程，领会其中的原理和特点，这样在遇到故障时，就能分析找出故障原因，具有排除故障的基础，有思维的修理才会有效。其次，修理技巧是实践和经验的积累，技巧的应用对判断和排除故障起着重要作用。

（1）电梯的常见故障。电梯的类型复杂，故障现象各异，但毕竟有许多共同之处，根据电梯运行工艺过程列举一些常见的故障现象，如电梯厅、轿厢门不能关闭；电梯厅、轿厢门不能开启；电梯厅、轿厢门既不能开又不能关闭；轿厢门开关门的速度不变或速度较慢；关门时夹人不能保护；电梯选层后定向有错等。

（2）故障分析及逻辑排故。

① 故障现象：不自动关门。

故障分析：门系统上的故障在整个电梯故障中占相当大的比例，一般情况下，不同品牌系列电梯的自动开关门，相同的故障原因是安全触板、门光电或光栅光幕失灵；或是机械部件脱落打滑；或是一个开门按钮或关门按钮；厅外召唤按钮没有释放；或是门开足后门终端限位开关没有动作；或是轿厢超载保护被触动等等。不相同的故障原因要根据不同品牌系列的门驱动系统的技术特点去分析排除。

逻辑排故：

a. 检查安全触板的工作状态和位置是否正常，若无异常，再检查安全触板继电器是否一直吸合；

b. 检查关门继电器串接的常闭触点是否开路；

c. 检查电梯轿厢活络轿底是否有松动和异常现象，检查超载继电器是否吸合；

d. 检查关门按钮触点。

② 故障现象：关门后不启动。

故障分析：产生这类故障的原因十分简单，即没有指令召唤信号；轿厢门、厅门的门锁触点没有接通；安全回路没有接通；启动时电源缺相；电磁制动器打不开。

逻辑排故：

a. 检查和调整门锁位置，目测门锁继电器是否吸合；

b. 检查电源相序继电器是否跳动，相关电路是否有短路现象；

c. 检查电梯的快/慢车接触器有没有吸合；

d. 在机房里检查检修继电器有没有吸合。

③ 故障现象：内指令和召唤信号登记不上。

故障分析：首先必须排除在正常供电情况下，电梯是否处于检修运行、锁梯停止、消防运行状态。然后辨别是内指令还是召唤信号，是单个还是全部信号登记不上。

逻辑排故：

a. 检查内指令和召唤信号线是否短路或接地；

b. 检查按钮触点是否开路，内指令和召唤指令继电器是否吸合。

④ 故障现象：启动后急停。

故障分析：电梯刚启动就停车是因为电压继电器串接的常开触点接触不良。电梯门虽然关好，但是电梯门刀和门锁滑轮的位置装配有误，当触及门锁时，电气联锁触点就动作，使门锁继电器释放，由于门电路开路，使启动继电器失电，因此使电梯刚启动就停车。

逻辑排故：

a. 调整电梯门刀和门锁滑轮的位置；

b. 检查电压继电器所串接的常开触点的接触情况。

⑤ 故障现象：运行中急停。

故障分析：控制电源存在故障；电源电压突然缺相；电动机的热继电器电流的整定值偏小；电梯轿门的门刀擦碰厅门门锁的滑轮；安全回路发生故障；上/下运行接触器和快/慢车接触器串接的常开触点有时接触不良。

逻辑排故：

a. 检查外接电源是否有电；

b. 检查相序继电器是否损坏；

c. 检查电动机的热继电器是否跳脱，整定合理的电流值；

d. 检查和调整电梯门刀和门锁滑轮的位置；

e. 目测检查运行接触器和快/慢车接触器的吸合情况；

f. 检查安全回路的通断。

⑥ 故障现象：电梯减速后在平层区域不平层。

故障分析：检修继电器的常闭触点接触不良，形成开路；在下行时，可能上行继电器未吸合，造成下平层感应器未接通；在平层时，隔磁板与平层感应器的位置发生变化；上行或下行接触器有缓慢释放的现象。

逻辑排故：

a. 检查检修继电器的常闭触点接触情况，测量启动继电器的电压；

b. 目测检查上行或下行接触器是否有缓慢释放的现象；

c. 观察隔磁板插入的位置是否正确；

d. 检查测量上/下平层感应器的常闭触点的电压，目测上/下运行继电器的吸合状况。

5.4　电梯急停故障的排除

1. 相关知识

（1）电梯的基本结构及各部件的作用。

（2）电梯安全回路的组成特点。

（3）曳引电动机的保护。

2. 故障原因分析

（1）若电梯有过载现象，就会使过载继电器动作，安全回路的电压继电器 YJ 失电释放，造成控制电路断电，电梯紧急。

（2）如果电梯在下行时突然停止运行，则可能是轿顶的安全窗未关好，使安全窗开关 ACK 断开，也会造成电梯突然停止运行。

（3）厅门门联锁装置误动作，使门锁开关断开，门锁继电器 MSJ 失电释放，造成上、下接触器失电，则电磁制动器失电抱闸，电梯突然停止运行。

3. 故障排除步骤及要求

（1）电梯突然停止运行，会出现乘用人员被困在轿厢中，应先将乘用人员安全地救出轿厢，然后再分析寻找故障原因。

（2）检查热继电器 KRJ 或 MRJ 是否动作，若动作，则按热继电器 KRJ 或 MRJ 的复位按钮，使其复位，并调整其电流整定值。

（3）检查轿顶的安全窗是否关好，用万用表测量全窗开关 ACK 是否接通。再检查安全钳滑块的间隙及拉杆是否有松动，适当调整安全钳开关的位置。

4. 准备工作

（1）材料用品：控制电气设备线路配套电路图、黑胶布、砂纸、劳保用品等。

（2）工具仪器：常用电工工具、套筒扳手、万用表、水平仪、铅垂线，随行照明灯等。

5. 考核时限

考核时限为 120min。

6. 考核项目及评分标准（表 5-3）

表 5-3　电梯急停故障考核项目及评分标准

项目	考核要点	配分	评分标准	扣分	得分
穿戴	穿戴是否整齐、规范	10	不符合要求每一项扣 2 分		
故障判断	1. 工具佩带是否齐全	20	不符合要求每一项扣 2 分		
	2. 是否按照电梯检修操作规程操作		不符合要求每一项扣 2 分		
检测内容	是否按照电梯紧急故障检测内容去做	25	缺少检测内容，每一项扣 5 分		
排除故障	是否按照电梯操作规程检修排除故障	30	未按要求排除故障每一项扣 5 分		
清理现场	是否清理好现场，器件摆放整齐	15	不符合要求每一项扣 2 分		
时限	120min		每超 10min 扣 2 分		
合计		100			

5.5 PLC 控制交流双速电梯主拖动电路的安装及调试

1. 相关知识

(1) 电梯的基本结构及各部件的作用。

(2) 电梯电气控制电路的组成原理。

(3) 曳引电动机的接线方法及保护。

2. 安装前的准备

(1) 检查配电板、行线槽、导线、各种元器件、三相双速异步电动机、PLC 是否备齐，所用电器元件的外观应完整无损、合格。

(2) 读识 PLC 控制交流双速电梯主拖动电路安装图，简单分析电路原理。

(3) 确定 PLC 的输入设备及所需的各类继电器，并对各元器件进行编号。

(4) 根据被控对象和控制要求编写程序，将设计好的程序输入到 PLC 中，进行编辑和检查。

3. 布线

(1) 按电路图的要求，确定走线方向并进行布线。

(2) 确定 PLC 的输入设备及所需的各类继电器，并对各元器件进行编号。输出公共端要加熔断器保护，以免负载短路损坏 PLC。

(3) 各种类型的电源线、控制线、信号线、输入线、输出线都应各自分开。

(4) PLC 最好使用专用接地线。如果没有专用接地线，PLC 和其他设备也应采用公共接地，绝不允许与其他设备串联接地。

(5) 截取长度合适的导线，弯成合适的形状，选择适当剥线钳钳口进行剥线。

4. 检查线路

(1) 按电路图或电气接线图从电源端开始，逐段核对接线及接线端子处线号。

(2) 用万用表检查线路的通断，用 500V 兆欧表检查线路的绝缘电阻，检查主、控电路熔体，检查热继电器时间继电器整定值。

(3) 用万用表检查线路，可先断开控制回路，用欧姆挡检查主回路有无短路现象。然后断开主回路再检查控制回路有无开路或短路现象。

5. 试运转

(1) 调试好的程序传送到现场使用的 PLC 中，这时可先不带负载，只带上接触器线圈、信号灯等进行调试。

(2) 自检以后进行空载试运转。空载试运转时接通三相电源，合上电源开关，用试电笔检查熔断器出线端，氖管亮表示电源接通。依次按动正反转按钮，观察接触器动作是否正常，经反复几次操作，正常后方可进行带负载试运转。

(3) 空载试运转正常后进行带负载试运转。带负载试运转时，拉下电源开关，接通电动机检查接线无误后，再合闸送电。

6. 准备工作

(1) 材料用品：控制电气设备线路配套电路图、塑料软铜线、配线板、交流接触器、热继电器、熔断器及熔体配套、三联按钮、行线槽、黑胶布、劳保用品等。

(2) 工具仪器：常用电工工具、万用表、钳形电流表等。

7. 考核时限

考核时限为 120min。

8. 考核项目及评分标准（表 5-4）

表 5-4　PLC 控制交流双速电梯主拖动电路的安装及调试考核项目及评分标准

项目	考核要点	配分	评分标准	扣分	得分
穿戴	穿戴是否整齐、规范	10	不符合要求每一项扣 2 分		
操作前的准备	1. 工具佩带是否齐全	20	不符合要求每一项扣 2 分		
	2. 是否正确将所编程序输入 PLC		编程有误每处扣 2 分		
布线	是否按照布线要求内容去做	30	不符合要求，每一项扣 5 分		
检查调试	是否按要求进行调试并达到设计要求	30	未按要求调试每一项扣 5 分		
清理现场	是否清理好现场，器件摆放整齐	10	不符合要求每一项扣 2 分		
时限	120min		每超 10min 扣 2 分		
合计		100			

5.6　轿厢运行抖动故障的排除

1. 相关知识

（1）电梯的基本结构及各部件的作用。

（2）电梯安全回路的组成特点。

（3）电梯导靴与导轨的配合要求。

2. 故障原因分析

1）机械故障

（1）轿厢的导靴与导轨之间因磨损严重而产生较大的间隙，使轿厢在水平方向晃动。

（2）主导轨的扭曲、变形，造成两导轨的垂直度和平行度有偏差，或导轨两端拼接有误差，使轿厢产生晃动。

（3）曳引机机组振动，蜗轮啮合面不好；电动机与蜗杆轴不对中；造成轿厢在运转中产生振动。

2）电气故障

（1）考虑电网的电源电压的波动，电源电压的波动在 5%范围之内时一般视为正常。同时昼夜的负载变化也会使电源电压发生波动。

（2）经二极管整流后，稳压电源输出电压的波动也会引起振动。

（3）控制柜内的电压继电器 YJ 是否存在故障，电压继电器 JY 触点不断地吸合与释放，所以，电压继电器 YJ 会产生剧烈地振动与噪声，造成运行中电梯轿厢的振动。

3. 故障排除步骤及要求

（1）检查滑动导靴和滚动导靴的靴衬和胶轮是否磨损，如有磨损应更换。

（2）检查压板是否有松动，调整导轨的垂直度和平行度。

（3）调整电动机与蜗杆轴的同轴度，校正轴向间隙。

（4）调整绳头板使钢丝绳受力均匀，检查和调整对重导轨的扭曲并固定好防跳装置。

4. 准备工作

（1）材料用品：控制电气设备线路配套电路图、塑料软铜线、直流继电器、黑胶布、砂纸、劳保用品等。

（2）工具仪器：常用电工工具、套筒扳手、万用表、水平仪、薄厚规、随行照明灯等。

5. 考核时限

考核时限为240min。

6. 考核项目及评分标准（表5-5）

表5-5 排除轿厢运行抖动故障考核项目及评分标准

项目	考核要点	配分	评分标准	扣分	得分
穿戴	穿戴是否整齐、规范	10	不符合要求每一项扣2分		
故障判断	1. 工具佩带是否齐全	20	不符合要求每一项扣2分		
	2. 是否按照电梯检修操作规程操作		不符合要求每一项扣2分		
检测内容	是否按照电梯抖动故障检测内容去做	25	缺少检测内容，每一项扣5分		
排除故障	是否按照电梯操作规程检修排除故障	30	未按要求排除故障每一项扣5分		
清理现场	是否清理好现场，器件摆放整齐	15	不符合要求每一项扣2分		
时限	240min		每超10min扣2分		
合计		100			

5.7 电梯楼层信号紊乱故障的排除

1. 相关知识

（1）集选控制电梯的性能。

（2）层楼信号控制系统的组成及原理。

（3）层楼信号所需传感器的结构及原理。

（4）层楼信号的取得方法。

2. 故障原因分析

（1）电梯到任何一楼层时，无该层楼信号显示。则说明：该层楼的传感器THG，无法取得该层楼信号。

（2）电梯到任何一楼层时，该层楼信号显示，但电梯一离开该楼层，该层楼信号就消失。则说明该层楼信号不能自保持，其层楼信号辅助继电器HFJ的自锁触头接触不良。

（3）电梯到任何一楼层时，有该层楼信号显示，但电梯到了相邻的楼层时，该层楼信号不消失。则说明相邻的层楼继电器THJ损坏或断线。

3. 排除故障步骤及要求

根据故障现象，在电气控制线路图中分析故障可能产生的原因，并确定故障发生的范围。排除故障过程中如果扩大故障，在规定时间内可以继续排除故障。

（1）在检修状态让电梯慢上、下运行，电梯到二楼时，无层楼信号显示。首先观察二楼的层楼传感器2THG是否被轿厢上的隔磁板隔断，2THG是否动作，可适当调整与隔磁板之间的相对位置，用万用表测量2THG的常闭触头是否接通。然后再到机房观察二楼的层楼继电器2THJ和其层楼信号辅助继电器2HFJ是否动作，用万用表测量2THJ和2HFJ的常开触头是否动作接通。否则更换受损元件，故障就可排除，电梯即可恢复正常使用。

（2）在检修状态让电梯慢上、下运行，电梯到二楼时，有层楼信号显示，但电梯刚一离开二楼，二楼层楼信号的显示就消失。对于这一故障现象，分析控制电气设备电路图可知，二楼层楼信号可以取得，说明二楼的层楼传感器2THG是好的，二楼的层楼继电器2THJ和其层楼信号辅助继电器2HFJ都能动作，只是二楼的层楼信号不连续，可用万用表测量

2HFJ 的自锁常开触头是否接触良好或用导线将自锁线路短接观察是否断线。只需接通自锁电路就可排除故障。

（3）在检修状态让电梯慢上、下运行，电梯到二楼时，有二楼层楼信号显示，但电梯继续上行到了三楼时，不显示三楼的楼层信号，仍显示二楼的楼层信号。首先观察三楼的层楼传感器 3THG 是否被轿厢上的隔磁板隔断，3THG 是否动作，用万用表测量 3THG 的常闭触头是否接通。若是正常的，再到机房观察三楼的层楼继电器 3THJ 和其层楼信号辅助继电器 3HFJ 是否动作，用万用表测量 3THJ 的常闭触头是否动作断开。否则更换受损元器件，故障就可排除。

（4）电梯在正常状态下，给出指令，让电梯上下运行几次，观察各层楼信号显示是否正常，故障是否排除。

4. 准备工作

（1）材料用品：控制电气设备线路配套电路图、塑料软铜线、永磁传感器、黑胶布、劳保用品等。

（2）工具仪器：常用电工工具、套筒扳手、兆欧表、钳形电流表、万用表。

5. 考核时限

考核时限为 120min。

6. 考核项目及评分标准（表 5-6）

表 5-6　排除电梯楼层信号紊乱故障考核项目及评分标准

项目	考核要点	配分	评分标准	扣分	得分
穿戴	穿戴是否整齐、规范	10	不符合要求每一项扣 2 分		
故障判断	1. 工具佩带是否齐全	20	不符合要求每一项扣 2 分		
	2. 是否按照电梯检修操作规程操作		不符合要求每一项扣 2 分		
检测内容	是否按照电梯信号紊乱故障检测内容去做	25	缺少检测内容，每一项扣 5 分		
排除故障	是否按照电梯操作规程检修排除信号紊乱故障	20	未按要求排除故障每一项扣 5 分		
清理现场	是否清理好现场，器件摆放整齐	15	不符合要求每一项扣 2 分		
其他	是否尊重考评人、讲文明礼貌	10	方法不规范扣 5 分 违反安全操作规程扣 15 分		
时限	240min		每超 10min 扣 2 分		
合计		100			

【相关知识】

5.8　交流双速 PLC 控制电梯的原理

1. 电气控制的原理图

如图 5-26 所示为交流双速变极调速集选 PLC 控制电梯电气原理图。

PLC（可编程序控制器）控制系统由于具有运行可靠、故障率低、运行维护费用低、控制流程易于修改、能耗低、运行无噪声等优点，在各大中型控制系统中已经取代了传统的继电器控制系统，并呈现出极大的优越性。

该拖动系统用交流双速电动机拖动，启动采用快速绕组（6 极）串电抗降压启动；减速采用快速绕组换到串有电阻电抗的慢速绕组（24 极）进行再生发电制动，进入稳定慢速爬行运行；最后平层抱闸停车。

该控制系统采用 PLC 作为主控单元。PLC 对电梯的各种信号进行处理后，控制曳引电动机的启动、加速、满速运行、换速、停止，信号的显示等动作过程。

该系统设置了快车和慢车两种运行方式；系统能根据井道传感器的信号自动判断电梯的实际位置，能采集系统各部分的各种信息，如操纵盘上的各种指令，厅外呼梯等。在 PLC 内部处理完毕后进行自动定向、开关门、运行、停靠等控制。本系统与 KJX 电梯控制系统功能兼容，为集选操作电梯控制形式。

2. 电气控制的特点

本系统设置有自动、司机、检修 3 种运行模式：扭动操纵盘上的电锁开关 SYK，可选择运行模式。当 SYK 在司机位置时，PLC 的 0001 点接通，电梯处于有司机操纵的状态，

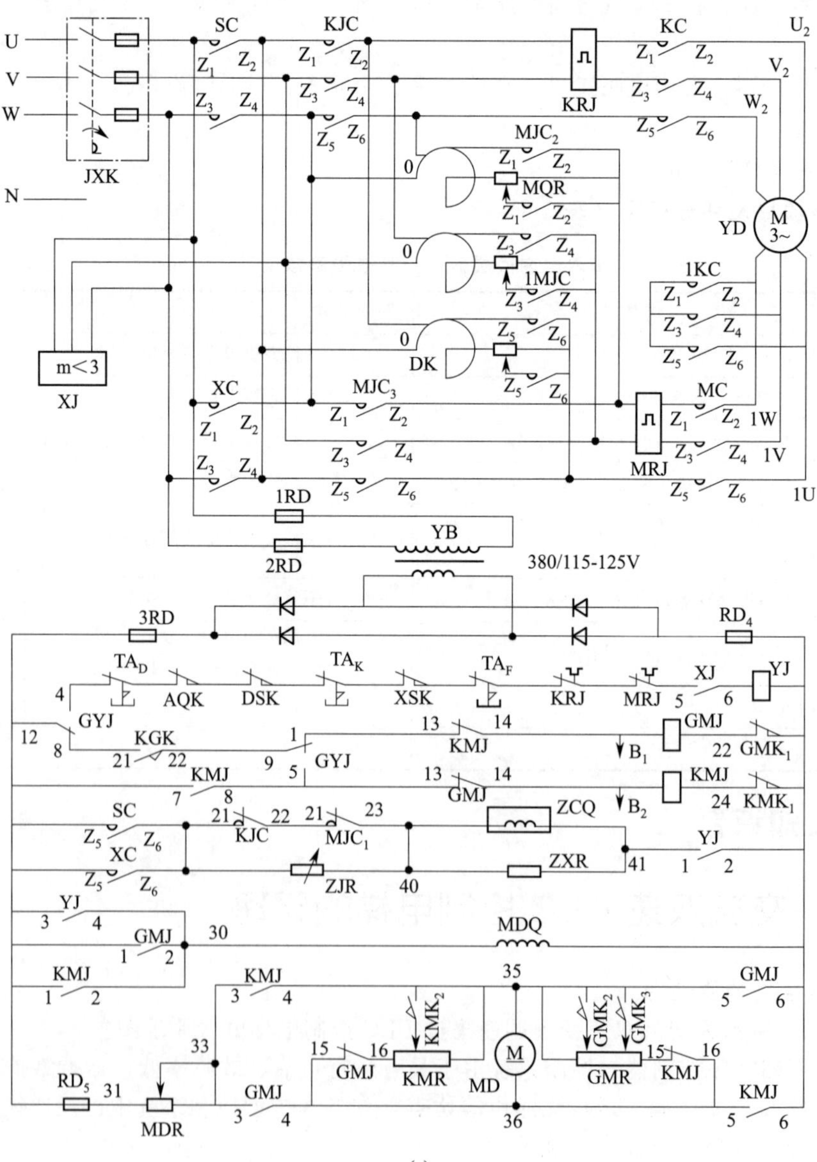

(a)

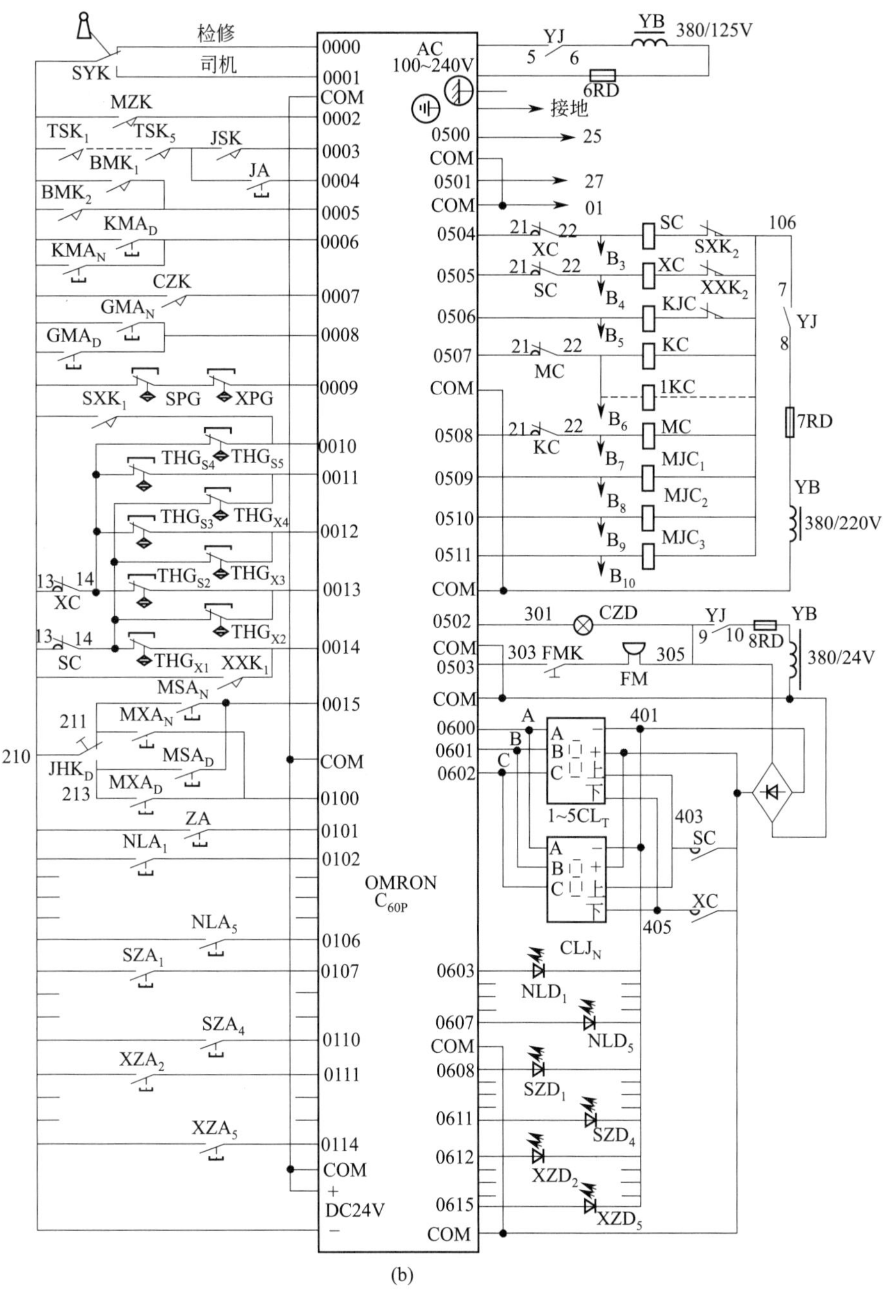

(b)

图 5-26　PLC 控制电梯电气原理图

需由专职司机操作；当 SYK 在自动位置时 PLC 的 0000、0001 点断开，电梯处于无司机操纵的状态即自动状态；当 SYK 在检修位置时，PLC 的 0000 点接通，电梯处于慢车即检修状态，只能慢车点动运行。

第 6 章　高压开关的安装及检修

6.1　高压开关的基本知识

1. 高压开关的分类

高压开关是变配电所的重要电气设备之一，不仅用来通断正常负荷电流，而且当线路发生故障时，能迅速切断故障，防止事故的扩大。高压开关分为高压断路器、高压隔离开关和高压负荷开关等。

1）高压断路器（high voltage circuit breaker）

高压断路器是带有强力灭弧装置的高压开关设备，能够开断和闭合正常线路与故障线路，主要用于供配电系统发生故障时与保护装置配合自动切断系统中的短路电流。

高压断路器通常按照灭弧介质分类，主要有油断路器、真空断路器和六氟化硫（SF_6）断路器。

（1）油断路器（oil circuit-breaker）。油断路器按其油量多少和油的功能，又分多油断路器和少油断路器两类。多油断路器的油量多，油一方面可作为灭弧介质，另一方面又可作为相对地（外壳）甚至相与相之间的绝缘介质。少油断路器的油量很少，油只作为灭弧介质，不作为对地绝缘。对地绝缘主要采用固体介质，如瓷瓶、环氧玻璃筒等。如图 6-1 所示为中压系统中常用的 SN10—10 型少油断路器的外形图。

少油断路器（oil-minimum circuit-breaker）在供配电中压系统中广泛应用，但随着中压开关无油化进程的展开，会逐渐被真空断路器所取代。

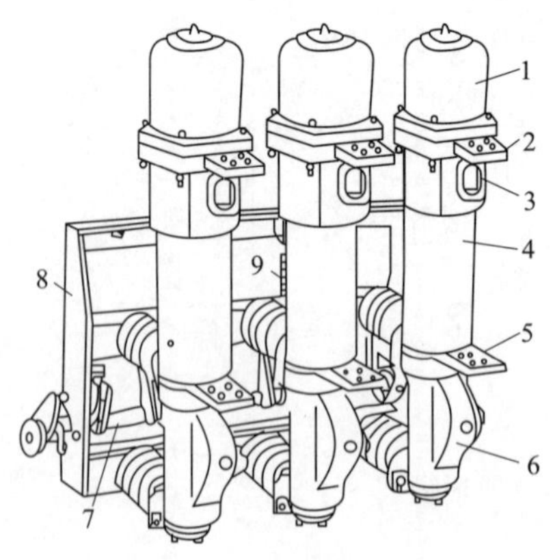

图 6-1　SN10—10 型少油断路器的外形图
1—铝帽；2—上接线端子；
3—油标；4—绝缘筒；
5—下线端子；6—基座；
7—主轴；8—框架；
9—断路弹簧

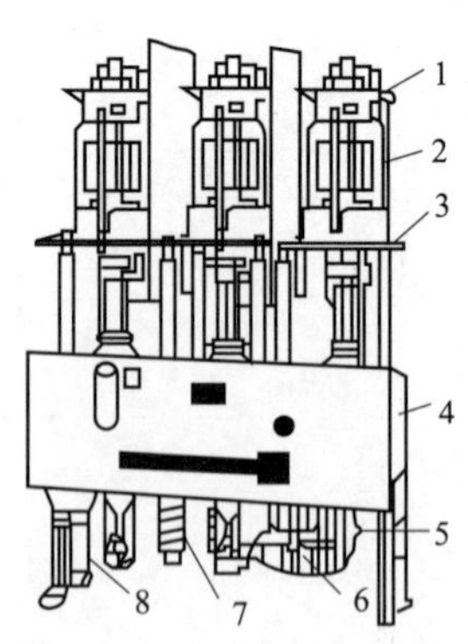

图 6-2　ZN3—10 型高压真空断路器的外形图
1—上接线端子（后边出线）；2—真空灭弧室；
3—下接线端子（后边出线）；4—操动机构箱；
5—合闸电磁铁；6—分闸电磁铁；
7—断路弹簧；8—底座

（2）真空断路器（vacuum circuit-breaker）。如图 6-2 所示为 ZN3—10 型高压真空断路

器的外形图。它是以真空作为灭弧介质的断路器。这里所指的真空，是指气体压力在 $10^{-4}\sim10^{-10}$Pa 范围内的空间。真空断路器的触头装在真空灭弧室内，当触头切断电路时，触头间将产生电弧，该电弧是由触头电极蒸发出来的金属蒸气形成的。其弧柱内外的压力差和质点密度差均很大，因此，弧柱内的金属蒸气和带电粒子得以迅速向外扩散；在电流过零瞬间，电弧立即熄灭。真空断路器在供配电中压系统中得到了广泛应用。其主要特点如下。

① 熄弧能力强，燃弧及分断时间均短。

② 触头电侵蚀小，使用寿命长，触头不受外界有害气体的侵蚀。

③ 触头开距小，操作功小，使用寿命长。

④ 适宜于频繁操作和快速切断，特别是切断电容性负载电路。

⑤ 体积和质量均小，结构简单，维修工作量小，而且真空灭弧室和触头无需检修。

⑥ 环境污染小，开断是在密闭容器内进行，电弧生成物不污染环境，无易燃易爆介质，也无严重噪声。

（3）SF_6 断路器（SF_6 circuit-breaker）。SF_6 断路器是利用 SF_6 气体作灭弧介质的一种断路器。SF_6 是一种化学性能非常稳定的气体，具有优良的电绝缘性能和灭弧性能。SF_6 断路器的特点是：断流能力强，灭弧速度快，不易燃，使用寿命长，可频繁操作，机械可靠性高以及免维护周期长。但其加工精度要求高，密封性能要求非常严格，价格较高。

SF_6 断路器在供配电中、高压系统，尤其是高压系统中得到了广泛应用。如图 6-3 所示为 LN2—10 高压 SF_6 断路器的外形图。

2）高压隔离开关（high voltage isolating switch）

高压隔离开关的主要功能是隔离电源，当其处于分闸状态时，有着明显的断口，使处于其后的高压母线、断路器等电力设备与电源或带电高压母线隔离，以保障检修工作的安全。由于不设灭弧装置，隔离开关一般不允许带负荷操作，即不允许接通和分断负荷电流。但可用来分合一定的小电流，如励磁电流不超过 2A 的空载变压器、电容电流不超过 5A 的空载线路以及电压互感器和避雷器等。如图 6-4 所示为 GN8—10 隔离开关的外形图。

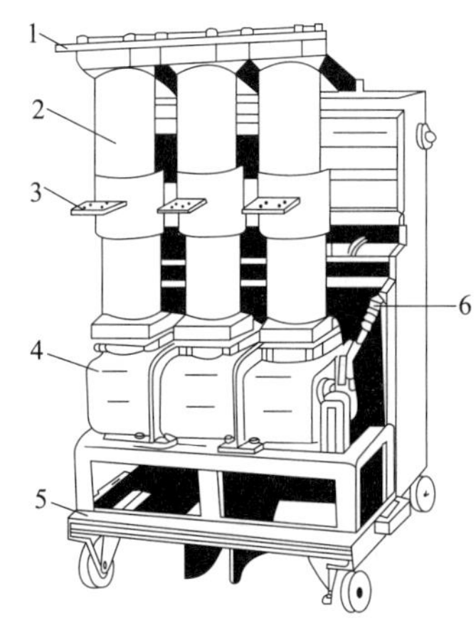

图 6-3　LN2—10 高压 SF_6 断路器的外形图

1—上接线端子；2—绝缘筒（内为气缸及触头灭弧系统）；3—下接线端子；4—操动机构箱；5—小车；6—断路弹簧

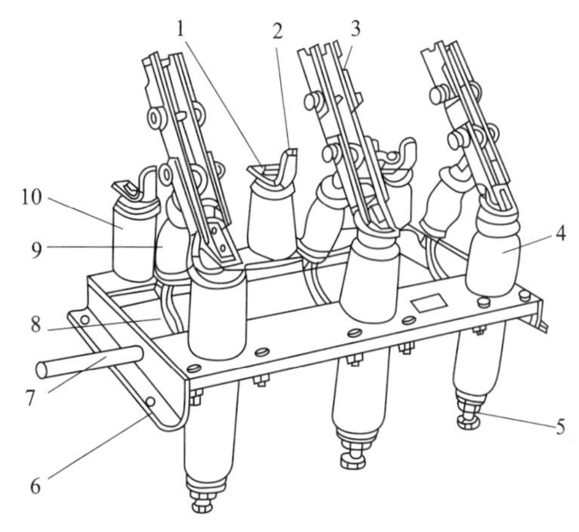

图 6-4　GN8—10 隔离开关的外形图

1—上接线端子；2—静触头；3—闸刀；4—套管绝缘子；5—下接线端子；6—框架；7—转轴；8—拐臂；9—升降绝缘子；10—支柱绝缘子

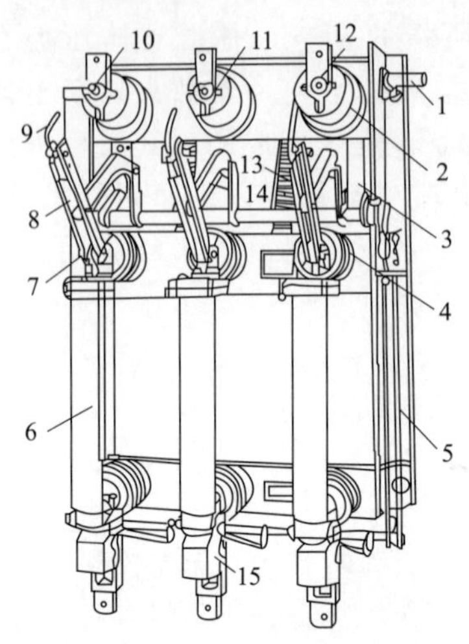

图 6-5 FN3—10RT 型负荷开关的外形图

1—主轴；2—上绝缘子兼气缸；3—连杆；4—下绝缘子；5—框架；6—RN1 型熔断器；7—下触座；8—闸刀；9—弧动触头；10—绝缘喷嘴（内有弧静触头）；11—主静触头；12—上触座；13—断路弹簧；14—绝缘拉杆；15—热脱扣器

3）高压负荷开关（high voltage load switch）

高压负荷开关是一种介于隔离开关与断路器之间的结构简单的高压电器，具有简单的灭弧装置，常用来分合负荷电流和较小的过负荷电流，但不能分断短路电流。此外，高压负荷开关大多数具有明显的断口，具有隔离开关的作用。高压负荷开关常与熔断器联合使用，由高压负荷开关分断负荷电流，利用熔断器切断故障电流。因此在容量不是很大、同时对保护性能的要求也不是很高时，高压负荷开关与熔断器组合起来便可取代断路器，从而降低设备投资和运行费用。这种形式广泛应用于城网改造和农村电网。图 6-5 为 FN3—10RT 型负荷开关的外形图。

2. 高压开关的主要参数

高压开关的工作能力是由许多参数决定的，这些参数对评价开关的性能是很重要，其主要参数如下。

1）额定电压

这是容许高压开关连续工作的工作电压，一般额定电压有 6、10、20、35、60、110 等，单位为 kV，标于铭牌上。

2）额定电流

这是指开关长期允许通过的工作电流，一般额定电流有 200、400、600、1000、1500、2000、2500、3000 等级，单位为 A。

3）断开电流

在一定电压下开关能安全无损断开的最大电流称为断开电流，单位为 kA。

4）断流容量

在一定电压下的断开电流与该电压的乘积再乘以$\sqrt{3}$后，为该电压下的断流容量，它表明在一定电压下的最大断路能力，断路容量有 15、30、50、100、150、200、250、300、400、750、1000、1500、2000 等级，单位为 MV·A。

5）极限通过电流

极限通过电流是开关在合闸位置时容许通过的最大短路电流。这数值是由各导电部分能承受最大电动力所决定的，单位为 kA。

6）热稳定电流

开关在合闸位置，在一定时间内通过短路电流时，不因发热而造成触头熔焊或机械破坏，这个电流值称为一定时间的热稳定电流。

7）合闸时间

对有操作机构的断路器，自发出合闸信号起，到线路被接通时止所经过的时间，一般小于 0.5s 左右。

8）断开时间

断开时间是从加上断开信号起，到三相电弧完全熄灭所经过的时间，一般小于 0.15s。

3. 高压断路器的型号

高压断路器的型号如图 6-6 所示。

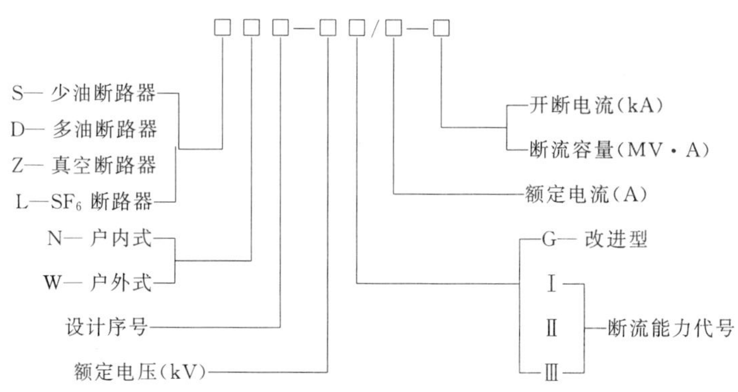

图 6-6　高压断路器的型号

6.2　少油断路器的主要结构

1. 少油断路器的内部结构

少油断路器由框架、传动机构和油箱等 3 个主要部分组成。按断流容量可分 3 种类型，Ⅰ型的断流容量为 300MV·A，Ⅱ型的断流容量为 500MV·A，Ⅲ型的断流容量为 750MV·A。

SN10—10 型少油断路器是应用范围最广的一种户内少油断路器。如图 6-7 所示为少油断路器其一相油箱的内部结构剖面图。油箱下部是由高强度铸铁制成的基座，其中装有操作断路器动触头（导电杆）的转轴和拐臂等传动机构。油箱中部是灭弧室，外面套有高强度的绝缘筒。油箱上部是铝帽。铝帽内的上部是油气分离室，下部装有插座式静触头。插座式静触头有 3～4 片弧触片。断路器合闸后，导电杆插入静触头，首先接触弧触片。断路器分闸后，导电杆离开静触头，最后离开弧触片。因此，无论断路器合闸或分闸，电弧总在导电杆的端部与弧触片之间产生。为了确保电弧能偏向弧触片，在灭弧室的上部靠弧触片一侧还嵌有吸弧铁片，利用铁磁吸弧原理使电弧偏向弧触片，从而不致烧毁静触头中主要的工作触片。弧触片和导电杆端部的弧触头，均采用耐弧的铜钨合金制成。这种断路器合闸时的导电回路是：上接线端子→静触头→动触头（导电杆）→中间滚动触头→下接线端子。

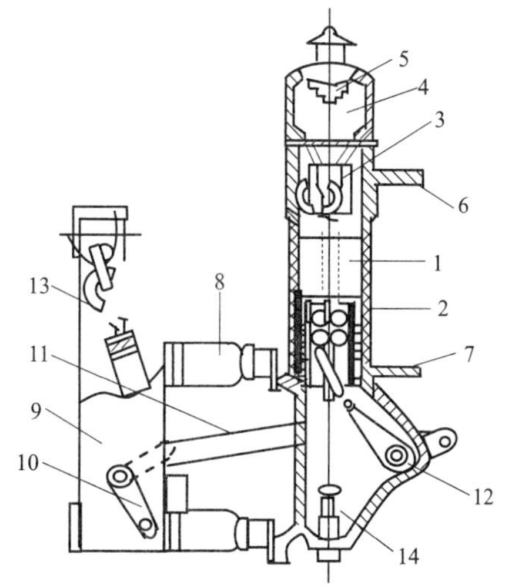

图 6-7　SN10—10 型少油断路器的剖面图
1—灭弧室；2—绝缘筒；3—静触头；4—空气室；5—油气分离器；6—上接线板；7—下接线板；8—瓷瓶；9—底座；10—主轴；11—绝缘拉杆；12—转轴；13—分闸弹簧；14—分闸油缓冲器

2. 少油断路器的灭弧室

少油断路器的灭弧，主要依赖灭弧室。如图 6-8 所示为少油断路器的灭弧室结构。如图 6-9 所示为灭弧室的工作示意图。断路器分闸时，导电杆（动触头）向下运动。当导电杆离开静触头时，产生电弧，使油分解，形成气泡，导致静触头周围的油压骤增，迫使逆止阀（钢珠）向上堵住中心孔。这时电弧在近乎封闭的空间内燃烧，从而使灭弧室内的油压迅速增大。当导电杆继续向下运动，相继打开一、二、三道灭弧沟及下面的油囊时，油气流强烈地横吹和纵吹电弧，同时由于导电杆向下运动，在灭弧室形成附加油流射向电弧。由于油气流的横吹和纵吹以及机械运动等的综合作用，使电弧迅速熄灭。而且这种断路器分闸时，导电杆是向下运动的，导电杆端部的弧根部分总与下面新鲜的冷油接触，进一步改善了灭弧条件，因此具有较大的断流容量。这种少油断路器，在油箱上部设有油气分离室，使灭弧过程中产生的油气混合物旋转分离，气体从油箱顶部的排气孔排出，而油则附着油箱内壁流回灭室。

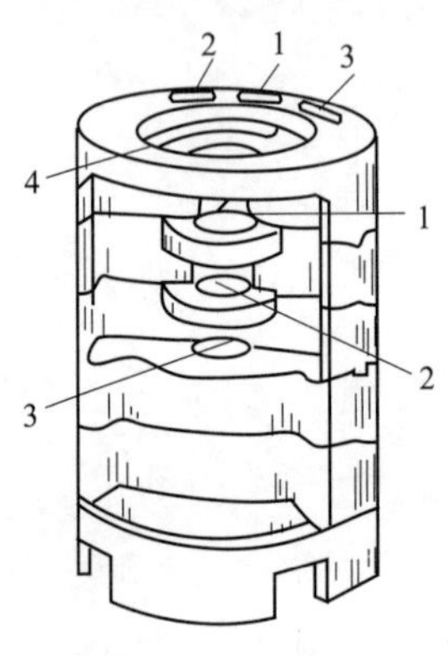

图 6-8　SN10—10 型少油断路器的灭弧室

1—第一道灭弧沟；2—第二道灭弧沟；3—第三道灭弧沟；4—吸弧铁片

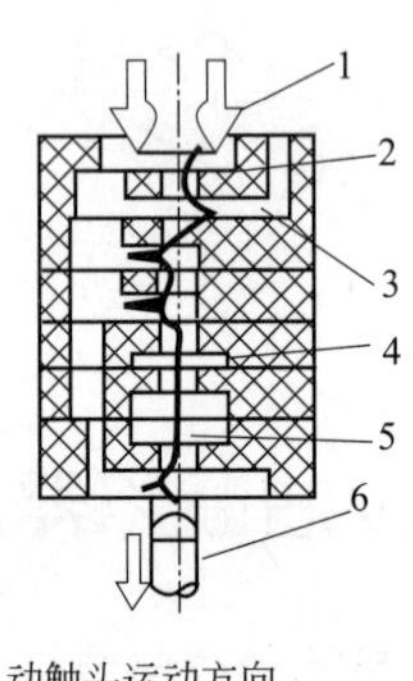

图 6-9　灭弧室的工作示意图

1—静触头；2—吸弧铁片；3—横吹灭弧沟；4—纵吹油囊；5—电弧；6—动触头

3. 少油断路器操动机构

少油断路器可配用 CD10 型直流电磁操动机构或 CT7 交直流弹簧储能操动机构，能实现手动和电动的合闸和分闸。

1）CD10 型电磁操动机构

CD10 型电磁操动机构能实现手动和自动控制的分闸和合闸，它主要由外壳、跳闸线圈、手动跳闸按钮、合闸线圈、合闸操作手柄、接线端子排、辅助开关和分合指示组成。如图 6-10 所示为 CD10 型电磁操动机构的外形和剖面图。

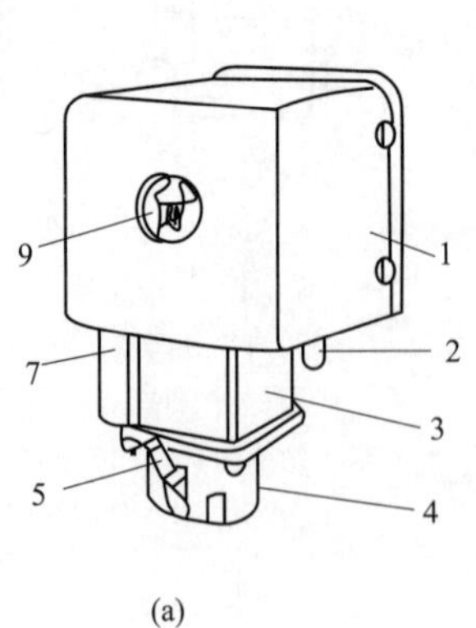

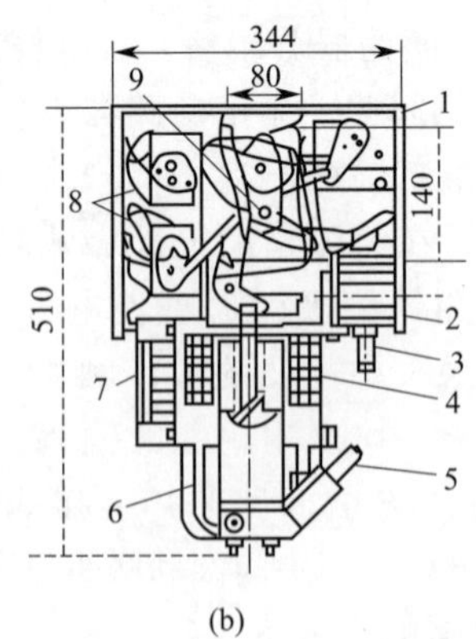

图 6-10　CD10 型电磁操动机构

（a）外形图；（b）剖面图

1—外壳；2—跳闸线圈；3—手动跳闸按钮；4—合闸线圈；5—合闸操作手柄；6—缓冲底座；7—接线端子排；8—辅助开关；9—分合指示

如图 6-11 所示为 CD10 型电磁操动机构的传动原理示意图。从图 6-11(a) 中可以看出，分闸时，因手动或因远距离控制，使跳闸线圈通电，跳闸铁芯上的撞头往上撞击连杆系统，致使搭在 L 形搭钩上的连杆滚轴下落，于是主轴在断路弹簧作用下转动，使断路器跳闸，并带动辅助开关切换。断路器跳闸后，跳闸铁芯下落，正对此铁芯的两连杆也回复到跳闸前的状态。

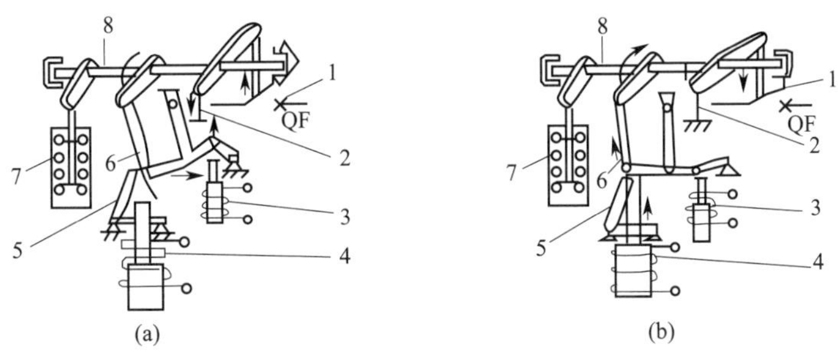

图 6-11　CD10 型电磁操动机构的传动原理示意图

1—高压断路器；2—断路弹簧；3—跳闸线圈；4—合闸线圈；5—L 形搭钩；6—连杆；7—辅助开关；8—操动机构主轴

从图 6-11(b) 中可以看出，合闸时，合闸铁芯因手动或因远距离控制使合闸线圈通电而上举，使连杆滚轴又搭在 L 形搭钩上，同时使主轴反抗断路弹簧的作用而转动，使断路器合闸，并带动辅助开关切换，整个连杆系统又处在稳定的合闸状态。

2）CT7 型弹簧操动机构

弹簧操动机构又称弹簧储能式电动操动机构，主要由合闸按钮、分闸按钮、储能指示灯、分合指示、手动储能转轴以及输出轴组成。如图6-12所示，为 CT7 型弹簧操动机构的外形结构图。该操动机构采用交直流两用串励电动机使合闸弹簧储能，在合闸弹簧释放能量的过程中将断路器合闸。弹簧操动机构可手动和自动分合闸，并可实现一次自动重合闸，而且由于采用交流操作电源，使保护和控制装置简化，但其结构复杂，价格较贵。其传动原理示意图如图 6-13 所示。

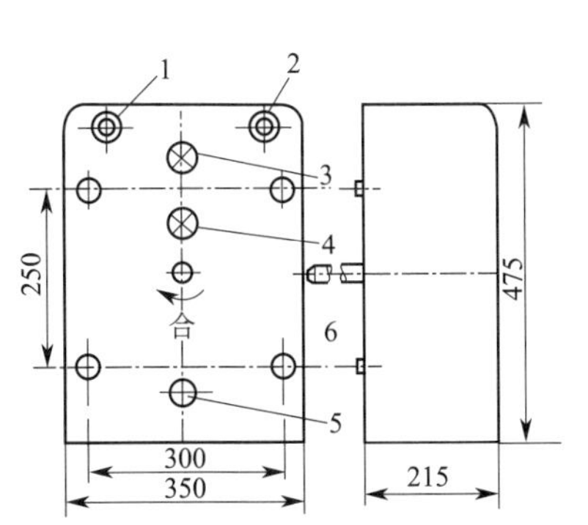

图 6-12　CT7 型弹簧操动机构的外形结构图

1—合闸按钮；2—分闸按钮；3—储能指示灯；4—分合指示；5—手动储能转轴；6—输出轴

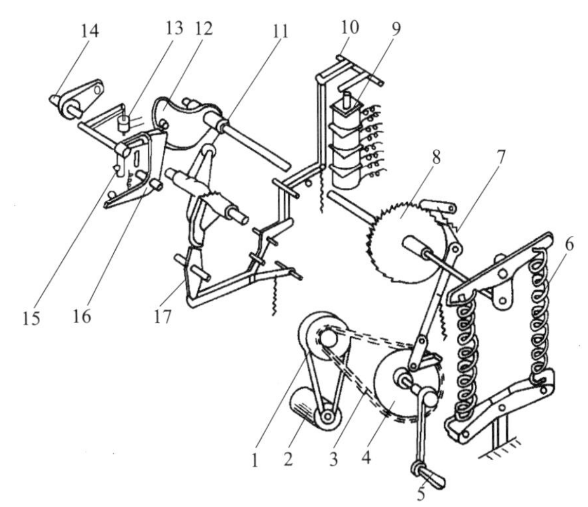

图 6-13　CT7 型弹簧操动机构传动原理示意图

1—传动带；2—电动机；3—链条；4—偏心轮；5—手柄；6—合闸弹簧；7—棘爪；8—棘轮；9—脱扣器；10，17—连杆；11—拐臂；12—凸轮；13—合闸电磁铁；14—输出轴；15—掣子轮；16—杠杆

（1）电动机储能。电动机2通电转动时，通过传动带1、链条3和偏心轮4，带动棘爪7和棘轮8，棘轮8推动凸轮12使合闸弹簧6拉伸。当凸轮12转过最高点一角度后，通过掣子轮15和杠杆16及凸轮上的小滚轮把拉伸的弹簧维持在储能状态。在储能结束瞬间，行程开关动作，电动机电源被切断。

（2）手动储能。沿顺时针方向转动手柄5，与上述电动机储能的动作过程相同，使合闸弹簧储能。手动储能一般只在调整或电源有故障时使用。

（3）电动合闸。合闸电磁铁13通电，掣子巧15动作。在合闸弹簧6作用下，凸轮12驱动拐臂11动作，通过输出轴14带动断路器合闸。连杆10与17构成死点维持断路器在合闸状态。

（4）手动合闸。转动操作手柄5，使拉杆向上移动，带动掣子巧15上移，与杠杆16脱离，解除自锁，同电动合闸一样，在合闸弹簧6的作用下使断路器合闸。

（5）电动分闸。脱扣器9通电，使连杆10动作，解除连杆10与17构成的死点，在断路弹簧的作用下，使断路器跳闸。

（6）手动分闸。转动手柄5，通过偏心轮4和棘爪7、棘轮8等，使连杆10向上转动，解除连杆10与17构成的死点，同电动分闸一样，在断路弹簧的作用下，使断路器跳闸。

（7）自动重合闸。当断路器合闸后，行程开关动作，使电动机2的电源被接通，操动机构的合闸弹簧6再次储能，为重合闸作好准备。当一次电路出现故障使断路器跳闸时，自动重合闸电路使合闸电磁铁通电，借助已储能的合闸弹簧，使断路器重合闸。

6.3 断路器的操作回路

在高压断路器进行合闸和跳闸操作的过程中，可以通过手动控制实现，也能通过自动控制实现。自动控制是指在与其相距几百米的控制室内进行。这种相隔一定距离的操作称为远距离控制。为了实现远距离控制，被操作的电器必须有执行合闸和跳闸命令的操作机构回路。目前断路器的操作机构回路主要有手动操作机构回路、电磁操动机构回路和弹簧操动机构回路等。

1. 断路器的手动操作回路

如图6-14所示，为断路器的手动操作回路原理图。合闸时，推上操作手柄使断路器合闸。这时断路器的辅助触点QF_{3-4}闭合，红灯RD亮，指示断路器已经合闸通电。由于有限流电阻R_2，跳闸线圈YR虽有电流通过，但电流很小，不会跳闸。红灯RD亮，还表示跳闸回路及控制回路电源的熔断器FU_1和FU_2是完好的，即红灯RD同时起着监视跳闸回路完好性的作用。

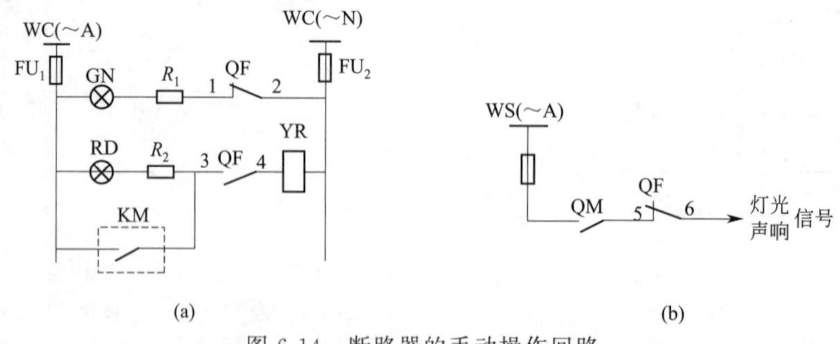

图6-14 断路器的手动操作回路

（a）分、合闸回路；（b）事故信号回路

WC—控制小母线；WS—信号小母线；GN—绿色指示灯；RD—红色指示灯；R—限流电阻；YR—跳闸线圈（脱扣器）；KM—出口继电器触点；$QF_{1\sim6}$—断路器QF的辅助触点；QM—手动操动机构的辅助触点

分闸时，扳下操作手柄使断路器分闸。这时断路器的辅助触点 QF_{3-4} 断开，切断跳闸回路，同时辅助触点 QF_{1-2} 闭合，绿灯 GN 亮，指示断路器已经分闸断电。绿灯 GN 亮，还表示控制回路电源的熔断器 FU_1 和 FU_2 是完好的，即绿灯 GN 同时起着监视控制回路完好性的作用。

在正常操作断路器分、合闸时，由于操动机构的辅助触点 QM 与断路器的辅助触点 QF_{5-6} 是同时切换的，所以事故信号回路（信号小母线 WS 所供的回路）总是断路的，不会错误地发出灯光、声响信号。

当一次电路发生短路故障时，继电保护装置动作，其出口继电器触点 KM 闭合，接通跳闸回路（QF_{3-4} 原已闭合），使断路器跳闸。随后 QF_{3-4} 断开，红灯 RD 灭，并切断 YR 的电源；同时 QF_{1-2} 闭合，绿灯 GN 亮。这时操动机构的操作手柄虽然仍在合闸位置，但其黄色指示牌下掉，表示断路器自动跳闸。在信号回路中，由于操作手柄仍在合闸位置，其辅助触点 QM 闭合，而断路器已事故跳闸，QF_{5-6} 闭合，因此事故信号接通，发出灯光和声响信号。当值班员得知事故跳闸信号后，可将断路器操作手柄扳下至分闸位置，这时黄色指示牌随之返回，事故灯光、声响信号也随之解除。

控制回路中分别与指示灯 GN 和 RD 串联的电阻 R_1 和 R_2，除了具有限流作用外，还有防止指示灯灯座短路时造成控制回路短路或断路器误跳闸的作用。

2. 断路器的电磁操作回路

如图 6-15 所示为采用电磁操动机构的断路器操作回路。其操作电源采用硅整流电容储能的直流系统，控制开关采用双向自复式并具有保持触点的 LW5 型万能转换开关，其手柄正常为垂直位置（0°）。顺时针扳转 45°为合闸操作（ON），手松开即自动返回（复位），保持合闸状态。反时针扳转 45°为分闸操作（OFF），手松开后自动返回，保持分闸状态。图中控制开关 SA 两侧虚线上打黑点（·）的触点，表示该触点在此位置接通。控制开关 SA 两侧的箭头（→），指示控制开关 SA 手柄自动返回的方向。表 6-1 是控制开关 SA 的触点动作图表，可供读图参考。

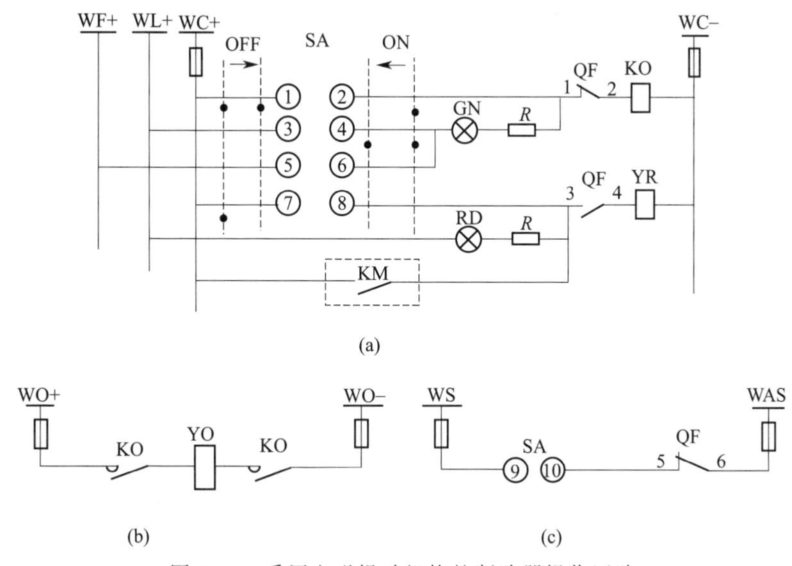

图 6-15　采用电磁操动机构的断路器操作回路

（a）SA 操作回路；（b）合闸回路；（c）事故信号回路

WC—控制小母线；WS—信号小母线；WL—灯光指示小母线；WF—闪光信号小母线；WAS—事故音响信号小母线；WO—合闸小母线；SA—控制开关；KO—合闸接触器；YO—电磁合闸线圈；YR—跳闸线圈；KM—出口继电器触点；$QF_{1\sim6}$—断路器 QF 的辅助触点；GN—绿色指示灯；ON—合闸操作方向；RD—红色指示灯；OFF—分闸操作方向

表 6-1 控制开关 SA 的触点动作图表

SA 触点编号			1—2	3—4	5—6	7—8	9—10
手柄位置	分闸后	↑		×			
	合闸操作	↗	×		×		
	合闸后	↑			×		×
	分闸操作	↖		×		×	

注："×"表示触点接通

合闸时，将控制开关 SA 的手柄顺时针扳转 45°。这时触点 SA_{1-2} 接通，合闸接触器 KO 通电（其中 QF_{1-2} 原已闭合），主触点闭合，使电磁合闸线圈 YO 通电动作，使断路器合闸。合闸完成后，控制开关 SA 自动返回，触点 SA_{1-2} 断开，QF_{1-2} 也断开，切断合闸回路；同时 QF_{3-4} 闭合，红灯 RD 亮，指示断路器已经合闸，并监视着跳闸线圈 YR 回路的完好性。

分闸时，将控制开关 SA 的手柄反时针扳转 45°，这时触点 SA_{7-8} 接通，跳闸线圈 YR 通电（其中 QF_{3-4} 已闭合），使断路器分闸。分闸完成后，控制开关 SA 自动返回，触点 SA_{7-8} 断开，断路器的辅助触点 QF_{3-4} 这时也断开，切断跳闸回路；同时触点 SA_{3-4} 闭合，QF_{1-2} 也闭合，绿灯 GN 亮，指示断路器已经分闸，并监视着合闸接触器 KO 回路的完好性。

由于红绿指示灯兼有监视分、合闸回路完好性的作用，长时间运行，耗能较多。因此为减少操作电源中储能电容器能量的过多消耗，故另设灯光指示小母线 WL(＋)，专用来接入红绿指示灯。储能电容器的能量只用来供电给控制小母线 WC。

当一次电路发生短路故障时，继电保护动作，其出口继电器触点 KM 闭合，接通跳闸线圈 YR 回路（其中 QF_{3-4} 已闭合），使断路器跳闸。随后断路器的辅助触点 QF_{3-4} 断开，使红灯 RD 灭，并切断跳闸回路。同时 QF_{1-2} 闭合，而 SA 尚在合闸后位置，其触点 SA_{5-6} 闭合，从而接通闪光电源小母线 WF(＋)，使绿灯 GN 闪光，表示断路器已自动跳闸。由于断路器自动跳闸，控制开关 SA 仍在合闸位置，其触点 SA_{9-10} 闭合，而断路器却已跳闸，其触点 QF_{5-6} 返回闭合，因此事故声响信号回路接通，在绿灯 GN 闪光的同时，并发出声响信号（电笛响）。当值班员得知事故跳闸信号后，可将控制开关 SA 的手柄扳向分闸位置，即反时针扳转 45°后松开让其自动返回，使控制开关 SA 的触点与 QF 的触点恢复对应关系，这时全部事故信号立即解除。

3. 断路器的弹簧机构操作回路

弹簧操动机构是利用预先储能的合闸弹簧释放能量，使断路器合闸。合闸弹簧由交直流两用电动机拖动储能，也可手动储能。如图 6-16 所示为采用 CT7 型弹簧操动机构的断路器操作回路图，其控制开关采用 LW2 或 LW5 型万能转换开关。

合闸前，先按下按钮 SB，使电动机 M 通电（位置开关 SQ_3 已闭合），从而使合闸弹簧储能。储能完成后，位置开关 SQ_3 自动断开，切断电动机 M 的回路，同时位置开关 SQ_1 和 SQ_2 闭合，为分合闸作好准备。

合闸时，将控制开关 SA 的手柄扳向合闸（ON）位置，其触点 SA_{3-4} 接通，合闸线圈 YO 通电，使弹簧释放，通过传动机构使断路器 QF 合闸。合闸后，其辅助触点 QF_{1-2} 断开，绿灯 GN 灭，并切断合闸电源；同时触点 QF_{3-4} 闭合，红灯 RD 亮，指示断路器在合闸位置，并监视着跳闸回路的完好性。

分闸时，将控制开关 SA 手柄扳向分闸（OFF）位置，其触点 SA_{1-2} 接通，跳闸线圈

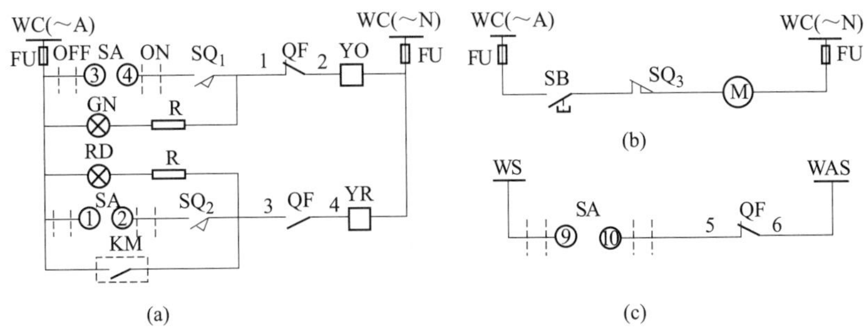

图 6-16　采用 CT7 型弹簧操动机构的断路器操作回路

(a) SA 操作回路；(b) 电动机储能回路；(c) 事故信号回路

WC—控制小母线；WS—信号小母线；WAS—事故音响信号小母线；SA—控制开关；SB—按钮；SQ—储能位置开关；YO—电磁合闸线圈；YR—跳闸线圈；KM—出口继电器触点；$QF_{1\sim6}$—断路器 QF 的辅助触点；GN—绿色指示灯；M—电动机；RD—红色指示灯；OFF—分闸操作方向

YR 通电（其中 QF_{3-4} 已闭合），使断路器 QF 分闸。分闸后，QF_{3-4} 断开，红灯 RD 灭，并切断跳闸回路；同时触点 QF_{1-2} 闭合，绿灯 GN 亮，指示断路器在分闸位置，并监视着合闸回路的完好性。

当一次电路发生短路故障时，保护装置动作，其出口继电器 KM 触点闭合，接通跳闸线圈 YR 回路（其中 QF_{3-4} 已闭合），使断路器 QF 跳闸。随后触点 QF_{3-4} 断开，红灯 RD 灭，并切断跳闸回路；同时，由于断路器是自动跳闸，控制开关 SA 的手柄仍在合闸位置，其触点 SA_{9-10} 闭合，而断路器 QF 已经跳闸，触点 QF_{5-6} 闭合，因此事故音响信号回路接通，发出事故跳闸声响信号。值班员得知此信号后，可将控制开关 SA 的手柄扳向分闸位置（OFF），使控制开关 SA 的触点与 QF 的辅助触点恢复对应关系，从而使事故跳闸信号解除。

电动机 M 由按钮 SB 控制，从而保证断路器合在发生持续短路故障的一次电路上时，断路器自动跳闸后不会重复地误合闸，因而不需另设电气“防跳”（防止反复跳、合闸）的装置。

4. 对断路器远距离操作回路的要求

（1）操作机构的合闸和跳闸线圈不能长时间通电。因为操作机构的合闸和跳闸线圈是按短时通电设计的，长时间过电流可能使线圈过热而烧坏。因此，进行合闸和跳闸时，只允许电流脉冲短时通电，在操作完成后，应自动将回路断开。为此，在操作回路中引入断路器的辅助联锁接点，跳闸回路中引入常开接点，合闸回路中引入常闭接点，这样当断路器合闸和跳闸完成后，断路器的辅助联锁接点自动断开该操作回路。

（2）能自动跳闸和合闸。断路器不仅能利用控制开关进行手动合闸与跳闸，并且能在继电保护装置的作用下自动跳闸，在自动装置（如自动重合闸和备用电源自动投入）的作用下能自动合闸。

（3）断路器辅助接点应比其他接点断开得早。为了避免断开电感电路时将控制开关和继电器的接点烧坏，断路器的合闸和跳闸回路应由其辅助联锁接点断开，而不应由控制开关或继电器的接点断开。为此，断路器的辅助联锁接点在安装时应调节好，使在操作完成时比控制开关或继电器接点断开得早一些。

（4）操作回路应有位置信号装置。因为配电值班人员在控制室进行操作，看不到被操作的断路器，因此在操作前，在操作处须有信号表示断路器的位置；在操作后，在操作处所有返回的信号，证明断路器已动作，同时表示新的位置。

（5）操作回路中应有自动操作信号。因为断路器不仅在手动操作时改变位置，而且在自动操作时也改变位置，因此，在操作回路中应有自动操作信号，以区别手动操作信号。

（6）应设防跳装置。在操作电路中应装设防止断路器“跳跃”的闭锁装置。所谓“跳跃”是指断路器合闸到故障电路上时，断路器受继电保护的作用而跳闸。假如此时配电值班人员还将控制开关维持在合闸位置，则会引起断路器重合闸，这称为“跳跃”，跳跃能引起断路器发生故障和熔断器熔断，故须防止。

（7）操作回路中应装设熔断器。为了防止合闸和跳闸线圈过载和长时间受电而烧坏线圈，操作回路中应装设熔断器，并应有监视熔断器完好状态的信号装置。

6.4 少油断路器的安装与调试

1. 油断路器安装前检查

油断路器安装前，应进行外观检查，主要检查是否有损坏和破裂；套管法兰孔及其他外露的孔穴应用密封垫和丝堵封是否严密；绝缘件是否受潮；零部件是否齐全、完整、紧固。如不立即安装，应按下列条件妥善保管。

（1）断路器及操动机构的电气接触部分应擦净，并涂以中性凡士林油，各传动部分应涂以黄干油防锈。

（2）油断路器在运到后3个月内（或制造厂发出后6个月内），最好注入合格的绝缘油到油箱的标准油位；注油有困难时，应在保管前对油箱的密封进行详细检查，确保其内部绝缘件不致受潮，有条件时可将油箱内的主要绝缘件，如消弧筒、提升杆以及导向板存放在干燥清洁的保温仓库内或将其浸存于电气强度为40kV以上的绝缘油的密封容器中。对空气断路器的消弧线圈、并联电阻、并联电容、有机绝缘零件及空气压缩机、空气阀等零件应在室内保管。

（3）套管型电流互感器应平放在干燥清洁的保温仓库内。

（4）充油式套管应竖放，注油至标准油位，并装上呼吸管（端口向下），所有瓷件部分应有防止机械损伤的措施。

（5）长期保管期间，每6个月至少检查一次，铲除铁锈，涂刷防锈油，检查绝缘件有无受潮。

2. 安装与调整措施

（1）基础中心距及高度误差不应大于10mm。

（2）油断路器基础垫板间水平误差不应大于5mm，螺栓中心线的误差不应大于2mm。

（3）油断路器或其支持结构的基脚应以底脚螺栓固定，不得灌于混凝土内。基础与油箱间的垫铁层数不宜超过3片，各片间应焊牢。装有轮子的油开关应安装可拆卸的制动装置，并应将轮子卡住，以防分、合闸时开关移动。

（4）油断路器及其操作传动机构应各自水平及垂直安装，并应符合下列要求：

① 三相联动操作的油开关，其各相横连杆的中心线应位于同一直线上，其误差不应大于2mm。

② 油箱间的中心线的误差不应大于5mm。

③ 一相的水平误差不应大于2mm，相间的水平误差不应大于5mm。

④ 油箱应垂直，在提升杆自由悬挂时，提升杆与导向板间应无卡涩现象。

3. 油断路器的操动机构调整

(1) 油断路器操动机构内的所有轴的垫圈及销子应齐全，螺母及制动螺钉应拧紧。

(2) 分、合闸线圈的铁芯应动作良好无卡阻现象，钢套圈应圆整无凹凸不平情况。

(3) 断路器的合闸接触器及辅助开关的接点应无烧损或锈蚀，应动作正确，接触良好。

(4) 接点的分、合位置应随断路器的分、合而正确地切换，带延时的辅助接点应有足够的时限，以保证开关可靠地动作，用于分、合闸的延时辅助接点在分闸时尚应检查各部分间隙是否符合制造厂的规定。

(5) 分闸制动板应可靠地扣入，锁钩及底板轴的间隙均应符合制造厂的相关规定。操动机构内的转动部分应清擦干净，并涂以适当的润滑脂。

(6) 油断路器与传动装置联合动作时，机械指示器的分、合位置应符合断路器的分、合闸状态。在分闸时，断路器应无阻力地随传动装置搭钩脱扣而分闸，并无阻力地从任一位置返回到分闸位置。

(7) 35kV 及以上的油断路器，其油箱内部的绝缘部件应在注油前进行烘干，烘干时断路器应处于合闸状态，以防提升杆变形。升温及冷却速度应均匀（一般每 1h 不应超过 10℃），绝缘不得有局部过热的现象；烘干结束后，套管应无渗油，各部分螺钉应无松动。

(8) 油断路器的升降机构及钢丝绳等应完好，升降机构应操作灵活，其摇柄位置应操作方便。

6.5　真空断路器的安装与调试

1. ZN63—12 断路器的装配调整步骤

(1) 分装真空断路器主回路部分、传动部分、操作机构部分。分装完毕后固定在手车框架上。

(2) 装配完的手车应先在标准柜内进行相间距，动、静触点配合，手车推进机构的调整。U、V、W 三相相间应符合 (275±0.5) mm，U、V、W 三相动触点前后距离应在同一标准面上，上下距离应符合 (310±0.5) mm。

(3) 底盘车上的推进机构行程应在 200mm 时，保证断路器可靠到达工作位置，即动触点插入静触点深度为 30～31mm，而且动、静触点顶端面留有 2～4mm 的间隙量。断路器的合闸联锁打开，辅助开关转换动作到位，开关应可靠地进行合、分闸操作。

(4) 在操动机构分闸位置时，调整主拉杆长度与断路器主转轴相连接。对于断路器配装直流电磁操动机构，应先手动将断路器缓慢合闸（如合不上闸不可强行合闸），检查断路器三相接触行程是否太大，如大应进行调整。对于断路器配装弹簧机构，不能进行手动慢合闸的，可先将接触行程调小一些，进行手动合闸操作，再根据实际情况进行调整。

(5) 调整断路器的接触行程满足 (4±1)mm，触头开距满足 (11±1)mm。

(6) 调整辅助开关连接角度及拉杆长度，使其在分、合闸操作时，能可靠切换；对于断路器配弹簧操动机构，调整行程开关安装的位置，使其可靠切换。

(7) 调整断路器与手车的联锁装置，使断路器在分闸位置时，操动机构分闸脱扣板可靠复位。在合闸位置时，断路器联锁杆与脚踏板可靠搭接，保证断路器在合闸位置时，不能使手车进出开关柜。

(8) 断路器及操动机构操作运动摩擦部位上加润滑油，其运转应灵活，无卡滞现象。

（9）机械特性试验。

（10）机械操作试验。

（11）绝缘试验。

2. 真空断路器电磁机构合闸失灵的原因及处理方法

真空断路器在合闸指令给出后，合闸失灵，应先判断是电气回路故障，还是机械部分故障。当电动合闸时，合闸铁芯不动，而手动合闸铁芯又能灵活合闸时，则说明是合闸回路的电气故障；否则是机械部分故障。

1）电气回路故障

（1）控制回路没有接通，要检查二次回路的线接，然后进行针对性处理。

（2）辅助开关触点接触不可靠，应调整辅助开关拉杆长度和辅助开关角度，使其触点接触可靠，保证辅助开关指针在指示线内；辅助开关触点烧伤，应进行修整或予以更换。

（3）操作电源电压过低或无电源，应查找原因予以解决。

（4）行程开关触点未接通，应进行修整或更换，重新进行装配，使行程开关在操动机构储能结束后，其触点接触可靠，且保证行程开关还有 2mm 左右的行程。

（5）控制合闸回路的熔断器接触不良，要进行调整；熔断器熔断，要予以更换。

（6）合闸线圈接触不良，应进行调整；合闸线圈断线，应予以更换；检查合闸线圈是否装配正确，如不符合要求，应予以更换。

（7）分闸回路在合闸过程中，分闸线圈有电压，致使分闸铁芯顶起，造成分闸半轴不复位，也导致合不上闸。产生此类现象的原因是二次回路接线错误，应检查二次回路接线，找出错误，予以更正。

2）机械部分故障

（1）分闸半轴未复位，有卡滞现象，此时应调整分闸半轴，使其转动灵活，无卡滞现象。分闸半轴、扇形板的搭接量调整螺栓松动，造成分闸半轴与扇形板的扣接深度太小，合不上闸，此时应调整分闸半轴上的调整螺栓的长度，使分闸半轴与扇形板的扣接量为 1.8～2.5mm。

（2）合闸半轴有卡滞现象，未复位（合闸半轴上扭簧掉失），此时会产生两种情况：一种是不合闸；另一种是连续进行储能—释能—储能—释能，此时应调整合闸半轴，使其转动灵活，无卡滞现象。合闸半轴、扇形板的搭接量调整螺栓松动，造成合闸半轴与扇形板的扣接量大，合不上闸；扣接量小，产生连续进行储能—释能—储能—释能，此时应调整合闸半轴上的调整螺栓，使合闸半轴与扇形板的扣接量为 1.8～2.5mm。

（3）合闸半轴上的脱扣板固定螺钉松动，造成电动合闸时有一缓冲行程，合闸力减小，合不上闸，此时应将合闸半轴上的脱扣板加以固定。

（4）合闸铁芯有卡滞现象，应予以修理，消除卡滞现象。合闸动铁芯的运动行程过长或过短，造成合闸力过小，合不上闸，此时应调整合闸电磁铁顶杆长度，保证合闸电磁铁吸合时，储能保持能可靠解扣，还有 1～3mm 的余量。

（5）由于合闸半轴与扇形板长时间碰撞，使其接触面产生毛刺，致使合闸半轴变形使扇形板的长度发生变化，产生合闸半轴打开后，扇形板与合闸半轴相碰，造成合不上闸的现象。此时应用油石将合闸半轴与扇形板的搭接面加以修整，使合闸半轴打开后，扇形板能灵活地通过合闸半轴，无卡滞现象。

（6）机构储能弹簧力小，造成合闸功小，此时应对储能弹簧紧簧。

（7）断路器与手车的联锁装置调整不到位，造成操动机构分闸脱扣板未复位，此时应对联锁装置进行重新调整，使操动机构分闸脱扣板可靠复位。

(8) 断路器未进到开关柜试验位置（或运行位置），造成控制回路未接通、操动机构分闸脱扣板未复位，此时应将断路器调整到试验位置或运行位置。

(9) 各传动环节在转动过程中是否存在卡滞及碰撞现象，如有应找出原因，重新进行装配，并对转动部位加润滑油。

3. 真空断路器弹簧操动机构分闸失灵的原因及处理方法

真空断路器在分闸指令给出后，分闸失灵，此时应先判断是电气回路故障，还是机械部分故障。当电动分闸时，分闸铁芯不动，而手动分闸铁芯又能灵活脱扣，则说明是分闸回路的电气故障，否则是机械部分故障。

1) 电气回路故障

(1) 控制回路没有接通，检查二次回路中是否有线接错或断线，然后再进行针对性处理。

(2) 辅助开关触点接触不可靠，应调整辅助开关拉杆长度和辅助开关角度，使其触点接触可靠，保证辅助开关指针在指示线内。辅助开关触点烧伤，应进行修整或予以更换。

(3) 操作电源电压过低或无电源，应查找原因予以解决。

(4) 控制分闸回路的熔断器接触不良，要进行调整。熔断器熔断，要予以更换。

(5) 分闸线圈接触不良，应进行调整。分闸线圈断线，应予以更换。检查分闸线圈是否装配正确，如不符合要求，应予以更换。

2) 机械部分故障

(1) 分闸半轴有卡滞现象，此时应调整分闸半轴，使其转动灵活，无卡滞现象。分闸半轴、扇形板的搭接量调整螺栓松动，造成分闸半轴与扇形板的扣接深度太大，不分闸，此时应调整分闸半轴上的调整螺栓长度，使分闸半轴与扇形板的扣接量为 1.8～2.5mm。

(2) 分闸半轴上的脱扣板固定螺钉松动，造成电动分闸时有一缓冲行程，分闸力减小，分不了闸，此时应将分闸半轴上的脱扣板加以固定。

(3) 分闸铁芯有卡滞现象，应予修理，消除卡滞现象。分闸动铁芯的运动行程过长或过短，造成分闸力过小，分不了闸，此时应调整分闸电磁铁顶杆长度，保证分闸电磁铁吸合时，能可靠分闸，还有 1～3mm 的余量。

(4) 由于分闸半轴与扇形板长时间碰撞，使其接触面产生毛刺，致使分闸半轴变形或使扇形板的长度发生变化，产生分闸半轴打开后，扇形板与分闸半轴相碰，造成分不了闸的现象。此时应用油石将分闸半轴与扇形板的搭接面加以修整，使分闸半轴打开后，扇形板能灵活地通过分闸半轴，无卡滞现象。

(5) 分闸弹簧力小或断路器的接触行程小，造成分闸力过小，应对分闸弹簧紧簧，将断路器的接触行程调至 (4±1)mm 的要求范围内。

(6) 各传动环节在转动过程中是否存在卡滞及碰撞现象，如有应找出原因，重新进行装配，并对转动部位加润滑油。

(7) 断路器与操动机构的调整不当，造成断路器合闸不到位，也会资生分不了闸的现象，此时应重新调整断路器和操动机构，使断路器一次合闸到位。

4. 真空断路器弹簧操动机构合闸不到位的原因及处理方法

真空断路器若配置弹簧操动机构，当装配调整不当时，断路器在机构储能后进行合闸操作时，一次不能合闸到位，随着机构再次储能过程的执行，断路器才缓慢继续合闸，直至合闸到位，这种现象称为真空断路器合闸不到位。产生合闸不到位有以下几方面的原因。

（1）真空断路器的接触行程太大，造成合闸阻力增加，应将接触行程调整到 4±1mm 的技术要求范围内。

（2）机构储能弹簧力小，造成合闸功小，应将机构储能弹簧紧簧，增大合闸功。

（3）机构输出主拉杆太长，造成合闸阻力过大，应重新调整，在机构分闸储能位置时，连杆上的滚子回到凸轮凹槽后，将主拉杆提起 1～3mm 的间隙后与真空断路器主转轴拐臂相连接。

（4）各传动环节在转动过程中是否存在卡滞及碰撞现象，如有应找出原因，重新进行装配，并对转动部位加润滑油。

5. 螺纹防松的方法及装配时螺纹连接的工艺要求

1）螺纹防松的方法

（1）靠摩擦力防松，如双螺母防松，加弹簧垫圈和有内齿或外齿的垫圈。

（2）用机械方法防松，如加开口销止动垫圈，加槽形螺母和开口销，串联钢丝。

（3）破坏螺纹副防松，如冲点法、胶粘接法。

2）装配时螺纹连接的工艺要求

（1）螺母、螺钉与零件的贴合面应光洁、平整。

（2）拧紧成组螺母时应按一定顺序进行，并分 3 次拧紧。

（3）拧紧力要恰当，拧紧螺钉或螺母至压平弹垫为止。

（4）为防止螺母或螺钉回松，紧固件必须装平垫、弹垫。螺母紧固后，螺钉头部应露出 2～5 扣，最多不得超过螺钉直径的 2 倍。

6.6 少油断路器操作试验方法

1. 3～10kV 少油断路器操作试验

1）绝缘电阻测量

应使用 2500V 兆欧表，分别测量断路器各相导电部分对地及断口间的绝缘电阻。试验时，兆欧表的“E”端接地，“L”端接至开关加压部位。断路器在开断情况下试验两次。

（1）在下接线板处加压，上接线板处接地，测得绝缘子、绝缘拉杆、灭弧室等绝缘件并联绝缘电阻。

（2）在上接线板加压，下接线板接地，测得绝缘子与灭弧室的并联绝缘电阻。

也可以在断路器关合和开断情况下各试一次。断路器关合时，下接线板和上接线板连成一体加压，测得绝缘子、绝缘拉杆等绝缘件并联绝缘电阻。断路器开断时，下接线板加压，上接线板接地，或者上接线板加压，下接线板接地。

2）交流耐压试验

其加压部位及接地部位与绝缘电阻试验相同，共进行两次。须注意检查断路油位符合规定，才能加压。

3）测量每相导电回路电阻

一般断路器每相导电回路电阻值约为几十至几百微欧。通常使用双臂电桥进行测量。若导电回路电阻偏大，表明接线端子或触头间接触不良，应仔细查找。触头间接触不良一般是触头表面氧化、变形、触头间有杂物、触头间压力下降等原因造成的。而接线端子接触不良，应打磨接触表面，上紧螺栓。试验时，应进行多次电动合闸后再行测量。多次测得结果中，取分散性较小的 3 次平均值。有辅助触头的断路器，安装和大修时还应分别测量每对触头的接触电阻。

2. 35～60kV 少油断路器操作试验

对于 35～60kV 少油断路器，多为户外式结构。如图 6-17 所示为 SW2—35 型少油断路器的结构图。其操作机构通过提升杆（绝缘拉杆）带动动触头与上部静触头开合。断路器关合时导电部分通过上部接线端子→静触头→动触头→中间触头→中部的接线端构成。断路器的基座是接地的。断口间绝缘由灭弧室外瓷套、内部绝缘件及油构成。60kV 少油断路器均为单断口。

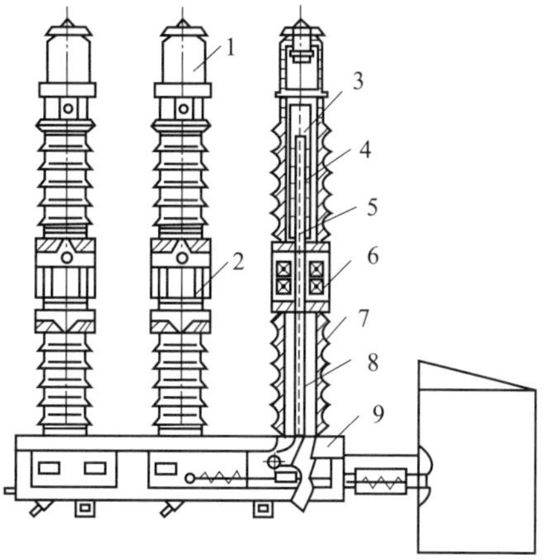

图 6-17　SW2—35 型少油断路器的结构图
1—上部接线端子；2—中部接线端子；3—静触头；4—灭弧室；5—中间触头；6—动触头；7—支持瓷套；8—提升杆；9—基座

1）绝缘电阻与泄漏电流测量

试验时，断路器在开断状态。将图 6-17 所示的上部接线端子接地，中部接线端子加压，测得断口与对地绝缘并联的绝缘电阻。这两项试验，每相各测 1 次，每组开关各测 3 次。少油断路器的泄漏电流在规定试验电压下一般不大于 10μA。该试验可以灵敏地发现断路器绝缘缺陷。试验时，要认真排除表面泄漏和试具的影响。应使用微安表在高压端的试验接线。

2）交流耐压试验

可以在断路器关合状态下，只做断路器对地绝缘的交流耐压。也可以在断路器开断状态下，上部接线端子接地，中部接线端子加压，做断口与对地绝缘的交流耐压。

6.7　高压断路器的运行及故障检修

1. 断路器在运行中的维护和检查

断路器的安全无事故运行，与配电值班人员的检查和维护工作有很大关系。配电值班人员在值班期间要树立高度的责任心和牢固的安全思想，勤检查、勤分析、勤记录，发现设备缺陷，要及时消除以维持设备的良好状态，保证断路器的安全运行。断路器在运行中的检查项目有以下几方面。

（1）油位检查。断路器中的灭弧是用油来进行的，因此断路器本身在运行中应保持正常的油位，即油位计应指在规定的两条红线中间。油位的变化是随着断路器内部油量的多少和油温的高低而变化的，而油温是随着周围环境温度和负荷的变化而变化的。因此，应经常检查断路器中的油位，使其在运行中保持正常位置。当油位过高时，通过放油阀放油。当油位过低时，设法加油，使油位维持正常位置。

（2）在夜间检查断路器有无放电及电晕现象。

（3）油色的外貌检查。在正常运行中，断路器的油色应透明，不发黑。油色的检查虽不是直接判定油质能否使用的标准，但可迅速而简便地判断油质的变化程度。油位计中的油在运行中颜色应当鲜明，不变质。我国国产的新油，一般是淡黄色，运行后呈浅红色。如断路器的油色在近期内突然变深、变暗甚至呈深褐色时，说明油的绝缘强度下降，介质损失增高，油已经开始老化了，此时应检查是否因断路器桶皮或内部发热所致，并测试桶皮温度，同时考虑该断路器应停电放油，检查接触面，清洗、更换新油。

(4) 断路器渗油、漏油的检查和处理。断路器在正常运行中不应有渗油、漏油现象，以防止油位降得过低。在断路器切断故障时，引起断路器爆炸或由于渗油、漏油而造成油污对设备的侵蚀时，将降低瓷瓶表面的绝缘强度。

(5) 断路器触头的检查和处理。断路器在切断故障电流累计 4 次以上时，均应拆开检查触头是否有烧坏和磨损现象。

(6) 断路器操作机构的检查。在正常运行时，断路器的操作机构应良好，断路器分合闸的实际位置与机械指示器及红、绿指示灯应相符合。若不符合，可能发生断路器操作机构与连动机构脱节，或连动机构与导电杆脱节的故障。修好后应再进行分合闸试验。操作机构的故障会在短路情况下，因断路器不跳闸而引起重大事故。如操作机构动作迟缓，将引起消弧的延缓，其后果使继电保护动作不正确：如越级跳闸等；严重时，使断路器爆炸。所以配电值班人员要经常巡回检查断路器情况，保持操作机构良好，罩子无脱落，手动跳闸装置良好。

(7) 其他检查。检查断路器瓷瓶、套管，表面应清洁、无裂纹及无放电痕迹。

2. 断路器的常见故障

断路器是变电所中重要的电器设备，断路器发生故障将给企业带来巨大的损失，所以，配电值班人员应对断路器进行仔细检查，并及时处理存在的缺陷，以保证断路器的安全运行。如果断路器发生故障，则配电值班员的任务是尽一切可能消除故障，迅速恢复线路正常供电。断路器的常见故障如下。

(1) 当断路器在缺油情况下切断短路电流时，电弧不能熄灭，这引起断路器烧坏，严重时会使断路器爆炸。

(2) 断路器缘绝子破坏，拉杆瓷瓶断裂，橡皮密封垫有缺陷。

(3) 断路器操作机构拒绝跳闸。

(4) 断路器操作机构拒绝合闸。

(5) 断路器严重渗油或油变质。

(6) 断路器运行温度不正常。

3. 断路器故障的处理

1) 断路器事故跳闸

断路器事故跳闸后应从以下几方而进行检查。

(1) 检查断路器油位、油色及油量。

(2) 检查断路器外部有无变形，各连接处的接头有无松动及过热现象。

(3) 检查断路器有无冒烟、焦臭味等。

(4) 检查断路器瓷瓶、套管和连杆有无断裂及脱落，断路器位置有无移动。

(5) 发现断路器操作机构附近有冒烟、焦臭味时，可能是合闸线圈烧坏，合闸线圈烧坏的原因有以下几方面。

① 合闸接触器接点卡住。

② 重合闸继电器接点粘连。由于它的粘连使断路器重合未成功，断路器脱扣常闭接点又接通，因而造成合闸线圈长期带电而被烧坏。

③ 合闸时辅助常闭接点断不开，或接触器返回电压过低。因此通过绿色指示灯到接触

器的电流过大（当其串联电阻选择不当时就更大），造成接触器线圈长期带电，而使合闸线圈烧毁。

2）断路器在运行中发热

断路器在运行中发热可由下列原因引起。

（1）由于断路器的过负荷。

（2）断路器的接触电阻过大，动静触头接触不良，插入深度不够，静触头的触瓣（触指）歪斜，压紧弹簧松弛及支持环裂开、变形，造成接触电阻增大。

（3）可能由于周围环境温度升高而引起断路器发热。

3）断路器拒绝合闸

当操作手把置于合闸位置时，绿灯闪光，而合闸红灯不亮，仪表无指示，喇叭响，断路器分、合闸指示器仍在分闸位置。从上述现象可以判断出，断路器未合上，其原因有以下几方面。

（1）可能因合闸时间短而未合上。

（2）操作熔断器熔断。

（3）合闸熔断器熔断。

（4）断路器辅助常闭接点接触不良。

（5）母线互感器失压继电器接触不良引起无压释放。

（6）与相邻断路器的联锁条件不具备。

（7）操作机构弹簧过紧，机构不灵活，挂钩卡不牢等。

（8）直流操作电压过低，如电压为额定电压的 80%以下。

（9）如果跳闸绿灯熄灭而合闸红灯不亮，可能灯泡烧坏。

4）断路器拒绝跳闸

当设备有故障时，断路器的操作机构拒绝跳闸，这将会引起电气设备烧坏，或越级跳闸。配电值班人员如发现电流表全盘摆动，电压指示显著下降，信号继电器掉牌，光字牌发亮等现象，则说明馈出线路有故障。但发现断路器未跳闸，这时，配电值班员应立即用手动将跳闸线圈内铁芯顶上，使断路器跳闸，以防事故的扩大。根据实际运行经验，拒绝跳闸的原因有以下几方面。

（1）继电保护装置有故障。

（2）跳闸回路熔断器熔断。

（3）断路器的常开辅助接点接触不良。

（4）跳闸线圈烧坏。

（5）跳闸铁芯卡住，或操作机构失灵。

（6）操作电源电压太低。可能是三相整流器的熔断器熔断一相或电源本身电压太低所致。

5）断路器自动跳闸及自动合闸

（1）断路器自动跳闸。如断路器自动跳闸而该开关柜上的继电保护未动作，但在跳闸时自动闭塞线路中又未发现短路和其他异常现象，则认为是误跳闸。发生误跳闸的原因有以下几方面。

① 配电值班人员误操作。

② 有人靠近断路器操作机构时碰触断路器。

③ 正在维修或检查继电保护回路而使继电保护误动作，或因受振动使出口继电器常开

接点闭合而跳闸。

④ 变电所周围有剧烈振动。如果不是误操作则应检查操作机构。

a. 检查断路器跳闸脱扣机构是否有毛病。

b. 检查断路器定位螺杆调整是否得当，若操作机构正常，则可能是直流操作回路中发生两点接地而使断路器跳闸。

（2）断路器自动合闸的原因有以下几方面。

① 流回路正、负极两点接地，造成断路器自动跳闸后再自动重合闸。

② 合闸继电器内某元器件有故障，如时间继电器 KT 常开接点误闭合，造成断路器自动重合。配电值班人员如发现断路器自动误合闸时，应立即分闸。如已合于短路或接地的线路上，则继电保护会动作跳闸。故须对断路器及一切通过故障电流的设备进行详细检查。

6）断路器缺油

断路器缺油将失去灭弧能力，在这种情况下切断负荷，或线路故障而自动跳闸，就不能熄灭电弧，并有可能造成断路器爆炸。事故扩大后，还将引起母线短路，造成其他设备损坏等事故。当发现断路器严重缺油时，应立即断开操作电源，在手动操作把手上悬挂“不准拉闸”的警告牌，然后进行加油处理。

7）断路器着火

断路器着火的原因有以下几方面。

（1）断路器外部套管污秽或受潮而造成对地闪络或相间闪络。

（2）油绝缘老化或受潮绝缘下降而引起断路器内部闪络。

（3）断路器切断动作缓慢或切断容量不足。

（4）切断强大电流时电弧产生的压力太大。

断路器着火时，首先应使断路器与电源脱离，不使火灾区域扩大，然后用泡沫灭火机灭火。

6.8 SN10—10 型少油断路器的安装

1. 知识要求

（1）熟悉少油断路器的结构。

（2）熟悉少油断路器的操动机构。

（3）掌握少油断路器的灭弧原理。

2. 操作要求

（1）安装器件的顺序应正确、排列整齐、牢固，做到与安装图样一致。

（2）安装器件连接时，垫圈及销子应齐全，螺母及螺钉应拧紧。

（3）盘、柜内的导线不应有接头，导线芯线应无损伤。

（4）基础中心距及高度误差不应大于 10mm。

（5）油断路器基础垫板间水平误差不应大于 5mm，螺栓中心线的误差不应大于 2mm。

（6）油断路器及其操作传动机构应各自水平及垂直安装。

3. 准备工作

（1）材料准备：导线、螺钉、垫片、劳保用品等。

（2）仪器设备：SN10—10 型少油断路器、万用表、绝缘电阻表、组合电工工具。

4. 考核时限

以小组为单位，考核时限为 60min。

5. 考核项目及评分标准

考核项目及评分标准见表 6-2。

表 6-2　少油断路器安装考核项目及评分标准

项目	考核要点	配分	评分标准	扣分	得分
穿戴	穿戴是否整齐、规范	10	不符合要求每一项扣 2 分		
拆卸	1. 工具佩带是否齐全	25	不符合要求每一项扣 2 分		
	2. 是否按照少油断路器操作规程拆卸		不符合要求每一项扣 2 分		
安装	是否按照少油断路器操作规程安装	40	未按要求安装每一项扣 5 分		
清理现场	是否清理好现场	15	不符合要求每一项扣 2 分		
其他	是否尊重考评人、讲文明礼貌	10	违反安全操作规程扣 15 分		
时限	60min		每超 1min 扣 2 分		
合计		100			

6.9　ZN63—12 型真空断路器的装配与调试

1. 知识要求

（1）熟悉 ZN63—12 型真空断路器的结构，如图 6-18 所示。

（2）熟悉真空断路器的操动机构。

（3）掌握真空断路器的灭弧原理。

2. 操作要求

（1）按主回路部分、传动部分、操作机构分装真空断路器。

（2）安装器件连接时，垫圈及销子应齐全，螺母及螺钉应拧紧。

（3）盘、柜内的导线不应有接头，导线芯线应无损伤。

（4）调整断路器的接触行程满足 4±1mm，触头开距满足 11±1mm。

（5）动触点插入静触点深度为 30～31mm，且动、静触点顶端面留有 2～4mm 的间隙量。

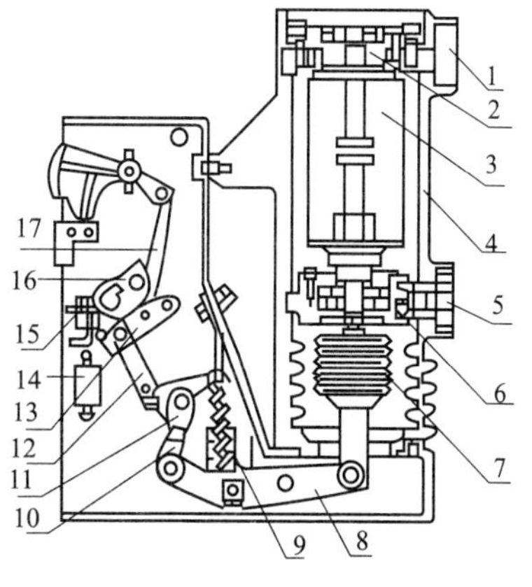

图 6-18　ZN63—12 型真空断路器结构

1—上出线座；2—上支架；3—真空灭弧室；4—绝缘筒；5—下出线座；6—下支架；7—绝缘拉杆；8—传动拐臂；9—分闸弹簧；10—传动连板；11—主轴传动拐臂；12—分闸保持撑子；13—连板；14—分闸脱扣器；15—手动分闸顶杆；16—凸轮；17—分合指示牌连板

3. 准备工作

（1）材料准备：导线、螺钉、垫片、劳保用品等。

（2）仪器设备：ZN63—12 型真空断路器、万用表、绝缘电阻表、组合电工工具。

4. 考核时限

以小组为单位，考核时限为 60min。

5. 考核项目及评分标准

考核项目及评分标准见表 6-3。

表 6-3 真空断路器的装配与调试考核项目及评分标准

项目	考核要点	配分	评分标准	扣分	得分
穿戴	穿戴是否整齐、规范	10	不符合要求每一项扣 2 分		
拆卸	1. 工具佩带是否齐全	35	不符合要求每一项扣 2 分		
	2. 是否按照真空断路器操作规程拆卸		不符合要求每一项扣 2 分		
安装	是否按照真空断路器操作规程安装	40	未按要求安装每一项扣 5 分		
清理现场	是否清理好现场	15	不符合要求每一项扣 2 分		
时限	60min		每超 1min 扣 2 分		
合计		100			

6.10 SN10—10 型少油断路器的绝缘电阻测量

1. 知识要求

(1) 熟悉少油断路器的结构。

(2) 熟悉少油断路器的操动机构。

2. 操作要求

(1) 测试时，选用 2500V 兆欧表，测量断路器各相导电部分对地及断口间的绝缘电阻。

(2) 兆欧表的“E”端接地，“L”端接至开关加压部位。

(3) 断路器在开断情况下试验 2 次。

3. 准备工作

(1) 材料准备：导线、螺钉、垫片、劳保用品等。

(2) 仪器设备：SN10—10 型少油断路器、万用表、绝缘电阻表、组合电工工具。

4. 考核时限

以小组为单位，考核时限为 30min。

5. 考核项目及评分标准

考核项目及评分标准见表 6-4。

表 6-4 少油断路器绝缘电阻测量考核项目及评分标准

项目	考核要点	配分	评分标准	扣分	得分
穿戴	穿戴是否整齐、规范	10	不符合要求每一项扣 2 分		
拆卸	1. 工具佩带是否齐全	35	不符合要求每一项扣 2 分		
	2. 是否按照少油断路器操作规程拆卸		不符合要求每一项扣 2 分		
测试	是否按照少油断路器绝缘测试要求操作	40	未按要求安装每一项扣 5 分		
清理现场	是否清理好现场	15	不符合要求每一项扣 2 分		
时限	30min		每超 1min 扣 2 分		
合计		100			

6.11 少油断路器的电磁操作机构的操作回路测试

1. 知识要求

(1) 熟悉少油高压断路器的电磁操作机构。

(2) 掌握少油断路器电磁操作机构原理。

（3）掌握少油断路器弹簧操作机构原理。

（4）了解 CD10 型电磁操动机构和 CT7 型弹簧操动机构的区别。

2. 操作要求

（1）合闸前状态是否正常、有无卡阻现象。

（2）合闸时，断路器的合闸接触器及辅助开关的接点是否动作正确，接触良好。

（3）在分闸时，断路器的合闸接触器及辅助开关的接点是否动作正确，应无阻力地从任一位置返回到分闸位置。

（4）少油断路器与传动装置联合动作时，机械指示器（信号回路）的分、合位置应符合断路器的分、合闸状态。

3. 准备工作

（1）材料准备：导线、螺钉、垫片、劳保用品等。

（2）仪器设备：SN10—10 型少油断路器、万用表、绝缘电阻表、组合电工工具。

4. 考核时限

以小组为单位，考核时限为 60min。

5. 考核项目及评分标准

考核项目及评分标准见表 6-5。

表 6-5　少油断路器的电磁操作机构的操作回路测试考核项目及评分标准

项目	考核要点	配分	评分标准	扣分	得分
穿戴	穿戴是否整齐、规范	10	不符合要求每一项扣 2 分		
拆卸	1. 工具佩带是否齐全	25	不符合要求每一项扣 2 分		
	2. 是否按照少油断路器操作规程拆卸		不符合要求每一项扣 2 分		
测试	是否按照操作回路测试要求操作	40	未按要求安装每一项扣 5 分		
清理现场	是否清理好现场	15	不符合要求每一项扣 2 分		
其他	是否尊重考评人、讲文明礼貌	10	违反安全操作规程扣 15 分		
时限	60min		每超 1min 扣 2 分		
合计		100			

6.12　SN10—10 型少油断路器操动机构调整

1. 知识要求

（1）熟悉高压断路器的操作机构。

（2）熟悉少油断路器的操作机构。

（3）了解 CD10 型电磁操动机构和 CT7 型弹簧操动机构的区别。

2. 操作要求

（1）分、合闸线圈的铁芯应动作良好无卡阻现象，钢套圈应圆整无凹凸不平情况。

（2）断路器的合闸接触器及辅助开关的接点无烧损或锈蚀，并应动作正确，接触良好。

（3）接点的分、合位置应随断路器的分、合而正确地切换，带延时的辅助接点应有足够的时限，以保证开关可靠地动作，用于分、合闸的延时辅助接点在分闸时尚应检查各部分间隙是否符合制造厂的规定。

（4）分闸制动板应能可靠地扣入，锁钩及底板轴的间隙均应符合制造厂或相关规定。操动机构内的转动部分应清擦干净，并涂以适当的润滑脂。

（5）油断路器与传动装置联合动作时，机械指示器的分、合位置应符合断路器的分、合闸状态。在分闸时，断路器应无阻力地随传动装置搭钩脱扣而分闸，并无阻力地从任一位置返回到分闸位置。

3. 准备工作

（1）材料准备：导线、螺钉、垫片、劳保用品等。

（2）仪器设备：SN10—10 少油断路器、万用表、绝缘电阻表、组合电工工具。

4. 考核时限

以小组为单位，考核时限为 60min。

5. 考核项目及评分标准

考核项目及评分标准见表 6-6。

表 6-6　少油断路器操动机构调整考核项目及评分标准

项目	考核要点	配分	评分标准	扣分	得分
穿戴	穿戴是否整齐、规范	10	不符合要求每一项扣 2 分		
安装	1. 工具佩带是否齐全	25	不符合要求每一项扣 2 分		
	2. 是否按少油断路器操动机构规程安装		不符合要求每一项扣 2 分		
调整	是否按少油断路器操动机构规程调整	40	未按要求安装每一项扣 5 分		
清理现场	是否清理好现场	15	不符合要求每一项扣 2 分		
其他	是否尊重考评人、讲文明礼貌	10	违反安全操作规程扣 15 分		
时限	60min		每超 1min 扣 2 分		
合计		100			

【相关知识】

6.13　高压熔断器

高压熔断器（high voltage fuse）是供配电网络中人为设置的最薄弱的元器件。当其所在的电路发生短路或长期过载时，便会因过热而熔断，并通过灭弧介质将熔断时产生的电弧熄灭，最终开断电路，以保护电力电路及其他的电气设备。

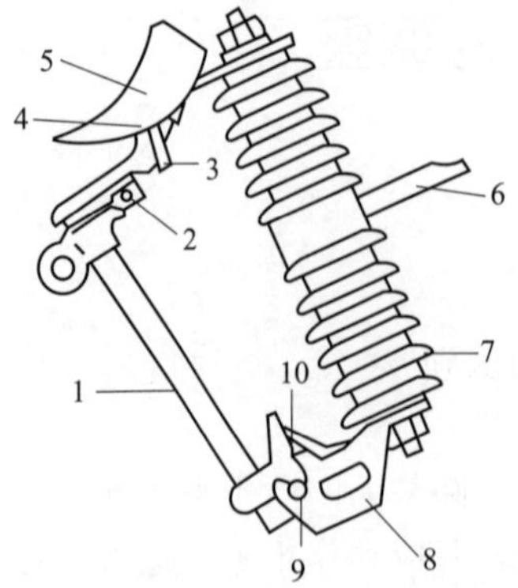

高压熔断器一般分为跌落式和限流式两类，前者用于户外场所，后者用于户内配电装置。由于高压熔断器具有结构简单、使用方便、分断能力大、价格较低廉等优点，故被广泛用于 35kV 以下的小容量电网中，当系统出现过载或短路时，熔体熔断，切断电路。

图 6-19　RW3—10 型跌落式熔断器

1—熔管部件；2—转轴；3—压板；4—弹簧钢片；5—鸭嘴罩；6—安装固定板；7—绝缘支柱；8—金属支座；9—转轴；10—下触头

1. 跌落式熔断器（fuse switch）

如图 6-19 所示为 RW3—10 型跌落式熔断器，主要由绝缘支柱（瓷瓶）和熔管组成。支柱上端固定着上触头座和上引线。上触头座含鸭嘴罩、弹簧钢片和压板等零部件，中部设安装固定板，下端固定着下触头座和下引线。下触头座含金属支座和下触头等零部件。熔管由产气管（内层）和保护套管（外层）构成；产气管常以钢纸管或虫胶桑皮纸管等固体产气材料制造；保护套管则是酚醛纸管或环氧玻璃布管。

熔管内装铜、银或银铜合金质熔丝，其上端拉紧在可绕转轴 2 转动的压板上，其下端固定在下触头上。熔管固定在鸭嘴罩与金属支座之间，其轴线与铅垂线成 30°角。熔丝熔断后，压板将在弹簧作用下朝顺时针方向转动，使上触头自鸭嘴罩中抵舌处滑脱，而熔管便在自身重力作用下绕转轴跌落。熔丝熔断后产生的电弧灼热产气管，使之产生大量气体。气体快速外喷，对电弧施以纵吹，使之冷却，并在电弧自然过零时熄灭。因此，跌落式熔断器灭弧时无截流现象，过电压不高，并在跌落后形成一个明显可见的断口。

2. 限流式熔断器（fuse current）

如图 6-20 所示为 RN1 型限流式熔断器的结构。由于限流式熔断器具有速断功能，能有效地保护变压器。限流式熔断器依靠填充在熔丝周围的石英砂对电弧的吸热和游离气体向石英砂间缝隙扩散的作用进行熄弧。熔丝通常用纯铜或纯银制作。额定电流较小时用线状熔丝，较大时用带状熔丝。在整个带状熔丝长度中有规律制成狭颈。狭颈处点焊低熔点合金形成冶金效应点，电弧在各狭颈处首先产生。线状熔丝也可以用冶金效应。熔丝上会同时多处起弧，形成串联电弧，熄弧后的多断口，足以承受瞬态恢复电压和工频恢复电压。限流式熔断器由底座、底座触头以及熔断件三部分组成。熔断件内瓷管或者耐热的玻璃纤维管、导电端帽、芯柱、熔丝和石英砂构成。

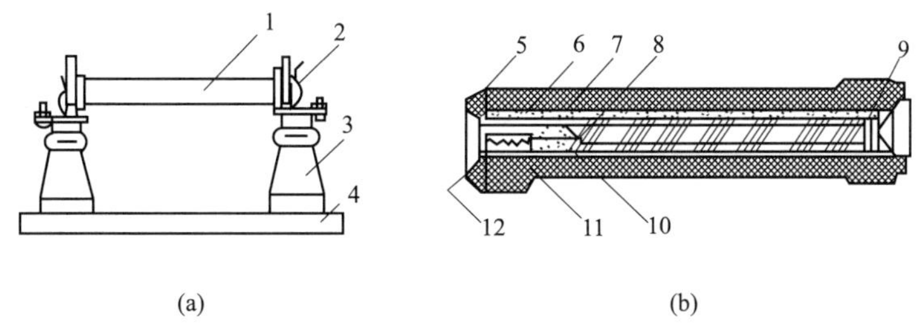

图 6-20 RN1 型限流式熔断器的结构

（a）RN1 型熔断器；（b）熔管结构

1—熔管；2—触头座；3—绝缘子；4—底板；5—密封圈；6—六角瓷套；7—瓷管；8—熔丝；9—导电片；10—石英砂；11—指示器；12—盖板

第 7 章　电气二次回路的安装及检修

应知

7.1　电气二次回路的概念和分类

1. 二次回路的基本概念

二次回路是发电厂和变电站中不可缺少的重要组成部分，是实现电力系统安全生产、经济运行、可靠供电的重要保障。发电厂和变电所的电气回路可分成两大类，即一次回路和二次回路。

1）一次回路的定义

由发电机、变压器、断路器、隔离开关、母线以及输电线路等一次设备相互连接，构成发电、输电、配电的电气回路称为一次回路。一次回路中的设备称为一次设备。

2）二次回路的定义

由熔断器、控制开关、继电器以及控制电缆等二次设备相互连接，构成对一次设备进行监测、控制、调节和保护的电气回路称为二次回路。二次回路包括控制系统、信号系统、监测系统及继电保护和自动装置等。二次回路中的设备称为二次设备。

虽然一次回路是主体，担负着完成电力系统发、送、变、配电的基本任务，但二次回路在发电厂和变电所中，是一个不可缺少的重要组成部分。对保证一次设备正常工作以及安全经济运行和管理等多方面起着重要的作用。

2. 二次回路的分类

由于二次回路设备的使用范围广、元器件多、安装分散，而且在元器件之间都是用导线连接成多种回路的，为了管理和使用上的方便，可划分为以下几类。

1）按二次回路电源的性质来分类

二次回路按电源性质分，有交流回路和直流回路。交流回路又可分为交流电流回路和交流电压回路。

（1）交流电流回路，由电流互感器二次侧供电的全部回路组成。

（2）交流电压回路，由电压互感器二次侧及三相五柱电压互感器开口三角侧供电的全部回路组成。

（3）直流回路，从直流操作电源的正极到负极，包括直流控制、操作及信号等的全部回路组成。

2）按二次回路的用途来分类

二次回路按其用途分，有断路器控制回路、信号回路、测量和监视回路、继电保护回路和自动装置回路等。

3. 二次回路的操作电源

二次回路的操作电源，分交流和直流两大类。以下分别加以介绍。

1）交流操作电源

交流操作电源是指直接使用交流电源。一般由电流互感器向断路器的跳闸回路供电；由所用变压器向断路器的合闸回路供电；由电压互感器向控制、信号回路供电。交流操作电源的优点是接线简单、投资低廉、维修方便。缺点是交流继电器的性能没有直流继电器完善，不能构成复杂的保护。因此广泛用于中小变配电所中断路器采用手动操作或弹簧储能操作以及继电保护采用交流操作的场合。

2）直流操作电源

直流操作电源有蓄电池组和硅整流装置两种形式的电源。蓄电池供电主要有铅酸蓄电池和镉镍蓄电池两种。整流装置供电主要有硅整流电容储能式和复式整流两种。

（1）铅酸蓄电池单个的额定端电压为 2V。充电结束后，端电压可达 2.7V；而放电后，端电压可降至 1.95V。若获得 220V 的直流操作电压，考虑到线路的电压降，应按 230V 来考虑蓄电池的个数。因此所需蓄电池的个数 $N=230/1.95\approx118$(个)。但考虑到充电结束时端电压的升高，因此长期接入操作电源母线的蓄电池个数 $N_1=230/2.7\approx88$(个)。而其他用于调节电压的蓄电池个数 $N_2=N-N_1=118-88=30$(个)，均接在专门的调压开关上。

采用铅酸蓄电池组作操作电源，不受供电系统运行情况的影响，工作可靠；但充电时会排出氢和氧的混合气体，有爆炸危险，且随着排气还带出硫酸蒸气，有强腐蚀性，对人身健康和设备安全都有很大危害。因此铅酸蓄电池组必须装设在专用的蓄电池室内，其结构需考虑防腐防爆，因此投资很大，一般用户供配电系统中不予采用。

（2）镉镍蓄电池单个的额定端电压为 1.2V，充电结束后，端电压可达 1.75V；而放电后，端电压可降至 1V。采用镉镍蓄电池组作操作电源，除不受供电系统运行情况的影响、工作可靠外，还有其体积小、电流放电性能好、功率大、机械强度高、使用寿命长、腐蚀性小、无须专用房间等优点，从而大大降低了投资，在用户供配电系统中应用比较普遍。

（3）硅整流电容储能式直流电源是通过硅整流设备，将交流电源变换为直流电源，作为二次回路的直流操作电源。为了在交流系统发生短路故障时，仍然能使控制、保护及断路器可靠动作，系统还装有一定数量的储能电容器。同时采用两路电源和两台硅整流装置。

（4）复式整流的直流操作电源。复式整流是指提供直流操作电压的整流电源有以下两种。

① 电压源。由变配电所的所用变压器或电压互感器供电，经铁磁谐振稳压器（当稳压要求较高时装设）和硅整流器供电给控制回路、信号和保护等二次回路。

② 电流源。由电流互感器供电，同样经铁磁谐振稳压器和硅整流器供电给控制、信号和保护等二次回路。

如图 7-1 所示为复式整流装置的原理图。由于复式整流装置既有电压源又有电流源，因此能保证交流供电系统在正常或故障情况下，直流系统均能可靠地供电。与上述电容储能式相比，复式整流装置能输出较大的功率，电压的稳定性也更好。

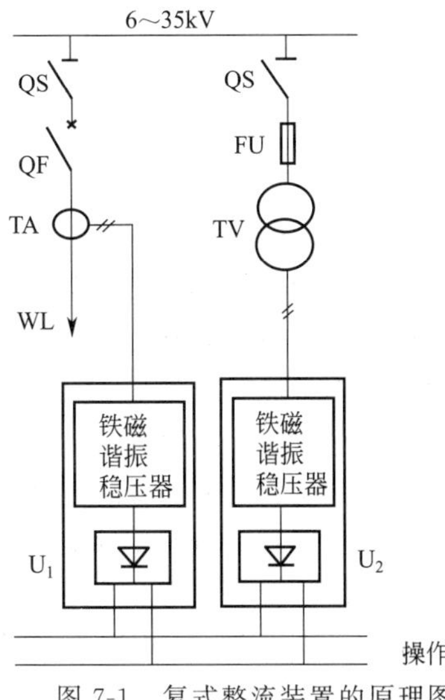

图 7-1　复式整流装置的原理图

TA—电流互感器；TV—电压互感器；U_1，U_2—硅整流器

4. 对二次回路操作电源的基本要求

二次回路的操作电源是供给高压断路器分、合闸回路和继电保护装置、信号回路、监测系统及其他二次设备所需的电源。因此对二次回路操作电源的供电可靠性的要求很高，有足够大的容量，且要求尽可能不受供配

电系统运行的影响。对操作电源的基本要求如下。

（1）应保证供电的可靠性，最好装设独立的直流操作电源，以免交流系统故障时，影响操作电源的正常供电。

（2）应具有足够的容量，以保证正常运行时，操作电源母线（以下简称母线）电压波动范围小于±5%额定值；事故时的母线电压不低于90%额定值。

（3）波纹系数小于5%。

（4）使用寿命、维护工作量、设备投资、布置面积等应合理。

7.2 电气二次接线图的认识

二次接线图按其用途通常分为原理图、展开接线图和安装接线图3种。

1. 二次接线原理图

二次接线原理图是用于表示继电保护、测量仪表和自动装置等的工作原理的。通常是将二次接线和一次接线中的有关部分画在一起。在原理图上所有仪表、继电器和其他电器都以整体形式表示的，相互联系的电流回路、电压回路和直流回路都综合在一起。这种图的特点是能使看图者对整个装置的构成有一个整体印象。可以看出保护的范围和方式以及动作顺序，如图7-2所示为6～10kV线路的过电流保护原理图。

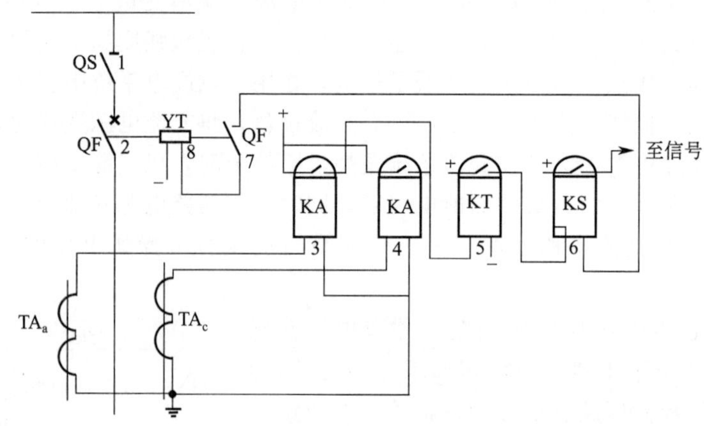

图7-2 6～10kV线路的过电流保护原理图

从图7-2中可以看出，整套保护装置由4个继电器组成，3、4为电流继电器，其线圈（图中未画出，只是示意的）接于A、C相电流互感器的二次线圈回路中。当流过的电流超过其动作值时，其触点闭合，将直流操作电源正母线来的正电源加在时间继电器5的线圈上，时间继电器线圈的另一端是直接接在由操作电源的负母线引来的负电源上；时间继电器5启动，经过一定时限后其延时触点（常开）闭合，正电源经过其触点和信号继电器6的线圈，断路器的辅助触点7和跳闸线圈8接至负电源。信号继电器6的线圈和跳闸线圈8中有电流流过，两者同时动作，使断路器1跳闸，并由信号继电器6的触点发出信号。断路器跳闸后由其辅助触点7切断跳闸线圈中的电流。

由此可见，原理图中对一次接线与二次接线直接有关的部分，如电流互感器TA等，以三线图的形式表示，其余则以单线图形式表示。对二次接线部分则应表示出交流回路的全部，直流回路的电源可只标出正、负极。所有电气设备都采用国家统一规定的相应等号表示。它们之间的联系应按照实际的连接顺序画出。

原理图可作为二次接线设计的原始依据。由于原理图上各元器件之间的联系是以元器件的整体连接来表示的，没有给出元器件的内部接线，没有元器件引出端的编号和回路的编号，直流部分仅标出电源的极性，没有具体表示出是从那一组熔断器下面引来的。

另外，关于信号部分在图中只标出了“至信号”，而没有画出具体的接线。因此，原理图是不能进行二次接线施工的。例如高压线路的远距离保护，由于接线复杂，若每个元器件都用整体形式表示，使图纸设计和阅读都很困难，因而需要展开接线图。

2. 展开接线图

展开接线图是按二次接线的每个独立电源供电来划分的，即将每套装置的交流电流回路、交流电压回路和直流回路分开表示。同一个仪表或继电器的电流线圈和电压线圈要画在不同的回路里，为了避免混淆，同一个元器件的线圈和触点采用相同的文字标号。

（1）展开接线图的绘制。展开接线图的绘制，一般分成交流电流回路、交流电压回路、直流操作回路和信号回路等几个主要组成部分。每一部分又分成许多行，交流回路按 a、b、c 的相序，直流回路按继电器的动作顺序，各行从上往下地排列，在每一行中各元件的线圈和触点是按实际连接顺序排列的。在每一回路的右侧或左侧通常有文字说明，以便于阅读。

二次接线原理图中，所有开关电器和继电器的触点都是指开关电器在断开位置和继电器线圈中没有电流时的状态。因此通常说的常开触点、常闭触点就是继电器线圈不通电时的状态。如图 7-3 所示是根据图 7-2 所示的原理图而绘制的展开接线图。图中右侧为示意图，表示主接线情况及保护装置所连接的电流互感器在一次系统的位置，左侧为保护回路展开接线图。

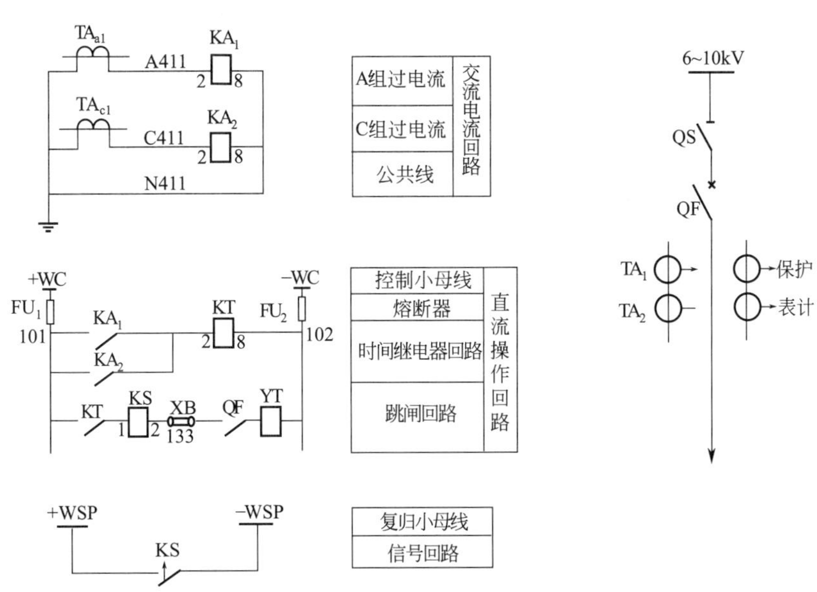

图 7-3　6～10kV 线路过电流保护的展开接线图

展开接线图中的电流回路由电流互感器 TA_1 的二次绕组供电。电流互感器只装在 A、C 相上，其二次绕组每相分别接入一只电流继电器线圈，然后用一根公共线引回，构成不完全星形接线。A411、C411 和 N411 为回路编号。直流操作回路中，画在两侧的竖线条表示正、负极电源＋WC、－WC，是从直流电源引出的。FU_1、FU_2 为熔断器。当被保护线路上发生短路时，电流继电器 KA_1、KA_2 动作，其常开接点闭合，接通时间继电器的线圈 KT，时间继电器 KT 动作后经过整定时限其延时触点闭合，接通跳闸回路。断路器在合闸状态时，其断路器的常开触点是闭合的，因此在跳闸回路 YT 中有电流流过，使断路器跳闸，同时串联于跳闸回路中的信号继电器KS动作并掉牌，在信号回路中的触点KS闭合，发出报警。

（2）展开接线图中的电气符号。展开接线图中的各元器件均采用国家统一规定的图形和文字符号。以GB/T4728—2018新版为标准，见附录2和附录3。

（3）展开接线图中的回路编号。为了便于安装施工和投入运行后的维护检修，在展开接线图中应进行回路编号。采用编号的目的是根据编号了解该回路的性质、用途以及根据编号能进行正确的连接。下面介绍回路编号方法的应用。

回路编号由4个及以下的数字组成。对于交流电路，为了区分相别，在数字前面还加A、B、C、N等文字符号。对用途不同的回路规定编号数字的范围，一些比较的常见的回路，例如直流正、负电源回路，跳、合闸回路都给予了固定的编号。同时二次回路编号，根据等电位原则进行，既在电气回路中遇于一点的全部导线都用同一个数码表示。当回路经过开关或继电器触点等隔开后，因为在触点两端已不是等电位，所以应给予不同的编号。直流回路新旧数字标号见附录4。

从附录4中可以看出，直流回路编号方法可先从正电源出发，以奇数顺序编号，直到最后一个有压降的元件为止。当回路经过元件（如线圈、电阻、电容）后，其标号也随着改变。常用的回路都给以固定的编号，如断路器的跳闸回路用133、233、333、433等，合闸回路用103、203等。如果最后一个有压降的元件的后面不是直接连在负极上，而是通过连接片、开关或继电器触点接在负极上，则应从负极开始按偶数顺序编号，在实际工程中，并不需要对二次回路展开图中的每一个结点都进行回路编号，而只对引至端子排上的回路加以编号即可。在同一屏上互相连接的设备，在屏背面接线图中有相应的标志方法。

交流回路的标号除用三位数外，前面加注文字符号。交流回路使用的数字范围是：电压回路为600～799；电流回路为400～599。它们的个位数字表示不同的回路；十位数字表示互感器的组数（即电流和电压互感器的组数）。回路使用的标号组，要与互感器文字符号前的“数字序号”相对应，如TA_1电流互感器的U相回路标号应是U411～U419；电压互感器TV_2的U相回路标号是U621～U629。二次交流回路数字标号见附录5。

展开接线图上凡与屏外有联系的回路编号，均应在端子排图上占据一个位置。单纯看端子排图是看不出来的，它仅是一系列的数字和符号的集合，把它与展开接线图结合起来看，就知道连接回路了。

电流互感器及电压互感器二次回路编号，是按一次接线中电流互感器与电压互感器的编号相对应来分组的。例如在一条线路上装有两组电流互感器，其中一组供继电保护用，符号为TA_1，另一组供测量表计用，符号为TA_2，则对TA_1的二次回路编号应为A411～A419，B411～B419，C411～C419和N411～N419；对TA_2的二次回路编号应为A421～A429、B421～B429，C421～C429和N421～N429，以此类推。交流电流与电压回路的编号不分奇数与偶数，从电源处开始按顺序编号，虽然对每只电流互感器只给9个号码，但一般情况下已经足够用了。

在直流控制回路和信号回路中的一些辅助小母线和交流电压小母线，除文字符号外，还给予固定的数字编号，常见小母线的回路编号见附录6。

3. 安装接线图

安装接线图是加工配电屏和现场施工中不可缺少的图样，也是设备运行、试验和检修的主要参考图。安装接线图通常包括配电屏屏面布置图、屏背面接线图和端子排图等。

屏面布置图是用来决定各设备在屏面的排列和安装位置的，因此要注有各元器件间的距离尺寸，以便于屏面加工；而屏后接线图则是安装配线的依据，除了回路及元器件编号必须与展开图完全对应外，在端子标号头上也要有更具体的端子编号说明端子的接线由哪里来到哪里去。此外，为了便于配电屏外的接线，还需在端子排外的引线侧，绘制出至各安装单位的控制电缆去向。在施工前，应根据原理图和展开接线图对安装接线图进行全面核对，以避免安装后出现问题。

1）屏面布置图

屏面布置图是标明二次设备在控制屏、继电保护屏、仪表屏和直流屏等上安装布置情况的图样。图中应按比例画出屏上各设备的背视图、安装位置、外形尺寸，并应附有设备明细表，列出屏中各设备的名称、型号、技术数据及数量等，以便制造厂备料和安装加工。如图 7-4 所示为 35kV 线路控制屏屏面布置图，通用标准屏高 2360mm、宽 800mm、深 550mm；控制屏面上，从上到下依次布置指示仪表、光字牌、转换（控制）开关、模拟接线、红绿灯等。屏面布置的一般要求如下。

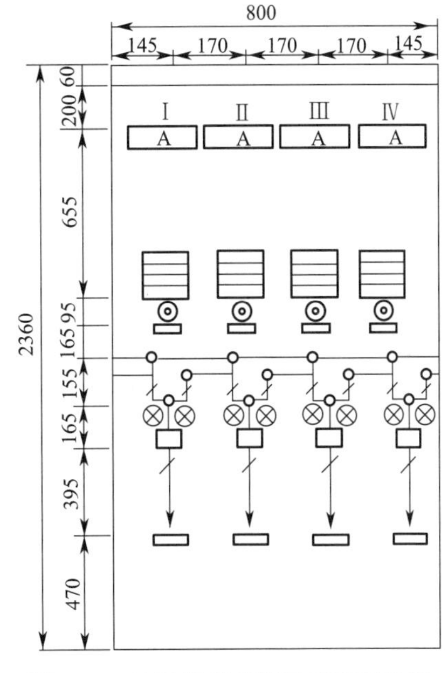

图 7-4　35kV 线路控制屏屏面布置图

（1）凡经常监视的仪表和继电器，都不应布置得太高。如信号继电器一般在距离地面 740～870mm。

（2）操作元件，如控制开关、按钮等的高度要适中，以保证操作调节方便，如试验用部件与继电保护连接片等的安装中心离地不低于 400mm，调试穿线孔离地一般为 200～500mm。

（3）常要检查和试验的设备，应布置在屏的中部，而且同一类型的设备应布置在同一水平线上，这样检查和试验都比较方便，力求布置紧凑和美观。

（4）同屏有 2 个安装单位及以上的，其设备应按纵向 A、B、C 的顺序排列。图 7-4 上控制四条线路，即 4 个安装单位。

2）端子排图

接线端子是二次接线中不可缺少的配件。屏内设备与屏外设备之间的连接是通过端子和电缆来实现的，许多端子组合在一起构成端子排。保护屏和控制屏的端子排，多数采用垂直布置方式，安装在屏后的两侧，少数成套保护屏采用水平布置方式。

端子排的表示方法如图 7-5 所示，最上面标出安装单位的名称和端子排、安装单位的代号。下面的端子在图上画成三格，中间一格注明端子排的顺序号，一侧列出屏内设备的代号及其端子号，另一侧标明引至设备的代号和端子号。图中端子 1～5 为试验端子，端子 4～5、8～9 为连接端子。10 为特殊端子，其余端子为一般端子和终端端子。当端子排垂直排列时，自上而下，依次为：交流电流回路、交流电压回路、信号回路、控制回路、其他回路和转接回路。这样排列既可节省导线，又利于查线和安装。

3）屏背面接线图

屏背面接线图是以屏面布置图为基础，从屏的背后看到的设备图形，按实际位置和基本尺寸画出，其位置与屏面布置图的左、右正好相反。屏背面接线图中设备元器件的编号与前述原理接线图及展开图的编号全部对应。

（1）屏背面接线图的布置。常见的屏背面接线图的布置形式如图 7-6 所示，屏正面安装的设备，屏背面看不见轮廓者，其边框用虚线表示。屏背后的左、右接线端子排画在屏的左右两

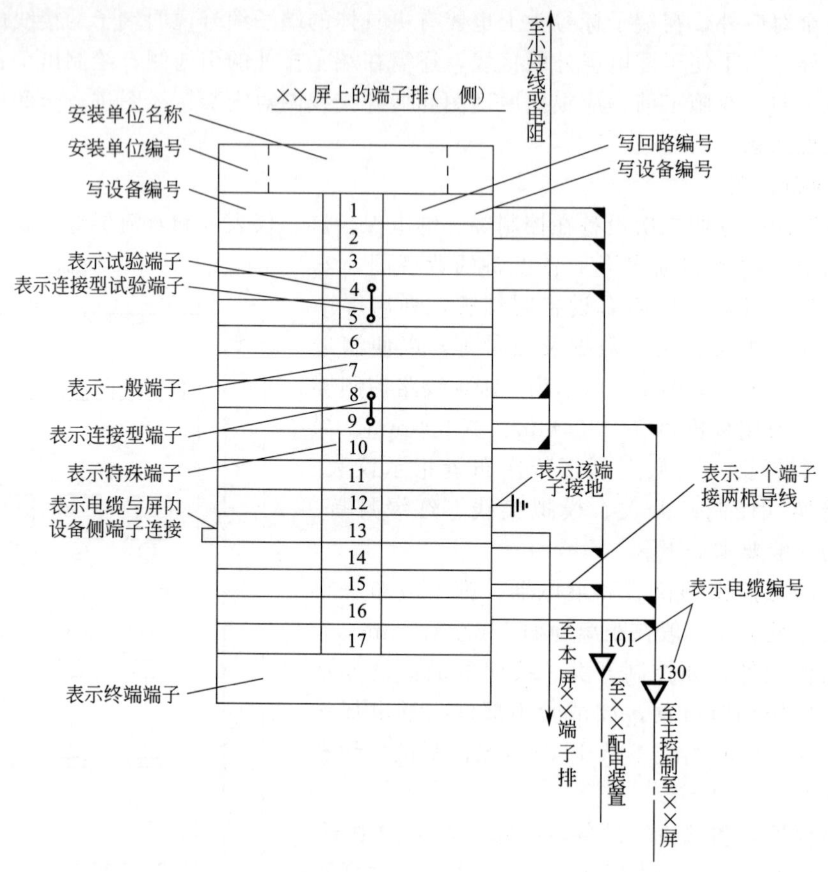

图 7-5 端子排表示方法示意图

边。小母线及熔断器、小刀开关、电铃等屏后上部的设备也画在屏的上面，并画成正视图。

（2）设备图形的标示方法。屏背面接线图中设备图形表示如图 7-7 所示。背视图上方画一圆圈，上半圆标明安装单位编号及设备顺序号，下半圆标明设备的文字符号；圆圈下方写出设备的具体规格型号。

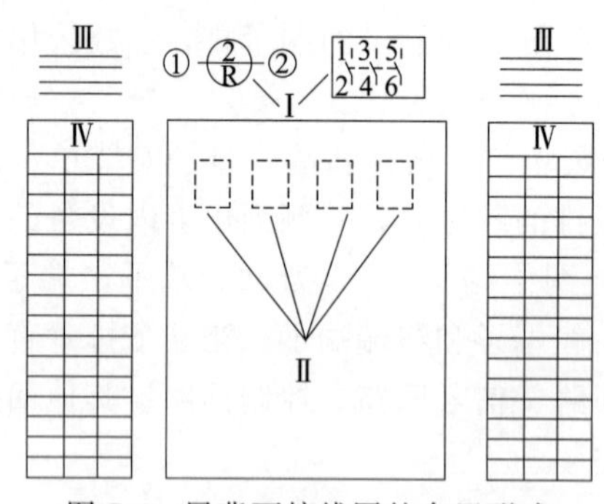

图 7-6 屏背面接线图的布置形式

Ⅰ—屏背面上方安装的设备；Ⅱ—屏正面安装的设备；Ⅲ—小母线；Ⅳ—接线柱排

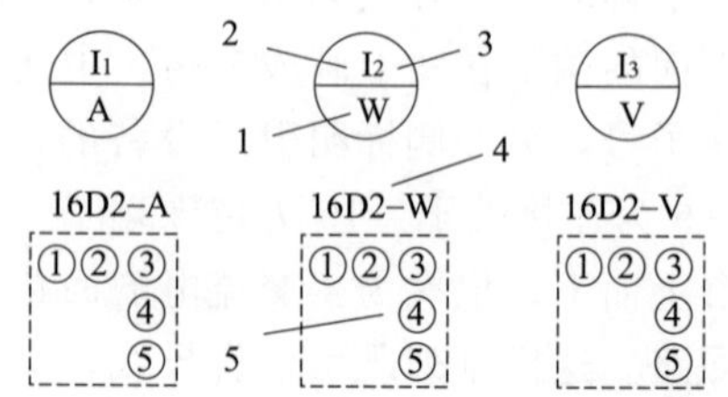

图 7-7 屏背面接线图中各设备图形的标示

1—设备文字符号；2—安装单位编号；3—设备顺序号；4—设备型号；5—设备接线柱号

（3）相对编号法的应用。二次回路很复杂，其接线数量较多，普遍采用相对编号法来表示设备间的相互连线。所谓“相对编号法”，就是指甲、乙两个设备端子要连接起来，在甲设备的端子标上其所连接的乙设备的端子号，同时在乙设备的端子也标上甲设备的端子号，即两个设备端子上的编号相对应。在实际配线时，根据端子上编号找到与其相连接的对象。若某个端子上没有标号，就说明该端子是空着的；如果一个端子上标有 2 个标号，则说明该端子有 2 条连线，有 2 个连接对象。

如图 7-8 所示，设备元器件的编号与前述原理接线图及展开图的编号全部对应。首先看到Ⅰ安装单位为 10kV 线路的端子排，端子数为 12 个。两侧为接线端子，左侧标号头写着 TAa_1、TAc_1 是由配电装置内的电流互感器通过控制电缆接过来，右侧标号头写着 I_1—2、I_2—2、I_2—8 是接入盘内的三个端子，即分别接到 I_1 元件的 2 号端子及 I_2 元件的 2、8 号端子上。如果找到 I_1 元件的 2 号端子及 I_2 元件的 2、8 号端子，那么就可以看到 I_1 元件的 2 号端子及 I_2 元件的 2、8 号端子上面分别写有端子号为Ⅰ—1、Ⅰ—2 和Ⅰ—3，这就说明三个端子是应接到Ⅰ号端子排上的 1、2、3 端子上的。由此可见，任何两个端子之间的连接线，对编号来讲是来去相对应的，这样就大大地方便了配线工作。

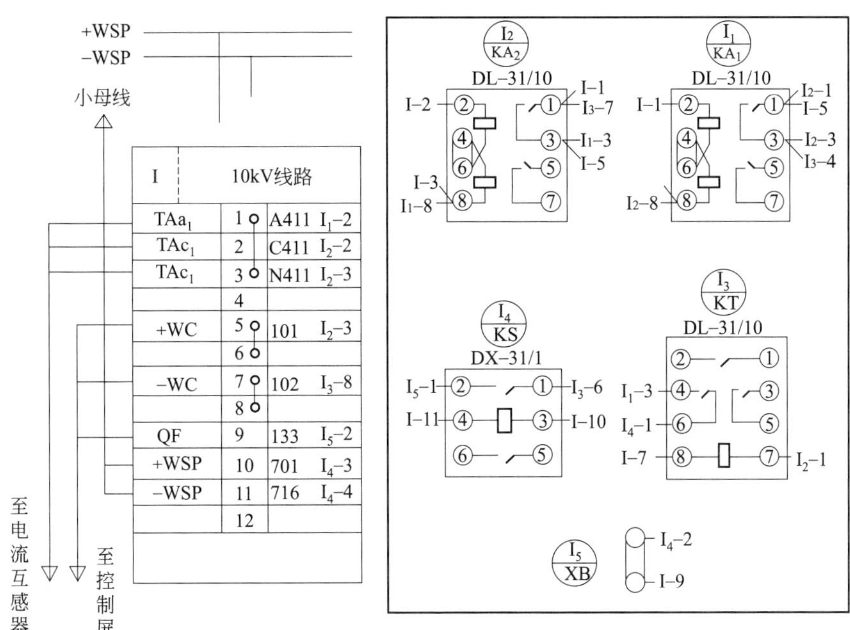

图 7-8 6～10kV 线路过电流保护屏屏后接线图

7.3 电气二次回路的安装要求

1. 电气二次回路安装的一般要求

(1) 配电盘内的配线应排列整齐，接线正确、牢固，做到与安装接线图样一致。

(2) 导线与电器的连接，必须加垫圈或花垫，所有连接配线用的螺钉、螺帽、垫圈等配件，应使用铜质的。

(3) 导线与电气元件采用螺栓连接、插接、焊接或压接式终端附件时，均应牢固可靠。

(4) 盘、柜内的导线不应有接头，导线芯线应无损伤。

(5) 电缆芯线和所配导线的端部均应套上异型软白塑料号头，并标有打号机打印好的编号，编号应正确，字迹清晰且不易脱色。

(6) 在盘、柜内的配线及电缆芯线应成排成束、垂直或水平、有规律地配置，不得任意交叉连接。其长度超过 200mm 时，应加塑料扎带或螺旋形塑料护套。

（7）绝缘导线穿过金属板时，应装在绝缘衬管内，但导线穿绝缘板时，可直接穿过。

（8）所有与配电盘相连接的电缆，在与端子排相连接前，都应用电缆卡子固定在支架上，使端子不受任何机械应力。

（9）用于连接箱、柜门上的电器、控制台板等可动部位的导线应符合下列要求。

① 应采用多股软导线，敷设长度应有适当余量。

② 线束应有外套螺旋塑料管等加强绝缘层。

（10）对盘、柜内的二次回路配线以及电缆截面的要求：

① 电流回路应采用电压不低于500V，截面不小于2.5mm^2的铜芯绝缘导线，其他回路截面不应小于1.5mm^2。

② 对于电子元件回路、弱电回路采用锡焊连接时，在满足载流量和电压降以及有足够机械强度的情况下，可采用截面不小于0.5mm^2的绝缘导线。

（11）由电缆头至端子排的电缆芯线全长应套上塑料软管。

2. 电气二次回路的布线方法

二次回路配线工作应在配电盘上的仪表、继电器和其他电器全部装好后进行。二次回路配线分为盘内配线和控制电缆配线两部分，先进行盘内配线，然后才进行控制电缆的配线。在进行配线工作前，应根据安装接线图的要求来确定导线的布线位置。

1）盘内配线

盘内端子排的装设，目前广泛地采用将端子排垂直装设在盘的两侧与盘面构成45°角的位置。对控制柜箱和配电箱内的配线，多采用端子排水平装设。盘内配线的方法很多，常见的配线有平行排列配线（矩形）、成束配线（圆形）、塑料套装配线（螺旋）和塑制分线槽配线。如图7-9所示为部分配线方法示意图。

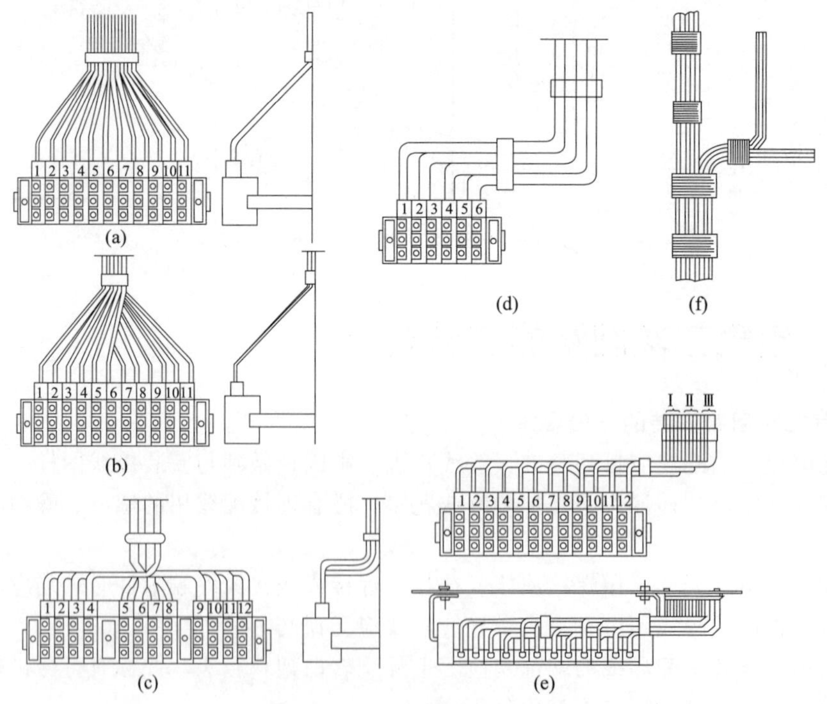

图7-9　部分配线方法示意图

（a）单层导线扇形分列；（b）双层导线扇形分列；（c）三层线束分列；（d）单层导线的分列；（e）在端子板附近导线分列成三层；（f）正常的导线束

2）控制电缆配线

（1）标号头。标号头的种类比较多，有黑胶木标号头、硬圆形塑料标号头、硬半圆形塑料标号头和软异形塑料管标号头等。目前广泛地采用软异形白塑料管标号头，并用打印机按照安装接线图上端子的文字和数字编号进行打印。然后将打印好的标号头套在导线头部，以便于检查和维修。

（2）接线。接线前先将电缆固定好，可采用 U 形卡子、Ω 形卡子或塑料扎带进行固定。多根电缆要排列整齐，电缆头排成水平或梯形。再用扎带将芯线分段扎紧，芯线引至端子时要保持横平竖直。对多余的备用芯线应弯成螺旋形圆圈，放在较隐蔽的一侧。每个接线端子的每侧接线宜为 1 根，不得超过 2 根。对插接式端子，不同截面的两根导线不得接在同一端子上；对于螺栓连接端子，当接两根导线时，中间应加平垫圈。

3. 配电盘的安装

目前发电厂或变电所采用的配电盘，型式种类较多，常用的有控制仪表盘、继电保护盘、信号盘、直流盘以及动力盘等。这些盘基本上是落地安装的。由于各种盘的型号不同，其结构尺寸也不相同，因此，在安装前不仅要熟悉设计图，而且还应了解各种盘的结构尺寸，并加以校对，以确定实际安装部位等。

1）盘体安装

（1）基础底座的加工与埋设。配电盘不能直接安装在基础上，必须将加工好的底座埋设在基础上，然后将配电盘固定在底座上。固定方式有两种，即螺栓连接和电焊焊接，如图 7-10 所示。一般焊接法比较牢固可靠，接地良好，但不适于动迁。对主控制盘、继电保护盘以及自动装置盘等，只能采用螺栓连接固定，不宜采用焊接固定。

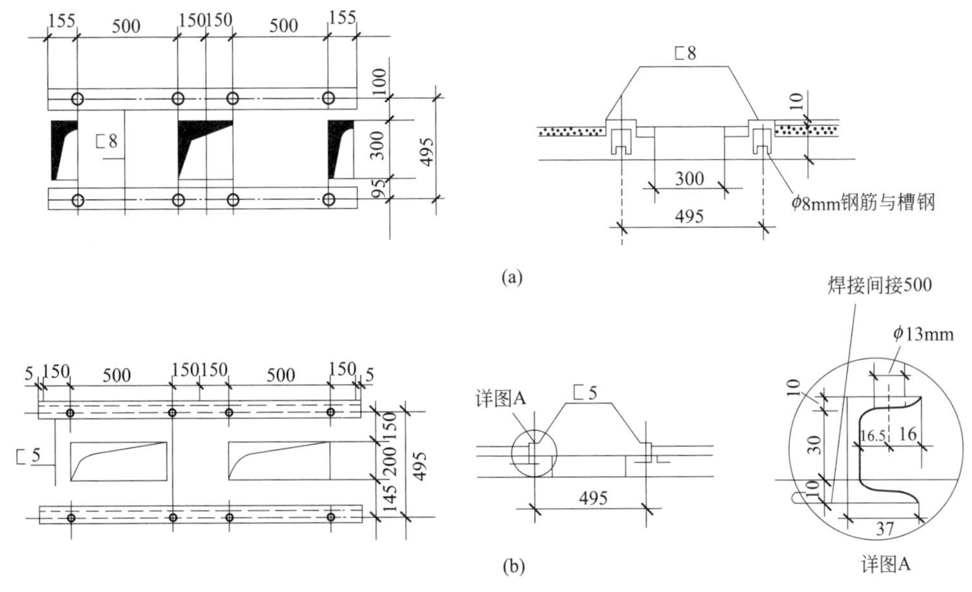

图 7-10　配电盘底座加工图

（a）焊接法；（b）螺栓连接法

底座的材料常用槽钢或角钢，其规格应根据配电盘的结构尺寸、质量而定。槽钢常采用 [5～[10，角钢常采用∠30mm×4mm～∠50mm×5mm 的规格范围。

① 底座的加工。用槽钢或角钢来做盘的基础底座时，必须经过加工处理。原因是配电盘基础用的槽钢或角钢，要求平直无弯曲，对水平度的要求较严格，一般水平误差应不超过 1/1000。对新领用的槽钢或角钢也须放在平台上检查平直，必要时用大锤或平锤校正。

② 底座的埋设。底座埋设应根据设计位置进行。埋设方式有两种：一种是在浇灌混凝土时，直接将底座埋好。这虽然可以减少一个工序，节省预留孔的木材，但缺点是在浇灌混凝土时容易移动，增大误差，影响质量。另一种是在浇灌混凝土时，用木板预留出槽和洞（要绘制好图交土建部门），待混凝土凝固后，将木胎模拆除，再埋设底座，这样可以做到尺寸准确，但时间长。为了保证质量，一般采用后一种方法。

预留槽的宽度较底座槽钢宽 30mm 左右，深度应为槽钢埋入深度加 10～20mm 再减去二次抹灰的厚度，以便垫铁调整底座水平。底座平面一般比抹灰后的混凝土地面高 10mm，埋入深度为底座槽钢高度减去 10mm。在焊有钢筋弯脚的地点应留一方洞，洞深应大于弯脚的长度。在混凝土凝固后，拆去预留胎模，整理一下槽洞，首先将基础底座的中心线找出，用石笔划在基础底座上的两端。按照设计图的尺寸和标高，测量其安装位置，并做上记号（记号应准确）。然后将基础底座放在所测的位置上，使其与记号对准，再调整底座水平。调整水平的方法是用水平尺放在底座上，校正水平，低的地方加垫铁。通常将一根基础底座调整好后，还要与另一根进行校正。水平调好后应将底座固定，固定的方式，可用电焊焊接在钢筋上，然后便可浇灌混凝土。

（2）配电盘的安装。配电盘的安装工作，必须在土建工作已经结束，木胎模已拆除，混凝土的养生期已过，室内的杂物已清理干净后，方可进行。安装配电盘时，将盘底螺孔对准基础螺栓孔放下，盘放稳后，按照设计图规定的尺寸，调整配电盘的位置，并校正盘体的水平和垂直。可用一根木棒，一端绑上线锤，木棒放在盘顶上，线锤沿盘吊下，但不能与盘边相贴，等线锤稳定后，测量线锤的吊线与盘边的距离，此距离上下不等时，表示盘体有倾斜现象，需在倾斜方向的底部垫上垫片一直调到垂直为止。调整好的盘，水平误差每米不超过 1mm，垂直误差每米不超过 1.5mm。调整好后，将配电盘用螺栓或焊接固定。当许多盘安装在同一平面上时，必须先将中间一块盘安装好，再以中间一块盘为准，向左右两侧进行安装。

2）控制信号小母线的安装

小母线安装在主控制室盘顶部，盘上设有小母线架，以固定小母线。小母线采用 ϕ6mm 铜棒或铜管。一层可安装 16 根，超过 16 根则在其上方架设第二层，但如需架设第二层者，每层安装不能超过 12 根。安装前必须将小母线校正平直，小母线的连接，一般采用连接钢套，最好采用铜套，将小母线两端插入钢套中，用螺钉顶紧。接头处应先用钢丝刷将氧化层刷去，并涂上一层凡士林，以保证接头良好。各种用途的小母线，涂有不同颜色的油漆，以便运行人员鉴别。小母线涂色规定见表 7-1，除涂色以外，还应在每条小母线两侧装有标明其代号或名称的标志牌。

表 7-1 小母线涂色表

符 号	名 称	涂 色	符 号	名 称	涂 色
+WC	控制小母线(正电源)	红	WV_a	电压小母线(U 相)	黄
−WC	控制小母线(负电源)	蓝	WV_b	电压小母线(V 相)	绿
+WS	信号小母线(正电源)	红	WV_c	电压小母线(W 相)	红
−WS	信号小母线(负电源)	蓝	WV_N	电压小母线(中性线)	黑
+WFS	闪光小母线	红色、间绿			

7.4　供配电系统的自动装置

1. 输电线路的自动重合闸装置

在供电系统中，输电线路（尤其是架空线路）的故障，占系统故障中的绝大部分。因此提高线路运行的可靠性对整个供电系统安全运行有重大意义。输电线路故障有两种，一种故障是永久性故障，如线路倒杆、断线、绝缘子击穿或损坏等原因引起的故障，另一种是瞬时性故障，如雷电引起的绝缘子表面闪络、大风引起的短时碰线、通过鸟类身体放电及树枝等物掉在导线上引起的短路等，这类故障在断路器跳闸后，多数能很快地自行消除。线路大多能恢复正常运行。运行经验表明，线路故障大多是瞬时性的，因此线路发生故障断开后，再进行一次重合闸会大大提高供电的可靠性。因此如采用自动重合闸装置（Auto-Reclosing Device，ARD），使断路器在跳闸后，经很短时间又自动重新合闸送电，从而可大大提高供电可靠性，避免因停电而给国民经济带来的巨大损失。

供配电系统中采用的 ARD，一般是一次重合式，因为一次重合式简单经济，而且基本上能满足供电可靠性的要求。运行经验证明，ARD 的重合成功率随着重合次数的增加而显著降低。对架空线路来说，一次重合成功率可达 60%～90%，而二次重合成功率只有 15%左右，三次重合成功率仅 3%左右。因此一般用户的供配电系统中只采用一次重合闸。

1）ARD 装置的基本要求

（1）操作人员用控制开关或遥控装置断开断路器时，ARD 不应动作。

（2）如果是一次电路出现故障使断路器跳闸时，ARD 应动作。但是一次式 ARD 只应重合一次，因此应有防止断路器多次重合于永久性故障的“防跳”措施。

（3）ARD 动作后，应能自动返回，为下一次动作做好准备。

（4）ARD 应与继电保护相配合，使继电保护在 ARD 动作前或动作后加速动作。大多采取重合闸后加速保护装置动作的方案，使 ARD 重合于永久性故障上时，快速断开故障电路，缩短故障时间，减轻故障对系统的危害。

2）一次式 ARD

如图 7-11 所示为 DH—2 型重合闸继电器构成的电气式、一次式 ARD 装置接线图。重合闸继电器是根据电阻、电容回路充电、放电原理构成的，由电容器、时间继电器、中间继电器、充电电阻、放电电阻及信号灯等组成。SA_1 是断路器控制开关，SA_2 是选择开关，用来投入和切除 ARD。

ARD 的动作条件是：线路发生短路故障时，断路器自动跳闸，重合闸继电器中电容器已充好电。

① 故障跳闸后的自动重合闸过程。当线路正常运行时，SA_1、SA_2 均在接通状态，其触点 1—3、21—23 闭合。重合闸继电器中电容 C 充电，同时指示灯 HL 亮，表示母线电压正常，电容充好电。

当线路发生故障时，继电保护动作使断路器 QF 自动跳闸。QF 常闭触点闭合，KT 得电动作，经延时后，其常开触点闭合，电容 C 向 KM 电压启动线圈放电，使 KM 动作而接通合闸回路，并由 KM 的电流线圈自保持动作状态，直至断路器合上。如重合闸成功，所有继电器复位，电容 C 又开始充电，充电 15～25s 后，才能达到 KM 所要求的动作电压值，从而保证了自动重合闸装置只动作一次。如重合闸不成功，则说明有永久性故障存在，时间继电器 KT 再次启动，但由于电容 C 来不及充好电，KM 不能动作，因此不能再次合闸，

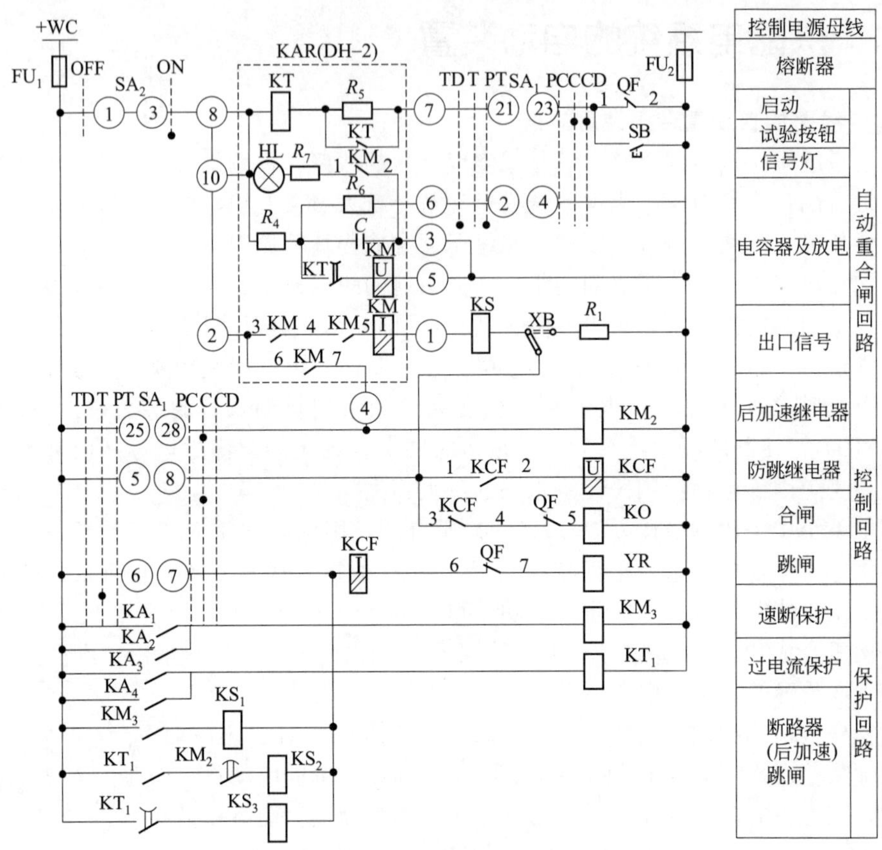

图 7-11　ARD 装置接线图

SA_2—选择开关；SA_1—断路器控制开关；KAR—重合闸继电器；KO—合闸继电器；YR—跳闸线圈；QF—断路器辅助触点；KCF—防跳继电器（中间继电器）；KM_2—后加速继电器（DZS—145 型中间继电器）；KS—信号继电器

保证只能一次重合闸。

② 手动跳闸过程。在手动跳闸时，控制开关 SA_1 处于"跳闸后"位，其触点 21—23 断开，2—4 闭合，将 ARD 切除，同时电容 C 放电，使重合闸装置不可能动作。

③ 加速保护过程。在图 7-11 中，ARD 采用后加速保护。其工作原理为：当线路上发生永久性故障时，假设第一次是由定时限过电流保护动作，KT_1 延时后断路器自动跳闸，重合闸装置启动，断路器自动重合闸，同时加速继电器 KM_2 得电动作，其延断常开触点瞬时闭合。由于断路器重合在永久性故障线路上，过电流保护再次启动，接点 KA_3、KA_4 闭合，KT_1 再次得电，在 KT_1 瞬时闭合的常开触点和 KM_2 闭合的延断常开触点的共同作用下，使断路器第二次瞬时跳闸断开故障线路，实现后加速保护，从而减少短路电流的危害。

如果手动合于故障线路，ARD 不动作，而后加速保护动作。在手动合闸前，断路器处于分闸状态，电容 C 经 SA_1 触点 2—4 放电。当手动合于故障线路后，电容 C 来不及充电，重合闸装置不动作。但加速继电器 KM_2 经控制开关 SA 触点 25—28 得电动作，其延断常开触点瞬时闭合。由于线路上有故障，过电流保护动作与前面后加速保护一样，断路器自动瞬时跳闸断开故障线路，实现后加速保护。

2. 工厂备用电源自动投入装置（APD）

为了提高工厂供电的可靠性，保证重要负荷有不间断供电，在供电中常采用备用电源自动投入装置。备用电源自动投入装置，是在具有两个独立电源供电的变配电所中，若其中一个正在工作的电源不论何种原因失去电压时，APD 能够将失去电压的电源切断，随即将另一备用电源自动投入以恢复供电，因而能保证一类负荷或重要的二类负荷不间断供电，提高供电的可靠性。工业企业中备用电源自动投入一般有如图 7-12 所示的两种基本方式。

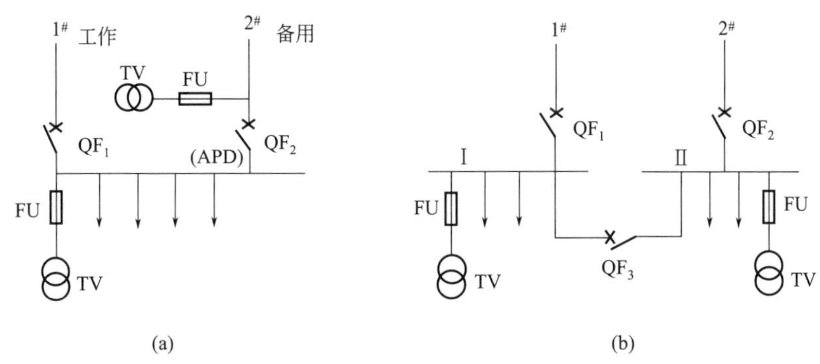

图 7-12　备用电源自动投入装置示意图

(a) 明备用；(b) 暗备用

其中图 7-12(a) 所示为有一条工作线和一条备用线路的备用情况。APD 装在备用进线断路器上。正常运行时备用电源的断路器 QF_1 是断开的，当工作线路一旦失去电压时，QF_1 分闸，APD 使 QF_2 自动合闸，即将备用线路自动投入。图 7-12(b) 所示为两条独立的工作线路，分别供电的暗备用情况，APD 装在母线分段断路器 QF_3 上，正常运行时分段断路器在断开位置。当其中一条线路失去电压后，APD 能自动将失压线路的断路器断开，随即将分段断路器自动投入，让非故障线路供全部负荷。

1）APD 的类型

APD 按其不同的特征有以下类型。

（1）按其操作电源分为直流操作的 APD 和交流操作的 APD。

（2）按主电路的电压等级分为高压 APD 和低压 APD。

（3）按备用方式分为明备和暗备。

2）对 APD 的基本要求

APD 应满足下列基本要求。

（1）工作电源的电压无论何种原因消失时，APD 均应动作。

（2）必须保证工作电源断开后再投入备用电源，且备用电源应有足够高的电压时方允许投入。

（3）必须保证 APD 只动作一次，以避免把备用电源投入到永久性的故障上，造成高压断路器多次跳合闸，扩大事故。

（4）备用电源投入装置动作时间应尽量短，以利于电动机自启动和缩短停电时间。

（5）当电压互感器任意一个熔断器熔断时，APD 不应动作。

（6）当备用电源无电压时，APD 应退出工作。当供电电压消失或者电力系统发生故障造成工作母线与备用母线同时失去电压时，APD 不应动作。

3）高压直流操作的 APD

如图 7-13 所示，为备用电源投入装置的变电所一次接线与电压、电流回路。正常工作时，变电所由两路进线分别给两段母线供电，进线断路器 QF_1 和 QF_2 均处于合闸状态，母线分段断路器 QF_3 处于分闸状态。APD 装设在变电所分段断路器 QF_3 上。APD 主要由低电压延时启动回路和自动合闸回路两部分组成。

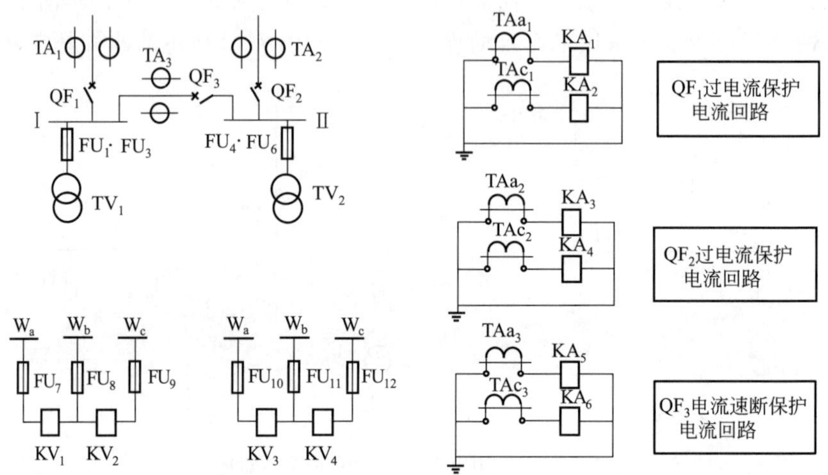

图 7-13　备用电源投入装置的变电所一次接线与电压、电流回路

低电压延时启动回路由低压继电器 KV_1～KV_4 和时间继电器 KT_1、KT_2 组成，采用带时限的低压启动方式。电压继电器分别接至两段母线电压互感器 TV_1 和 TV_2 的不同相间，KV_1（或 KV_3）用来反应工作母线失压，KV_2（或 KV_4）用来监视备用电源电压。在两路电源进线断路器上都装有定时限过电流保护，作为引出线或母线上有短路时的保护。

（1）Ⅰ段母线断路器直流操作的工作原理。在两路电源正常前提下，Ⅰ段母线断路器 QF_1 的分合闸由转换开关 SA_1 来控制。SA_1、SA_2、SA_3 各触点的动作状态如图 7-14 所示，“×”表示触点接通，“－”表示触点断开。

触点号		－	1—3	2—4	5—8	6—7	9—10	9—12	10—11	13—14	14—15	13—16	17—19	18—20	21—23	21—22	22—24
手柄位置	跳闸后		－	×	－	－	－	－	×	－	×	－	－	×	－	－	×
	预备合闸		×	－	－	－	×	－	－	×	－	－	－	－	－	×	－
	合闸		－	－	×	－	－	×	－	－	－	×	×	－	×	－	－
	合闸后		×	－	－	－	×	－	－	－	－	×	×	－	×	－	－
	预备跳闸		－	×	－	－	－	－	×	×	－	－	－	－	－	×	－
	跳闸		－	－	－	×	－	－	×	－	×	－	－	×	－	－	×

图 7-14　SA_1、SA_2、SA_3 各触点的动作状态图

① 断路器 QF_1 的跳闸后状态。在转换开关 SA_1 的手柄位置处于跳闸后状态时，转换开关 SA_1 的触点 2—4、10—11、14—15、18—20 和 22—24 接通。从如图 7-15 所示的Ⅰ段母线断路器直流操作工作原理图中可分析出：绿灯 GN_1 发平光，由于电阻 R 的分压作用，合闸接触器 KO_1 不动作，合闸线圈 YO_1 不得电。此时断路器 QF_1 处于跳闸后状态。

② 断路器 QF_1 的预备合闸状态。转换开关 SA_1 处于预备合闸状态时，其触点 1—3、9—10、13—14 和 21—22 接通。从Ⅰ段母线断路器直流操作工作原理图中可分析出：绿灯

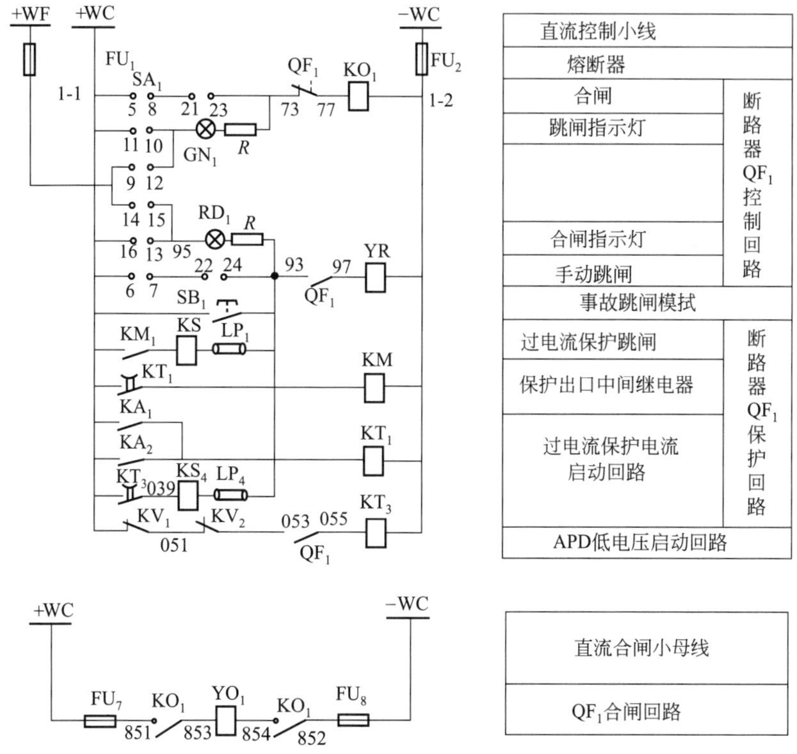

图 7-15　Ⅰ段母线断路器直流操作工作原理图

GN_1 发闪光，由于电阻 R 的分压作用，合闸接触器 KO_1 不动作，合闸线圈 YO_1 仍然不得电，断路器 QF_1 处于预备合闸状态。

③ 断路器 QF_1 的合闸状态。当转换开关 SA_1 处于合闸状态时，其触点 5—8、9—12、13—16、17—19 和 21—23 接通。从Ⅰ段母线断路器直流操作工作原理图中可看出：绿灯 GN_1 灭，红灯 RD_1 亮，合闸接触器 KO_1 动作，合闸线圈 YO_1 得电，完成断路器 QF_1 合闸。

④ 断路器 QF_1 的合闸后状态。当转换开关 SA_1 处于合闸后状态时，其触点 1—3、9—10、13—16、17—19 和 21—23 接通。从Ⅰ段母线断路器直流操作工作原理图中可看出：红灯 RD_1 亮，由于断路器 QF_1 的辅助常闭触点 QF_1 断开，辅助常开触点 QF_1 闭合，合闸接触器线圈 KO_1 断电，其常开触点断开，合闸线圈 YO_1 失电，同时，由于电阻 R 的分压作用，跳闸接触器 YR_1 不动作，此时断路器 QF_1 处于合闸后状态。

⑤ 断路器 QF_1 的预备跳闸状态。当转换开关 SA_1 处于预备跳闸状态时，其触点 2—4、10—11、13—14 和 21—22 接通。从断路器直流操作工作原理图中可看出：红灯 RD_1 闪亮。由于电阻 R 的分压作用，跳闸接触器 YR_1 不动作，此时断路器 QF_1 处于预备跳闸状态。

⑥ 断路器 QF_1 的跳闸状态。当转换开关 SA_1 处于跳闸状态时，其触点 6—7、10—11、14—15、18—20 和 22—24 接通。从断路器直流操作工作原理图中可看出：红灯 RD_1 灭，绿灯 GN_1 亮。跳闸接触器 YR_1 动作，完成断路器 QF_1 跳闸。

⑦ 断路器 QF_1 的过电流保护。当电源引出线或母线上发生短路时，电流继电器 KA_1 或 KA_2 任意一个动作，其常开触点闭合，时间继电器 KT_1 线圈得电，其延时常开触点闭

合，接通保护出口中间继电器 KM 线圈，使其常开触点闭合，接通信号继电器 KS，发出报警信号。同时接通跳闸线圈 YR，使断路器 QF_1 跳闸。

⑧ 断路器 QF_1 的低压保护电路。当工作电压因某种原因失压或低于工作电压的 70% 时，监视工作电压的电压继电器 KV_1、KV_2 其常闭触点恢复闭合。由于断路器 QF_1 的辅助常开触点 QF_1 闭合，时间继电器 KT_3 线圈得电，其延时常开触点闭合，接通信号继电器 KS_4，发出报警信号。同时接通跳闸线圈 YR，使断路器 QF_1 跳闸。

（2）Ⅱ段母线断路器直流操作工作原理。如图 7-16 所示为Ⅱ段母线断路器直流操作工作原理图。转换开关 SA_2 各触点的动作状态如图 7-14 所示。断路器 QF_2 的工作过程与断路器 QF_1 相似，这里不再详述。

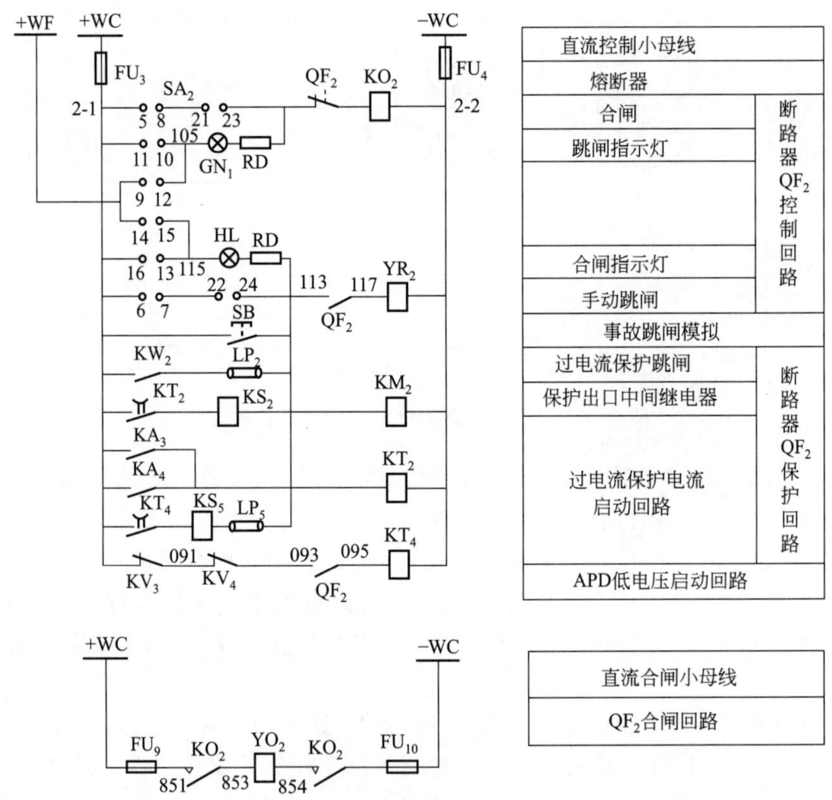

图 7-16　Ⅱ段母线断路器直流操作原理图

（3）备用电源的自动投入。如图 7-17 所示，为 APD 的直流控制回路。图 7-17 中 SA_4 为控制开关，当 APD 投入时，SA_4 触头闭合。当 APD 装置解除时，SA_4 触头断开。SA_4 各触点的动作状态如图 7-18 所示。

自动合闸回路由断路器的有关辅助接点和闭锁继电器 KLA 接点组成。闭锁继电器是延时返回的中间继电器，用以保证 APD 只动作一次。

当两路进线正常工作时，进线断路器 QF_1 和 QF_2 均处于合闸状态，母线分段断路器 QF_3 处于分闸状态。进线断路器 QF_1 和 QF_2 辅助常开接点闭合接通闭锁继电器 KLA，KLA 的延时断开触头闭合，接通信号继电器 KS_6，为 APD 作好合闸准备。此时两段母线电压均为正常值，所以低电压继电器均在吸合状态，其常闭接点打开，其常开接点闭合，APD 处于准备工作状态。

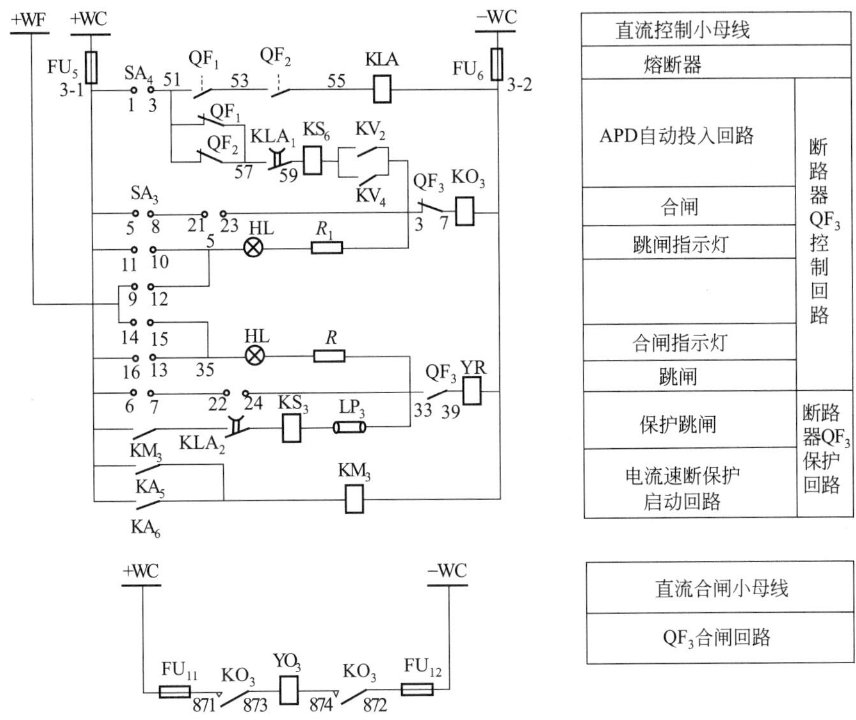

图 7-17　APD 的直流控制回路

触点号		—	1—3	2—4	5—7	6—8	9—11	10—12
位置	断开	▭■	—	×	—	×	—	×
	投入	⬓	×	—	×	—	×	—

图 7-18　SA_4 各触点的动作状态图

当母线Ⅰ段失电时，电压继电器 KV_1 和 KV_2 全部释放，其常闭接点闭合，由于母线Ⅱ段电压正常，故 KV_4 常开接点仍然闭合，此时接通时间继电器 KT_3 线圈，其常开接点延时闭合，接通信号继电器 KS_4，发出信号并接通进线断路器 QF_1 操作机构的跳闸线圈 YR_1，使进线断路器 QF_1 跳闸。进线断路器 QF_1 跳闸后，其常闭辅助接点闭合，经闭锁继电器 KLA 延时断开常开接点 KLA_1 接通合闸接触器 KO_3 的线圈，其常开触头闭合接通母线分段断路器 QF_3 的合闸线圈 YO_3，使断路器 QF_3 自动合闸，完成了备用电源自动投入。

在 QF_1 跳闸后，闭锁继电器 KLA 线圈断电，经过一定延时后，闭锁继电器 KLA 的断电延时的常开触点 KLA_1 断开，切断母线分段断路器 QF_3 的合闸回路，同时撤除母线瞬时过流保护，使分段单母线变成单母线运行。

如果 APD 动作后，备用电源投入到永久性故障母线上，瞬时过流保护动作，电流继电器 KA_5、KA_6 的常开接点闭合，接通出口兼防跳继电器 KM_3 的电压线圈，其常开接点闭合接通，由于 KLA 的断电延时的常开触点 KLA_2 未断开，接通信号继电器 KS_3 的线圈和母线分段断路器 QF_3 的跳闸线圈 YR，使母线分段断路器 QF_3 跳闸。同时由于闭锁继电器 KLA 的延时返回常开接点 KLA_1 断开，切断了母线分段断路器 QF_3 的合闸接触器通路，使母线分段断路器 QF_3 不能再次合闸，这样保证 APD 只能动作一次。

（4）断路器的控制与信号回路的关系。高压断路器控制回路是指控制高压断路器分、合闸的回路，其电磁操动机构只能采用直流操作电源，而弹簧储能操动机构和手力操动机构可采用交流、直流，但一般采用交流操作电源。

信号回路是用来显示当时设备的工作情况。信号按用途分，有断路器位置信号、事故信号和预告信号等。

断路器位置信号用来显示断路器正常工作的位置状态。红灯亮，表示断路器处于合闸通电状态；绿灯亮，表示断路器处于分闸断电状态。

事故信号用来显示断路器在事故情况下的工作状态。红灯闪光，表示断路器自动合闸通电；绿灯闪光，表示断路器自动跳闸断电。此外，事故信号还有事故音响信号和光字牌等。

预告信号是在一次电路出现不正常状态或发现故障苗头时发出报警信号。例如电力变压器过负荷或者油浸式变压器轻瓦斯动作时，就发出区别于上述事故声响信号的另一种预告声响信号（通常预告声响信号用电铃，而事故声响信号用电笛），同时光字牌亮，指示出故障性质和地点，以便值班人员及时处理。

通常用红、绿灯的平光来指示断路器的合闸和分闸的正常位置，而用红、绿灯的闪光来指示断路器的自动合闸和跳闸。如图 7-19 所示，为用闪光继电器构成的闪光装置原理图。图中虚线框内为闪光继电器 KF，“不对应”回路接在（＋）WF 与负电源之间，当某条不对应回路接通，闪光小母线（＋）WF 与负电源（－）WC 接通，电容 C 充电，当端电压达到继电器 KF 动作电压时，继电器 KF 动作，其常开接点闭合，使信号灯发亮。此时电容 C 经继电器 KF 线圈放电，当电容 C 的端电压下降至继电器 KF 返回电压时，继电器 KF 返回，继电器 KF 的常开接点断开，常闭接点闭合，使信号灯变暗，电容 C 再次充电。如此重复上述过程，使（＋）WF 上的电压时高时低，接在其上的信号灯便发闪光。图 7-19 中 SB 为闪光试验按钮，正常时信号灯 HL 发平光，表示电源正常，当按下 SB 试验按钮时，（＋）WF 就经 SB 和 HL 与负电源接通。和“不对应”回路原理一样，HL 发闪光，以示闪光装置正常。

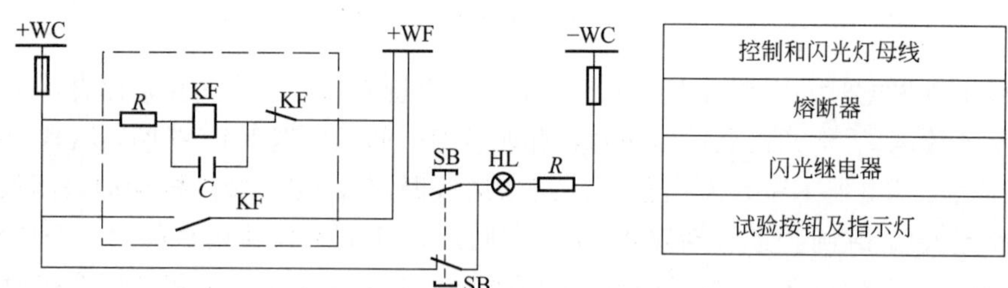

图 7-19　闪光装置原理图

7.5　电气二次回路的检修

1. 二次回路的检修内容

（1）清扫二次回路内的积灰。二次回路的清扫是一项不可缺少的工作，这是由于端子排、继电器、仪表以及其他电气连接线的端子，如果灰尘积多，就会造成绝缘电阻降低，回路接地以及短路等事故。具体要求如下。

① 二次回路的清扫周期一般为一个月。对于条件差、灰尘多的场所可以缩短周期。

② 二次回路的清扫工作必须由两人一起进行，其中一人监护，以避免出现人身触电和造成二次回路短路、接地等故障。

③ 清扫工具宜采用吸尘器或手动吹风器（也称皮老虎）。

（2）检查二次回路上各元件的标志、名称是否齐全。

（3）检查各种按钮、转换开关、弱电开关的动作是否灵活，触点接触有无压力和烧伤。检查胶木外壳应无裂纹，胶木按钮应无碳化现象。

（4）检查光字牌、插头、灯座、位置指示器灯泡是否完好。

（5）检查各表计、继电器以及自动装置的接线端子螺钉（包括端子排接线端子螺钉）有无松动。

（6）检查电压、电流互感器二次引线端子是否紧固，有无锈蚀，接地是否完好，电压互感器的熔断器是否正常。

（7）配线是否整齐，固定卡子有无脱落。

（8）测量绝缘电阻是否符合以下规定。

① 二次交流回路内每一个电气连接回路不得小于 1MΩ。

② 全部直流系统不得小于 0.5MΩ。

（9）检查断路器及隔离开关的辅助触点，有无烧伤、氧化现象，接触有无卡涩和死点。

（10）检查交直流接触器的接点有无烧伤，并要求接点与灭弧罩保持一定间隙，并联电阻有无过热等。

（11）检查二次交直流控制回路的熔断器是否接触良好。

（12）母线连接处是否发热、三相电压是否平衡。

2. 二次回路的检修方法

为了确保接线正确，二次回路在接线前或接线后应进行校线检查。如果二次接线是单层明配线方式，因所有导线及其连接处都很明显。在这种情况下，只需要仔细地检查并与展开图及安装接线图校对即可。如果二次接线是多层或成束配线方式，因导线隐蔽以及线路较长不能明显判断，则须用专用工具进行校线。

二次接线的校对检查分为屏内和屏外两部分。在校线前，应熟悉展开接线图和安装图。根据展开图和安装接线图进行校线。

1）屏内二次接线的校对检查

屏内二次接线的校对，只需要一个人根据展开接线图和安装接线图进行。校对工具可采用信号灯或蜂鸣器，有条件时，最好采用带蜂鸣器的万用表进行校线，因为用这种工具校线快、省力，只要听见声响即表明接线正确，便可校下一根线。校线的顺序：先从端子排自上而下，从左到右，逐个端子进行校对，而后再对盘内各电器间的连接线进行校对。但是在校对之前，必须将要校对的线头拆掉一根方可进行，否则就会产生错误判断，影响检查的准确性。

2）控制电缆线的校对检查

控制电缆由于线路长或电缆两端在不同室内，进行校线时，常采用如下几种方法。

（1）电话听筒法。当校对两端在不同室内的控制电缆时，可使用电话听筒法。这种方法是利用两个低电阻电话听筒和 4～6V 的干电池组成，按如图 7-20 所示的接线法进行校对。校对时，首先将电池 1 的一端用导线接至控制电缆的钢甲（钢带铠甲）或铅皮上，利用电缆的金属外皮作回路，（如电缆没有铅皮，可借接地的金属结构先找出第一根缆芯，以此芯线作回路），然后将电话听筒 2 的一端也接至电缆的铅皮上，将电话听筒的另一端按顺序接触电缆的每一根芯线，当接到同一根芯线时则构成闭合回路，此时电话听筒中将有响声并可同时通话。用同样的方法校对并确定其余的电缆芯。

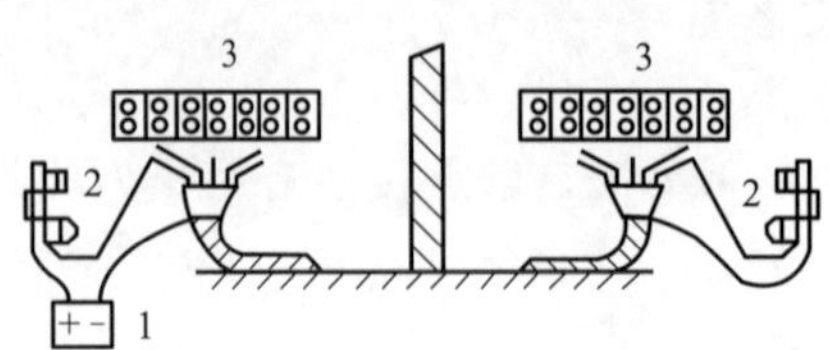

图 7-20　用电话听筒法进行校线检查

1—干电池；2—电话听筒；3—端子排

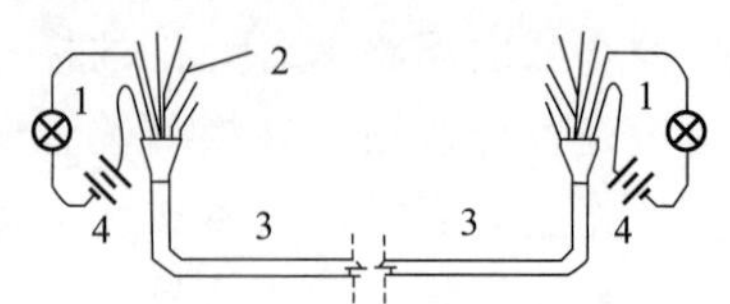

图 7-21　用信号灯校线法检查

1—灯泡；2—电缆芯；3—电缆；4—干电池

（2）信号灯校线法。信号灯校线法是用电压为 3V 的干电池和 2.5V 的小灯泡做导通试验，如图 7-21 所示。两只信号灯在电缆的两端，将信号灯与电池串联，电池端接铅皮，灯泡端逐个接触电缆的每一根缆芯，当电缆两端的校验灯接到同一根芯线时，则构成闭合回路，此时信号灯亮，用同样的方法校对并确定其余的电缆芯。但是，在开始校线前，应先拟定校对顺序及校线时所用的信号。一般系在回路接通后（两端的灯泡明亮以后），电缆的一端工作人员将回路开合 3 次，然后电缆另一端的工作人员同样将回路开合 3 次，即表示正确。

两端的电池在回路中必须串联，如果将一端的电池正极接铅皮，则另一端的电池是负极接铅皮。

7.6　互感器的安装

在高压电力系统中，由于高电压与大电流难以直接进行计量和检测，需要有专门的变换设备将高电压大电流转换成标准的低电压和小电流，用于计量、检测和继电保护，同时将一次侧的高电压与大电流与二次侧的仪表和继电保护设备隔离，对工作人员和二次电气设备起到了保护作用。这种电压、电流的变换设备就称为互感器。其工作原理与电力变压器一样，都是利用电磁感应原理工作的，只是其性能、结构与用途有较大差别。

1. 互感器的分类

按照其所反映电量的不同，互感器可以分为电压互感器和电流互感器两大类；按其相数不同，互感器可分为单相互感器与三相互感器两类；按其绝缘方式不同，互感器可分为干式、油浸式、环氧浇注式、气体绝缘式以及其他方式互感器；按其变换方式不同，互感器可分为电磁式电压互感器、电容式电压互感器、电流互感器和零序电流互感器等。

1）电压互感器

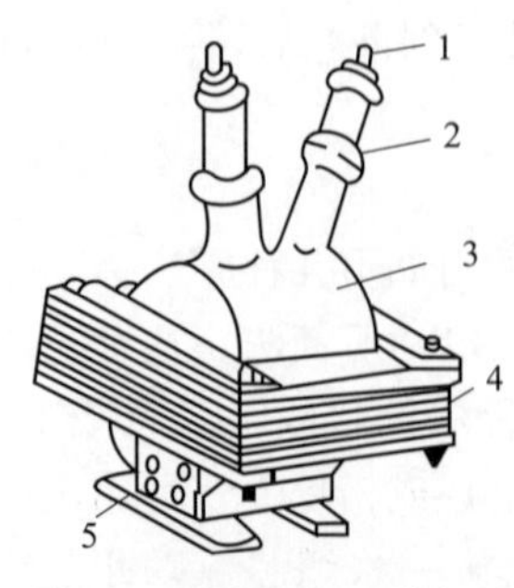

图 7-22　JDZJ—10 型电压互感器

1—一次接线端子；2—高压绝缘套管；3—一、二绕组；4—铁芯；5—二次接线端子

电压互感器的构造原理与小型电力变压器相似。原绕组为高压绕组，匝数较多；副绕组为低压绕组，匝数较少。各种仪表（如电压表、功率表等）的电压线圈都与副绕组并联相接，为使测量仪表标准化，电压互感器的副边额定电压均为 100V。电压互感器按其绝缘形式可分为油浸式、干式和树脂浇注式等；按相数可分为单相和三相；按安装地点可分为户内和户外。

如图 7-22 所示为 JDZJ—10 型电压互感器。此种型电压互感器为单相三线圈环氧树脂浇注式户内型，一次额定电压 10kV。

2）电流互感器

电流互感器的原绕组匝数甚少（只有一匝），而副边绕组匝数较多，各种仪表的电流线圈都与副绕组串联相接。为使仪表统一规格，电流互感器副边额定电流大多为 5A。

由于各种仪表电流线圈的阻抗很小，因此电流互感器的运行状态和电力变压器的短路情况相似。如图 7-23 和图 7-24 所示分别为 LQJ—10 型和 LMZJ1—0.5 型电流互感器的外形图。

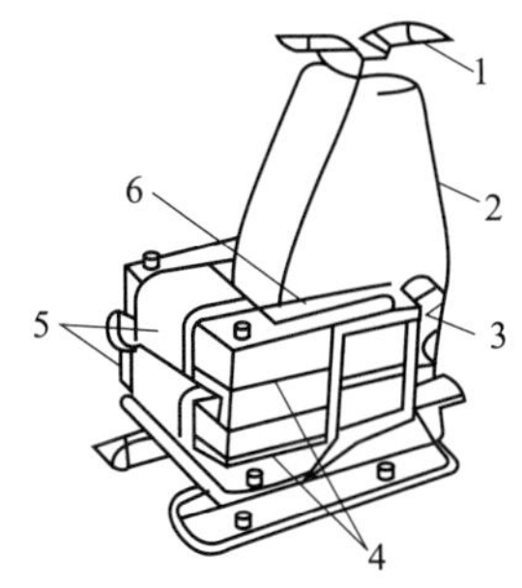

图 7-23　LQJ—10 型电流互感器

1—一次接线端；2—一次线圈；3—二次接线端；4—铁芯；5—二次线圈；6—警告牌

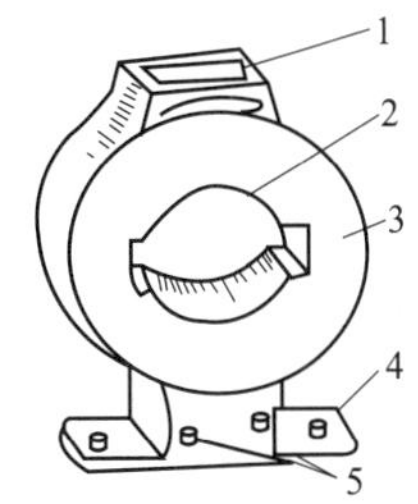

图 7-24　LMZJ1—0.5 型电流互感器

1—铭牌；2—一次母线穿孔；3—铁芯；4—安装板；5—二次接线端子

2. 互感器的安装

1）电压互感器的安装

电压互感器一般安装在成套配电柜内或直接安装在混凝土台上；装在混凝土台上的电压互感器要等混凝土干固并达到一定强度后，才能进行安装工作，且应对电压互感器本身进行仔细检查。但一般只作外部检查，如果经试验判断有不正常现象时，则应作内部检查。

电压互感器的外部检查可按下列各项进行。

（1）互感器的外观应完整，附件应齐全，无锈蚀或机械损伤。

（2）油浸式互感器的油位应正常，密封应良好，无渗油现象。

（3）互感器的变比分接头位置应符合设计规定。

（4）二次接线板应完整，引出端子应连接牢固，绝缘良好，标志清晰。

按线时应注意，接到套管上的母线，不应使套管受到拉力，以免损坏套管。并应注意正确接线。

① 电压互感器的二次侧不能短路，一般在一、二次侧都应装设熔断器作为短路保护。

② 极性不应接错。

③ 二次侧必须有一端接地，以防止一、二次线圈绝缘击穿，一次侧高压串入二次侧，危及人身及设备的安全。互感器的外壳亦必须妥善接地。

2）电流互感器的安装

电流互感器的安装应视设备配置情况而定，一般有下列几种情况。

（1）安装在金属构架上（如母线架上）。

（2）在母线穿过墙壁或楼板的地方，将电流互感器直接用基础螺栓固定在墙壁或楼板上，或者先将角钢做成矩形框架，埋入墙壁或楼板中，再将与框架同样大小的铁板（厚约 4mm）用螺栓固定在框架上，然后将电流互感器固定在钢板上。

（3）安装在成套配电柜内。

电流互感器在安装之前亦应像电压互感器一样进行外观检查，符合要求之后再进行安装。安装时应注意下面几点。

① 电流互感器安装在墙孔或楼板孔中心时，其周边应有 2～3mm 的间隙，然后塞入油

纸板以便于拆卸，同时也可以避免外壳生锈。

② 每相电流互感器的中心应尽量安装在同一直线上，各互感器之间的间隔应均匀一致。

③ 零序电流互感器的安装，不应使构架或其他导磁体与互感器铁芯直接接触，或与其构成分磁回路。

④ 当电流互感器二次线圈的绝缘电阻低于 10～20MΩ 时，必须干燥，使其恢复绝缘。

⑤ 接线时应注意不使电流互感器的接线端子受到额外拉力，并保证接线正确。对于电流互感器应特别注意：极性不应接错，避免出现测量错误或引起事故；二次侧不应开路，且不应装设熔断器；二次侧的一端和互感器外壳应妥善接地，以保证安全运行。

3. 互感器的接线方式

1）电压互感器的接线方式

电压互感器常用的接线方式如图 7-25 所示，图中 L_1、L_2、L_3 为电力系统三相高压母线，QS 为隔离开关，TV 为电压互感器，FU_1 为高压侧熔断器，FU_2 为低压侧熔断器。

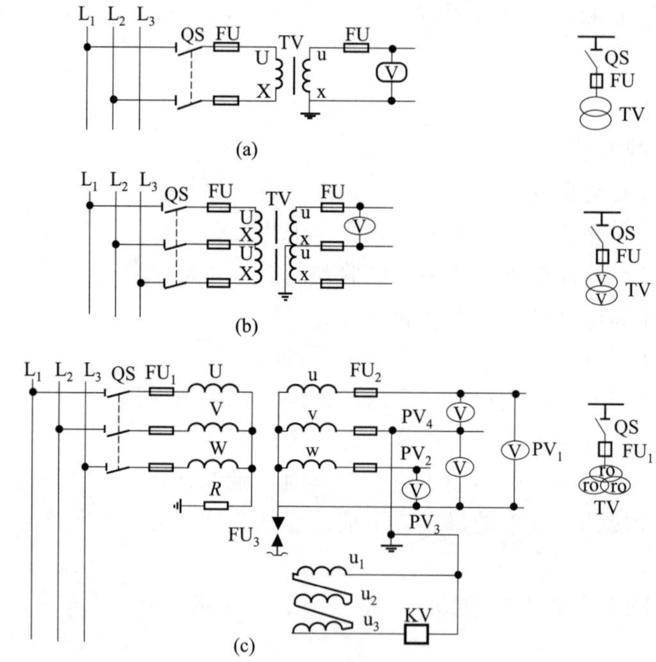

图 7-25　电压互感器常用的接线方式图

(a) 单相电压互感器用于单相电路接线；(b) 两台单相电压互感器 V/V 接线；
(c) 三台电压互感器 $Y_0/Y_0/\triangle$ 接线

三相电压互感器，可直接接于三相电路当中。单相电压互感器应用于单相电路中时，也是直接接于高压电路相间或相对地间，如图 7-25(a) 所示。单相电压互感器用于三相电路中时，按电压互感器的台数及连接方式不同，接线方式可分为以下几种情况。

一种是两台电压互感器 V/V 形接线。两台单相电压互感器的高压侧与低压侧绕组分别相串联，然后接入三相电力电路 L_1、L_2、L_3。如图 7-25(b) 所示。这种接法适用于工厂变配电所的 6～10kV 高压配电装置中，供仪表、继电器测量、监视三相三线制系统中的各个电压。另一种常用的接线方式为三台单相电压互感器 $Y_0/Y_0/\triangle$ 接线，三台电压互感器的高压侧绕组的尾端接在一起，首端分别接三相高电压母线 L_1、L_2、L_3，低压侧接法与高压侧相同，再将两侧的星点同时接地，如图 7-25(c) 所示。系统正常运行时，由于三个相电压对称，因此开口三角形两端的电压接近于零。当某一相接地时，开口三角形两端将出现近100V 的零序电压，使电压继电器动作，发出单相接地信号。图中所示为三绕组电压互感器，其另外一组二次侧绕组接成三角形。另外还可以接成 Y_0/Y_0、$\triangle/Y_0$ 等接线方式。

2）电流互感器的接线方式

如图 7-26 所示为电流互感器的接线方式图。图 7-26(a) 为电流互感器三表接线法（星形接线）。三个电流表中流过的分别可反映三相电流的大小。这种接线方式可反映系统的各种故障。如发生单相短路故障时，有一相继电器动作；当发生相间短路时，至少有两相继电器动作。因此这主要用于高压大电流接地系统，以及大型变压器、电动机和差动保护、相间保护和单相接地保护。

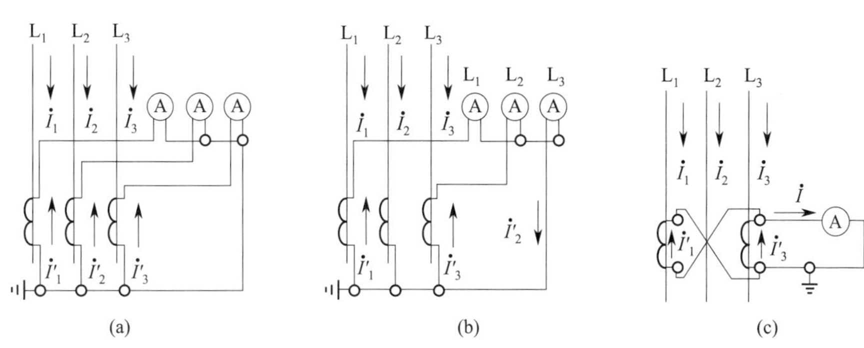

图 7-26　电流互感器的接线方式图

（a）三电流互感器三表接线方法；（b）两电流互感器两表接线方法；（c）两电流互感器一表接线法

图 7-26(b) 为两电流互感器两表接线法（不完全星形接线）。它只反映两相电流。这种接线方式用于保护时，主要应用于中性点不接地系统中。

图 7-26(c) 为两电流互感器一表接线法，又称两相差接法。电流表中流过的电流为互感器所在两相电流的向量和，也可以反映第三相电流。在不同的短路情况下，两相差接法具有不同的灵敏度。这种接线方式主要用于中性点不接地系统的变压器、电动机及线路的相间保护。

3）零序电流互感器

零序电流互感器用于三相不接地系统中。一般一次侧跨接于三相之上，用于系统的接地故障保护。其工作原理是当三相不接地系统正常运行时，流过零序电流互感器的电流为三相电流的向量和，其值为零，当发生单相接地故障时，三相电流的向量和就不再为零，即在零序电流互感器的二次侧回路中就有电流流通，这便是确定保护装置选择性的依据。根据接地故障的性质不同（如单相金属性完全接地与单相非金属性不完全接地故障），其二次侧电流的大小和相位也不同，从而加以区别，进行选择性保护。常用的零序电流互感器为 LJ 系列，其二次侧一般串接 DL、DD 系列电流继电器。

4. 互感器试验

互感器的交流试验应按规范要求进行，其试验项目和要求如下。

（1）测量绕组的绝缘电阻，其值不作规定，但与出厂试验值比较应无明显差别。

（2）绕组对外壳的交流耐压试验。全绝缘互感器工频交流耐压试验电压、标准见表 7-2。试验方法同变压器试验。串级式电压互感器的一次绕组可不进行交流耐压试验，当对绝缘性能有怀疑时，宜按《电气装置安装工程电气设备交接试验标准》（GB 50150—2016）的规定进行耐压试验。二次绕组之间及其对外壳的工频耐压试验标准为 2000V，可与二次回路一起进行。

表 7-2　互感器工频交流耐压试验电压标准

额定电压/kV	3	6	10	15	20	35
出厂标准电压/kV	18	23	30	40	50	80
交流试验电压/kV	16	21	27	36	45	72

（3）油浸式互感器的绝缘油试验。主要进行电气强度试验，35kV 以下的互感器当主绝缘试验合格时，可不做。

（4）测量电压互感器一次绕组的直流电阻。所测数值与产品出厂值或同批相同型号产品的测得值相比，应无明显差别。

（5）测量电流互感器的励磁特性曲线。该项试验当继电保护对电流互感器的励磁特性有要求时才进行。当电流互感器为多抽头时，可在使用抽头或最大抽头测量。同形式电流互感器的特性相互比较，应无明显差别。

（6）测量 1000V 以上的电压互感器的空载电流和励磁特性。应在互感器的铭牌额定电压下测量空载电流，所测值与同批产品测得值或出厂数值比较，应无明显差别。

（7）检查三相互感器的接线组别和单相互感器引出线的极性。必须与铭牌及外壳上的标志相符合。

（8）检查互感器的变比。应与制造厂铭牌值相符，对多抽头互感器，可只检查使用分接头的变比。

（9）测量铁芯夹紧螺栓的绝缘电阻。在作器身检查时，应对外露的或可接触到的铁芯夹紧螺栓进行测量，绝缘电阻值不作规定。采用 2500V 兆欧表进行测量，试验时间为 1min，应无闪络及击穿现象。应注意，当穿芯螺栓一端与铁芯连接者，测量时应将连接片断开，不能断开的可不进行测量。

7.7　电气二次回路的试验

对于新安装、大修以及更换后二次回路，必须进行电气试验。

1. 绝缘电阻试验

在做绝缘电阻试验时，应使用 500～1000V 的摇表。绝缘电阻的测定范围应包括所有电气设备的操作、保护、测量、信号等回路，以及这些回路中的电器接触器、继电器、仪表、电流和电压互感器的二次线圈等。可划分为以下回路分段进行测试。

（1）直流回路，是熔断器或自动开关隔离的一段。

（2）交流电流回路，是由一组电流互感器连接的所有保护及测量回路组成，或由一组保护装置的数组电流互感器回路组成。但对接有四组电流互感器以上的差动保护回路可分段测试

（3）交流电压回路，是一组或一个电压互感器连接的回路。

对于新安装、大修以及更换后二次回路，测试的绝缘电阻值应符合下列规定：

① 直流小母线和控制盘的电压小母线，在断开所有并联支路时，应不小于 10MΩ。

② 二次回路的每一支路和断路器、隔离开关操动机构的电源回路，应不小于 1MΩ。

③ 接在主电源回路上的操作回路，保护回路和 500～1000V 的直流发电机的励磁回路，应不小于 1MΩ。

④ 在比较潮湿的地方，②、③两项的绝缘电阻可降低到 0.5MΩ。

若测试中发现某一回路绝缘电阻值不符合规定时，应找出原因及时处理。

2. 交流耐压试验

当二次回路绝缘电阻合格后，应进行回路的交流耐压试验。在进行二次回路耐压试验之前，必须将回路中的所有接地线拆掉，以及断开电压互感器二次绕组、蓄电池及其他直流电源。凡试验电压低于 1000V 的部件、仪表、继电器等皆与系统完全断开。交流耐压的数值为 1000V，持续时间为 1min，无异常现象则认为试验合格。

对不重要的回路可用 2500V 兆欧表试验，持续时间为 1min，无异常现象时，认为试验合格。

7.8　电气二次回路原理图识图

1. 多级线路保护系统原理图识图

1）知识要求

（1）熟悉多级线路保护的基本组成结构。

（2）了解过电流保护定时限和反时限的整定原则。

（3）掌握过电流继电器和电流互感器的使用方法。

（4）熟悉速断保护整定原则和方法。

2）识图要求

（1）根据图 7-27 所示，了解设置多级线路保护系统原理和主要构成器件。

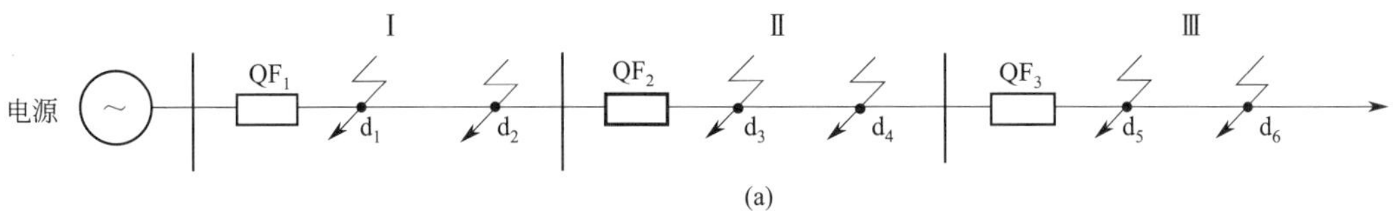

(a)

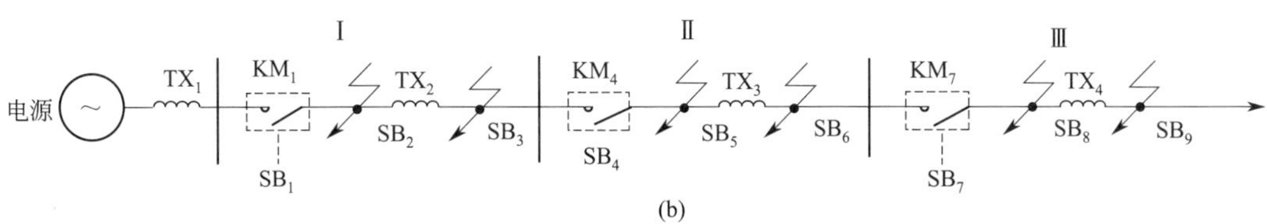

(b)

图 7-27　多级线路保护系统原理示意图

(a) 多级线路保护系统示意图；(b) 多级线路保护系统模拟示意图

（2）掌握多级线路保护的各器件之间的相互关系。

（3）熟悉如图 7-28 所示的多级线路保护系统电气原理。

（4）了解电抗器在线路中的作用。

（5）熟悉各器件的文字和图形符号。

3）准备工作

（1）材料准备：多级线路保护系统原理图、导线等。

（2）仪器设备：多级线路保护系统装置、万用表、组合电工工具。

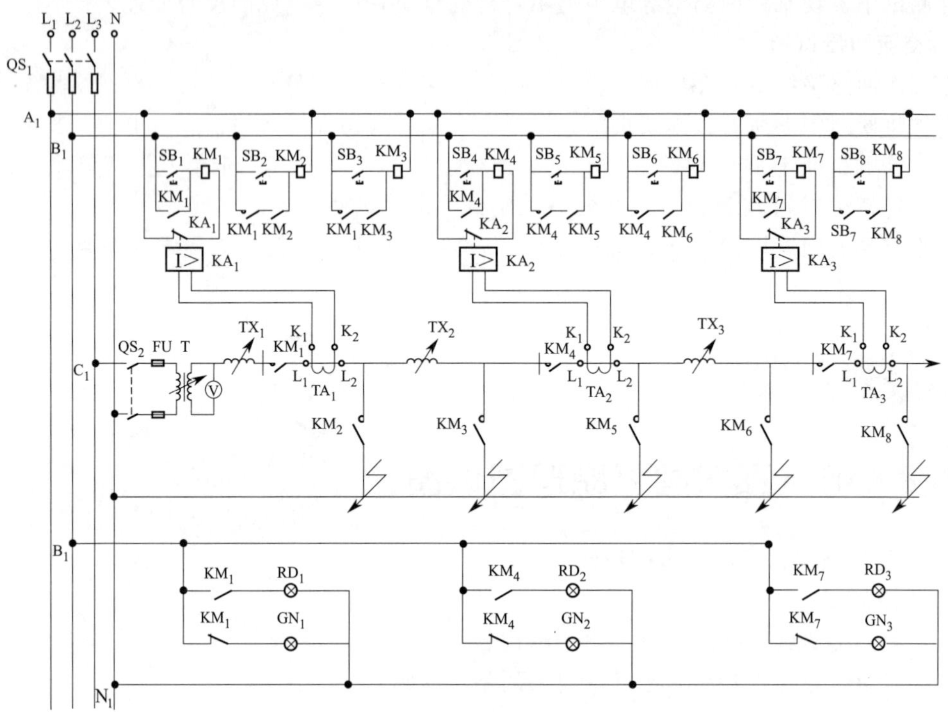

图 7-28 多级线路保护系统电气原理

4）考核时限

以个人为单位，考核时限为 10min。

5）考核项目及评分标准

考核项目及评分标准见表 7-3。

表 7-3 多级线路保护系统原理图识图的考核项目及评分标准

项目	考核要点	配分	评分标准	扣分	得分
设备名称	设备名称是否正确、完整、规范	10	不符合要求每一项扣 2 分		
各种设备的符号	1. 设备文字符号是否正确	20	不符合要求每一项扣 2 分		
	2. 设备图形符号是否正确、规范		不符合要求每一项扣 2 分		
各种设备的作用	是否了解设备在系统中作用	35	缺少内容，每一项扣 1 分		
分析工作原理	是否熟悉该电路的工作原理	20	分析不正确，每一项扣 5 分		
实物对照	是否能在装置中熟练找出相关的器件	15	不符合要求每一项扣 2 分		
时限	10min		每超 1min 扣 2 分		
合计		100			

如图 7-28 所示为多级线路保护系统电气原理，图 7-28 中 SB_1、SB_4、SB_7 模拟断路器 QF_1、QF_2、QF_3 合闸操作按钮；SB_2、SB_5、SB_8 模拟多级线路中速断故障设置点；SB_3 和 SB_6（型号 LAY7—22）模拟多级线路中过流故障设置点；KM_1、KM_4、KM_7 模拟断路器 QF_1、QF_2、QF_3；KM_2、KM_5 模拟速断短路点形成过程；KM_3、KM_6 模拟过流短路点形成过程；KA_1～KA_3 是实现速断和过流保护的 GL 型电流继电器；T 为单相调压器；TX_1～TX_3 为模拟线路长度的电抗器（4Ω/KM）；TA_1～TA_3 为电流互感器；GN_1～GN_3 为绿色

指示灯；RD_1～RD_3 为红色指示灯；QS_1～QS_3 为刀开关；V 为电压表。

2. 低压 APD 的工作原理图识图

1）知识要求

（1）备用电源自动投入装置分类。

（2）对低压 APD 的基本要求。

（3）低压 APD 的应用场所。

2）识图要求

（1）了解低压 APD 继电保护的主要组成器件。

（2）掌握低压 APD 继电保护各器件之间的相互关系。

（3）熟悉如图 7-29 所示的低压 APD 的电气原理。

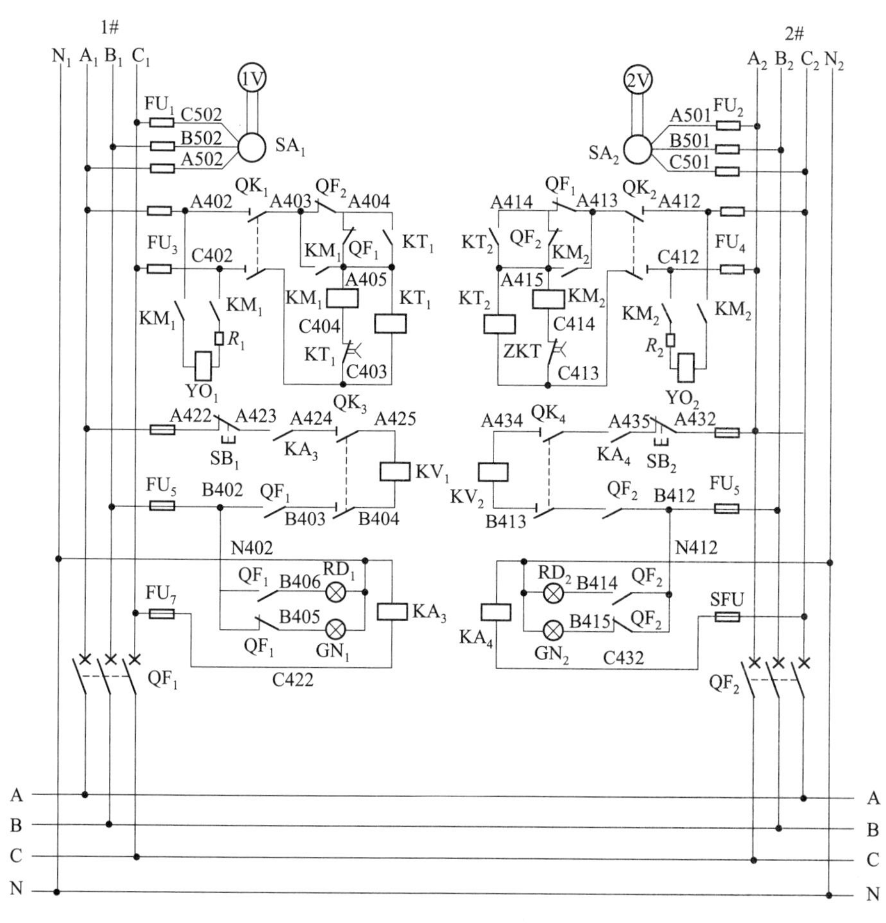

图 7-29　低压 APD 的电气原理图

（4）熟悉各元器件的文字符号和图形符号。

3）准备工作

（1）材料准备：低压 APD 电气原理图、导线等。

（2）仪器设备：低压 APD、万用表、组合电工工具。

4）考核时限

以个人为单位，考核时限为 10min。

5）考核项目及评分标准

考核项目及评分标准见表 7-4。

表 7-4　低压 APD 电气原理图识图的考核项目及评分标准

项目	考核要点	配分	评分标准	扣分	得分
设备名称	设备名称是否正确、完整、规范	10	不符合要求每一项扣 2 分		
各种设备的符号	1. 设备的文字符号是否正确	20	不符合要求每一项扣 2 分		
	2. 设备的图形符号是否正确、规范		不符合要求每一项扣 2 分		
各种设备的作用	是否了解设备在系统中作用	25	缺少内容，每一项扣 1 分		
分析工作原理	是否熟悉该电路的工作原理	20	分析不正确，每一项扣 5 分		
实物对照	是否能在装置中熟练找出相关的器件	15	不符合要求每一项扣 2 分		
其他	是否尊重考评人、讲文明礼貌	10	方法不规范扣 5 分		
时限	10min		每超 1min 扣 2 分		
合计		100			

如图 7-29 所示为低压 APD 的电气原理图。图中采用电磁合闸的 DW10 型自动空气断路器，组成两条低压线路互为备用（明备）的 APD。它既适用于变电所低压母线，也适用于重要的用电设备。V_1～V_2 为电压表；SA_1～SA_2 为转换开关，转动 SA_1～SA_2 可分别监视两回进线电源的 AB、BC、和 CA 三个相间电压值；FU_1～FU_2 分别为电压表 V_1～V_2 的测量电路中起短路保护的熔断器；FU_3～FU_4 分别为自动空气断路器 QF_1 和 QF_2 的电磁铁合闸操作电路中起短路保护的熔断器；KM_1～KM_2 为合闸接触器；YO_1～YO_2 分别为自动空气断路器 QF_1 和 QF_2 的合闸线圈；KV_1～KV_2 为电压继电器，分别是空气断路器 QF_1 和 QF_2 的失压脱扣线圈（跳闸线圈）；QK_1～QK_4 为刀开关；KT_1～KT_2 为时间继电器；R_1～R_2 为限流电阻；FU_5～FU_6 为监视线路线电压欠压和失压回路中起短路保护的熔断器；SB_1～SB_2 为失压故障设置点；KA_3～KA_4 为监视线路相电压的中间继电器；FU_5～FU_6 为欠压和失压回路中起短路保护的熔断器；FU_7～FU_8 为监视线路相电压欠压和失压回路中起短路保护的熔断器；GN_1～GN_2 为绿色指示灯；RD_1～RD_2 为红色指示灯。

特别提示：电磁铁合闸线圈 YO_1 和 YO_2 允许通电时间不得超过 1s，这是由于电磁合闸过程中所需功率很大，如 DW10—200 型，需要 10kV·A；DW10—400/600 型，需要 20kV·A，流过合闸线圈的电流也很大，若自动空气断路器合闸后不及早断电，将使限流保护电阻和电磁合闸线圈烧毁，为防止这种情况的发生，采用 KT_1 的常闭延时断开触头以保证自动空气开关可靠合闸的前提下，时间越短越好。

在自动空气断路器合闸前，绿灯亮；合闸后，红灯亮。如断路器 QF_1 正常工作时，红灯 RD_1 亮，绿灯 GN_1 灭。当 1# 电源出现故障，使电压下降，通过中间继电器 KA_3 和失压线圈 KV_1 而使断路器 QF_1 跳闸。为保证母线 A、B、C 上不断电，必须通过自动投入装置将断路器 QF_2 合上，使 2# 电源为母线供电，保证重要设备的正常运行。

3. 高压 APD 的工作原理图识图

1）知识要求

（1）备用电源自动投入装置分类。

（2）高压 APD 投入运行的基本要求。

（3）高压 APD 的应用场所。

2）识图要求

（1）了解高压 APD 继电保护的主要组成器件。

（2）掌握高压 APD 继电保护各器件之间的相互关系。

（3）熟悉如图 7-15、图 7-16、图 7-17 所示的高压 APD 的电气原理。

（4）熟悉各器件的文字和图形符号。

3）准备工作

（1）材料准备：高压 APD 电气原理图、导线等。

（2）仪器设备：高压 APD、万用表、组合电工工具。

4）考核时限

以个人为单位，考核时限为 10min。

5）考核项目及评分标准

考核项目及评分标准见表 7-5。

表 7-5　高压 APD 电气原理图识图的考核项目及评分标准

项目	考核要点	配分	评分标准	扣分	得分
设备名称	设备名称是否正确、完整、规范	10	不符合要求每一项扣 2 分		
各种设备的符号	1. 设备的文字符号是否正确	20	不符合要求每一项扣 2 分		
	2. 设备的图形符号是否正确、规范		不符合要求每一项扣 2 分		
各种设备的作用	是否了解设备在系统中作用	25	缺少内容，每一项扣 1 分		
分析工作原理	是否熟悉该电路的工作原理	20	分析不正确，每一项扣 5 分		
实物对照	是否能在装置中熟练找出相关的器件	15	不符合要求每一项扣 2 分		
其他	是否尊重考评人、讲文明礼貌	10	方法不规范扣 5 分		
时限	10min		每超 1min 扣 2 分		
合计		100			

4. 变压器气体（瓦斯）继电保护线路电气原理图识图

1）知识要求

（1）了解气体（瓦斯）继电保护如何监测变压器内部故障。

（2）掌握瓦斯继电器的结构和工作原理。

（3）熟悉变压器气体继电保护的接线。

2）识图要求

（1）了解变压器气体（瓦斯）继电保护的主要组成器件。

（2）掌握气体（瓦斯）继电保护各部件之间的相互关系。

（3）熟悉各器件的文字符号和图形符号。

（4）熟悉如图 7-30 所示的变压器气体（瓦斯）继电保护的电气原理图。

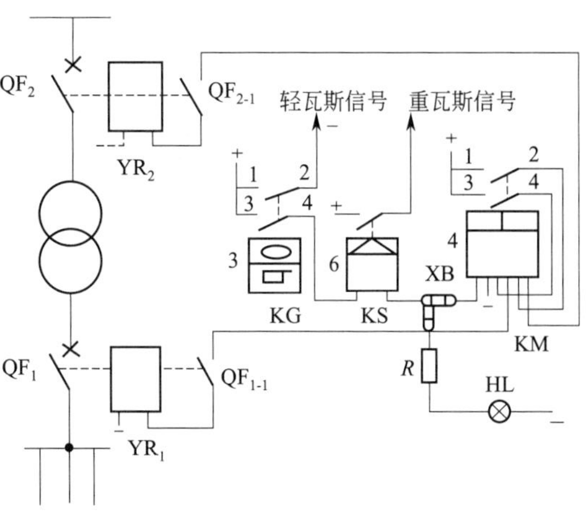

图 7-30　变压器气体（瓦斯）继电保护电气原理图

如图 7-30 所示为一变压器气体（瓦斯）继电保护线路电气原理图。该线路主要由断路器 QF_1、QF_2、断路器辅助触点 QF_{1-1}、QF_{2-1}、瓦斯继电器 KG、信号继电器 KS、连接片 XB、保护出口中间继电器 KM、跳闸线圈 YR_1、YR_2 组成。

当变压器内部发生轻微故障（轻瓦斯）时，气体继电器 KG 的上触点 KG_{1-2} 闭合，动作后接通信号回路，发出预告信号。

当变压器内部发生严重故障（重瓦斯）时，气体继电器 KG 的下触点 KG_{3-4} 闭合，通过保护出口中间继电器 KM、跳闸线圈 YR_1 和 YR_2，使断路器 QF_1 和 QF_2 跳闸，切断电源和负载。同时接通信号继电器 KS，发出跳闸信号。

为避免新投入运行初期变压器误动作及试验气体继电器的动作回路，可用连接片 XB 断开跳闸回路，改用信号灯 HL 来监视瓦斯保护的动作。

3）准备工作

（1）材料准备：变压器气体（瓦斯）继电保护的电气原理、导线等。

（2）仪器设备：变压器、万用表、组合电工工具。

4）考核时限

以个人为单位，考核时限为 10min。

5）考核项目及评分标准

考核项目及评分标准见表 7-6。

表 7-6　变压器气体（瓦斯）继电保护线路的电气原理图识图的考核项目及评分标准

项目	考核要点	配分	评分标准	扣分	得分
设备名称	设备名称是否正确、完整、规范	10	不符合要求每一项扣 2 分		
各种设备的符号	1. 设备的文字符号是否正确	20	不符合要求每一项扣 2 分		
	2. 设备的图形符号是否正确、规范		不符合要求每一项扣 2 分		
各种设备的作用	是否了解设备在系统中作用	25	缺少内容，每一项扣 1 分		
分析工作原理	是否熟悉该电路的工作原理	20	分析不正确，每一项扣 5 分		
实物对照	是否能在装置中熟练找出相关的器件	15	不符合要求每一项扣 2 分		
其他	是否尊重考评人、讲文明礼貌	10	方法不规范扣 5 分		
时限	10min		每超 1min 扣 2 分		
合计		100			

7.9　测绘多级线路保护系统、高压 APD、低压 APD 的安装接线图

1. 知识要求

1）图纸的格式

电气图的图纸幅面代号以及尺寸规定与国家标准 GB/T 14689—2008《技术制图图纸幅面和格式》中的“图纸幅面和规格”基本相同，其图纸幅面一般为五种：0 号、1 号、2 号、3 号和 4 号分别用 A0、Al、A2、A3、A4 表示。幅面尺寸见表 7-7。

表 7-7　图纸幅面代号及尺寸　　mm

序号	图纸幅面代号	A0	A1	A2	A3	A4
1	宽×高（B×L）	841×1189	594×841	420×594	297×420	210×297
2	边宽（C）	10			5	
3	装订侧边宽（a）	25				

2）图线形式

图线的形式分为 8 种，即粗实线、细实线、波浪线、双折线、虚线、细点画线、粗点画

线、双点画线。电气图中使用较多的是粗实线、细实线、虚线和细点画线。各种图线形式、宽度及应用见表 7-8。

表 7-8　图线形式、宽度及应用

序号	名称	代号	形　式	宽度	应　用
1	粗实线	A	▬▬▬▬	约 b	可见轮廓、可见过渡线、电气图中简图主要内容用线、可见导线、图框线
2	细实线	B	────	约 $b/3$	尺寸线、尺寸界线、剖面线、引出线、分界线、范围线、辅助线、指引线
3	波浪线	C	～～～	约 $b/3$	图形未画出时的折断界线、中断线、局部视图或局部放大图的边界线
4	双折线	D	──╲╱──	约 $b/3$	被断开部分的分界线
5	虚线	E	---------	约 $b/3$	不可见轮廓线、不可见过渡线、不可见导线、计划扩展内容用线
6	细点画线	G	──·──·──	约 $b/3$	物体中心线、对称线、分界线、结构围框线、功能围框线、分组围框线
7	粗点画线	J	▬ · ▬ · ▬	约 b	有特殊要求或表面的表示线、平面图中大型构件的轴线位置线、起重机轨迹
8	双点画线	K	─··─··─	约 $b/3$	运动零件在极限位置时的轮廓线、辅助用零件的轮廓线及其剖面线、剖面图中被剖面的前面部分的假想投影轮廓线、中断线、辅助围框线

图线宽度一般为 0.25、0.35、0.5、0.7、1.0 及 1.4mm。以粗线宽度 b 为标准，通常在同一张图中只选用 2～3 种宽度的图线，粗线的宽度为细线的 2～3 倍。图中平行线的最小间距应不小于粗线宽度的 2 倍，且不小于 0.7mm。

电气图上各种图形之间的互相连线统称为连接线。连接线一般用实线表示，计划扩展的内容用虚线。连接线的标注一般在靠近连接线的上方，也可在中断处标注，如图 7-31 所示。当有多根平行线或一组线时，为了避免图画面繁杂，可采用单线表示。

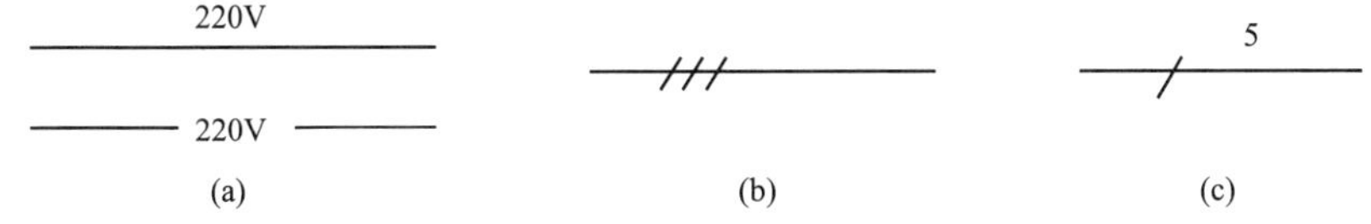

图 7-31　连接线、多根导线的简化画法

(a) 连接线的标注；(b) 三根导线的简化形式；(c) 表示多根导线的简化画法

3）字体

按照 GB/T 14691—1993 技术制图的规定，在图样中书写的汉字、数字和字母，都要必须做到"字体端正、笔画清楚、排列整齐、间隔均匀"，以保证图样的正确和清晰。

4）比例

图样的比例是指图形的大小和实物大小的比值。电气制图中需要按照比例绘制的图通常是平面、剖面布置图等用于安装电气设备及布线的简图，一般在 1∶10、1∶20、1∶50、1∶100、1∶200 及 1∶500 系列中选取，如需要其他比例，应按照国家有关标准选用。

2. 绘图要求

(1) 可采用计算机绘图或手工绘制安装图，并标注出所有电气设备的型号与符号。

(2) 要与多级线路保护装置，高、低压 APD 的实际平面布置相对应。

(3) 采用相对编号法对设备编号，同时要有回路位置编号和排列次序编号。

(4) 母线一般画在上端，回路画在下部，所有电气设备均表示处于不带电状态。

(5) 标注备用电源方式、容量、自动装置。

（6）提供高、低压母线上及高、低压各回路中仪表配置情况。

（7）表明高、低压电气设备的型号和规格。

3. 准备工作

（1）材料准备：绘图纸、铅笔和橡皮擦等。

（2）仪器设备：绘图工具。

4. 考核时限

以个人为单位，考核时限为3天。

5. 考核项目及评分标准

考核项目及评分标准见表7-9。

表7-9　测绘安装接线图的考核项目及评分标准

项目	考核要点	配分	评分标准	扣分	得分
线条的画法	线条绘制是否合理规范	10	不符合要求每一项扣2分		
元件的符号及标注	1. 设备元件的文字、图形符号是否正确	20	不符合要求每一项扣2分		
	2. 设备元件的标注是否正确、规范		不符合要求每一项扣2分		
各种设备的用途	是否了解设备在系统中作用	35	缺少内容，每一项扣1分		
分析工作原理	是否熟悉该电路的工作原理	20	分析不正确，每一项扣5分		
实物对照	是否能在装置中熟练找出相关的器件	15	不符合要求每一项扣2分		
时限	3天		超1天扣10分		
合计		100			

7.10　多级线路保护、高压APD、低压APD的线路配装

1. 知识要求

（1）熟悉多级线路保护、高压APD和低压APD的原理图。

（2）熟悉多级线路保护、高压APD和压APD的安装接线图。

（3）掌握安装接线图的表示方式，并依次完成线路配装。

2. 配线要求

（1）配线应排列整齐，接线正确、牢固，做到与安装接线图样一致。

（2）导线与电器的连接，必须加垫圈，配线用的螺钉、垫圈等配件，最好选用铜质的。

（3）盘、柜内的导线不应有接头，导线芯线应无损伤。

（4）电缆芯线和所配导线的端部均应套上异型软白塑料标号头，并标有打号机打印好的编号，编号应正确，字迹清晰且不易脱色。

（5）在盘、柜内的配线及电缆芯线应成排成束、垂直或水平、有规律地配置，不得任意交叉连接。其长度超过200mm时，应加塑料扎带或螺旋形塑料护套。

（6）对盘、柜内的二次回路配线以及电缆截面的要求。

① 电流回路应采用电压不低于500V，截面不小于2.5mm^{2}的铜芯绝缘导线，其他回路截面不应小于1.5mm^2。

② 对于电子元件回路、弱电回路采用锡焊连接时，在满足载流量和电压降以及有足够机械强度的情况下，可采用截面不小于0.5mm^{2}的绝缘导线。

3. 准备工作

（1）材料准备：导线、螺钉、垫片、劳保用品等。

（2）仪器设备：双臂电桥、万用表、绝缘电阻表、组合电工工具。

4. 考核时限

以小组为单位，考核时限为 3 天。

5. 考核项目及评分标准

考核项目及评分标准见表 7-10。

表 7-10　线路配装的考核项目及评分标准

项目	考核要点	配分	评分标准	扣分	得分
线路的整体布局	线束排列是否合理规范	40	不符合要求每一项扣 5 分		
接线的可靠性	1. 器件的触头动作是否可靠	30	不符合要求每一项扣 5 分		
	2. 接点的接触是否可靠、接线是否规范		不符合要求每一项扣 5 分		
标号	每个接点处有无标号、标号是否正确	10	缺少内容每一项扣 5 分		
线束的捆扎	是否按要求捆扎线束	10	不正确，每一处扣 2 分		
端子排布线	是否按照端子排布线要求安装	10	不符合要求每一项扣 2 分		
时限	3 天		超 1 天扣 10 分		
合计		100			

7.11　电流互感器二次回路故障检修

1. 知识要求

（1）熟悉电流互感器的接线方式。

（2）了解电流互感器二次侧开路的危害性。

（3）熟悉电流互感器二次侧开路时的现象。

（4）了解电流互感器使用注意事项。

2. 检修要求

（1）先将负荷减少或将负荷降至零。如限于安全距离，人不能靠近时，应切换电源后，再停电处理。

（2）如果是盘后或接线端子的螺钉松动，可站在绝缘垫上，并戴上绝缘手套，用有绝缘柄的螺钉旋具，动作果断、迅速地拧紧螺钉。

（3）如果有焦味、冒烟等现象，应立即停用电流互感器，然后进行处理。

（4）检查电流互感器接头有无过热、放电等现象。

（5）采用 2500V 兆欧表检查电流互感器的绝缘电阻，绝缘电阻不低于 5000MΩ。

（6）电流互感器连接时，必须注意端子的极性，否则将造成电流表烧毁。一次绕组端子标为 P_1、P_2，二次绕组端子标为 S_1、S_2，其中 P_1 与 S_1、P_2 与 S_2 分别为对应的同极性端。

3. 准备工作

（1）材料准备：导线、螺钉、垫片、劳保用品等。

（2）仪器设备：电流互感器（变比 15/5，0.5 级）、万用表、绝缘电阻表、组合工具。

4. 考核时限

以个人为单位，考核时限为 30min。

5. 考核项目及评分标准

考核项目及评分标准见表7-11。

表7-11　电流互感器二次回路故障检修考核项目及评分标准

项目	考核要点	配分	评分标准	扣分	得分
穿戴	穿戴是否整齐、规范	10	不符合要求每一项扣2分		
工具	1. 工具佩带是否齐全	10	不符合要求每一项扣2分		
	2. 能否正确使用各种工具		不符合要求每一项扣2分		
检修	是否按电流互感器检修要求、检修方法去做	35	缺少检修内容，每一项扣5分		
安装	是否按照电流互感器操作规程安装	35	未按要求安装每一项扣5分		
清理现场	是否清理好现场	10	不符合要求每一项扣2分		
时限	30min		每超1min扣2分		
合计		100			

6. 特别提示

1）电流互感器二次侧开路的危害性

电流互感器的二次侧回路在正常情况下，由于二次电流产生的磁通与一次电流产生的磁通有相互去磁的作用。因此，二次线圈中的感应电势较小。当电流互感器二次侧开路，一次侧有电流通过时，二次侧产生磁通的电流消失，失去对一次磁通的去磁作用，于是铁芯中磁通急剧增加，达到饱和状态，所以在二次侧呈现很高的感应电势，于是产生下列后果：

（1）由于产生很高的电压，对设备和运行人员的安全带来威胁。

（2）由于铁芯损耗增加，而使电流互感器发热，如运行时间长有烧坏的可能。

（3）由于铁芯中产生剩磁，使电流互感器误差增大。

2）电流互感器二次侧开路时的现象

（1）电流表有变化，比正常的电流小或指示零。

（2）端子排螺钉松动或互感器端头螺钉松时，会出现打火现象，致使仪表表针指示也可能有摆动。

（3）电流继电器不动作或误动作。

（4）电流互感器有“嗡嗡”的噪声，比正常运行的噪声大得多。

3）电流互感器使用注意事项

（1）电流互感器工作时二次侧不得开路。

（2）电流互感器二次侧必须有一端接地。

（3）电流互感器在连接时也必须注意其端子极性。

7.12　电压互感器二次回路故障检修

1. 知识要求

（1）熟悉电压互感器的接线方式。

（2）了解电压互感器回路故障的类型。

（3）了解电压互感器二次回路故障对继电保护的影响。

（4）电压互感器使用注意事项。

① 电压互感器工作时二次侧不得短路。

由于电压互感器一、二次绕组都是在并联状态下工作的，如果发生短路，将产生很大的短路电流，有可能烧毁电压互感器，甚至危及一次回路的安全运行。因此电压互感器的一、二次侧都必须装设熔断器进行短路保护。

② 电压互感器的二次侧必须有一端接地。

这与电流互感器二次侧接地的目的相同，也是为了防止一、二次绕组绝缘击穿时，一次侧的高电压窜入二次侧，危及人身和设备的安全。

③ 电压互感器在连接时也必须注意其极性按国家标准 GB 20840.3—2013《电压互感器》的规定，单相电压互感器的一、二次绕组端子分别标 A、N 和 a、n，其中 A 与 a、N 与 n 分别为对应的同名端即同极性端。而三相电压互感器，按相序一次绕组端子仍标 A、B、C，二次绕组端子仍标 a、b、c，一、二次侧的中性点则分别标 N、n，其中 A 与 a、B 与 b、C 与 c、N 与 n，分别为对应的同名端，即同极性端。

2. 检修要求

（1）若一次侧熔断器熔断，应断开电压互感器出口隔离开关，取下一次侧熔断器，并进行更换。

（2）二次侧熔断器熔断时，应立即更换，如果再次熔断，则不再调换，应查明原因。

（3）在调换一、二次侧熔断器时，应做好安全措施，保证人身安全，解除自动装置，防止继电保护误动作等。

（4）发现电压互感器二次回路有短路故障情况时，应首先切除自动装置，防止误动作，并采取措施使电压互感器退出运行，进行检修。

（5）若发现电压互感器出现单相接地时，应立即查找，迅速处理，并向调度室汇报。

（6）采用 2500V 兆欧表检查电流互感器的绝缘电阻，绝缘电阻不低于 500MΩ。

3. 准备工作

（1）材料准备：导线、螺钉、垫片、劳保用品等。

（2）仪器设备：电压互感器（变比 380/100，0.5 级）、万用表、绝缘电阻表、组合工具等。

4. 考核时限

以个人为单位，考核时限为 30min。

5. 考核项目及评分标准

考核项目及评分标准见表 7-12。

表 7-12　电压互感器二次回路故障检修考核项目及评分标准

项目	考核要点	配分	评分标准	扣分	得分
穿戴	穿戴是否整齐、规范	10	不符合要求每一项扣 2 分		
工具	1. 工具佩带是否齐全	10	不符合要求每一项扣 2 分		
	2. 能否正确使用各种工具		不符合要求每一项扣 2 分		
检修	是否按电压互感器检修要求、检修方法去做	35	缺少检修内容，每一项扣 5 分		
安装	是否按照电压互感器操作规程安装	35	未按要求安装每一项扣 5 分		
清理现场	是否清理好现场	10	不符合要求每一项扣 2 分		
时限	30min		每超 1min 扣 2 分		
合计		100			

6. 特别提示

1）电压互感器回路故障的类型。

（1）电压互感器一、二次侧熔断器一相熔断。当电压互感器一次侧熔断器有一相熔断时，可发出接地信号，并且绝缘监视电压表的指示有变化。为避免运行人员误判断，应切换一下绝缘监视装置电压表的相、线电压，以便作出正确判断。以C相故障为例，各相、线电压的变化见表7-13。电压互感器二次侧熔断器有一相熔断的现象如下：

表7-13　C相接地和C相高压熔断器熔断相、线电压的变化

故障性质	相别					
	A	B	C	AB	BC	CA
C相接地	线电压	线电压	零	正常	正常	正常
C相高压熔断器熔断	相电压	相电压	降低很多	正常	降低	降低

① 在熔断器熔断的那一相指示值变小，为正常电压的37.9%～44.2%；

② 另外两相基本维持相电压。

（2）电压互感器一、二次侧熔断器有两相熔断。

① 一次侧熔断器有两相熔断时，熔断的两相电压很小，仅为正常相电压的37.9%～44.2%。未断相的相电压正常。

② 二次侧熔断器有两相熔断时，熔断的两相电压降低较多，为正常相电压的26%以下或接近于零；未断相的相电压接近于正常相电压。

（3）电压互感器二次回路短路故障。

① 故障原因：由于电压互感器的质量不好引起电压互感器内部的金属性短路；由于二次线圈受损，绝缘破坏，或外来硬伤造成短路。

② 故障现象：电压互感器内部有异常噪声，仪表指示不正确或起保护误动作，严重时会烧坏电压互感器。

2）电压互感器二次回路故障对继电保护的影响

（1）低电压保护装置产生误动作。运行经验证明，电压互感器的二次回路中经常发生熔断器熔断，隔离开关辅助触点接触不良，二次接线端子螺钉松动等故障，使电压继电器线圈的电压消失，因此，低电压保护装置就会无压释放，产生误动作。

（2）同步继电器产生误动作。由于电压互感器二次回路有故障，使二次电压在数值和相位上发生畸变，因此，造成反映电压相位关系的同步继电器产生误动作。

【相关知识】

7.13　供配电系统的运行维护

1. 配电装置的运行维护

1）一般要求

配电装置应定期进行巡视检查，以便及时发现运行中出现的设备缺陷和故障，例如导体接头发热、绝缘子闪络或破损、油断路器漏油等，并设法采取相应的措施予以消除。

在有人值班的变配电所，配电装置应每班或每天进行一次外部检查。在无人值班的变配电所，配电装置应至少每月检查一次。如遇短路引起开关跳闸及其他特殊情况（如雷击后），应对配电设备进行特别检查。

2）巡视检查项目

(1) 由母线及其接头的外观或其温度指示装置（如变色漆、示温蜡或变色示温贴片等）的指示，判断母线及其接头的发热温度是否超出允许值。

(2) 开关电器中所装的绝缘油的油色和油位是否正常，有无漏油的现象，油位指示器有无破损。

(3) 绝缘子是否脏污、破损，有无放电痕迹。

(4) 电缆及其接头有无漏油及其他异常现象。

(5) 熔断器的熔体是否熔断，熔管有无破损和放电痕迹。

(6) 二次设备如仪表、继电器的工作状态是否正常。

(7) 接地装置及 PE 线或 PEN 线的连接处有无松脱、断线。

(8) 整个配电装置的运行状态是否符合当时的运行要求。停电检修部分有无悬挂“禁止合闸、有人工作”之类的标示牌，有无装设必要的临时接地线。

(9) 高低压配电室、电容器室的照明、通风及安全防火装置是否正常。

2. 架空线路的运行维护

1) 一般要求

对厂区架空线路，一般要求每月进行一次巡视检查。如遇雷雨、大风、大雪及发生故障等特殊情况，应临时增加巡视检查次数。

2) 巡视检查项目

(1) 电杆有无倾斜、变形、腐朽、损坏及基础下沉等现象。

(2) 沿线路的地面有无堆放易燃、易爆和强腐蚀性物体。

(3) 沿线路周围，有无危险构筑物。在雷雨季节和大风季节里，这些构筑物应不致对线路造成损坏，否则应予修缮或拆除。

(4) 线路上有无树枝、风筝等杂物悬挂。如有，应设法消除。

(5) 拉线和线桩是否完好，绑扎线是否紧固可靠。如有问题时，应设法修复或更换。

(6) 导线的接头是否接触良好，有无过热发红、严重氧化、腐蚀或断脱的现象，绝缘子有无破损和放电痕迹。如有时，应设法修复或更换。

(7) 避雷装置的接地是否良好，接地线有无锈断损坏情况。在雷雨季节到来前，应进行重点检查，以确保防雷安全。

(8) 其他危及线路安全运行的异常情况。在巡视检查中发现的异常情况，应记入专用的记录簿内，重要情况应及时向上级汇报，请示处理。

3. 电缆线路的运行维护

1) 一般要求

电缆多数是敷设在地下的，因此要作好电缆线路的运行维护工作，必须全面了解电缆的敷设方式、结构布置、走线方向以及电缆头位置等情况。对电缆线路，一般要求每季度进行一次巡视检查，并应经常监视其负荷大小和发热情况。如遇大雨、洪水及地震等特殊情况及发生故障时，应临时增加巡视检查次数。

2) 巡视检查项目

(1) 电缆头及瓷套管有无破损和放电痕迹。对充填电缆胶（油）的电缆头，还应检查其有无漏油、溢胶的情况。

(2) 对明敷电缆，应检查电缆外皮有无锈蚀、损伤，沿线挂钩或支架有无脱落，线路上及线路附近有无堆放易燃易爆及强腐蚀性物体。

（3）对暗敷及埋地电缆，应检查沿线的盖板及其他覆盖物是否完好，有无挖掘痕迹，沿线标桩是否完整无缺。

4. 车间配电线路的运行维护

1）一般要求

必须全面了解车间配电线路的布线情况、结构型式、导线型号规格及配电箱、开关、保护装置等的装设位置。对车间配电线路，一般要求每周进行一次巡视检查。

2）巡视检查项目

（1）线路的负荷情况，可用钳形电流表来卡测线路的负荷电流。

（2）导线的发热情况，是否超过正常允许发热温度，特别要检查导线接头处有无过热现象。

（3）配电箱、分线盒、开关、熔断器、母线槽及接地装置等的运行是否正常，有无接头松脱、放电等异常情况。

（4）线路上及其周围有无影响线路安全运行的异常情况。严禁在绝缘导线和绝缘子上悬挂物品，禁止在线路近旁堆放易燃易爆等危险物品。

（5）对敷设在潮湿、有腐蚀性物质场所的线路和配电设备，要定期进行绝缘检查，绝缘电阻一般不得低于 0.5MΩ。

在巡视检查中发现的异常情况，应记入专用记录簿内。重要情况应及时向上级汇报，请示处理。

7.14　微机保护装置

微机保护装置是利用计算机技术、单片机技术、DSP 技术和现场总线（CAN）技术，实现继电保护功能的一种自动装置，是用于变电所的测量、控制、调节、信号采集、人机接口、故障录波、通信一体的一种智能化保护。它可替代传统的电流表、电压表、功率表、频率表、电度表等，并将测量数据及保护信息上传于上位机，实现配电网自动化。

目前，微机保护装置主要用于 110kV 及以下电压等级的保护、监控及测量，实现对线路、变压器、断路器、电容器、母线、备用电源自投回路及主设备的保护、控制与监视。随着科学技术的发展，微机保护功能也将越趋完善。

1. 微机保护装置的组成

微机保护装置由硬件和软件两部分组成。硬件部分主要由数据采集系统、CPU 主系统、开关量输入/输出系统及外围设备等组成，其控制与保护的逻辑是通过软件来实现的。如图 7-32所示为微机保护监控系统原理图。

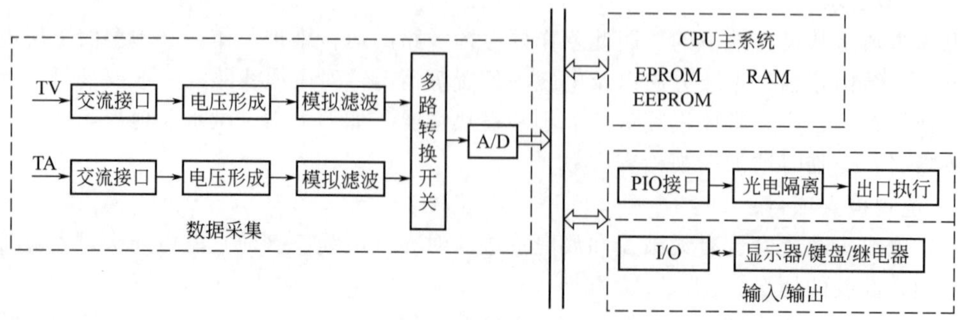

图 7-32　微机保护监控系统原理图

1）CPU 主系统

微机保护装置的 CPU 主系统，其作用是完成算术和逻辑运算，实现保护与监控等功能。主要由微处理器、EPROM 只读存储器、RAM 随机存储器、定时器和 I/O 接口等功能块组成。

（1）微处理器。采用 32 位数字信号处理器（DSP），具有先进内核结构、高速运算能力和实时信号处理等优良特性。EPROM 用于存放系统程序，如操作系统、保护算法程序、数字滤波和自检程序等。RAM 用于存放数据采集系统送来的设备运行信息，以及各种中间计算结果和需要输出的数据或控制信号。

（2）定时器。微处理器的工作、采样以及与外部系统的联系，采用分时或中断工作方式时，都是通过定时器控制的，因此对其定时精度要求很高。

（3）I/O 接口。I/O 接口是 CPU 主系统与外部设备交换信息的通道。

2）数据采集系统

数据采集系统，由电压形成回路、模拟滤波器（ALF）、多路转换开关（MPX），以及模数转换器（A/D）等环节组成，其作用是将现场输入的模拟量准确地转换为 CPU 能够处理的数字量。

（1）电压形成回路。通过电压形成电路，将电压互感器（TV）和电流互感器（TA）上获取的电压、电流等强电信号，变换处理成微机能够接受的弱电电压信号。

（2）模拟滤波器。用低通模拟滤波器，滤掉采样信号中的高频分量。

（3）多路转换开关。在数据采集系统中，需要转换的模拟量可能是几路或更多，利用多路转换开关轮流切换各被测量与 A/D 转换器的通道，以实现分时转换的目的。

（4）模数转换器。A/D 是数据采集系统的核心，其任务是将连续变化的电压、电流等模拟量信号转换成离散的数字信号，以便计算机进行存储与处理。

3）开关量输入/输出系统

开关量（或数字量）输入/输出系统，由若干并行接口适配器（PIO）、光电隔离器件及有触点的中间继电器组成，以完成设定值的输入、人机对话、保护的出口跳闸和信号报警等功能。为了提高抗干扰能力，各输入/输出电路都采用了光电隔离措施。

2. 微机保护装置的功能

1）测量功能

测量功能包括对电压、电流、频率、有功功率、无功功率、功率因数、有功电量、无功电量和保护相关数据的测量。

2）保护功能

微机保护装置是由多个标准保护程序构成的保护软件库，用户可根据需要自由选择，并对保护进行参数整定，实现对电力系统一次设备的保护。如进线保护、出线保护、分段保护、变压器保护、电动机保护、电容器保护、主变后备保护、发动机后备保护、TV 监控保护等保护功能。

3）控制功能

断路器运行状态及工作位置通过辅助接点接入保护装置，在面板上“分位”“合位”指示灯显示，并带有“分闸/合闸”按键和“本地/遥控”切换锁，用于断路器的操作与控制，如操作回路带硬件防跳保持、断路器遥控/本地操作、断路器外部联动控制、断路器合闸闭锁控制、断路器拒动信号输出、断路器分/合线圈保护和断路器操作信息统计等，强化断路器的控制和管理功能。

4）监视功能

运行监视主要是对各种开关量变位情况的监视和各种模拟量数值的监视，通过对开关量的变位监视，了解变电所各开关设备的工作位置及动作情况，保护装置和自动装置的动作情况及动作顺序等。模拟量的监视分正常测量、超过限定值的报警和事故前后各模拟量变化情况的追忆等。信号指示灯可给出运行、通信、自检、跳位、遥控、本地、故障和报警等状态信息。

5）人机接口功能

符合人机工程设计要求，带背光图形液晶、菜单化设计、全中文显示。可显示主接线图、测量数据、开关量状态、实时波形、事件记录、故障录波、保护定值、梯形图程序和系统参数等信息。在屏幕画面上，通过鼠标对断路器、隔离开关和接地开关等设备实现选择操作，并能实时显示出被控设备的变位情况。采用变位确认时间窗技术，能有效消除开关触点抖动和电磁干扰，保证遥测、遥控正确率达 100%。

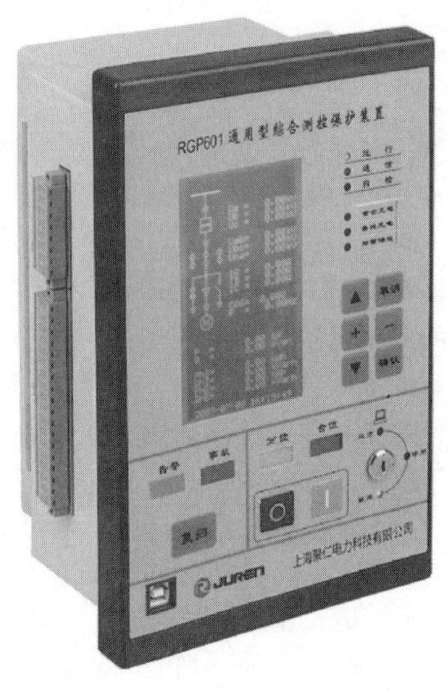

图 7-33　RGP601 型通用微机保护装置

6）事件记录与故障录波功能

可记录与电力系统安全运行相关的所有事件，并真实记录故障前后电流、电压开关状态等信息，准确地反映出故障信息和故障前后各电气量的变化情况，为变电所故障原因分析和设备缺陷的诊断提供依据。

7）通信功能

微机保护装置配置标准 RS-485 及 DeviceNet（CAN）现场总线通信，CAN 总线具有出错帧自动重发和故障节点自动脱离等纠错机制，保证信息传输的实时性和可靠性。采用现场总线技术，能实时与中央控制室的监控计算机进行通信，接收调度命令和发送有关信息，如遥控、遥调、保护定值整定、保护投退和系统参数修改等，实现变电所的无人值守。

8）自检功能

微机保护装置具有系统自检和自保护功能，能对保护装置的有关硬件和软件进行开机自检和运行中的动态自检，若发现异常则自动警告，以保证装置可靠工作。

3. RGP601 型微机保护装置的应用

RGP601 是一种通用型微机保护装置，如图 7-33 所示，是集保护、控制、监视、通信等多种功能于一体的电力自动化高新技术产品。它具有进线保护测控、主变压器高压侧后备保护测控及非电量保护、主变压器低压侧后备保护测控及非电量保护、进线单元保护测控、出线单元保护测控、分段单元保护测控、所用变压器单元保护测控、高压电动机单元保护测控、高压电容器单元保护测控、高压电抗器单元保护测控、进线备自投功能及桥开关备自投功能测控、TV 单元测控及 TV 切换功能测控等功能，可用于 35kV 及以下系统一次设备的保护与测控。

1）RGP601 保护装置的配置

RGP601 保护装置的配置如表 7-14 所示。

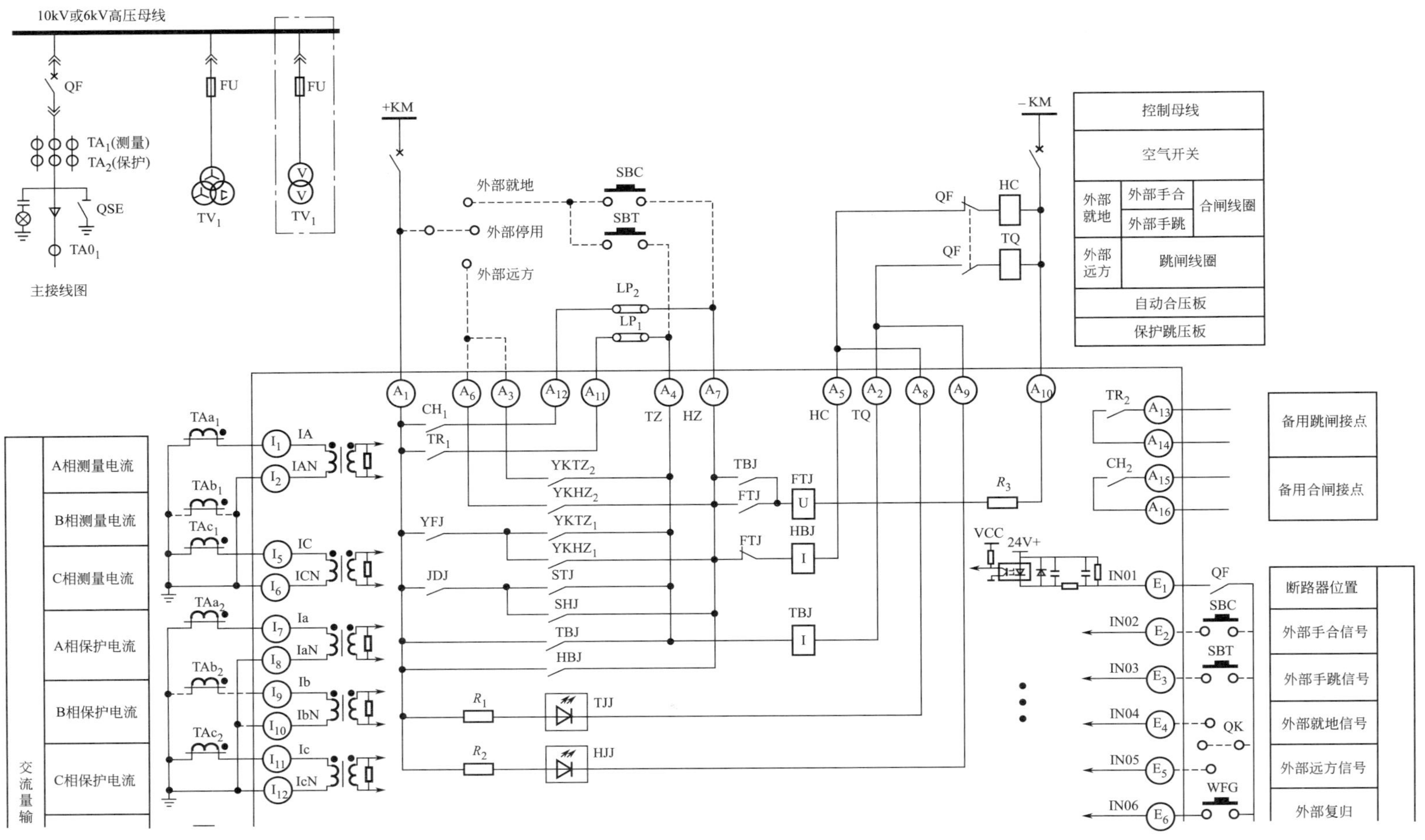

图 7-34　RGP601 供电线路、变压器的微机保护原理图（1）

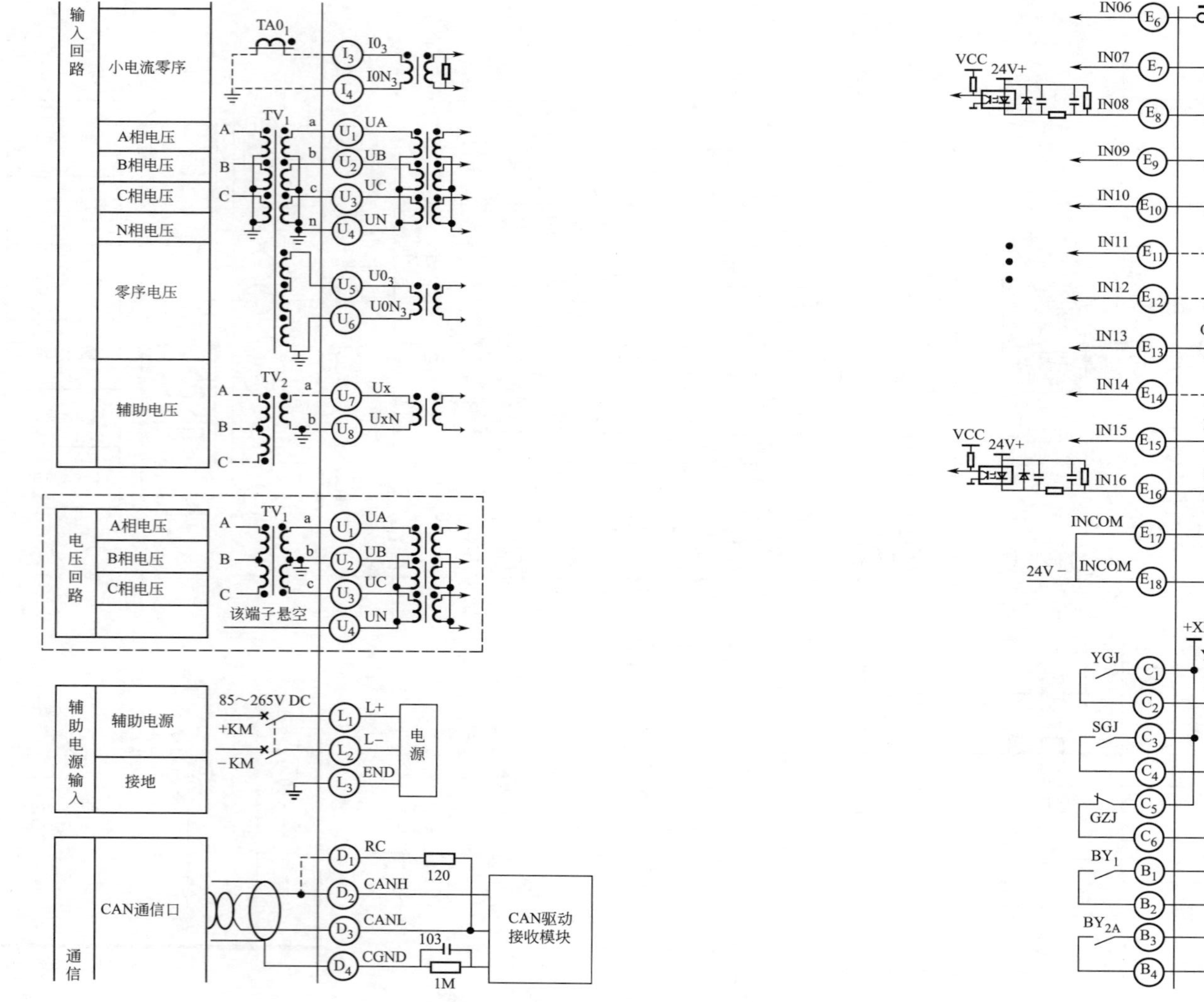

图 7-35 RGP601 供电线路、变压器的微机保护原理图（2）

表 7-14　RGP601 保护装置的配置

序号	保护类型及功能
1	Ⅰ段过流（速断）保护（带方向闭锁、低压闭锁、负压闭锁、定值加倍）
2	Ⅱ段过流（限时速断）保护（带方向闭锁、低压闭锁、负压闭锁、定值加倍）
3	Ⅲ段过流（定时限过流）保护（带方向闭锁、低压闭锁、负压闭锁、保护投退）
4	反时限过流保护（IEC 标准四种反时限特性曲线）
5	后加速保护
6	过负荷保护
7	负序电流保护
8	零序电流保护
9	单相接地选线保护（可选五次谐波判据）
10	过电压保护
11	低电压保护
12	失压保护
13	负序电压保护
14	风冷控制保护
15	零序电压保护
16	低周减载保护（带电压闭锁、滑差闭锁、欠流闭锁）
17	低压解列保护（带滑差闭锁、欠流闭锁）
18	重合闸保护（带检无压、检同期）
19	备自投保护（带自投自复、检无压、检无流）
20	过热保护
21	逆功率保护
22	启动时间过长保护
23	定时限 Ix 过流保护
24	反时限 Ix 过流保护（IEC 标准四种反时限特性曲线）
25	保护选项：电动机参数设置
26	保护选项：PT（TV）控制
27	保护选项：PT（TV）并列切换
28	非电量保护 1～8（用于实现烟气、温度等非电量保护）

2）RGP601 供电线路、变压器的微机保护

6～10kV 供电线路、6～10kV/0.4kV 配电变压器选用 RGP601 型微机保护装置时，其控制原理图如图 7-34、图 7-35 所示。

3）RGP601 母线分段备投微机保护

6～10kV 母线分段备投选用 RGP601 型微机保护装置时，其主接线图如图 7-36 所示。

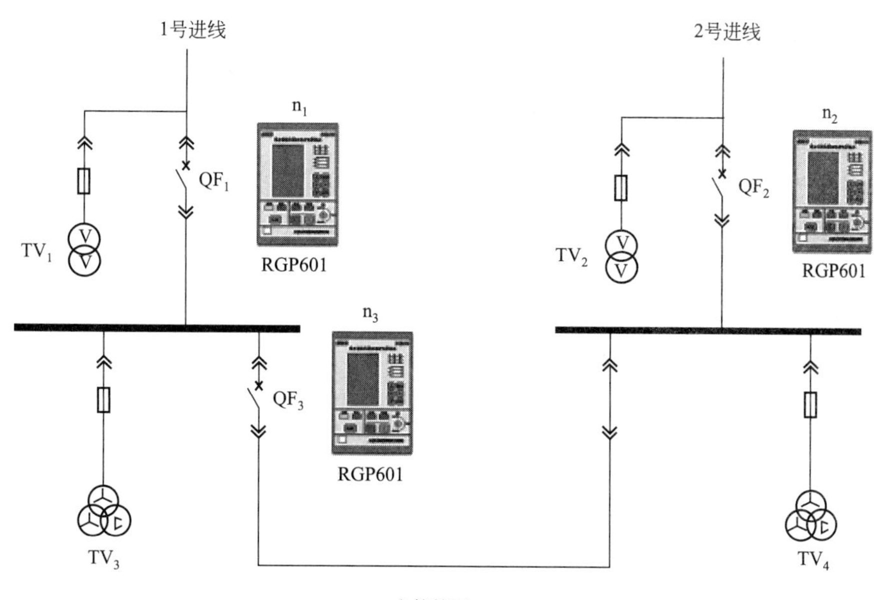

图 7-36　RGP601 母线分段备投微机保护主接线图

RGP601 型微机保护 6～10kV 母线分段备投微机保护电气原理图，如图 7-37、图 7-38 所示。

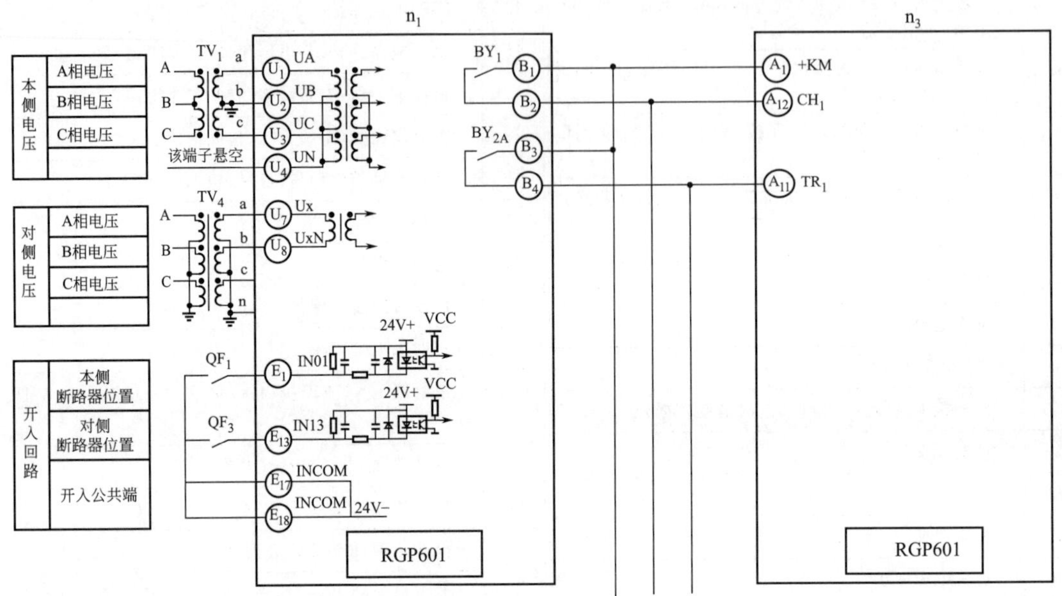

图 7-37　RGP601 母线分段备投微机保护电气原理图（1）

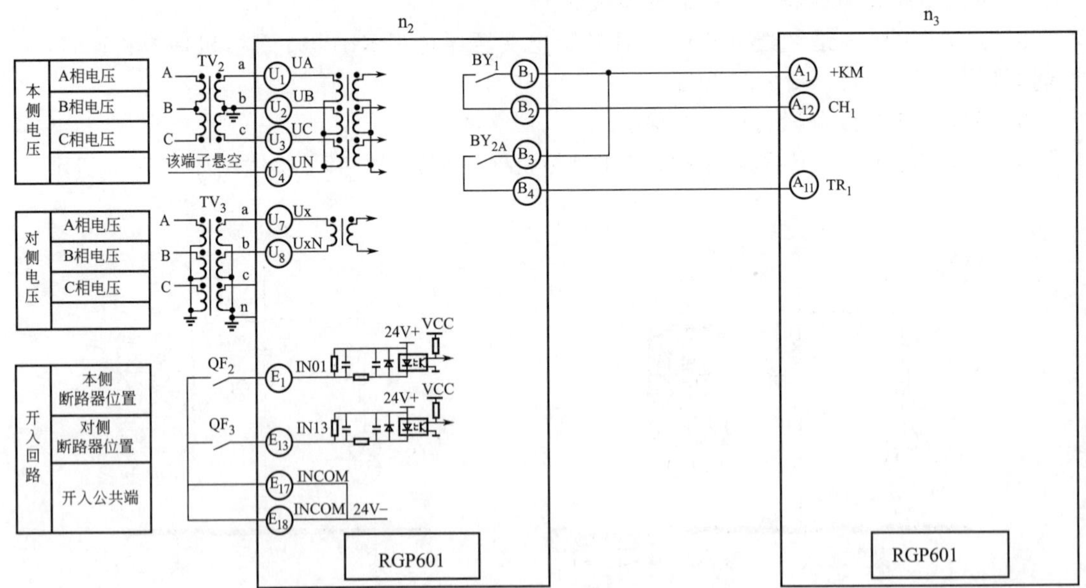

图 7-38　RGP601 母线分段备投微机保护电气原理图（2）

第 8 章 理论与技能训练

8.1 判断题

(判断下列描述是否正确。对的在括号内打“√”，错的在括号内打“×”)。

1. 为准确表达机件的结构形状特点，其表达方式主要有右视图、剖视图、剖面图。(√)

2. 尺寸标注的基本要求是完整、正确、清晰、合理。(√)

3. 平板电容器的电容反比于板的面积，正比于板间距离。(×)

4. 从能量的观点来看，电源就是其他形式的能转化为电能的装置。(√)

5. 描述磁场中某一面积上磁场强弱的物理量称为磁通，符号是 φ，单位是韦伯。(√)

6. 交流电有效值实质上是交流电压或交流电流的平均值。(×)

7. 励磁电流与通过该电流绕组匝数的乘积叫磁势，又称磁动势，以 N·I 表示。(√)

8. 电场中电动势为正值的地方，电荷的电动势能必为正值；电动势为负值的地方，电荷的电动势能必为负值。(×)

9. A 灯额定值为 220V、60W，B 灯额定值为 110V、40W，串接后接到 220V 电源上，B 灯比 A 灯消耗的电能更多。(×)

10. 当电源电压和负载有功功率一定时，功率因数越高，电源提供的电流越小，线路的电压降就越小。(√)

11. 已知 $u_1=18\sin(\omega t+150)$V；$u_2=15\sin(\omega t+350)$V。则 $u=u_1+u_2=33\sin(\omega t+500)$V。(×)

12. 在 LC 振荡电路中，电容器极板上的电荷达到最大值时，电路中的磁场能全部转变成电场能。(√)

13. RLC 串联电路中，当感抗 X_L 等于容抗 X_C 时，电路中电流、电压的关系为 $I=U/R$，电流与电压的关系为同相。当电阻电压 U 与外加电压 U 同相时，这种现象称为谐振。(√)

14. 电能质量的两个基本指标是电压和频率。(√)

15. 铁芯硅钢片涂漆的目的是减少漏磁。(×)

16. 铁轭是指铁芯中不套线圈的部分。(√)

17. 防爆管是用于变压器正常呼吸的安全气道。(×)

18. 变压器调压装置分为无励磁调压装置和有载调压装置两种，是以调压时变压器是否需要停电来区别的。(√)

19. 变压器工作时，高压绕组的电流强度总是比低压绕组的电流强度大。(×)

20. 变压器工作时，一次绕组中的电流强度是由二次绕组中的电流强度决定的。(√)

21. 电流互感器额定电压是指电流互感器一次绕组的绝缘水平。(√)

22. 中性点经消弧绕组接地的系统属于大接地电流系统。(×)

23. 中性点不接地系统单相金属性接地时，线电压仍然对称。(√)

24. 中性点直接接地系统单相接地故障时，非故障相的对地电压增高。（×）

25. 变压器在额定负载时效率最高。（×）

26. 电力系统中变压器的安装容量比发电机的容量大5～8倍。（√）

27. 电力变压器的铁芯都采用硬磁材料。（×）

28. 变压器油在发生击穿时所施加的电压值称为击穿电压。（√）

29. 配电变压器的高压套管一般采用充油型套管。（×）

30. 变压器的匝间绝缘属于主绝缘。（×）

31. 分接开关分头间的绝缘属于纵绝缘。（√）

32. 气体继电器按动作原理的不同，可分为两种，一是浮筒式，二是挡板式；按其接点形式不同，又有水银接点的气体继电器和干簧接点的气体继电器两种。（√）

33. 变压器二次负载电阻或电感减小时，二次电压将一定比额定值高。（×）

34. 运行、修理和安装高、低压电气设备，应遵守GB 26860—2011《电业安全工作规程》。它规定设备对地电压超过250V者为高压，低于250V者为低压。（√）

35. 气体继电器保护的功能按作用原理不同，可分为轻瓦斯保护和重瓦斯保护。（√）

36. 电容式电压互感器是利用电容分压原理制成的，由电容分压器和中间变压器两部分组成。（√）

37. 变压器油闪点是指能发生闪火现象时的最高温度。（×）

38. 电压比是指变压器空载运行时，一次电压与二次电压的比值。（√）

39. 电力变压器绕组的绝缘电阻，一般不得低于出厂试验值25%。（√）

40. 变压器接入负载后，只要保持电源电压和频率不变，则主磁通也将保持不变。（√）

41. 变压器空载试验在高压侧进行和低压侧进行测得的空载电流I_0%数值相同。（√）

42. 变压器的短路电压百分值不同而并联运行，将引起负载分配不均衡，短路电压百分值小的满载，则短路电压百分值大的欠载。（√）

43. 在变压器检修中，经常使用丁腈橡胶制品，这类橡胶制品的介电性能比较低，但耐油性好，常用作电缆护层及耐油胶皮垫等。（√）

44. 变压器的空载损耗主要是铁芯中的损耗；损耗的主要原因是磁滞和涡流。（√）

45. 雷电引起的过电压称为操作过电压。（×）

46. 电力系统内部操作或故障引起的过电压称为大气过电压。（×）

47. 变压器连接组标号不同，是绝对不能并联运行的。（√）

48. 10kV电力变压器气体继电器保护动作时，轻瓦斯信号是声光报警。（√）

49. 全绝缘变压器是指中性点的绝缘水平与线端绝缘水平相同的变压器；分级绝缘变压器是指中性点的绝缘水平低于线端绝缘水平的变压器。（√）

50. 变压器的泄漏电流一般为毫安级，应用毫安表来测量泄漏电流的大小。（×）

51. 变压器过负荷保护的动作电流按躲过变压器最大负荷电流来整定。（√）

52. 两台单相电压互感器接成V/V形接线，可测量各种线电压，也可测量相电压。（√）

53. 电力变压器绕组的主绝缘是指低压绕组与铁芯柱之间的绝缘、高压绕组和低压绕组之间的绝缘、相邻两高压绕组之间的绝缘和绕组两端与铁轭之间的绝缘。（√）

54. 变压器短路试验的目的是测量空载电流和空载损耗，检查绕组的结构质量。（×）

55. 变压器的一次绕组为500匝，二次绕组为50匝，若将其接入380V电路中，二次侧可获得的电压为38V；若二次侧负载电流为3A，则一次侧电流为30A。（×）

56. 不会导致绝缘击穿的试验称为非破坏性试验。通过这类试验可以及时地发现设备的

绝缘缺陷。(√)

57. 10kV 电力变压器气体继电器保护动作时，重瓦斯动作作用于跳闸。(√)

58. 40kV 及以下变压器的绝缘套管，是以瓷质或主要以瓷质作为对地绝缘的套管。它由瓷套、导电杆和有关零部件组成。(√)

59. 两台变压器的变比不等并列运行，在二次绕组中会产生环流，当达到一定值后，就会烧毁变压器。(√)

60. 硅钢片在周期变化的磁场作用下改变自己的尺寸，这种现象称为磁致伸缩现象。磁致伸缩振动的频率等于电网频率的 2 倍，振动是非正弦波，因而包含着高次谐波。(√)

61. 变压器工频耐压试验的作用是考核变压器的主绝缘强度，感应高压试验的作用是考核变压器主、从绝缘强度。(√)

62. 变压器在运行中会产生损耗，损耗分为铁损耗和涡流损耗两大类。(×)

63. 变压器空载试验的目的是测量短路损耗和阻抗电压，以检查铁芯结构质量。(×)

64. 故障变压器油闪点降低的原因，一般是由于油的分解产生低分子碳水化合物溶于油造成的。(√)

65. 变压器油老化后会产生酸性、胶质物，会腐蚀变压器内金属表面和绝缘材料。(√)

66. 当铁芯饱和后，为了产生正弦波磁通，励磁电流的波形将变为尖顶波，其中含有较大的三次谐波分量，对变压器的运行有较大的影响。(√)

67. 电压互感器的误差包括变比误差和相位误差。(×)

68. 经过退火处理的冷轧硅钢片，能够降低变压器的噪声水平。(√)

69. 变压器的漏磁场在绕组中产生感应电动势，在此电动势作用下产生电流，这个漏磁场所引起的电流也是负载电流的一部分。(×)

70. 工频耐压试验对考核主绝缘强度，特别是对考核主绝缘的局部缺陷，具有决定性的作用。(√)

71. 接地的作用就是为了安全，防止因电气设备绝缘损坏而遭受触电。(×)

72. 纯电感电路既消耗有功功率又消耗无功功率。(×)

73. 三相电源绕组 Y 形连接时可输出两种电压即相电压和线电压。(√)

74. 三相负载如何连接，应根据负载的额定电压和三相电源电压的数值而定。(√)

75. 在三相电路中，中性点的电压始终为零。(×)

76. 三相对称电路中，三相视在功率等于三相有功功率与三相无功功率之和。(×)

77. 三相电路中，三相有功功率等于任何一相有功功率的 3 倍。(×)

78. 在有功功率一定时，用电企业的功率因数越大，所需的无功功率越大。(×)

79. 晶体管的 β 值与 I_C 的大小有关，I_C 越大 β 值越大，而 β 值越大越好。(×)

80. 使用万用表测量电阻时，使用内部电池做电源，应用了电流、电压法的原理。(√)

81. 兆欧表是由电磁系比率表、手摇直流发电机和测量线路组成的。(×)

82. 钳形电流表可以在不断开电路的情况下测量电流。(√)

83. 电能表铝盘旋转的速度与通入电流线圈中的电流成反比。(×)

84. 单臂电桥是根据桥式电路的平衡原理，将被测电阻与已知标准电阻进行比较来测量电阻值。(√)

85. 双臂电桥的一个臂是由两个标准电阻组成的，另一个臂是由一个标准电阻和被测电阻组成的。(√)

86. 用钳形电流表测量三相平衡负载电流时，钳口中放入两相导线时的指示值与放入一

相导线时的指示值不同。（×）

87. 在三相负载不平衡电路中，通常只用一只单相无功功率表就可以准确测量出三相无功功率，因为只要测出任何一相，乘以 3 就是总无功功率。（×）

88. 功率因数表只能测量出负载电路的功率因数值，而不能表明负载是感性负载还是容性负载。（×）

89. 相序表是检测电源的相位的电工仪表。（×）

90. 接地摇表的电位探测针和电流探测针应沿直线相距 20m 分别插入地中。（√）

91. 示波器工作中间因某种原因将电源切断后，可立即再次启动仪器。（×）

92. 用摇表测量绝缘电阻时，摇动手柄应由慢渐快，最后稳定在 120r/min。（√）

93. 测量的相对误差就是仪表的指示值和被测量的实际值的差值。（×）

94. 在晶闸管阳极与阴极加上正向电压，就可使其导通。（×）

95. 断开控制极后，能保证晶闸管不导通而允许重复加在阳极与阴极间的正向峰值电压，称为正向阻断峰值电压。（√）

96. 三相半波可控整流电路中，可控硅在承受正向电压时即导通。（×）

97. 晶闸管整流电路的输出电压能够通过控制极平滑调节。（√）

98. 晶闸管门极电压消失，晶闸管将立即关断。（×）

99. 交流耐压试验是鉴定电气设备绝缘强度的最有效和最直接的方法。（√）

100. 测量 1000V 以上的电力电缆绝缘电阻时，应选用 1000V 的兆欧表进行测量。（×）

101. 介质损失角正切值的测量，现通常采用西林电桥，又称高压交流平衡电桥。（√）

102. 电力电缆泄漏电流的试验可与直流耐压试验同时进行。（√）

103. 对于没有分路电阻的 FS 型避雷器测量其绝缘电阻主要是检查是否由于密封不严而引起内部受潮，导致绝缘电阻降低。（√）

104. 测量阀型避雷器的电导电流，不受周围环境温度及天气状况的影响。（×）

105. 低压配电线路常用的低压四线铁横担的长度一般为 1500mm。（√）

106. 使用电缆做直流耐压试验时，发现泄漏电流不稳定，说明该电缆绝缘不良，因此不能投入运行。（×）

107. 导线的载流量是指在正常允许温度下，导线允许通过的最大电流。（×）

108. 变压器进行滤油或换油工作属于其大修项目。（√）

109. 电压互感器二次回路接地的目的是为了人身和设备的安全。（√）

110. 造成高压电力线路过流保护动作的主要原因是线路发生了短路故障。（√）

111. 运行中的电力变压器若发出放电的“噼啪”声，可能是其内部接触不良或出现绝缘击穿现象所致。（√）

112. 为了保证和加强电网的供电质量和安全运行，必须对负荷进行控制和调整。（√）

113. 对电网进行负荷调整，可采用集中快速控制或自动控制的调整方法。（√）

114. 变配电系统目前常用的提高功率因数的方法是安装电容补偿装置。（√）

115. 高压绕组为 Y，低压绕组为 Y_0，连接的变压器的连接组别为 Y/Y_0。（×）

116. CSZ 型手动操作机构分闸角度的调整，应调整拉杆部件。（×）

117. 行程开关的碰块撞杆应安装在开关滚轮或推杆的动作轴线上。（√）

118. 装熔丝时，一定要沿逆时针方向弯过来，压在垫圈下。（×）

119. 三相异步电动机的转子旋转后，转子中感应出电动势及电流，其频率 $f_2=Sf_1$。（√）

120. 测量三相异步电动机各相绕组直流电阻，如电阻值相差过大，则表示绕组中有短路、断路或接头不良等故障。(√)

121. 步进电动机是一种将电脉冲信号变换成角位移或直线位移的执行元件。(√)

122. 对调直流电动机励磁绕组接入电源的两个接线端，只能改变励磁电压的极性，不能改变直流电动机转向。(×)

123. 以交流电动机为动力来拖动生产机械的拖动方式称为交流电力拖动。(√)

124. 并励直流电动机启动时，电枢绕组中串入限流电阻，可在空载下启动。(√)

125. 直流电动机通常采用的电磁制动方法有反接制动和回馈制动两种。(×)

126. 车间目标管理是将车间的目的和任务转化为每个职工的目标和任务，以此调动广大职工的生产积极性。(√)

127. 相对误差是绝对误差与真值的比值，用百分数表示，不反映测量结果的准确度，而且不便于对不同测量方法进行比较。(×)

128. 钢丝绳作为牵引绳使用时，其安全系数为 4～6 倍。(√)

129. 异步电动机绕组头尾是否接反的检查方法有绕组串联法和万用表检查法。(√)

130. 点焊、缝焊都是利用电阻热熔化母材金属的方法。(√)

131. 用滚杠搬运重物，遇到下斜坡时，前后应用绳索牵引。(√)

132. 在制作工件时，预先选定工件的某个点、线、面为画线的出发点。这些选定的点、线、面就是画线基准。(√)

133. 用角尺测量工件垂直度时，应先用锉刀去除工件棱边上的毛刺。(√)

134. 在砂轮机上工作时，必须戴护目镜，在钻床上进行钻孔工作时严禁戴手套。(√)

135. 绑架子用的铁丝一般选用直径为 6mm 粗的铁丝。(×)

136. 几台千斤顶联合使用时，每台的起重能力不得小于其计算载荷的 1.2 倍，以防因不同步造成个别千斤顶超负荷而损坏。(√)

137. 电力变压器小修时，必须吊出铁芯。(×)

138. 使用万用表测量直流时，红表笔接正极，黑表笔接负极。(√)

139. 叠装铁芯时只能使用木块或铜块进行修整，不能用铁块敲打硅钢片边缘，以防止硅钢片产生较大的内应力或由于硅钢片卷边使铁芯片间短路导致铁芯损耗增大。(√)

140. 冷却器风扇装好以后，应用 500V 的摇表测量电动机及接线的绝缘电阻，数值不得低于 0.5MΩ，同时用手转动扇叶应无摆动、卡阻及窜动等现象。(√)

141. 变压器绕组常见的型式有圆筒式、螺旋式、连续式、纠结式等几种。(√)

142. 小容量的配电变压器，铁芯接地方式是：将接地铜片的一端插在上铁轭 2～3 级之间，另一端夹在夹件与铁轭绝缘纸板之间；下夹件通过垂直拉杆与上夹件相连，上夹件通过角钢及吊芯螺杆与箱盖相连。(√)

143. 变压器吊芯检修的项目有：检修绕组和铁芯；检修分接开关；检修套管；检修箱体及附件；检修冷却系统；检修测量仪表；清洗箱体及喷漆；滤油。(√)

144. 按规定，电压等级为 10kV 新出厂的变压器，工频试验电压有效值为 35kV。(√)

145. 铁芯穿芯螺栓绝缘电阻过低，会造成变压器整体绝缘电阻试验不合格。(×)

146. 10kV 变压器套管在空气中的相间及对地距离应不小于 110mm。(√)

147. 配电变压器大修时，如需要更换套管，必须事先对套管进行工频耐压试验。(√)

148. 绝缘材料按耐热等级分为 Y、A、E、B、F、H 级与 C7 级，其相应的耐热温度分别为 90℃、105℃、120℃、130℃、155℃、180℃及 180℃以上。(√)

149. 测量三绕组变压器绝缘电阻时，至少应做 3 次试验，分别测量高压对中压、低压和地的电阻；中压对高压、低压和地的电阻；低压对高压、中压和地的电阻。(√)

150. 35kV 套管 1min 工频耐受电压应为 100kV；110kV 套管，1min 工频耐受电压应为 265kV。(√)

151. 电力变压器 35kV 侧出厂时的工频耐压值应为 85kV，大修后应为 72kV，试验时间均为 1min。(√)

152. 绝缘介质受潮和有缺陷时，其绝缘电阻会增大。(×)

153. 35kV 及以下的绕组匝绝缘厚度为 0.45mm，所包的匝绝缘电缆纸厚度及层数为 0.12mm、2 层或 0.08mm、3 层。(√)

154. 35kV 及以下电压等级，容量为 1600kV·A 及以下半连续式绕组，其段间纸圈应至少伸出绕组外径 8mm。(√)

155. 进行变压器油耐试验前，油在杯中应静止 5～10min，以消除油中的气泡。(√)

156. 为了防止油过速老化，变压器上层油温不要经常超过 85℃。(√)

157. 目前铁芯柱环常用环氧玻璃丝粘带绑扎。(√)

158. 三相变压器的接线组别是 Y、d11，说明低压侧线电压落后于高压侧对应的线电压 300×11。(√)

159. 110kV 套管带电部分相间的空气绝缘距离为 840mm，套管带电部分对接地部分空气绝缘距离为 880mm，110kV 套管对 35kV 套管空气绝缘距离为 840mm。(√)

160. QJ1 型气体继电器的开口杯在活动过程中与接线端子距离不应小于 3mm；开口杯下降使干簧接点动作的滑行距离不小于 1.5mm；开口杯上的磁铁距干簧接点玻璃管壁的距离应为 1～2mm。(√)

161. 变压器绕组进行大修后，如果匝数不对，进行变比试验时即可发现。(√)

162. 接地片插入铁轭深度对配电变压器不得小于 30mm；主变压器不得小于 70mm。(√)

163. 中性点不接地系统的变压器套管发生单相接地，属于变压器故障，应将电源迅速断开。(×)

164. 分接开关触头的接触压力增大，触头的接触电阻减小，因此压力越大越好，一般要求接触压力不应小于 450kPa。(×)

165. 色谱分析结果显示变压器油中乙炔含量显著增加，则内部有放电性故障或局部放电较大。(√)

166. 色谱分析结果显示油中一氧化碳、二氧化碳含量显著增加，则会出现固体绝缘老化或涉及固体绝缘的故障。(√)

167. 线路送电时一定要先合断路器，后合隔离开关。(√)

168. 在带电区域中的非带电设备上检修是，工作人员正常活动范围与带电设备的安全距离应大于：6kV 以下为 0.35m，10～35kV 为 0.6m，60～110kV 为 1.5m，220kV 为 3.0m，330kV 为 4.0m，500kV 为 5.0m。(√)

169. 在电力工业企业中，高压和低压的划分是：额定电压在 10kV 及以下的称为低压；额定电压在 10kV 以上的称为高压；110kV 及以上的称为超高压。(√)

170. 室内配电装置停电检修时，接地线应装设在导线部分的规定接地点。(√)

171. 胸外按压以 80 次/min 左右均匀进行。(√)

172. 电动机绕组的最高允许温度为额定环境温度加电动机额定温升。(√)

173. 国产三相异步电动机型号中的最后一个数字，就能估算出该电动机的转速。(√)
174. 三相异步电动机的转子转速不可能大于其同步转速。(×)
175. 气隙磁场为脉动磁场的单相异步电动机能自行启动。(×)
176. 异步电动机的电磁转矩与外加电压成正比。(×)
177. 电动机定、转子电流越大，铁芯中的主磁通就越大。(×)
178. 电动机定、转铁芯中的硅钢片含硅量高时，可以改善其电磁性能，所以含硅量越高越好。(√)
179. 当电动机转子电流增大时，定子电流也会相应增大。(√)
180. 三相异步电动机转子绕组中的电流是由电磁感应产生的。(√)
181. 单相绕组通入正弦交流电不能产生旋转磁场。(√)
182. 电动机的额定功率实际上是电动机长期运行时允许输出的机械功率。(√)
183. 硅钢片磁导率高、铁损耗小，适用于交流电磁系统。(√)
184. 绝缘材料受潮后的绝缘电阻减小。(√)
185. 电动机用轴承润滑脂用量约占轴承室容积的1/5～1/4。(×)
186. 电气设备的温升速度决定于所采用的绝缘材料。(√)
187. 电动机在运行时，由于导线存在一定电阻，电流通过绕组时，要消耗一部分能量，这部分损耗称为铁损。(×)
188. 由于直流电焊机应用的是直流电源，因此是目前使用范围最广泛的一种电焊机。(×)
189. 整流式直流弧焊机是一种直流弧焊电源设备。(√)
190. 多个焊机向一个接地装置连接时，可采用串联方法解决。(×)
191. 导体在磁场中运动，导体中就有感应电动势产生，这是发电机的工作原理。(×)
192. 如果电动机绕组之间绝缘装置不适当，可通过耐压试验检查出来。(√)
193. 三相异步电动机，无论怎样使用，其转差率都为0～1。(√)
194. 三相异步电动机在轻负载下运行，若电源电压降低，转子的转速将会变慢。(√)
195. 在三相异步电动机的每相定子绕组中通入交流电流，可产生定子旋转磁场。(×)
196. 三相异步电动机定子绕组同相线圈之间的连接，应顺着电流的方向进行。(√)
197. 绘制异步电动机定子绕组展开图时，应顺着电流方向把同相线圈连接起来。(√)
198. 一台三相异步电动机，磁极数为4，转子旋转一周为360°电角度。(×)
199. 若三相异步电动机定子绕组接线错误或嵌反，通电时绕组中电流方向也将变反，但电动机磁场仍将平衡，一般不会引起电动机振动。(×)
200. 一台YD132M—4/2型电动机，规格是6.5/8kW、△/YY、1450/2800(r/min)。要使它的额定转速n_1=1450r/min，定子绕组应作YY形连接。(×)
201. 同步电机主要分同步发电机和同步电动机两类。(×)
202. 同步补偿机实际上就是一台满载运行的同步电动机。(×)
203. 异步启动时，同步电动机的励磁绕组不准开路，也不能将直接短路。(√)
204. 直流电机中的换向器用以产生换向磁场，以改善电机的换向。(×)
205. 直流电机的电刷对换向器的压力有要求，各电刷压力之差不应超过±5%。(√)
206. 直流电机电枢绕组是在静止磁场中切割磁力线产生感应电动势的。(√)
207. 直流电机在运行时，在电刷与换向器表面之间常有火花产生，火花通常出现在换向器离开电刷的一侧。(√)

208. 并励发电机自励的必要条件是励磁电流所产生的磁动势与剩磁方向相反。（×）

209. 异步电动机的启动转矩与电源电压的平方成正比。（√）

210. 能耗制动的制动力矩与通入定子绕组的直流电流成正比，电流越大越好。（√）

211. 当电源电压下降时，同步电动机的转速会降低。（√）

212. 同步电动机停车时，如需进行电力制动，最常用的方法是能耗制动。（√）

213. 同步电动机一般都采用同步启动法。（×）

214. 电动机启动时，要求启动电流尽可能小些，启动转矩尽可能大些。（√）

215. 电动机容量在 7kW 以下的异步电动机可直接启动。（√）

216. 三相异步电动机启、停控制电路，启动后，不能停止，其原因是停止按钮接触不良而开路。（×）

217. 三相异步电动机启、停控制电路，启动后，不能停止，其原因是自锁触点与停止按钮并联。（√）

218. 三相异步电动机正反转控制线路，采用按钮和接触器双重联锁较为可靠。（√）

219. 反接制动由于制动时电动机产生的冲击比较大，因此应串入限流电阻，而且仅用于小功率异步电动机。（√）

220. 变阻调速不适用于笼型异步电动机。（√）

221. 改变转差率调速只适用于绕线型异步电动机。（×）

222. 变频调速适用于笼型异步电动机。（√）

223. 变极调速只适用于笼型异步电动机。（√）

224. 改变三相异步电动机磁极对数的调速，成为变极调速。（√）

225. 三相交流双速异步电动机在变极调速时不需改变电源相序。（×）

226. 三相异步电动机的变极调速属于无级调速。（×）

227. 并励直流电动机启动时，常用减小电枢电压和电枢回路串电阻两种方法。（√）

228. 串励电动机启动时，常用减小电枢电压的方法来限制启动电流。（√）

229. 交流集选 PC 控制的电梯，端站的第二限位开关一般采用常开触点。（√）

230. 集选控制的电梯在运行过程中，可以强迫换向操作。（×）

231. 导轨可以焊接在导轨架上固定。（×）

232. 杂物电梯有时也可允许人员乘坐。（×）

233. 电梯产品的质量取决于制造质量和安装质量，而与建筑物的质量无关。（×）

234. 为了减小制动器抱闸、松闸的时间和噪声，制动器线圈内两块铁芯之间的间隙不宜过大。（√）

235. 电梯所用曳引钢丝绳的数量和直径，与电梯的额定载重量、井道高度、曳引方式有关，与运行速度无关。（×）

236. 一般说电梯轿厢的净重量要大于对重装置的重量。（×）

237. 导轨架是固定导轨的机件，每根导轨上至少应设置一个导轨架。（×）

238. 当电梯向上、向下超速运行时，限速装置和安全钳都可以起到超速保护。（×）

239. 弹簧缓冲器是储能型的缓冲器，油压缓冲器是耗能型的缓冲器。（√）

240. 信号控制的电梯可不需专职司机操控。（√）

241. 提前换速点与停靠层站楼面的距离，与电梯额定速度成正比。（√）

242. 检修操纵箱分别设置在机房、轿顶和底坑三处，电梯进入检修状态时，机房的检修操纵具有优先权。（×）

243. 司机下班锁梯时，可以把电梯轿厢停在任何一层。(×)

244. 电梯进入消防工作状态时，不响应上召唤信号，只响应下召唤信号。(×)

245. 对于额定载重量较小的电梯曳引机可直接安装在机房地板上。(×)

246. 安装导轨时，导轨的下端应与底坑槽钢连接，上端与机房楼板之间应有一定的距离。(√)

247. 安装完的缓冲器中心应对准轿架下梁缓冲板的中心，其偏差不大于 20mm。(√)

248. 当电梯发生急停故障后，首先应把乘客放出电梯，再排除故障。(√)

249. 端站的限位保护开关应选用常开触头。(×)

250. 电梯电气设备的金属外壳必须采用保护接地。(√)

8.2　单项选择题

(每题都有 4 个答案，其中只有一个正确答案，将正确答案填在括号内。)

1. 图形上所标注的尺寸数值必须是机件的（A）尺寸。

A. 实际　　B. 图形　　C. 比实际小　　D. 比实际大

2. 螺纹有内外之分，在外圆柱面上的螺纹称为外螺纹；在内圆柱面（即圆孔）上的螺纹称为（B)。

A. 外螺纹　　B. 内螺纹　　C. 大螺纹　　D. 小螺纹

3. 变压器油在变压器内主要起（A）作用。

A. 冷却和绝缘　　B. 消弧　　C. 润滑　　D. 填补

4. 变压器油的闪点一般为（A)。

A. 135～140℃　　B. －10～45℃

C. 250～300℃　　D. 300℃以上

5. 变压器温度升高时，绝缘电阻测量值（B)。

A. 增大　　B. 降低　　C. 不变　　D. 成比例增大

6. 电源电压不变，电源频率增加一倍，变压器绕组的感应电动势（A)。

A. 增加一倍　　B. 不变　　C. 是原来的 1/2　　D. 略有增加

7. 中性点不接地系统中单相金属性接地时，其他两相对地电压升高（B)。

A. 3 倍　　B. 1.732 倍　　C. 2 倍　　D. 1.414 倍

8. 电流互感器铁芯内的交变主磁通是由（C）产生的。

A. 一次绕组两端的电压　　B. 二次绕组内通过的电流

C. 一次绕组内流过的电流　　D. 二次绕组的端电压

9. 变压器铭牌上的额定容量是指（C)。

A. 有功功率　　B. 无功功率　　C. 视在功率　　D. 平均功率

10. 互感器的二次绕组必须一端接地，其目的是（B)。

A. 防雷　　B. 保护人身及设备的安全　　C. 防鼠　　D. 起牢固作用

11. 当发现变压器本体油的酸价（D）时，应及时更换净油器中的吸附剂。

A. 下降　　B. 减小　　C. 变小　　D. 上升

12. 变压器油中的（C）对油的绝缘强度影响最大。

A. 凝固点　　B. 黏度　　C. 水分　　D. 硬度

13. 变压器油中含微量气泡会使油的绝缘强度（D)。

A. 不变　　B. 升高　　C. 增大　　D. 下降

14. 变压器绕组的感应电动势 E、频率 f、绕组匝数 N、幅值 φ_m 的关系为（A）。

A. $E=4.44fN\varphi_m$　　B. $E=2.22fN\varphi_m$

C. $E=-4.44fN\varphi_m$　　D. $E=fN$

15. 变压器中主磁通是指在铁芯中成闭合回路的磁通，漏磁通是指（B）。

A. 铁芯中的磁通

B. 穿过铁芯外的空气或油路才能成为闭合回路的磁通

C. 在铁芯柱的中心流通的磁通

D. 在铁芯柱的边缘流通的磁通

16. 油浸式互感器中的变压器油，对电气强度的要求是：额定电压为 35kV 及以下时，油的电气强度要求 40kV，额定电压 63～110kV 时，油的电气强度要求 45kV，额定电压 220～330kV 时，油的电气强度要求 50kV，额定电压为 500kV 时，油的电气强度要求（D）。

A. 40kV　　B. 45kV　　C. 50kV　　D. 60kV

17. 油浸电力变压器的呼吸器硅胶的潮解不应超过（A）。

A. 1/2　　B. 1/3　　C. 1/4　　D. 1/5

18. 空气间隙两端的电压高到一定程度时，空气就完全失去其绝缘性能，这种现象称为气体击穿或气体放电。此时加在间隙之间的电压称为（D）。

A. 安全电压　　B. 额定电压　　C. 跨步电压　　D. 击穿电压

19. 变压器套管等瓷质设备，当电压达到一定值时，这些瓷质设备表面的空气发生放电，称为（D）。

A. 气体击穿　　B. 气体放电　　C. 瓷质击穿　　D. 沿面放电

20. 电压互感器的一次绕组的匝数（A）二次绕组的匝数。

A. 远大于　　B. 略大于　　C. 等于　　D. 小于

21. 对绕组为 Y、yn0 连接的三相电力变压器的二次电路，测有功电能时需用（B）。

A. 三相三线有功电能表　　B. 三相四线有功电能表

C. 两只单相电能表　　D. 一只单相电能表

22. 变压器铁芯采用相互绝缘的薄硅钢片制造，主要目的是为了降低（C）。

A. 铜耗　　B. 杂散损耗　　C. 涡流损耗　　D. 磁滞损耗

23. 运行中的风冷油浸电力变压器的上层油温不得超过（B）℃。

A. 105　　B. 85　　C. 75　　D. 45

24. 变压器绕组对油箱的绝缘属于（B）。

A. 外绝缘　　B. 主绝缘　　C. 纵绝缘　　D. 横绝缘

25. 变压器油老化后产生酸性、胶质物会（B）变压器内金属表面和绝缘材料。

A. 破坏　　B. 腐蚀　　C. 减弱　　D. 加强

26. 电力变压器的电压比是指变压器在（B）运行时，一次电压与二次电压的比值。

A. 负载　　B. 空载　　C. 满载　　D. 欠载

27. 当雷电波传播到变压器绕组时，相邻两匝间的电位差比运行时（C）。

A. 小　　B. 差不多　　C. 大很多　　D. 不变

28. 只能作为变压器的后备保护的是（B）保护。

A. 瓦斯　　B. 过电流　　C. 差动　　D. 过负荷

29. 在有载分接开关中，过渡电阻的作用是（C）。

A. 限制分头间的过电压　　B. 熄弧
C. 限制切换过程中的循环电流　　D. 限制切换过程中的负载电流

30. 两台变比不同的变压器并联连接于同一电源时，由于二次侧（A）不相等，将导致变压器二次绕组之间产生环流。
A. 绕组感应电动势　B. 绕组粗细　C. 绕组长短　D. 绕组电流

31. 变压器的一、二次绕组均接成星形，绕线方向相同，首端为同极性端，接线组标号为 Y，yn0，若一次侧取首端，二次侧取尾端为同极性端，则其接线组标号为（B）。
A. Y，yn0　B. Y，yn6　C. Y，yn8　D. Y，yn12

32. 三相双绕组变压器相电动势波形最差的是（B）。
A. Y，y 连接的三铁芯柱式变压器　　B. Y，y 连接的三相变压器组
C. Y，d 连接的三铁芯柱式变压器　　D. Y，d 连接的三相变压器组

33. 配电变压器在运行中油的击穿电压应大于（C）kV。
A. 1　B. 5　C. 20　D. 100

34. 电网测量用电压互感器二次侧额定电压为（D）V。
A. 220　B. 380　C. 66　D. 10

35. 三相电力变压器并联运行的条件之一是电压比相等，运行中允许相差（A）%。
A. ±0.5　B. ±5　C. ±10　D. ±2

36. 在相对湿度不大于 65%时，油浸变压器吊芯检查时间不得超过（D）h。
A. 8　B. 12　C. 15　D. 16

37. 变压器空载试验损耗中占主要成分的损耗是（B）。
A. 铜损耗耗　B. 铁损耗　C. 附加损耗　D. 介质损

38. 三相电力变压器测得绕组每相的直流电阻值与其他相绕组在相同的分头上所测得的直流电阻值比较，不得超过三相平均值的（B）%为合格。
A. ±1.5　B. ±2　C. ±2.5　D. ±3

39. 10kV 油浸变压器油的击穿电压要求是新油不低于（D）kV。
A. 15　B. 30　C. 20　D. 25

40. 三相电力变压器一次接成星形，二次接成星形的三相四线制，其相位关系为时钟序数 12，其连接组标号为（A）。
A. Y，yn0　B. Y，dn11　C. D，yn0　D. D，yn11

41. 变压器油中表示化学性能的主要因素是（A）。
A. 酸值　B. 闪点　C. 水分　D. 烃含量

42. 已知正弦交流电压 $u=220\sin(314t-300)$，则其角频率为(D)。
A. 300　B. 220V　C. 50Hz　D. 314rad/s

43. 已知正弦交流电流 $i=10\sin(314t+250)$，则其频率为(A)。
A. 50Hz　B. 220Hz　C. 314Hz　D. 100πHz

44. 在以研为横轴的电流波形图中，取任一角度所对应的电流值称为该电流的(A)。
A. 瞬时值　B. 有效值　C. 平均值　D. 最大值

45. 若两个正弦交流电压反相，则这两个交流电压的相位差是（A）。
A. π　B. 2π　C. 90°　D. −90°

46. 在交流电路中，总电压与总电流的乘积称为交流电路的（D）。
A. 有功功率　B. 无功功率　C. 瞬时功率　D. 视在功率

47. 视在功率的单位是（B）。

A. W　B. V·A　C. J　D. Var

48. 有功功率主要是（C）元件消耗的功率。

A. 电感　B. 电容　C. 电阻　D. 感抗

49. 一台 30kW 的电动机其输入的有功功率应该（D）。

A. 等于 30kW　B. 大于 30kW　C. 小于 30kW　D. 不确定

50. 纯电容电路的功率是（B）。

A. 视在功率　B. 无功功率　C. 有功功率　D. 不确定

51. 无功功率的单位是（A）。

A. Var　B. W　C. V·A　D. J

52. 电能的计算公式是（A）。

A. $A=UIt$　B. $A=I^2R$　C. $A=Ul$　D. $A=U^2/R$

53. 电能的常用单位是（D）。

A. W　B. kW　C. MW　D. kW·h

54. 某照明输电线两端电压为 220V，通过电流是 10A，10min 内可产生的热量为（A）。

A. 132×10^4J　B. 1×10^4J　C. 6×10^3J　D. 4×10^5J

55. 在串联电阻电路中，相同时间内，电阻越大，发热量（C）。

A. 越小　B. 不一定大　C. 越大　D. 不变

56. 提高功率因数可提高（D）。

A. 负载功率　B. 负载电流

C. 电源电压　D. 电源的输电效益

57. 功率因数与（A）是一回事。

A. 电源利用率　B. 设备利用率　C. 设备效率　D. 负载效率

58. 三相四线制供电系统中，火线与中线间的电压等于（B）。

A. 零电压　B. 相电压　C. 线电压　D. 1/2 线电压

59. 相电压是（C）间的电压。

A. 火线与火线　B. 火线与中线　C. 中线与地　D. 相线与相线

60. 三相电源绕组△形连接时，能输出（C）。

A. 相电压　B. 线电压和相电压

C. 线电压　D. 相线对地电压

61. 三相四线制供电系统中，线电压指的是（A）。

A. 两相线间的电压　B. 零对地电压

C. 相线与零线电压　D. 相线对地电压

62. 三相对称负载△形连接时，线电流与相应相电流的相位关系是（C）。

A. 相位差为零　B. 线电流超前相电流 30°

C. 相电流超前相应线电流 30°　D. 同相位

63. 三相电路中，相电流是通过（A）。

A. 每相负载的电流　B. 火线的电流

C. 电路的总电流　D. 电源的电流

64. 线电流是通过（B）。

A. 每相绕组的电流　　B. 相线的电流
C. 每相负载的电流　　D. 导线的电流
65. 三相四线制供电系统中，中线电流等于（D）。
A. 零　　B. 各相电流的代数和
C. 三倍相电流　　D. 各相电流的相量和
66. 用电设备的效率等于（B）。
A. $P_{输入}/P_{输出}$　　B. $P_{输出}/P_{输入}$
C. 设备的功率因数　　D. 工作量
67. 设备效率的使用符号是（A）。
A. η　　B. ρ　　C. n　　D. $\cos\varphi$
68. 保护接地指的是电网的中性点不接地，设备外壳（B）。
A. 不接地　　B. 接地　　C. 接零　　D. 接零或接地
69. 工作接地就是（A）接地。
A. 中性点　　B. 负载　　C. 电源线　　D. 设备
70. 中性点接地，设备外壳（C）的运行方式称为保护接零。
A. 接地　　B. 接地或接零　　C. 接中性线　　D. 接负载
71. 中性点接地，设备外壳接中性线的运行方式称为（B）。
A. 保护接地　　B. 保护接零　　C. 接地或接零　　D. 接地保护
72. 在纯电感电路中，电压的相位（B）电流 90°。
A. 滞后　　B. 超前　　C. 等于　　D. 与电流同相
73. 纯电感电路的感抗与电路的频率（C）。
A. 成反比　　B. 成反比或正比　　C. 成正比　　D. 无关
74. 纯电容电路中，电压与电流的相位差是（B）。
A. 90°　　B. −90°　　C. 45°　　D. 180°
75. 纯电容电路两端（A）不能突变。
A. 电压　　B. 电流　　C. 阻抗　　D. 电容量
76. 三相电源绕组的尾端接在一起的连接方式称为（B）。
A. 角接　　B. 星接　　C. 短接　　D. 对称型
77. 三相不对称负载 Y 连接在三相四线制电路中，则（B）。
A. 各负载电流相等　　B. 各负载上电压相等
C. 各负载电压、电流均对称　　D. 各负载阻抗相等
78. 三相负载的连接方式有（C）种。
A. 4　　B. 3　　C. 2　　D. 1
79.（A）及以上电压的电力网，都采用中性点直接接地方式。
A. 110kV　　B. 220V　　C. 1000V　　D. 10kV
80. 3～10kW 电力网，一般采用中性点（B）的方式。
A. 接地　　B. 不接地　　C. 为零　　D. 直接接地
81. 一般三相电路的相序都采用（D）。
A. 相序　　B. 相位　　C. 顺序　　D. 正序
82. 三相电压或电流最大值出现的先后次序称为（C）。
A. 正序　　B. 逆序　　C. 相序　　D. 正相位

83. 下列参数中，(D) 不是发电机与系统并网的条件中的参数。

A. 相位　　B. 电压　　C. 频率　　D. 纹波系数

84. 发电机并网运行时，发电机电压的有效值应等于电网电压的 (A)。

A. 有效值　　B. 最大值　　C. 瞬时值　　D. 平均值

85. 发电机并网运行时，发电机电压的相序与电网电压相序要 (B)。

A. 相反　　B. 相同　　C. 不能一致　　D. 无关

86. 比较两个正弦量的相位关系时，两正弦量必须是 (B)。

A. 同相位　　B. 同频率　　C. 最大值相同　　D. 初相角相同

87. 电路的视在功率等于总电压与 (A) 的乘积。

A. 总电流　　B. 总电阻　　C. 总阻抗　　D. 总功率

88. 对称三相电路中线电压为 250V，线电流为 400A，三相电源的视在功率是 (B)。

A. 100kV·A　　B. 173kV·A　　C. 30kV·A　　D. 519kV·A

89. 电动机绕组采用△连接，接于 380V 三相四线制系统中，其中三个相电流均为 10A，功率因数为 0.1，则其有功功率为 (C)。

A. 0.38kW　　B. 0.658kW　　C. 1.14kW　　D. 0.537kW

90. 若变压器的额定容量是 PS，功率因数是 0.8，则其额定有功功率是 (C)。

A. PS　　B. $1.25PS$　　C. $0.8PS$　　D. $0.64PS$

91. 已知变压器容量是 PS，功率因数为 0.8，则其无功功率是 (D)。

A. PS　　B. $0.8PS$　　C. $1.25PS$　　D. $0.6PS$

92. 交流电路中，无功功率是 (C)。

A. 电路消耗的功率　　B. 瞬时功率的平均值

C. 电路与电源能量交换的最大规模　　D. 电路的视在功率

93. 某电器 1 天 (24h) 用电 12 度，问此电器功率为 (B)。

A. 4.8kW　　B. 0.5kW　　C. 2kW　　D. 2.4kW

94. 电能的单位，“度”与“焦耳”的换算关系是 1 度等于 (C) J。

A. 360　　B. 3600　　C. 3.6×10^6　　D. 3.6

95. 三相不对称负载 Y 连接在三相四线制输电系统中，则各相负载的 (B)。

A. 电流对称　　B. 电压对称

C. 电压、电流都对称　　D. 电压不对称

96. Y 连接，线电压为 220V 的三相对称电路中，其各相电压为 (C)。

A. 220V　　B. 380V　　C. 127V　　D. 110V

97. “220V、100W”的灯泡经一段导线接在 200V 的电源上时，其实际功率 (B)。

A. 大于 100W　　B. 小于 100W　　C. 等于 100W　　D. 不确定

98. 标明“100Ω、24W”和“100Ω、25W”的两个电阻串联时，允许通过的最大电流是 (D)。

A. 0.7A　　B. 1A　　C. 1.4A　　D. 0.49A

99. 纯电容正弦交流电路中，增大电源频率时，其他条件不变，电路中电流会 (A)。

A. 增大　　B. 减小　　C. 不变　　D. 增大或减小

100. 三相四线制供电线路中，若相电压为 220V，则火线与火线间的电压为 (B)。

A. 220V　　B. 380V　　C. 311V　　D. 440V

101. 某电机线圈电阻为 0.5Ω，通过的电流为 4A，工作 30min 发出的热量是 (A)。

A. 14400J　B. 1.44J　C. 60J　D. 120J

102. 某照明用输电线路电阻为 100Ω，在 10min 内产生热量为 6×10^5J，则线路中电流为（C）。

A. 1A　B. 100A　C. 10A　D. 5A

103. 在 RL 串联电路电压三角形中，功率因数 $\cos\varphi$=（A）。

A. U_R/U　B. U_L/U　C. U_L/U_R　D. U/U_R

104. 电力工业中，为了提高功率因数，常在感性负载两端（B）。

A. 串电容　B. 并适当电容　C. 串电感　D. 并电感

105. 对于无分路电阻的 FS 型避雷器，测绝缘电阻的主要目的是检查（B）。

A. 绝缘电阻是否击穿　B. 是否因密封不严使内部受潮

C. 绝缘电阻是否损坏　D. 绝缘电阻是否有裂纹

106. 选用（C）V 摇表测量阀型避雷器的绝缘电阻。

A. 500　B. 1000　C. 2500　D. 5000

107. 避雷器内串联非线性元件的非线性曲线用（C）方法获得。

A. 交流耐压试验　B. 直流耐压试验

C. 测量电导电流　D. 测量泄漏电流

108. 将零线多处接地，称为（D）。

A. 零线接地　B. 保护接地　C. 系统接地　D. 重复接地

109. 在三相四线制线路中，某设备若将不带电的金属外壳同时与零线和大地作电气连接，则该种接法称为（C）。

A. 保护接零和保护接地　B. 保护接零和工作接地

C. 保护接零和重复接地　D. 重复接地

110. 6/0.4kV 电力变压器低压侧中性点应工作接地，其接地电阻值应不大于（B）。

A. 0.4Ω　B. 4Ω　C. 8Ω　D. 10Ω

111. 架空线路的接地电阻值不应大于（C）。

A. 4Ω　B. 8Ω　C. 10Ω　D. 15Ω

112. 电力电缆铝芯线的连接常采用（B）。

A. 插接法　B. 钳压法　C. 绑接法　D. 焊接法

113. 架空线路的施工程序分为（D）。

A. 杆位复测、挖坑　B. 排杆、组杆

C. 立杆、架线　D. 包括以上全部内容

114. 高空作业传递工具、器材应采用（B）方法。

A. 抛扔　B. 绳传递　C. 下地拿　D. 前 3 种方法都可以

115. 立杆时当电杆离地面高度为（C）时，应停止立杆，观察立杆和绳索的受力情况。

A. 0.5m　B. 1.5m　C. 1m　D. 2m

116. 同杆架设低压线路时，直线杆上横担与横担间的最小垂直距离为（A）m。

A. 0.6　B. 1.2　C. 0.3　D. 1.0

117. 杆坑的深度等于电杆埋设深度，电杆长度在 15m 以下时，埋深约为杆长的 1/6，如电杆装设底盘时，杆坑的深度应加上底盘的（C）。

A. 长度　B. 宽度　C. 厚度　D. 直径

118. 电缆管弯制时，一般弯曲程度不大于管子外径的（A）。

A. 10% B. 30% C. 50% D. 100%

119. 敷设电缆时，路径的选择原则是（D）。

A. 投资少 B. 距离短 C. 拐弯少 D. 以上都包括

120. 6kV聚氯乙烯绝缘电缆户内终端头安装时，应距剖塑口（B）处锯钢甲。

A. 10mm B. 30mm C. 15mm D. 45mm

121. 低压配电装置中，低压空气断路器一般不装设（B）。

A. 过电流脱扣器 B. 失压脱扣器

C. 热脱扣器 D. 复式脱扣器

122. 安装低压开关及其操作机构时，其操作手柄中心距离地面一般为（C）mm。

A. 500～800 B. 1000～1200 C. 1200～1500 D. 1500～2000

123. 为使母线在温度变化时能自由伸缩，长度大于（B）m的母线应加装伸缩节。

A. 10 B. 20 C. 30 D. 40

124. 装设接地线和拆卸接地线的操作顺序是相反的，装设时是先装（B）。

A. 火线 B. 接地端 C. 三相电路端 D. 零线

125. 滚动法搬动设备时，放置滚杠的数量有要求，如滚杠较少，则所需牵引力（A）。

A. 增加 B. 减少 C. 不变 D. 增减都可能

126. 移动式悬臂吊车在220kV架空电力线路两旁工作时，起重设备及物体与线路的最小间隙距离应不小于（C）。

A. 2m B. 4m C. 6m D. 8m

127. 电梯的安全钳测试应每（B）进行一次。

A. 1个月 B. 半年 C. 1年 D. 3年

128. 电梯运行时制动器上的制动块与制动轮之间的距离不大于（D）且均匀。

A. 0.1mm B. 0.3mm C. 0.5mm D. 0.7mm

129. 安装电梯时，控制柜维护侧与墙壁的距离必须在（C）以上。

A. 500mm B. 550mm C. 600mm D. 700mm

130. 电梯失控冲顶或蹲底前碰到的终端保护开关次序是（D）。

A. 极限开关、强迫停车开关、强迫减速开关

B. 强迫停车开关、极限开关、强迫减速开关

C. 强迫停车开关、强迫减速开关、极限开关

D. 强迫减速开关、强迫停车开、极限开关

131. 电梯的检修运行速度一般为（A）。

A. 小于0.63m/s B. 小于1.0m/s

C. 在0.63m/s与1.0m/s之间 D. 大于0.63m/s

132. 电梯的限速器一般在运行速度为电梯额定速度的（B）时动作。

A. 110% B. 115% C. 120% D. 105%

133. 电梯术语中VVVF表示的含义是（B）。

A. 交流调压调速电梯 B. 交流调频调压调速电梯

C. 直流调压调速电梯 D. 交流变极调速电梯

134. 当电梯发生故障时，首先采用（A）查找故障所在。

A. 观察法 B. 短路法 C. 电阻法 D. 替代法

135. 曳引钢丝绳在运行中只依靠钢丝绳绳芯部所含的油被挤出由内向外润滑钢丝绳各单根钢丝，已达到（D）的目的。

A. 润滑　B. 防锈　C. 轻度润滑　D. 防锈和轻度润滑

136. 安装电梯时，控制柜非维护侧与墙壁的距离必须在（A）以上。

A. 500mm　B. 550mm　C. 600mm　D. 700mm

137. 电梯运行时的舒适性与（C）无关。

A. 加速度　B. 加速度变化率　C. 额定速度　D. 换速距离

138. 下列设备中不属于电梯机械安全保护系统的是（C）。

A. 制动器　B. 限速器　C. 热继电器　D. 缓冲器

139. 电梯发生超速时，（C）设备能把轿厢制停在导轨上。

A. 限速器　B. 导靴　C. 安全钳　D. 缓冲器

140. 采用油压缓冲器的电梯，作缓冲器动作试验时，应使轿厢处于（A）并以检修速度下降，将缓冲器全压缩。

A. 空载　B. 半载　C. 满载　D. 超载

141. 安装任何类别和长度的导轨架，其水平度应不大于（C）mm。

A. 2　B. 3　C. 5　D. 7

142. 组装轿厢时，首先安装的是（B）部件。

A. 轿厢底　B. 下梁　C. 立梁　D. 上梁

143. 有一台电梯型号是 TKZ—1000/2.5—JX，其中 JX 的含义是（D）。

A. 电梯类别　B. 额定速度　C. 额定载重量　D. 控制方式

144. 对带减速器曳引机的日常保养中，应每（C）进行一次换油。

A. 3 个月　B. 半年　C. 1 年　D. 2 年

145. 电梯运行时的舒适性与（D）无关。

A. 加速度　B. 加速度变化率　C. 额定速度　D. 换速距离

146. 对集选控制的电梯，在司机状态下运行时，不具备的关门方式是（B）。

A. 按钮关门　B. 延时自动关门　C. 下班关门　D. 满载关门

147. 电梯发生超速时，（C）设备能把轿厢制停在导轨上。

A. 限速器　B. 导靴　C. 安全钳　D. 缓冲器

148. 下列适合杂物（服务）电梯控制方式的是（B）。

A. 轿内按钮控制　B. 轿外按钮控制

C. 信号控制　D. 集选控制

149. 下列参数中不属于电梯常见参数的是（B）。

A. 额定速度　B. 检修周期　C. 轿厢尺寸　D. 平层准确度

150. 下列设备中不属于电梯机械安全保护系统的是（C）。

A. 制动器　B. 限速器　C. 热继电器　D. 缓冲器

8.3　简答题

1. 在什么情况下用心肺复苏法？其三项基本措施是什么？

答：当触电伤员呼吸和心跳均停止时，应立即按心肺复苏法正确进行就地抢救。心肺复苏法的三项基本措施是：通畅气道；口对口（鼻）人工呼吸；胸外按压（人工循环）。

2. 什么是同极性端?

答：在一个交变的主磁通作用下感应电动势的两线圈，在某一瞬时，若一侧线圈中有某一端电位为正，另一侧线圈中也会有一端电位为正，这两个对应端称为同极性端（或同名端)。

3. 变压器的油箱和冷却装置有什么作用?

答：变压器的油箱是变压器的外壳，内装铁芯、绕组和变压器油，同时起一定的散热作用。变压器冷却装置的作用是，当变压器上层油温产生温差时，通过散热器形成油循环，使油经散热器冷却后流回油箱，有降低变压器油温的作用。为提高冷却效果，可采用风冷、强油风冷或强油水冷等措施。

4. 变压器油为什么要进行过滤?

答：过滤的目的是除去油中的水分和杂质，提高油的耐电强度，保护油中的纸绝缘，也可以在一定程度上提高油的物理、化学性能。

5. 净油器有几种类型及规格?

答：净油器分为温差环流式和强制环流式两种类型，主要由钢板焊制成筒状。其上下有滤网式滤板，并有蝶阀与油管连接。净油器内装硅胶等吸附剂，按质量分为 35、50、100、150kg 等 4 种。填装硅胶粒 2.8～7mm 或 4～8mm 的粗孔硅胶，或填装 2.8～7mm 棒状活性氧化铝。

6. 水分对变压器有什么危害?

答：水分能使油中混入的固体杂质更容易形成导电路径而影响油耐压；水分容易与别的元素化合成低分子酸而腐蚀绝缘，使油加速氧化。

7. 套管按绝缘材料和绝缘结构分为哪几种?

答：套管按绝缘材料和绝缘结构分为 3 种。

(1) 单一绝缘套管，又分为纯瓷、树脂套管 2 种。

(2) 复合绝缘套管，又分为充油、充胶和充气套管 3 种。

(3) 电容式套管，又分为油纸电容式和胶纸电容式 2 种。

8. 电力变压器调压的接线方式按调压绕组的位置不同分为哪几类?

答：可分为 3 类。

(1) 中性点调压。调压绕组的位置在绕组的末端。

(2) 部调压。调压绕组的位置在变压器绕组的中部。

(3) 部调压。调压绕组的位置在变压器各相绕组的端部。

9. 电力变压器无激磁调压的分接开关有哪几种?

答：电力变压器无激磁调压的分接开关有：

(1) 三相中性点调压无激磁分接开关，分为 SWX 型和 SWXJ 型 2 种。

(2) 三相中部调压无激磁分接开关，为 SWJ 型。

(3) 单相中部调压无激磁分接开关，分为 DWJ 型、DW 型和 DWX 型 3 种。

10. 影响测量绝缘电阻准确度的因素有哪些?

答：影响测量绝缘电阻准确度的因素主要有以下几点。

(1) 温度：在测量时应准确地测量油温及外界温度以便于换算和分析。

(2) 湿度：试验时如湿度较大应设屏蔽。

(3) 瓷套管表面脏污也会影响测量值，测量前应擦净。

(4) 操作方法：应正确地进行操作。

11. 变压器的内绝缘和主绝缘各包括哪些部位的绝缘?

答：变压器的内绝缘包括绕组绝缘、引线绝缘、分接开关绝缘和套管下部绝缘。变压器的主绝缘包括绕组及引线对铁芯（或油箱）之间的绝缘、不同侧绕组之间的绝缘、相间绝缘、分接开关对油箱之间的绝缘及套管对油箱之间的绝缘。

12. 消弧线圈的作用是什么?

答：在中性点不接地系统发生单相接地故障时，有很大的电容性电流流经故障点，使接地电弧不易熄灭，有时会扩大为相间短路。因此，常在系统中性点加装消弧线圈，用电感电流补偿电容电流，使故障电弧迅速熄灭。

13. 用磁动势平衡原理说明变压器一次电流随二次负荷电流变化而变化。

答：当二次绕组接上负载后，二次侧便有电流 I_2，产生的磁动势 I_2W_2 使铁芯内的磁通趋于改变，但由于电源电压不变，铁芯中主磁通也不改变。由于磁动势平衡原理，一次侧随即新增电流 I_1，产生与二次绕组磁动势相抵消的磁动势增量，以保证主磁通不变。因此，一次电流随二次电流变化而变化。

14. 变压器并联运行应满足哪些要求？若不满足，会出现什么后果?

答：变压器并联运行应满足以下条件。

(1) 连接组标号（连接组别）相同。

(2) 一、二次侧额定电压分别相等，即变比相等。

(3) 阻抗电压标幺值（或百分数）相等。

若不满足会出现以下后果。

(1) 连接组标号（连接组别）不同，则二次电压之间的相位差会很大，在二次回路中产生很大的循环电流，相位差越大，循环电流越大，肯定会烧坏变压器。

(2) 一、二次侧额定电压分别不相等，即变比不相等，在二次回路中也会产生循环电流，占据变压器容量，增加损耗。

(3) 阻抗电压标幺值（或百分数）不相等，负载分配不合理，会出现一台满载，另一台欠载或过载的现象。

15. 变压器进行直流电阻试验的目的是什么?

答：变压器进行直流电阻试验的目的是检查绕组回路是否有短路、开路或接错线，检查绕组导线焊接点、引线套管及分接开关有无接触不良。另外，还可核对绕组所用导线的规格是否符合设计要求。

16. 变压器空载试验的目的是什么?

答：变压器空载试验的目的是测量铁芯中的空载电流和空载损耗，发现磁路中的局部或整体缺陷，同时也能发现变压器在感应耐压试验后，绕组是否有匝间短路。

17. 为什么交流耐压试验与直流耐压试验不能互相代替?

答：因为交流、直流电压在绝缘层中的分布不同，直流电压是按电导分布的，反映绝缘内个别部分可能发生过电压的情况；交流电压是按与绝缘电阻并存的分布电容成反比分布的，反映各处分布电容部分可能发生过电压的情况。另外，绝缘在直流电压作用下耐压强度比在交流电压下要高。所以，交流耐压试验与直流耐压试验不能互相代替。

18. 有载分接开关的基本原理是什么?

答：有载分接开关是在不切断负载电流的条件下，切换分接头的调压装置。因此，在切换瞬间，需同时连接两分接头。分接头间一个级电压被短路后，将有一个很大的循环电流。

为了限制循环电流，在切换时必须接入一个过渡电路，通常是接入电阻。其阻值应能把循环电流限制在允许的范围内。因此，有载分接开关的基本原理概括起来就是：采用过渡电路限制循环电流，达到切换分接头而不切断负载电流的目的。

19. 电压互感器二次绕组一端为什么必须接地？

答：电压互感器一次绕组直接与电力系统高压连接，若在运行中电压互感器的绝缘被击穿，高电压即窜入二次回路，将危及设备和人身的安全。所以互感器二次绕组要有一端牢固接地。

20. 电力变压器对绝缘材料有哪些基本要求？

答：电力变压器在运行中要承受时断时续的机械应力、张力、压力、扭力以及大气过电压和内部过电压的作用，对绝缘材料要求结实紧密，对空气、湿度的作用稳定，额定工作电压下放电量小，并且有高的电击穿、耐电弧及机械强度。

21. 电流互感器二次侧接地有什么规定？

答：电流互感器二次侧接地有如下规定。

（1）高压电流互感器二次侧绕组应有一端接地，而且只允许有一个接地点。

（2）低压电流互感器，由于绝缘强度大，发生一、二次绕组击穿的可能性极小，因此，其二次绕组不接地。

22. 什么是中性点位移？位移后将会出现什么后果？

答：在大多数情况下，电源的线电压和相电压都可以认为是近似对称的，不对称的星形负载若无中线或中线上阻抗较大，则其中性点电位是与电源中性点电位有差别的，即电源的中性点和负载中性点之间出现电压，这种现象称为中性点的位移。出现中性点位移的后果是负载各相电压不一致，将影响设备的正常工作。

23. 变压器小修一般包括有哪些内容？

答：变压器小修一般包括以下内容。

（1）做好维修前的准备工作。

（2）检查并消除现场可以消除的缺陷。

（3）清扫变压器油箱及附件，紧固各部法兰螺钉。

（4）检查各处密封状况，消除渗漏油现象。

（5）检查一、二次套管，安全气道薄膜及油位计玻璃是否完整。

（6）检查气体继电器。

（7）调整储油柜油面，补油或放油。

（8）检查调压开关转动是否灵活，各接点接触是否良好。

（9）检查吸湿器变色硅胶是否变色。

（10）进行定期的测试和绝缘试验。

24. 变压器绕组损坏有哪些原因？

答：变压器绕组损坏大致有以下原因。

（1）制造工艺不良：配电变压器绕组有绕线不均匀及摞匝现象、层间绝缘不足或破损、绕组干燥不彻底、绕组结构强度不够及绝缘不足等。主变压器绕组过线换位处损伤而引起匝间短路。

（2）运行维护不当变压器进水受潮，例如由套管端帽、储油柜、防爆管进水，致使绝缘受潮或油绝缘严重下降，造成匝间或段间短路或对地放电。大型强油冷却的变压器，油泵故障，叶轮磨损，金属进入变压器本体也会引起绕组故障。

（3）遭受雷击造成绕组过电压而烧毁。

（4）外部短路飞绕组受电动力冲击产生严重变形或匝间短路而发生故障。

25. 低压回路停电的安全措施有哪些？

答：低压回路停电的安全措施有以下几方面。

（1）将检修设备的各方面电源断开并取下可熔熔断器，在隔离开关操作把手上挂“禁止合闸，有人工作！”的标示牌。

（2）工作前必须验电。

（3）根据需要采取的其他安全措施。

26. 断路器出现哪些异常时应停电处理？

答：断路器出现以下异常时应停电处理。

（1）严重漏油，油标管中已无油位。

（2）支持瓷瓶断裂或套管炸裂。

（3）连接处过热变红色或烧红。

（4）绝缘子严重放电。

（5）SF_6断路器的气室严重漏气发出操作闭锁信号。

（6）液压机构突然失压到零。

（7）少油断路器灭弧室冒烟或内部有异常声响。

（8）真空断路器真空损坏。

27. 断路器越级跳闸应如何检查处理？

答：断路器越级跳闸后，应首先检查保护及断路器的动作情况。如果是保护动作，断路器拒绝跳闸造成越级，则应在拉开拒跳断路器两侧的隔离开关后，将其他非故障线路送电。如果是因为保护未动作造成越级，则应将各线路断路器断开，再逐条线路试送电，发现故障线路后，将该线路停电，拉开断路器两侧的隔离开关，再将其他非故障线路送电，最后再查找断路器拒绝跳闸或保护拒动的原因。

28. 中性点不接地或经消弧线圈接地系统（消弧线圈脱离时）分频谐振过电压的现象及消除方法是什么？

答：现象：三相电压同时升高，表针有节奏地摆动，电压互感器内发出异常声响。消除办法如下：

（1）立即恢复原系统或投入备用消弧线圈。

（2）投入或断开空线路，事先应进行验算。

（3）电压互感器开口三角绕组经电阻短接或直接短接 3～5s。

（4）投入消振装置。

29. 铁磁谐振过电压现象和消除方法是什么？

答：三相电压不平衡，一或二相电压升高超过线电压。消除方法：改变系统参数。

（1）断开充电断路器，改变运行方式。

（2）投入母线上的线路，改变运行方式。

（3）投入母线，改变接线方式。

（4）投入母线上的备用变压器或所用变压器。

（5）将电压互感器开口三角侧短接。

（6）投、切电容器或电抗器。

30. 变压器励磁涌流有哪些特点？

答：励磁涌流有以下特点：

（1）包含有很大成分的非周期分量，往往使涌流偏于时间轴的一侧。

（2）包含有大量的高次谐波分量，并以二次谐波为主。

（3）励磁涌流波形之间出现间断。

（4）励磁涌流的大小与合闸角关系很大。

8.4 电流互感器不完全星形接线的电路故障的判断与处理

1. 准备要求

（1）材料、设备表见表8-1。

表8-1 材料、设备表

序号	名称	型号、规格	单位	数量	备注
1	电流互感器	LQG—0.5	台	2	
2	电流表	42L20—A,5A	块	3	
3	导线	BV—2.5mm^2	米	5	
4	模拟配电盘	700mm×800mm	个	1	

（2）工具准备。电工常用工具、万用表、兆欧表及验电笔等。

（3）考场准备。

① 考场中，每个考位至少保证2m^{2}的面积；每个考位应有固定的台面，右上角贴有考号；考场采光良好，工作面的光照度不少于100lx，不足部分采用局部照明补充。

② 考场应干净整洁，无干扰，空气新鲜；考前由考务人员检查考场各考位应准备的材料、设备、工具是否齐全，所贴考号是否有遗漏。

2. 考核要求

（1）正确识读带电流互感器不完全星形接线的电流测量电路图，如图8-1所示。

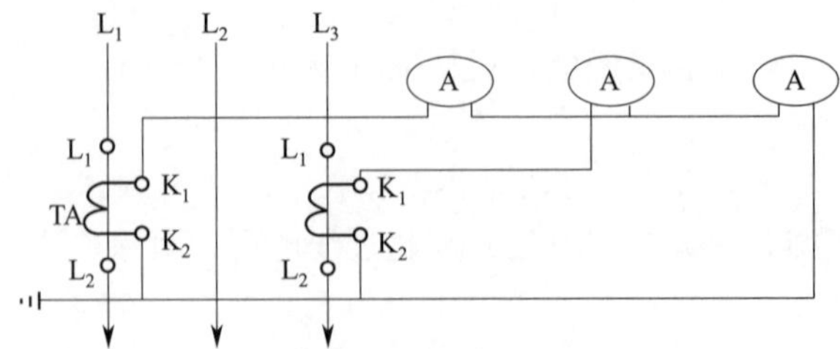

图8-1 带电流互感器不完全星形接线的电流测量电路图

（2）正确识别设备、材料，正确选用电工工具、仪器和仪表。

（3）正确分析、判断与处理带电流互感器不完全星形接线的电流测量电路的开路、短路、接地等故障（由考评员设定）。

（4）检查、测试，试运行良好。

8.5　TJ35mm² 架空线路紧线、弛度观测及导线固定安装

1. 准备要求

（1）材料、设备表见表 8-2。

表 8-2　材料、设备表

序　号	名　　称	型号、规格	单　　位	数　　量	备　　注
1	水泥杆	ϕ190mm×15000mm	根	2	
2	铜绞线	TJ35mm²	米	50	
3	高压横担	6mm×63mm×1500mm	根	2	
4	U 形抱箍	ϕ18mm×649mm	个	1	
5	螺母	AM18	个	4	
6	螺栓	M16mm×50mm	个	20	
7	撑铁	40mm×4mm×800mm	个	4	
8	垫铁平板	40mm×4mm×292mm	块	2	
9	垫铁 M 形板	40mm×4mm×262mm	块	2	
10	抱箍	60mm×6mm×469mm	块	6	
11	绝缘绑线	500V、2.5mm²	米	20	
12	绝缘带	PVC	盘	2	

（2）工具准备。水泥杆脚扣、电工安全带、电工钳、电工刀、活扳手、吊物绳索、安全帽、摇表及紧线器等。

（3）考场准备。

① 每个考位至少保证 10～30m² 的面积，立杆 2 根，杆基牢固，杆上贴有考号。

② 考场应平坦，无杂物，无风雨干扰，考前由考务人员检查各考位应准备的材料、设备及工、器具是否齐全，防护栏是否设好，所贴考号是否有遗漏。

2. 考核要求

（1）正确识读 TJ35mm² 架空线路紧线、弛度观测及导线固定示意图，如图 8-2 所示。

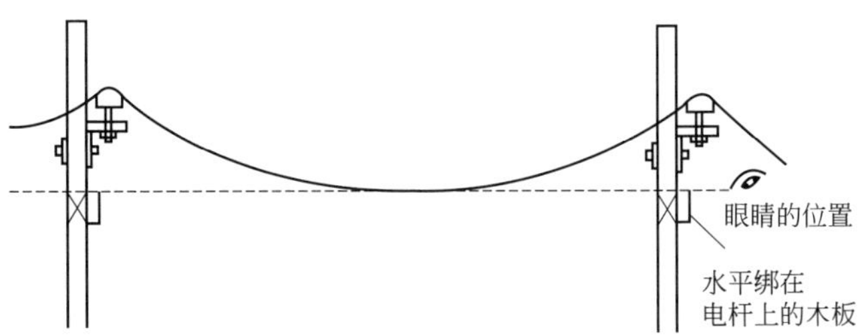

图 8-2　TJ35mm² 架空线路紧线、弛度观测及导线固定示意图

（2）正确识别所需设备、材料，正确选用工具、仪器和仪表。

（3）按国家 GB 50173—2014 标准的要求，完成 TJ35mm² 架空线路紧线、弛度观测及

导线固定的安装作业。

8.6　方板攻螺纹制作

1. 准备要求

（1）材料、设备表见表 8-3。

表 8-3　材料、设备表

序　号	名　　称	型号、规格	单　　位	数　　量	备　　注
1	台虎钳	125～150mm	台	1	
2	工作台	1300mm×1000mm	台	1	
3	毛坯件	A3,40mm×40mm×12mm	kg	0.5	
4	方箱	200mm×200mm	个		
5	划线平台	600mm×1000mm	个	1	
6	砂轮机	300mm	台	1	
7	台钻床	Z512	台	1	
8	钻头	ϕ10.2～10.3	支		
9	涂料	紫色、白色粉笔			

（2）工具准备。平台划线工具、手锤、样冲、直角尺、游标卡尺（0.02mm）、高度划线尺、平板锉、M12 丝锥、攻螺纹扳手（250～300mm）、油壶及毛刷等。

（3）考场准备。

① 考场中，每个考位至少保证 2m^2 的面积；每个考位应有固定的工作台，右上角贴有考号；考场采光要好，工作面的光照度不少于 100lx，不足部分采用局部照明补充。

② 考场应干净整洁，无干扰，空气新鲜；考前由考务人员检查考场各考位准备的材料、工具、器具、仪器是否齐全，所贴考号是否有遗漏。

2. 考核要求

（1）正确识图，如图 8-3 所示。

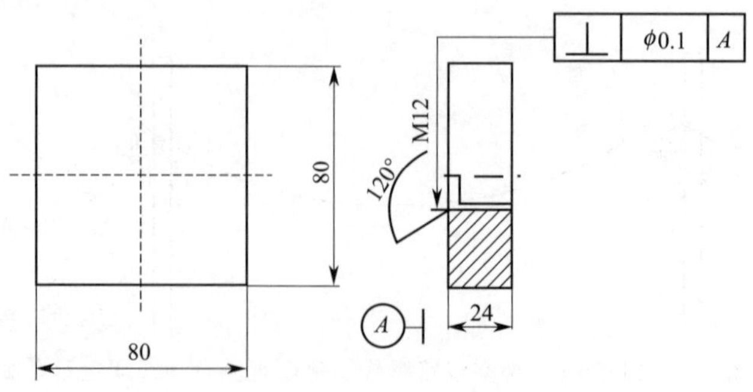

图 8-3　方板攻螺纹制作图

（2）正确选择材料。

（3）正确选择和使用工、器具及检测仪器。

（4）按给定图样的要求进行方板攻螺纹制作，划线正确，工艺符合要求，操作过程遵守安全规程，进行文明生产。

（5）技术要求：

① 毛坯尺寸：40mm×40mm×12mm。

② 螺口完整、光滑不断裂。

③ 保证公差要求。

附　　录

附录 1　交流异步电动机装配图

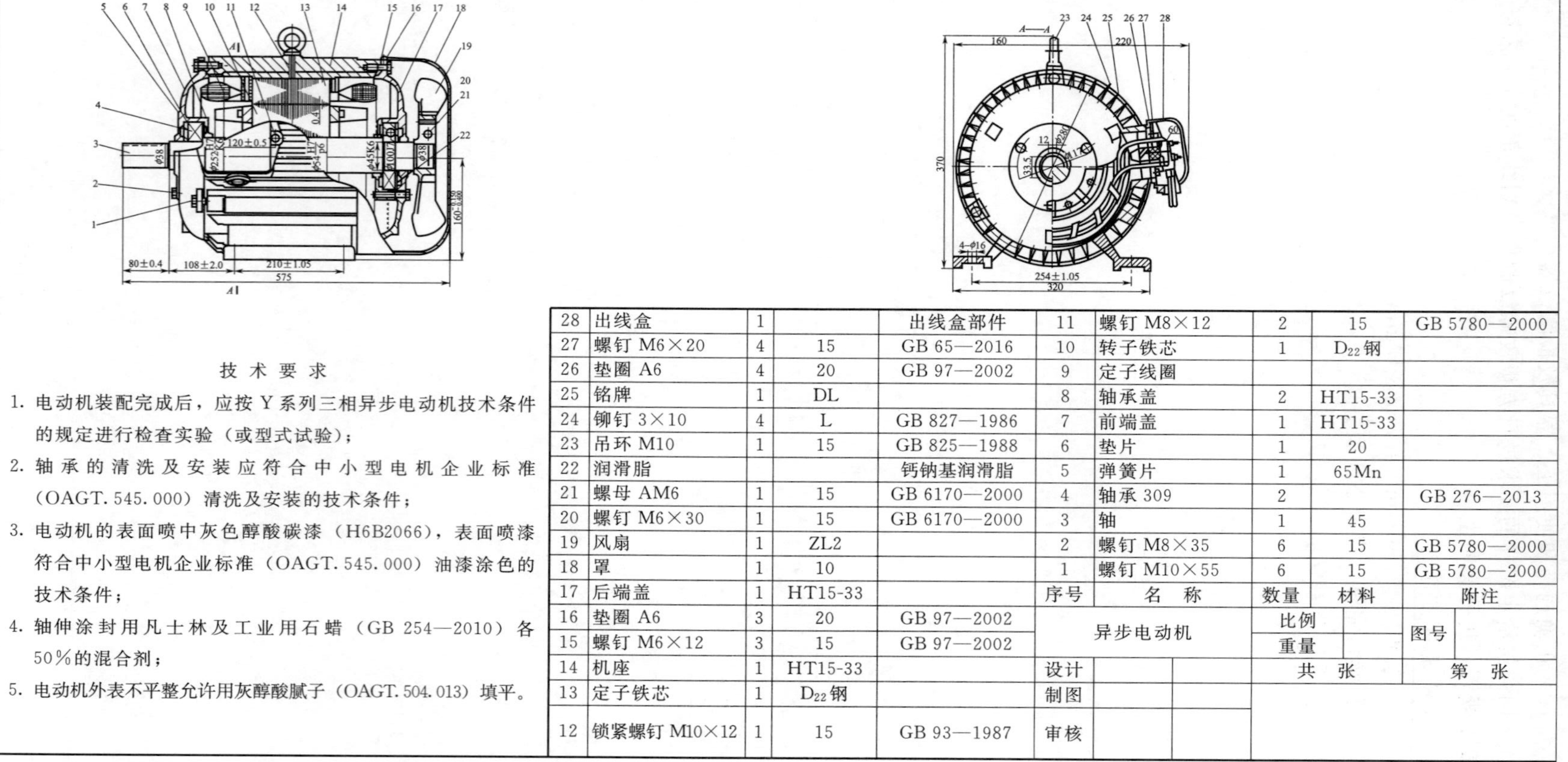

技 术 要 求

1. 电动机装配完成后，应按 Y 系列三相异步电动机技术条件的规定进行检查实验（或型式试验）；
2. 轴承的清洗及安装应符合中小型电机企业标准（OAGT. 545. 000）清洗及安装的技术条件；
3. 电动机的表面喷中灰色醇酸磁漆（H6B2066），表面喷漆符合中小型电机企业标准（OAGT. 545. 000）油漆涂色的技术条件；
4. 轴伸涂封用凡士林及工业用石蜡（GB 254—2010）各 50%的混合剂；
5. 电动机外表不平整允许用灰醇酸腻子（OAGT. 504. 013）填平。

28	出线盒	1		出线盒部件	11	螺钉 M8×12	2	15	GB 5780—2000
27	螺钉 M6×20	4	15	GB 65—2016	10	转子铁芯	1	D_{22} 钢	
26	垫圈 A6	4	20	GB 97—2002	9	定子线圈			
25	铭牌	1	DL		8	轴承盖	2	HT15-33	
24	铆钉 3×10	4	L	GB 827—1986	7	前端盖	1	HT15-33	
23	吊环 M10	1	15	GB 825—1988	6	垫片	1	20	
22	润滑脂			钙钠基润滑脂	5	弹簧片	1	65Mn	
21	螺母 AM6	1	15	GB 6170—2000	4	轴承 309	2		GB 276—2013
20	螺钉 M6×30	1	15	GB 6170—2000	3	轴	1	45	
19	风扇	1	ZL2		2	螺钉 M8×35	6	15	GB 5780—2000
18	罩	1	10		1	螺钉 M10×55	6	15	GB 5780—2000
17	后端盖	1	HT15-33		序号	名　称	数量	材料	附注
16	垫圈 A6	3	20	GB 97—2002	异步电动机		比例		图号
15	螺钉 M6×12	3	15	GB 97—2002			重量		
14	机座	1	HT15-33		设计		共　张		第　张
13	定子铁芯	1	D_{22} 钢		制图				
12	锁紧螺钉 M10×12	1	15	GB 93—1987	审核				

附录 2 电气二次回路常用元件的图形符号

序号	元件的名称	图形符号	序号	元件的名称	图形符号
1	电容、电容器		19	热继电器	
2	熔断器		20	中间继电器	
3	指示灯、信号灯		21	一般继电器接触器的线圈	
4	过电流继电器		22	信号继电器	
5	气体(瓦斯)继电器		23	时间继电器	
6	欠压继电器	U	24	热继电器常闭触头	
7	电流表	A	25	常开触头	
8	电压表	V	26	常闭触头	
9	电度表	Wh	27	延时闭合的常开触头	
10	电阻		28	延时断开的常闭触头	
11	电位器、可变电阻		29	非自动复位的常开触头	
12	常开按钮		30	先合后断的转换触头	
13	常闭按钮		31	断路器	
14	电流互感器		32	普通刀开关	
15	电压互感器		33	隔离开关	
16	合闸线圈、跳闸线圈、脱扣器		34	负荷开关	
17	连接片		35	刀熔开关	
18	切换片		36	跌落式熔断器	

附录 3 电气二次回路常用设备及元件的文字符号

序号	设备及元件的名称	符号	序号	设备及元件的名称	符号	序号	设备及元件的名称	符号
1	断路器及其辅助触点	QF	7	保护中性线	PEN	13	预告信号小母线	WFS
2	负荷开关	QL	8	导线、母线	W	14	灯光信号小母线	WL
3	隔离开关	QS	9	事故音响信号小母线	WAS	15	合闸回路电源小母线	WO
4	刀开关	QK	10	母线	WB	16	信号回路电源小母线	WS
5	控制开关,转换开关	SA	11	控制回路电源小母线	WC	17	电压小母线	WV
6	保护线	PE	12	闪光信号小母线	WF	18	端板子、电抗	X

续表

序号	设备及元件的名称	符号	序号	设备及元件的名称	符号	序号	设备及元件的名称	符号
19	连接片、切换片	XB	35	中间继电器，接触器	KM	51	辅助小母线	WSP
20	电磁铁	YA	36	合闸接触器	KO	52	复归按钮	SR
21	合闸线圈	YO	37	信号继电器	KS	53	试验按钮	SE
22	跳闸线圈、脱扣器	YR	38	时间继电器	KT	54	蓄电池	GB
23	电度表	PJ	39	电压继电器	KV	55	变压器	T
24	电压表	PV	40	电感、电抗器	L	56	电流互感器	TA
25	电流表	PA	41	电动机	M	57	零序电流互感器	TAN
26	指示灯、信号灯	HL	42	中性线	N	58	电压互感器	TV
27	红色指示灯	RD	43	备用电源自动投入装置	APD	59	变流器、整流器	U
28	绿色指示灯	GN	44	自动重合闸装置	ARD	60	晶体管	V
29	按钮	SB	45	跳闸位置继电器	KTP	61	电容、电容器	C
30	电阻	R	46	脉冲继电器	KI	62	熔断器	FU
31	电位器	RP	47	有功功率表	PW	63	差动继电器	KD
32	电流继电器	KA	48	无功功率表	PR	64	功率继电器	KP
33	气体（瓦斯）继电器	KG	49	闭锁继电器	KL	65	温度继电器	KTE
34	热继电器	KH	50	跳跃闭锁继电器	KPJL	66	保护出口继电器	KOM

附录 4　直流回路新旧数字标号

回路名称	旧数字标号				新数字标号			
	Ⅰ	Ⅱ	Ⅲ	Ⅳ	Ⅰ	Ⅱ	Ⅲ	Ⅳ
直流正电源回路	1	101	201	301	101	201	301	401
直流负电源回路	2	102	202	302	102	202	302	402
合闸回路	3～31	103～131	203～231	303～331	103～130	203～231	303～331	403～431
合闸监视回路	5	105	205	305	105	205	305	405
跳闸回路	33～49	133～149	233～249	333～349	133 1133 1233	233 2133 2233	333 3133 3233	433 4133 4233
跳闸监视回路	35	135	235	335	135 1135 1235	235 2135 2235	335 3135 3235	435 4135 4235
备用电源自动合闸回路	50～69	150～169	250～269	350～369	150～169	250～269	350～369	450～469
开关设备位置信号回路	70～89	170～189	270～289	370～389	170～189	270～289	370～389	470～489
事故跳闸音响信号回路	90～99	190～199	290～299	390～399	190～199	290～299	390～399	490～499
保护回路	01～099 或 j1～j99				01～099 或 0101～0999			
发电机励磁回路	601～699				601～699 或 6011～6999			
信号及其他回路	701～799				701～799 或 7011～7999			
断路器位置遥信回路	801～809				801～809 或 8011～8999			

续表

回路名称	旧数字标号				新数字标号			
	Ⅰ	Ⅱ	Ⅲ	Ⅳ	Ⅰ	Ⅱ	Ⅲ	Ⅳ
断路器合闸绕组或操动机构电动机回路	871～879				871～879 或 8711～8799			
隔离开关操作闭锁回路	881～889				881～889 或 8810～8799			
发电机调速电动机回路	T991～T999				991～999 或 9910～9999			
变压器零序保护共用电流回路	J01、J02、J03				001、002、003			
变送器后回路					A001～A999			
至微机系统数字量					D001～D999			
至闪光报警装置					S001～S999			

附录5　二次交流回路数字标号

回路名称	用途	回路编号组				
		A相	B相	C相	中性线	零序
保护装置及测量仪表电流回路	TA	A401～A409	B401～B409	C401～C409	N401～N409	L401～L409
	TA_1	A411～A419	B411～B419	C411～C419	N411～N419	L411～L419
	TA_2	A421～A429	B421～B429	C421～C429	N421～N429	L421～L429
	TA_9	A491～A499	B491～B499	C491～C499	N491～N499	L491～L499
	TA_{10}	A501～A509	B501～B509	C501～C509	N501～N509	L501～L509
	TA_{19}	A591～A599	B591～B599	C591～C599	N591～N599	L591～L599
保护装置及测量仪表电压回路	TV	A601～A609	B601～B609	C601～C609	N601～N609	L601～L609
	TV_1	A611～A619	B611～B619	C611～C619	N611～N619	L611～L619
	TV_2	A621～A629	B621～B629	C621～C629	N621～N629	L621～L629
经隔离开关辅助触点或继电器切换后的电压回路	110kV	A（B、C、N、L、X）710～719				
	220kV	A（B、C、N、L、X）720～729				
	35kV	A（B、C、N、L）730～739				
	6～10kV	A（B、C）760～769				
绝缘检查电压表的公用回路		A700	B700	C700	N700	
母线差动保护公用的电流回路	110kV	A310	B310	C310	N310	
	220kV	A320	B320	C320	N320	
	35kV	A330	B330	C330	N330	
	6～10kV	A360	B360	C360	N360	
控制、保护、回路	A1～A390	B1～B390	C1～C390	N1～N399		

附录6　直流控制信号及辅助小母线回路编号

序号	小母线名称	旧编号		新编号	
		文字符号	回路编号	文字符号	回路编号
1	控制回路电源	+KM、−KM		+、−	
2	信号回路电源	+XM、−XM	701、702	+700、−700	7001、7002

续表

序号	小母线名称	旧编号		新编号	
		文字符号	回路编号	文字符号	回路编号
3	事故音响信号（不发遥控信号时）	SYM	708	M708	708
4	事故音响信号（用于直流屏）	1SYM	728	M728	728
5	事故音响信号（用于配电装置）	2SYM. Ⅰ 2SYM. Ⅱ 2SYM. Ⅲ	727. Ⅰ 727. Ⅱ 727. Ⅲ	M7271 M7272 M7273	7271 7272 7273
6	事故音响信号（发遥控信号时）	3SYM.	808	M808	808
7	预告音响信号（瞬时）	1YBM、2YBM	709、710	M709、M710	709、710
8	预告音响信号（延时）	3YBM、4YBM	711、712	M711、M712	711、712
9	预告音响信号（用于配电装置时）	YBM. Ⅰ YBM. Ⅱ YBM. Ⅲ	729. Ⅰ 729. Ⅱ 729. Ⅲ	M7291 M7292 M7293	7291 7292 7293
10	灯光信号	（－）XM	726	M726	726
11	配电装置信号	XPM	701	M701	701
12	闪光信号	（＋）SM	100	M100	100
13	“信号未复归”光字牌	FM、PM	703、716	M703、M716	703、716
14	指挥装置音响	ZYM	715	M715	715
15	自动调整周波脉冲	1TZM、2TYM	717、718	M717、M718	717、718
16	自动调整电压脉冲	1TYM、2TYM	Y717、Y718	M7171、M7181	7171、7181
17	同步装置越前时间整定	1TQM、2TQM	719、720	M719、M720	719、720
18	同步装置发送合闸脉冲	1THM 2THM 3THM	721 722 723	M721 M722 M723	721 722 723

参 考 文 献

[1] 杨光臣．建筑电气工程施工．第2版．重庆：重庆大学出版社，2003.

[2] 周希章．电力变压器的安装、运行和维修．北京：机械工业出版社，2002.

[3] 陈家斌．变压器．北京：中国电力出版社，2002.

[4] 电力行业职业技能鉴定指导中心．变电站值班员技能培训教材．北京：中国电力出版社，2003.

[5] 沙太东．电气设备检修工艺．北京：中国电力出版社，2002.

[6] 张晓娟．工厂供电技术．北京：化学工业出版社，2017.

[7] 张静．工厂供配电技术——项目化教程．北京：化学工业出版社，2018.

[8] 段大鹏．变配电原理、运行与检修．北京：化学工业出版社，2004.

[9] 姚志松，姚磊．中小型变压器实用全书．北京：机械工业出版社，2003.

[10] 金代中．图解维修电工操作技能．北京：中国标准出版社，2002.

[11] 刘介才．供配电技术．第2版．北京：机械工业出版社，2006.

[12] 居荣．供配电技术．北京：化学工业出版社，2016.